材料构型力理论及应用

李 群 左 宏 侯俊玲 著

科 学 出 版 社

北 京

内 容 简 介

材料构型力可有效解决传统损伤与断裂力学理论无法解决的工程材料与结构的复杂失效破坏问题。本书详述材料构型力的基本理论及其在工程中的应用。第1～4章介绍材料构型力的起源与现状、基本概念、数值计算方法和实验测量方法，第5～9章介绍材料构型力在裂纹扩展、多缺陷失效破坏、损伤力学、纳米缺陷材料失效分析、力电耦合材料失效分析中的具体应用。

本书适合用于材料、力学等学科研究生阶段的学习，也可供从事固体损伤与断裂力学研究和应用的科研工作者参考。

图书在版编目（CIP）数据

材料构型力理论及应用 / 李群，左宏，侯俊玲著. —北京：科学出版社，2025.3

ISBN 978-7-03-077858-1

Ⅰ. ①材… Ⅱ. ①李… ②左… ③侯… Ⅲ. ①材料力学 Ⅳ. ①TB301

中国国家版本馆 CIP 数据核字（2024）第 023207 号

责任编辑：宋无汗 郑小羽 / 责任校对：崔向琳
责任印制：徐晓晨 / 封面设计：陈 敬

科学出版社 出版
北京东黄城根北街 16 号
邮政编码：100717
http://www.sciencep.com

北京富资园科技发展有限公司印刷

科学出版社发行 各地新华书店经销

*

2025 年 3 月第 一 版 开本：720×1000 1/16
2025 年 3 月第一次印刷 印张：20
字数：401 000

定价：218.00 元

（如有印装质量问题，我社负责调换）

前言

基于材料空间发展起来的材料构型力，作为固体力学的重要概念，是研究含复杂缺陷材料破坏行为的一套理论，其历史可追溯到 Eshelby 关于晶格缺陷的研究。近年来，材料构型力理论及其应用日臻成熟，已在弹塑性材料、纳米材料、力电耦合材料等损伤与断裂评估中得到广泛应用。

作者基于多年来对材料构型力理论及其应用进行的大量研究工作，对已取得的成果进行整理，对材料构型力的基本概念、数值计算方法和实验测量方法，以及构型力理论在各类材料失效分析中的应用进行介绍，从而完成本书。

全书共 9 章。第 1 章介绍材料构型力的起源与现状。第 2 章阐述材料构型力的基本概念。第 3、4 章分别介绍材料构型力的数值计算方法、实验测量方法。第 5、6 章对材料构型力在裂纹扩展和多缺陷失效破坏中的应用进行介绍。第 7 章对材料构型力在损伤力学中的应用进行介绍。第 8、9 章分别介绍材料构型力在纳米缺陷材料、力电耦合材料失效分析中的应用。

衷心感谢国家自然科学基金项目(11472205、11772245 等)对本书相关研究及出版的支持。本书由李群、左宏、侯俊玲共同撰写。刘冉、陈玉洁、陈祥华、张臻杰等参与了本书的整理工作。本书还包括胡义峰、惠彤、丁宁宇、郭宇立、潘苏新、王荣、吕俊男、田新鹏、刘冉、陈玉洁、苑仲伯、张臻杰等的研究成果，这里向所有人表示诚挚的谢意。

由于作者水平有限，书中难免存在不妥之处，敬请广大读者和专家批评指正，不胜感谢！

前言

[illegible]

目　录

前言
第 1 章　绪论 …… 1
1.1　材料构型力的起源 …… 2
1.2　材料构型力的现状 …… 3
第 2 章　材料构型力的基本概念 …… 9
2.1　J_k 积分 …… 9
2.1.1　J_k 积分的基本概念 …… 9
2.1.2　J_k 积分的物理意义 …… 10
2.1.3　J_k 积分的路径无关性 …… 13
2.2　M 积分 …… 14
2.2.1　M 积分的基本概念 …… 14
2.2.2　M 积分的物理意义 …… 15
2.2.3　M 积分的路径无关性 …… 18
2.3　L 积分 …… 20
2.3.1　L 积分的基本概念 …… 20
2.3.2　L 积分的物理意义 …… 23
2.3.3　L 积分的路径无关性 …… 25
2.4　材料构型力的其他性质 …… 27
2.4.1　J_k 积分的守恒定律 …… 27
2.4.2　材料构型力与坐标系变化的关系 …… 28
2.4.3　J_k 积分、M 积分和 L 积分的势函数表达式 …… 29
2.4.4　J_k 积分、M 积分、L 积分与 Bueckner 功共轭积分 …… 30
第 3 章　材料构型力的数值计算方法 …… 35
3.1　材料构型力的数值实现方法 …… 35
3.1.1　J_k 积分的数值实现方法 …… 35
3.1.2　M 积分的数值实现方法 …… 37
3.1.3　L 积分的数值实现方法 …… 38
3.2　基于 ABAQUS 平台的材料构型力数值计算 …… 38
3.3　基于 ANSYS 平台的材料构型力数值计算 …… 42

3.3.1 J_k积分的 APDL 命令流 ······ 43
3.3.2 M积分的 APDL 命令流 ······ 45
3.3.3 L积分的 APDL 命令流 ······ 48
第 4 章 材料构型力的实验测量方法 ······ 53
4.1 J_k积分的实验测量方法 ······ 53
4.1.1 J_1积分的国家标准测量方法 ······ 53
4.1.2 J_k积分的 DIC 测量方法 ······ 55
4.2 M积分的实验测量方法 ······ 60
4.2.1 M积分的传统测量方法 ······ 60
4.2.2 M积分的间接测量方法 ······ 62
4.2.3 M积分的 DIC 测量方法 ······ 63
第 5 章 材料构型力在裂纹扩展中的应用 ······ 74
5.1 J积分断裂准则 ······ 74
5.2 J_k积分在复合型裂纹扩展中的应用 ······ 75
5.2.1 基于J_k积分的复合型裂纹扩展准则 ······ 75
5.2.2 基于J_k积分裂纹扩展的数值实现方法 ······ 76
5.3 J_k积分在线弹性复合型疲劳裂纹扩展中的应用 ······ 88
5.3.1 基于J_k积分的复合型疲劳裂纹扩展模型 ······ 88
5.3.2 疲劳裂纹扩展数值计算方法 ······ 89
5.3.3 疲劳裂纹扩展数值模拟与结果讨论 ······ 90
5.4 J_k积分在复合型弹塑性疲劳裂纹扩展中的应用 ······ 97
5.4.1 弹塑性材料的J_k积分 ······ 97
5.4.2 基于J_k积分的复合型弹塑性疲劳裂纹扩展模型 ······ 98
5.4.3 弹塑性疲劳裂纹实验和数值模拟方法 ······ 99
5.4.4 弹塑性疲劳裂纹扩展结果 ······ 103
5.5 J_k积分在界面裂纹扩展中的应用 ······ 111
5.5.1 界面裂纹的裂尖J_k积分 ······ 112
5.5.2 裂尖J_k积分的数值计算 ······ 114
5.5.3 修正的裂尖材料构型力J_{2r} ······ 121
5.5.4 界面J_k积分的算例验证 ······ 122
5.5.5 基于J_k积分的界面断裂准则 ······ 125
第 6 章 材料构型力在多缺陷失效破坏中的应用 ······ 128
6.1 基于J_k积分的夹杂相变材料失效或强化 ······ 128
6.1.1 基于J_k积分揭示裂纹和夹杂相的干涉效应 ······ 129
6.1.2 颗粒/纤维复合材料的相变增韧机理 ······ 131

6.1.3 异质夹杂与裂纹的干涉机理 …… 136
6.2 基于 M 积分的脆性体中微裂纹聚合 …… 138
6.2.1 微裂纹聚合有限元计算模型及结果分析 …… 139
6.2.2 临界 M 积分与两条裂纹构型的相关性 …… 143
6.3 基于 M 积分的脆性体中孔洞聚合 …… 144
6.3.1 孔洞聚合有限元计算模型及结果分析 …… 144
6.3.2 临界 M 积分与两孔洞方位角的相关性 …… 147
6.4 M 积分与含夹杂/缺陷有效弹性模量的显式关系 …… 149
6.4.1 单向加载下的含夹杂 M 积分 …… 149
6.4.2 复杂加载下的含夹杂 M 积分 …… 153
6.4.3 M 积分与含夹杂材料有效弹性模量的显式关系 …… 157
6.4.4 M 积分与含多孔缺陷材料有效弹性模量的显式关系 …… 160
6.5 基于 M 积分的含复杂多缺陷材料的损伤评估 …… 164
6.5.1 基于 M 积分等效的损伤评估方法 …… 164
6.5.2 典型缺陷构型损伤评估的数值算例分析 …… 166
6.6 M 积分在含多缺陷材料疲劳失效中的应用 …… 170
6.6.1 基于 M 积分的含缺口弹塑性材料损伤标定 …… 170
6.6.2 基于 M 积分的含复杂多缺陷材料疲劳失效模型 …… 172
6.6.3 含多缺陷材料疲劳失效实验验证及结果分析 …… 174
6.7 基于 M 积分的黏塑性多裂纹问题研究 …… 179
6.7.1 黏塑性材料本构模型 …… 180
6.7.2 基于 M 积分的黏塑性材料裂纹扩展分析 …… 183
第 7 章 材料构型力在损伤力学中的应用 …… 188
7.1 损伤模型 …… 188
7.1.1 基于材料构型力的损伤模型 …… 188
7.1.2 材料构型力损伤模型的数值实现与算例分析 …… 195
7.2 腐蚀损伤模型 …… 203
7.2.1 基于材料构型力的腐蚀损伤模型 …… 204
7.2.2 材料构型力腐蚀损伤模型的数值算例分析 …… 206
7.3 疲劳损伤累积模型 …… 210
7.3.1 基于材料构型力的疲劳损伤累积模型 …… 211
7.3.2 材料构型力疲劳损伤累积模型的数值实现 …… 212
第 8 章 材料构型力在纳米缺陷材料失效分析中的应用 …… 220
8.1 M 积分在含纳米缺陷材料失效分析中的应用 …… 221
8.1.1 多纳米孔洞弹性场 …… 221

8.1.2 多纳米孔洞干涉问题的 M 积分 …… 228
8.2 双态 M 积分在含纳米缺陷材料失效分析中的应用 …… 233
8.2.1 纳米尺度下双态 M 积分基本理论 …… 233
8.2.2 多纳米孔洞的双态 M 积分分析 …… 236
第 9 章 材料构型力在力电耦合材料失效分析中的应用 …… 242
9.1 压电功能材料中的材料构型力理论及应用 …… 242
9.1.1 压电功能材料中的材料构型力概念 …… 242
9.1.2 材料构型力在压电功能材料裂纹-电畴干涉问题中的应用 …… 255
9.1.3 压电功能材料中的材料构型力与 Bueckner 功共轭积分的关系 …… 261
9.1.4 三维非线性多晶体中的材料构型力理论 …… 265
9.2 挠曲电材料中的材料构型力理论及应用 …… 273
9.2.1 挠曲电材料中的材料构型力概念 …… 274
9.2.2 挠曲电材料的Ⅲ型裂纹分析 …… 285
参考文献 …… 301

第1章　绪　论

尽管传统断裂力学和损伤力学的基本概念和理论已经广泛应用于材料强度及结构完整性评价中，但随着研究的深入，在描述材料内部复杂缺陷方面，传统断裂力学和损伤力学遇到一些无法克服的障碍。这主要体现在：

(1) 断裂力学的能量释放率、应力强度因子和J积分准则等裂纹尖端(简称“裂尖”)控制参量的计算，需要明确可测的宏观裂纹位置、长度、形状，对于含复杂缺陷的材料，很难获得明确的主裂纹形貌。

(2) 随着现代工程材料的发展，多孔金属泡沫材料、纳米多孔薄膜材料、铁电多晶材料等强非均匀材料得到广泛的应用。这些材料内部往往包含多种缺陷，且各缺陷之间存在复杂干涉效应，这使得材料在外荷载作用下的内部缺陷演化方式以及演化结果难以被准确预估。

(3) 材料内部缺陷的成胚、孕育、扩展、汇合成宏观裂纹，直至裂纹扩展，使得材料发生破坏，这一系列过程应该是连续统一的，描述或预测该破坏过程的理论也应该具有统一性和连贯性。然而，基于有效弹性模量理论或非局部损伤理论的损伤力学，与基于能量释放率、应力强度因子和J积分的断裂力学，两者之间并没有任何关联。可以说，传统损伤力学理论与断裂力学理论属于两个不同的学科研究范畴，两者之间割裂，也没有一套行之有效的理论框架可以用来建立两者之间的桥梁。

综上所述，由于材料内部随机分布的复杂缺陷，传统的断裂力学和损伤力学在预测复杂缺陷失效和评价结构完整性时受到一定挑战。

本书介绍的材料构型力理论与建立在欧拉物理空间上的经典力学不同。材料构型力(material configurational force，MCF)定义在材料空间的一个奇点上，来源于材料的非均质性。对含缺陷材料或结构来说，材料构型力总是和一个给定系统的总能量改变有关，这个总能量改变是由该系统构型改变引起的(缺陷演化)，也就是说，材料构型力的概念与材料的构型演化直接相关。研究发现，材料中的缺陷，如夹杂、空穴、位错、裂纹、局部塑性变形区等的构型(尺寸、形状和位置)改变，会引起材料自由能的变化。因此，材料构型力理论可用于解决各类缺陷的构型演化问题，如裂纹扩展、颗粒相变、位错滑移、物质质量迁移等(Linkov，2009；Chen et al., 2003；范天佑，2003；黎在良等，1996；Chen，1995；Aliabadi and Rooke 1991；Parton et al., 1989；Kanninen and Popelar，1985)。可以说，材料构型力理论在描述含缺陷材料的破坏问题方面具有得天独厚的优势，能够作为一个独立的理论体系来描述传统损伤力学和断裂力学无法解决的问题。基于材料空间发展起来的材料构型力，为描述复杂损伤与断裂力学问题，特别是预测复杂缺陷临界失效载荷和结构完整性评估问题提供了新思路(Chen，2002；Gurtin，2000；Maugin，1993；Kienzler and Herrmann，1992)。

1.1 材料构型力的起源

关于材料构型力的概念，最早可追溯到 Eshelby(1956)关于晶格缺陷的研究，其相关工作为后来材料构型力理论的建立奠定了基础。之后，相继有学者对构型力理论展开了深入研究。其中，材料构型力在断裂力学中具有的潜力被 Rice(1968)率先认识到，并提出了断裂力学史上著名的 J 积分概念。Rice 指出，J 积分实际上为某一种材料构型应力围绕裂尖闭合路径的积分。

Knowles 和 Sternberg(1972)从 Noether(2011)变分原理出发，解析得到了材料构型力的三类形式：J_k 积分、M 积分和 L 积分。这些积分内核分别对应不同的材料构型应力概念，可分别通过对拉格朗日能量密度函数进行梯度、散度和旋度数学计算得到。三类材料构型力的物理意义不同，著名的 J_k 积分通过对拉格朗日能量密度函数进行的梯度操作定义，可以解释为连续介质材料的质点平移单位距离时造成的总势能变化；M 积分可通过对拉格朗日能量密度函数进行散度操作获得，可解释为一个无限小材料单元的自相似扩展所导致的势能改变量；L 积分通过对拉格朗日能量密度函数进行旋度操作获取，与质点旋转的系统势能改变相关，其物理意义则是单位厚度无限小单元绕某点发生旋转时所引起的系统势能改变量(Eischen and Herrmann, 1987; Herrmann, 1981; King and Herrmann, 1981; Budiansky and Rice，1973)。概括来说，J_k 积分、M 积分和 L 积分的物理意义分别代表了材料质点平移、自相似扩展和旋转引起的能量改变。表 1-1 中列出了构型力 J_k 积分、M 积分和 L 积分的定义式和物理意义。

表 1-1　构型力 J_k 积分、M 积分和 L 积分的定义式和物理意义

定义式	物理意义
$J_k = \oint_C \left(W n_k - \sigma_{ji} u_{j,k} n_i\right) \mathrm{d}s$	J_k 积分代表路径内缺陷沿坐标轴 x_k 方向发生平移时所引起的能量释放率
$M = \oint_C \left(W x_j n_j - \sigma_{jk} u_{k,i} n_j x_i\right) \mathrm{d}s$	M 积分代表路径内缺陷自相似扩展时所引起的能量释放率
$L = \oint_\Gamma e_{3ij} \left(W x_j n_i + \sigma_{il} u_j n_l - \sigma_{kl} u_{k,i} n_l x_j\right) \mathrm{d}s$	L 积分代表路径内缺陷绕某一特定点旋转时所引起的能量释放率

注：W 为应变能密度；σ_{ji} 为柯西应力张量；u_k 为位移矢量；n_k 为积分路径的外法线方向；x_i 为坐标向量；$()_{,k}$ 表示对坐标 x_k 求偏导；ds 表示无限小积分段。

特别地，Herrmann 等(1981)指出，对于多缺陷问题，M 积分有比 J_k 积分矢量更优越的性质，能够更贴切地描述构型改变引起的能量释放率。研究引入了总势能改变量(change of the total potential energy, CTPE)的概念，得到了 M 积分与 CTPE 的关系，揭示了 M 积分可以表征有无缺陷构型在相同载荷下的势能差异这一重要的物理特性。因此，J_k 积分常用于解决单个主裂纹破坏问题，M 积分常用于解决多缺陷失效问题。研究推动了许多学者，如陈宜亨等将材料构型力运用于多裂纹干涉、微缺陷问题研究(Chen，2001a，2001b；Ma et al., 2001；Ma and Chen，2001)。这些研究也为材料构型力基本概念的建立及其在损伤与断裂力学中的应用奠定了基础。

1.2 材料构型力的现状

材料构型力概念的提出为描述含缺陷材料的破坏行为提供了新的思路和研究方法。随着材料构型力理论的研究和发展，国内外学者针对材料构型力的基本理论框架进行了广泛研究，并实现了构型力学在裂纹扩展、相变、位错滑移、物质质量迁移、有限元网格划分优化处理等方面的成功应用。例如，Pak 和 Herrmann (1986)基于连续介质力学的拉格朗日方程，推导了守恒积分及其相关的材料应力，认为守恒积分的物理意义可解释为作用在缺陷上的力。Dascalu 和 Maugin(1994)将构型力概念成功应用到多裂纹问题和复合材料裂纹问题研究中。在数值研究方面，Liebe 等(2003)通过有限元离散法，同时对构型力和损伤变量进行数值求解，将构型力理论引入内变量方法并加以结合，进而对各向同性损伤问题进行处理。Mueller 和 Maugin(2002)在对非线性弹性材料的研究中，运用数值求解方法对构型力的有限元离散形式进行推导处理得到构型力。代表性的成果如下所述。

1) J_k 积分

构型力 J_k 积分已广泛应用于工程材料宏观裂纹问题和结构可靠性分析方面。其中，$J_{k=1}$ 积分(J 积分)奠定了弹塑性断裂力学的理论框架，基于裂尖 J 积分参数可以预测裂纹的稳定性，判定带裂纹构件的起裂载荷。由于 J 积分避开了裂尖应力奇异性的问题，且数值计算方便，受到学者的青睐。Hutchinson(1987)和 Ortiz(1988，1987)应用 J 积分研究了脆性材料中的微裂纹屏蔽问题。Kishimoto 等(1982，1980)将 J 积分的概念推广到断裂动力学问题中。针对高温条件导致的材料蠕变裂纹扩展问题，Landes 等(1976)和 Nikbin 等(1976)提出可以将时间相关的蠕变 J 积分(C^*积分)作为黏弹性材料裂纹稳态扩展的控制参数。Kienzler 等(2002)类比 Eshalby 构型应力的相关概念提出了等效构型应力，并基于此提出将最大等效构型应力作为断裂准则，对复合型裂纹扩展问题进行预测。Larsson 等(2005)结合扩展有限元方法(XFEM)与构型力的概念，对脆性材料的裂纹扩展问题进行了模拟。此外，基于 J_k 积分的物理意义，Hussain 等(1974)、Herrmann 等(1981)认为复合型裂纹的裂尖能量释放率与 J_k 积分相关，裂纹起裂方向为矢量 J_k 的方向，在针对二维板含复合型单裂纹以及多裂纹干涉问题的求解中，该理论预测的裂纹扩展趋势和实验观测结果吻合良好。贺启林(2010)在 J 积分和构型力理论的基础上，对采用增量塑性本构关系材料的相关断裂问题进行了研究，着重分析了在裂纹扩展的过程中能量耗散与裂纹扩展阻力之间的关系。利用构型力对均质弹塑性材料的裂纹扩展进行预测，研究提出构型力的矢量方向决定裂纹扩展方向，构型力的临界模量值决定裂纹起裂载荷(Kuna et al., 2015; He et al., 2009; Nguyen et al., 2005; Gurtin et al., 1996)。利用构型力理论阐释复合材料中裂纹偏转和界面脱黏现象的微观机理(Zhou et al., 2011；Li and Chen, 2002)。将构型力作为有限元网格精度的评价指标，对网格离散结果的误差进行评估(Mueller et al., 2004；Mueller et al., 2002)。基于构型力概念建立了多裂纹破坏理论，可用于各种形式复杂缺陷材料的完整性评估(Ballarini et al., 2016；李群，2015；Yu et al., 2013)。利用构型力作为缺陷演化驱动力来判定损伤演化方向(Wang，2016；Gruber et al., 2016；Baxevanakis et al., 2015；Bosi et al., 2015；Simha et al., 2005)。对于颗粒和纤维相变增韧复合材料，利用构型力值来表征非均质体相变对裂纹的屏蔽和反屏蔽作用(Li et al., 2015)。McMeeking(1990)提出了用路径无关 J 积分来求解在静电和机械载荷作用下弹性可变形介质中的裂纹问题，考虑了静电项和弹性项对 J 积分的贡献。对于铁电多晶材料，采用构型力描述多晶铁电材料晶界处的应力非协调性及其铁电畴变对裂纹扩展的影响(Li et al., 2012a，2012b)。基于数字图像相关(digital image correlation, DIC)技术建立了材料构型力的无损测量实验方法(于宁宇等, 2014; Yu et al., 2012)。Li 等(2017)和 Lv 等(2017)对裂纹与单个独立夹杂或界面干涉问题，给出了构型力的解析表达式，并利用构型力理论成功阐释了材料中夹杂或界面对裂纹干涉屏蔽的微观机理。Guo 等(2017)基于 J_k 积分成功预测裂纹的起裂载荷，认为裂尖构型合力值达到一门槛值时，裂纹开始起裂。基于 Guo 和 Li 的工作，古斌等(2017)对裂纹、软/硬夹杂干涉问题和各向异性断裂韧性材料的裂纹扩展问题进行了研究，成功预测了裂纹的扩展趋势，且数值模拟结果与实验结果对比，吻合度较高。武志宏等(2018)基于构型力理论建立了复合型疲劳裂纹扩展模型，对Ⅰ型和Ⅰ-Ⅱ复合型疲劳裂纹进行数值分析，研究了边界裂纹与圆孔缺陷干涉作用下的金属板疲劳问题。

2) M 积分

M 积分对积分路径选择的灵活性使得其在含多缺陷材料和结构问题中的应用更加便捷，是研究多缺陷问题的有效手段，在预测缺陷的稳定性及扩展方面具有重要作用。研究发现，材料构型力最主要概念之一的 M 积分，与材料特性、具体的缺陷情况、外加机械载荷等断裂损伤因素有关，在描述复杂缺陷材料损伤程度应用中具有显著优势(Chen，2001a，2001b)。因此，M 积分被广泛应用于描述复杂多缺陷的损伤演化问题(王德法等，2009；李群等，2008)。代表性地，Chang 及其合作者(Chang et al., 2011，2007a，2007b，2004，2002)提出将 M 积分应用于弹性材料在大变形状态下的失效行为分析，并提出一个与具体问题无关的参数 M_C(M 积分的临界值)，用于描述复杂缺陷逐渐扩展导致的材料强度和结构完整性的退化；同时，提出了利用 M 积分来表征大变形行为下橡胶材料中弯曲形态的多裂纹致材料损伤程度。Li 等(2008)将 M 积分理论用于含纳米孔洞材料问题的研究，对守恒积分进行计算，并考虑将双态积分应用于纳米尺度条件。Yu 等(2013b)的研究结果表明，M 积分不但可以表征材料构型上的不连续性，而且能够表征材料的非线性弹塑性行为，并基于 M 积分提出了一个无量纲参数 Π，很好地描述了结构的整体损伤水平，并假定当 Π 值达到一个门槛值 Π_C 时，材料发生失效。Gommerstadt(2014)应用 M 积分研究了含孔洞缺陷的固体发生振动失效的弹性动力学问题，并指出 M 积分在无损检测中的潜在应用。Chen(2001a，2001b)在工作中使用 M 积分对包含大量裂纹脆性体的损伤过程进行研究，并指出 M 积分是研究多缺陷损伤问题的有效手段。Zhou 等(2011)运用材料构型力的相关理论成功对复合材料损伤问题中的界面脱黏现象的有关微观机理进行分析，构型力理论的引入为复合材料界面损伤演化问题研究开拓了一种新思路。Ma 等(2001)的研究指出，M 积分与 CTPE 之间存在内在联系，使其可以忽略缺陷区细节而评价材料的损伤程度。Li 等(2008)针对含纳米孔洞材料的 M 积分进行了研究，分析了构型力在纳米尺度下的应用。Hui 等(2010a，2010b)将 M 积分理论应用于纳米夹杂问题的求解。

由于 M 积分与 CTPE 之间存在确定的联系，使其可以忽略缺陷区细节而对材料整体的损伤程度进行评价，因此，M 积分在新型功能材料、双态积分及多缺陷干涉问题中的应用也备受关注。针对远场均布载荷作用下的平面单裂纹问题，Chen(2001a)和 Ma 等(2001)证明了 M 积分在数值上等于 CTPE 的两倍。Hui 等(2010a，2010b)研究了纳米夹杂问题的 M 积分描述。Hu 等(2009a，2009b)对含中心双孔和中心双裂纹的脆性平板进行研究，发现在孔洞或者裂纹聚合时，M 积分的值会发生突跳，意味着材料的损伤程度在孔洞聚合时会突然增大。Pan 等(2013)重点分析了纳米薄膜中三种不同纳米孔洞的排列方式对其 M 积分的改变规律，研究发现在随机离散排列的情况下，纳米薄膜相对平行和间隔排列的情况呈现出更强的收缩性能。Pitti 等(2008)利用 M 积分预测了正交各向异性黏弹性材料中的复合型裂纹扩展行为。

特别地，有学者引入 M 积分对断裂力学中的裂尖应力强度因子进行求解。例如，Freund(1978)基于 M 积分的守恒定律 $M(\Gamma)=0$，针对平面Ⅰ型脆性断裂问题，通过选取特殊的积分路径 Γ，并结合 M 积分和 J 积分，以及应力强度因子之间的关系，计算了相应的 I 型裂尖应力强度因子。Banks-Sills 等(2008)对含一条不渗透裂纹的压电材料，通过 M 积分计算其应力强度因子。Nagai 等(2007)对存在于各向异性材料中的三维界面裂纹进行应力强度因子分析，结合 M 积分与移动最小二乘法，通过节点位移计算获得应力强度因子。

3) L 积分

考虑 L 积分在描述材料缺陷群旋转演化方面的优势，Herrmann(1981)指出，M 积分和 L 积分结合能够更自然地描述多缺陷损伤演化的能量释放率，M 积分和 L 积分有比 J_k 积分矢量更优越的性质，能够有效求解多缺陷损伤和断裂问题。之后，Kienzler 等(1990)将 M 积分和 L 积分共同应用于复合型断裂问题，通过包围整条复合型裂纹的积分路径计算，得到相应的守恒 M 积分、L 积分和 J_k^{tot} 积分(J_k^{tot} 积分表示包围整条裂纹的 J_k 积分)，通过左右裂尖 J_k 积分四个未知参量与数值计算得到的 M 积分、L 积分、J_k^{tot} 积分之间的关系，求得左右裂尖 J_k 积分。该方法避免了裂尖 J_2 积分的路径相关性问题，而且数值模型中裂尖网格即使不是很密集，也能保证裂尖应力强度因子的计算精度。Wang 等(2010)提出了一个新参数 $\mathrm{d}(M+L)/\mathrm{d}N$ 来表征疲劳损伤裂纹扩展驱动力(N 代表疲劳载荷循环数)，解释了单轴循环拉伸载荷作用下，含对称/倾斜分布双孔铝板的剩余寿命及孔洞聚合效应。Judt 等(2016)将 M 积分和 L 积分推广至双裂纹的干涉问题中，利用 M 积分和 L 积分数值大小与其计算坐标原点的相关关系，选取不同裂尖作为总体坐标，计算了所有裂尖的 J_k 积分，并成功预测了含两条不对称边界裂纹板的断裂过程。

除上述理论研究工作外，针对构型力的实验测量方面，国内外学者也开展了一些相关研究工作。早期，King 等(1981)针对平板中心/边界单裂纹问题，提出了相应的 M 积分解析简化模型和实验方法。通过简化的单裂纹 M 积分表达式，求解含中心单裂纹平面问题，该方法仅需测量得到给定积分路径上特定位置点的位移、应变等参数，即可计算得到相应的 M 积分，King 等的工作使得实验测量构型力具有可行性。继 King 等的工作之后，Zuo 等(2013)提出一种改进的 M 积分测量方法，其研究内容改进了 King 等的 M 积分实验测量公式及实验夹具，以保证远场拉伸载荷均匀分布，使得测量更为简便。然而，以上构型力的实验测量办法只适用于简单的裂纹构型，而且需要大量的应变片，操作起来极不方便。

随着实验测量新技术的发展，在构型力的测量办法上也有了新突破。需要提到的是，构型力实验测量的主要困难在于构型力的定义式包含应变能、位移、应力、应变、密度、坐标等诸多参数，传统的传感器难以同时获得所有的信息并进行同步操作。以上困难造成许多年来尽管国内外学者在构型力的理论和数值模拟领域做了大量的工作，但极少有人承担其实验测量工作。为了填补守恒积分发展所遇到的实验空白，一种简便、有效、可行的守恒积分的实验测量方法应运而生。

数字图像相关技术主要基于数字图像(物体表面随机分布的散斑点记录在数字图像中)特征点相关方法，使用数字图像灰度值的相关度来精确测量试样表面变形时的物理场。由于 DIC 技术具有光路简单、测量范围可以任意制定、测量环境要求低等特点，因此 DIC 技术在构型力的实验测量方面具有重要的应用价值。代表性的工作：利用 DIC 技术针对含中心圆孔以及中心含有随机分布多缺陷的铝合金平板，进行了 M 积分的实验测量(Yu et al., 2013a；Yu et al., 2013b，2012)，其研究结果揭示了弹塑性材料中 M 积分可能呈现的路径相关性，该相关性是由材料的弹塑性应变能引起的，其数值大小由路径之间包围的塑性区尺寸和位置决定，不同路径积分的差异等于两路径所包含塑性区中的非线性变形功；基于数字图像相关技术(Li et al., 2017)，针对含局部多缺陷的铝合金“十”字形试样，实验测得双轴载荷作用下合金板与 M 积分相关的临界损伤参数 Π_C，揭示了 Π_C 参数与双轴拉伸载荷比参数的相关性，证实了 Π 参数适用于含复杂缺陷、受复杂载荷作用的弹塑性材料的失效评价。此外，Becker 等(2012)利用 DIC 技术对紧凑拉伸试件测量了 J 积分。研究发现：基于 DIC 技术的守恒积分测量办法，适用于脆性材料或韧性材料，且可用于各种不同的缺陷及多缺陷构型情况。

此外，构型力 J_k 积分、M 积分和 L 积分在弹塑性材料、纳米缺陷材料、铁电/压电材料的微裂纹及界面断裂分析中也已应用广泛。Nguyen 等(2005)基于材料构型力理论对非线性材料，包括弹塑性材料和黏弹性材料的断裂行为进行了研究，对构型力与能量耗散之间的关系做出了深入分析。基于材料构型力学的基本理论，Fagerström 等(2008)构造了一个基于材料空间变量的率相关内聚力模型，并通过该模型对与快速扩展相关的断裂问题进行了深入研究。Ozenc 等(2016)提出了一个基于构型力在动态脆性断裂的分支现象模型，使用材料构型力理论建立了一个基于哈密顿原理的理论框架，基于该框架对动态裂纹问题进行建模分析。Bird 等(2018)基于材料构型力学理论，利用非连续伽辽金对称罚函数的有限元形式建立了自适应准静态脆性裂纹扩展问题的框架，并基于此对单一型裂纹和复合型裂纹扩展问题进行了讨论。Seo 等(2018)基于材料构型力理论以守恒积分来研究边缘位错、线力、应变核和受到远场载荷的集中耦合力矩的奇异性。由于在描述缺陷演化中的独特优势，构型力理论在未来仍会不断发展和完善，有望在断裂与损伤领域实现重大突破，为工程领域的应用打下坚实的基础。

Pak(1990)和 Suo 等(1992)将 J 积分引入了压电材料的研究，研究结果表明 J 积分与能量释放率的内在关系对压电材料同样适用。此外，Wang 和 Shen(1996)推导了磁致和电致伸缩弹性材料中的守恒积分表达式，综合考虑了外加磁场、电场、温度场和力场的作用。Gao(1994)应用 J 积分计算了纳米薄膜结构从平面变为弯曲凸起状态时的应变能密度分布。Li 等(2012a，2012b，2010)对铁电材料在多场耦合载荷作用下的构型力进行了研究。基于最小势能原理和材料质点的电焓密度函数，Li 等(2018)系统推导了压电材料体系下的守恒 J_k 积分、M 积分和 L 积分，并详细阐述了相应构型力的物理意义和非均质相导致的守恒积分路径相关性。此外，针对压电材料中裂纹尖端附近发生电畴偏转的现象，研究了其对裂尖构型力的贡献，揭示了电畴偏转对压电材料断裂韧性的增强和削弱机理。

综上所述，材料构型力相关概念的理论工作、数值计算、实验测量等方面取得了大量成果，因而在含缺陷材料的损伤、断裂问题，以及非均质材料或结构的增韧机理和失效评估方面均具有广泛的应用空间和科学研究价值。

本书系统地介绍了材料构型力理论的相关研究成果及其工程应用研究。全书共 9 章，第 1 章对材料构型力的起源及现状进行总体介绍。第 2 章介绍材料构型力的基本概念。第 3 章讲解材料构型力的数值计算方法及其数值开发的具体思路。第 4 章概括材料构型力的实验测量方法。第 5 章介绍材料构型力在裂纹扩展中的应用研究，包括复合型裂纹、疲劳裂纹和界面裂纹问题等。第 6 章介绍材料构型力在多缺陷失效破坏中的应用研究，考虑了夹杂相变、微裂纹聚合、孔洞聚合、多缺陷损伤、黏塑性变形和疲劳加载等影响下的多缺陷问题。第 7、8 章分别介绍材料构型力在损伤力学和纳米缺陷材料失效分析中的应用。第 9 章总结材料构型力在力电耦合材料失效分析中的应用，主要针对的是压电功能材料和挠曲电材料中的缺陷问题。

第 2 章　材料构型力的基本概念

材料构型力的表达式可通过对耗散系统拉格朗日能量密度函数进行梯度、散度和旋度操作获得(Chen，2002；黎在良等，1996；Maugin，1993)。本章将介绍材料构型力(J_k积分、M积分和L积分)的基本概念，并对它们的特性进行详细阐述。

2.1　J_k积分

2.1.1　J_k积分的基本概念

作为新兴的材料构型力理论中的重要参量，材料构型力J_k积分由Knowles和Sternberg(1972)提出，其定义式可通过对拉格朗日能量密度函数进行梯度运算得到。本小节将具体介绍基于拉格朗日能量密度函数推导得到J_k积分的过程，帮助理解J_k积分的概念。

拉格朗日能量密度函数可以看作坐标、位移以及应变张量的函数(Noether，2011)。如果不考虑惯性项，拉格朗日能量密度函数$\overline{L}$可以定义为

$$\overline{L}=\overline{L}(x_i,u_j(x_i),\varepsilon_{jk}(x_i))=-V(x_i,u_j(x_i))-W(x_i,\varepsilon_{jk}(x_i))\quad (i,j,k=1,2) \tag{2-1}$$

式中，x_i为坐标向量；u_j为位移矢量；ε_{jk}为应变张量；V为动能密度；W为应变能密度。对拉格朗日能量密度函数进行梯度运算，且不考虑体力(V=0)，可以表示为(Eischen et al., 1987)

$$\nabla\overline{L}=-\frac{\partial W(x_i,\varepsilon_{jk}(x_i))}{\partial x_i}=-\left(\frac{\partial W}{\partial x_i}\right)_{\text{expl.}}-\sigma_{jk}u_{j,ki} \tag{2-2}$$

式中，σ_{jk}代表柯西应力张量；$(\partial W/\partial x_i)_{\text{expl.}}$代表应变能密度$W$关于坐标$x_i$的显式偏导数，重复下标满足张量求和约定。式(2-2)最后一个等号右边第二项，可以写作：

$$\sigma_{jk}u_{j,ki}=(\sigma_{jk}u_{j,i})_{,k}-\sigma_{jk,k}u_{j,i} \tag{2-3}$$

引入弹性力学中的平衡方程：

$$\sigma_{jk,k}+f_j=0 \tag{2-4}$$

式中，f_j表示体力。在不考虑体力的情况下，平衡方程变为$\sigma_{jk,k}=0$。结合式(2-3)和平衡方程(2-4)，式(2-2)可改写为

$$\left(\frac{\partial W}{\partial x_i}\right)_{\text{expl.}}=W_{,i}-(\sigma_{jk}u_{j,i})_{,k}=(W\delta_{ik}-\sigma_{jk}u_{j,i})_{,k} \tag{2-5}$$

式中，δ_{ik}为克罗内克(Kronecker)符号，当$i=k$时，$\delta_{ik}=1$；当$i\neq k$时，$\delta_{ik}=0$。对式(2-5)进行处理，可以得到类似于连续介质的平衡方程：

$$b_{ik,k}+R_i=0 \tag{2-6}$$

式中，与材料构型力J_k积分对应的构型应力b_{ik}(Eshelby，1956)也称为Eshelby构型应力，可以写作：

$$b_{ik}=W\delta_{ik}-\sigma_{jk}u_{j,i} \tag{2-7}$$

R_i是应变能密度W与坐标x_i的依赖项，定义为

$$R_i=-\left(\frac{\partial W}{\partial x_i}\right)_{\text{expl.}} \tag{2-8}$$

此项来源于材料中存在的非均质性，如缺陷等导致的介质不连续性，被视为损伤源。

这样，J_k积分的定义式可以通过Eshelby构型应力张量沿着包含缺陷的任意闭合路径C积分得到：

$$J_k=\oint_C b_{ik}n_i\mathrm{d}s=\oint_C(Wn_k-u_{j,k}T_j)\mathrm{d}s\quad(k=1,2) \tag{2-9}$$

式中，C为起始于裂纹下表面，终止于裂纹上表面的积分路径；n_i和n_k均为积分路径的外法线方向；$\mathrm{d}s$为无限小积分段；$T_j=\sigma_{ji}n_i$，为积分路径外法线上的应力主矢量。

2.1.2　J_k积分的物理意义

本小节将从Eshelby构型应力$b_{ik}(i,k=1,2)$出发，对材料构型力J_k积分的物理意义进行阐述。作为J_k积分的被积函数，为了在物理意义上对Eshelby构型应力b_{ik}进行准确的描述，可以针对材料介质中存在的单位厚度无限小单元进行研究(Kienzler et al., 1997)。图2-1显示了单位厚度无限小单元受Eshelby构型应力作用的平移运动。图中，实线代表二维单元$\mathrm{d}x_1\mathrm{d}x_2$变形前的位置，虚线代表二维单元$\mathrm{d}x_1\mathrm{d}x_2$变形后的位置。在两坐标轴($x_1$和$x_2$)上都平移$\lambda\mathrm{d}t$的距离，其中$\lambda$为正的移动速度，$\mathrm{d}t$为平移发生的时间变量。

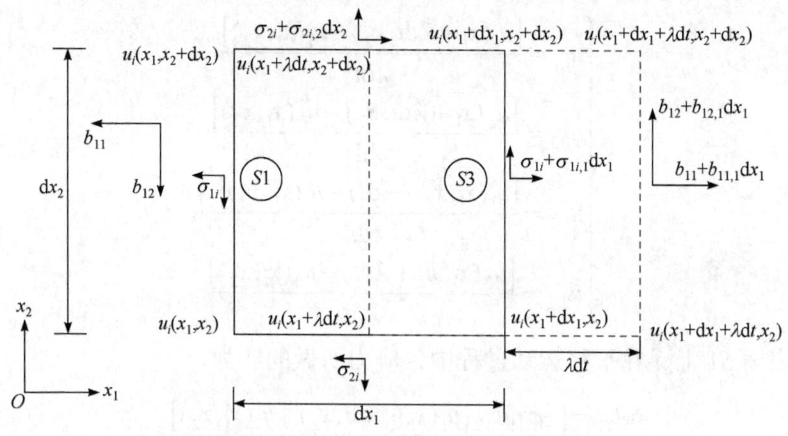

(a) 单位厚度无限小单元沿x_1方向平移λdt的Eshelby构型应力

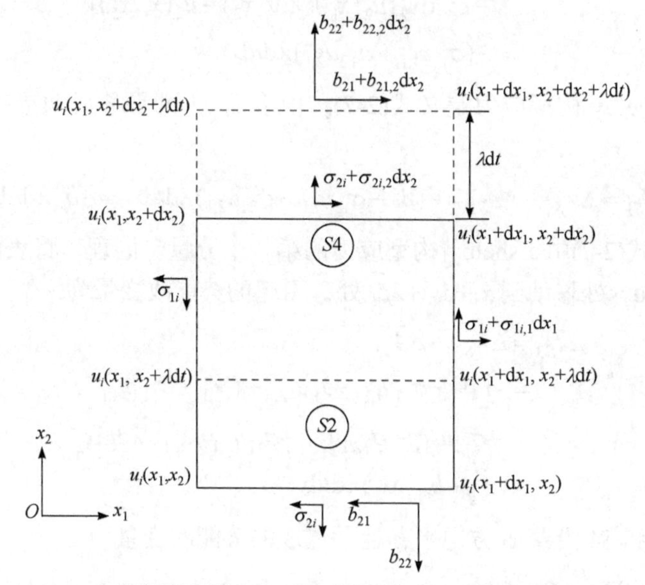

(b) 单位厚度无限小单元沿x_2方向平移λdt的Eshelby构型应力

图 2-1　单位厚度无限小单元受 Eshelby 构型应力作用的平移运动

针对二维平面内的无穷小单元，假设单元表面上的应力张量在变形过程中不会改变，相应的应变能密度也不变。变形前后能量的改变可以看作是由无限小单元四个表面 $S1$、$S2$、$S3$ 和 $S4$ 上的应力做功引起的。如图 2-1(a)所示，针对 $S1$ 表面，无限小单元沿着 x_1 方向从 x_1 处移动到 $x_1+\lambda dt$ 处，引起的应变能变化量 Δw_{S1} 为

$$\Delta w_{S1} = -W\lambda \mathrm{d}t\mathrm{d}x_2 \tag{2-10}$$

引入如下的位移偏导数表达式：

$$\begin{cases} u_{1,1} = \dfrac{\left[u_1(x_1+\lambda \mathrm{d}t, x_2) - u_1(x_1, x_2)\right]}{\lambda \mathrm{d}t} \\ u_{2,1} = \dfrac{\left[u_2(x_1+\lambda \mathrm{d}t, x_2) - u_2(x_1, x_2)\right]}{\lambda \mathrm{d}t} \\ u_{1,2} = \dfrac{\left[u_1(x_1, x_2+\lambda \mathrm{d}t) - u_1(x_1, x_2)\right]}{\lambda \mathrm{d}t} \\ u_{2,2} = \dfrac{\left[u_2(x_1, x_2+\lambda \mathrm{d}t) - u_2(x_1, x_2)\right]}{\lambda \mathrm{d}t} \end{cases} \tag{2-11}$$

在表面 $S1$ 上，在平移运动过程中，应力所做的功为

$$\begin{aligned} \Delta A_{S1} &= \left\{-\sigma_{11}\mathrm{d}x_2\left[u_1(x_1+\lambda \mathrm{d}t, x_2) - u_1(x_1, x_2)\right]\right. \\ &\quad \left. - \sigma_{12}\mathrm{d}x_2\left[u_2(x_1+\lambda \mathrm{d}t, x_2) - u_2(x_1, x_2)\right]\right\} \\ &= -(\sigma_{11}u_{1,1} + \sigma_{12}u_{2,1})\lambda \mathrm{d}t\mathrm{d}x_2 \end{aligned} \tag{2-12}$$

根据 Eshelby 构型应力定义式(2-7)，由表面 $S1$ 的平移运动造成的势能改变量为

$$\varPi_{S1} = \Delta w_{S1} - \Delta A_{S1} = -(W - \sigma_{11}u_{1,1} - \sigma_{21}u_{2,1})\lambda \mathrm{d}t\mathrm{d}x_2 = -b_{11}\lambda \mathrm{d}t\mathrm{d}x_2 \tag{2-13}$$

式中，b_{11} 为式(2-7)中 Eshelby 构型应力的第一个分量。同理，将表面 $S3$ 沿着 x_1 方向，从 $x_1+\mathrm{d}x_1$ 处移动到 $x_1+\mathrm{d}x_1+\lambda\mathrm{d}t$ 处，引起的势能改变量为

$$\begin{aligned} \varPi_{S3} &= \Delta w_{S3} - \Delta A_{S3} \\ &= -\left[W - \sigma_{11}u_{1,1} - \sigma_{12}u_{2,1} + (W_{,1} - \sigma_{11,1}u_{1,1}\right. \\ &\quad \left. - \sigma_{11}u_{1,11} - \sigma_{12,1}u_{2,1} - \sigma_{12}u_{2,11})\mathrm{d}x_1\right]\lambda \mathrm{d}t\mathrm{d}x_2 \\ &= (b_{11} + b_{11,1}\mathrm{d}x_1)\lambda \mathrm{d}t\mathrm{d}x_2 \end{aligned} \tag{2-14}$$

表面 $S2$ 和 $S4$ 沿着 x_1 方向平移运动造成的势能改变量为

$$\begin{cases} \varPi_{S2} = 0 - \Delta A_{S2} = -(-\sigma_{21}u_{1,1} - \sigma_{22}u_{2,1})\lambda \mathrm{d}t\mathrm{d}x_1 = -b_{21}\lambda \mathrm{d}t\mathrm{d}x_2 \\ \varPi_{S4} = 0 - \Delta A_{S4} = (b_{21} + b_{21,2}\mathrm{d}x_2)\lambda \mathrm{d}t\mathrm{d}x_1 \end{cases} \tag{2-15}$$

式中，b_{21} 为 Eshelby 构型应力的剪切分量。

同理，如图 2-1(b)所示，无限小单元沿着 x_2 方向平移$\lambda\mathrm{d}t$ 距离，单元四个表面上的势能改变量分别为

$$\begin{cases} \varPi_{S1} = 0 - \Delta A_{S1} = -(-\sigma_{11}u_{1,2} - \sigma_{12}u_{2,2})\lambda \mathrm{d}t\mathrm{d}x_2 = -b_{12}\lambda \mathrm{d}t\mathrm{d}x_2 \\ \varPi_{S2} = \Delta w_{S2} - \Delta A_{S2} = -(W - \sigma_{21}u_{1,2} - \sigma_{22}u_{2,2})\lambda \mathrm{d}t\mathrm{d}x_1 = -b_{22}\lambda \mathrm{d}t\mathrm{d}x_1 \\ \varPi_{S3} = 0 - \Delta A_{S3} = (b_{12} + b_{12,1}\mathrm{d}x_1)\lambda \mathrm{d}t\mathrm{d}x_2 \\ \varPi_{S4} = \Delta w_{S4} - \Delta A_{S4} = (b_{22} + b_{22,2}\mathrm{d}x_2)\lambda \mathrm{d}t\mathrm{d}x_1 \end{cases} \tag{2-16}$$

通过式(2-13)～式(2-16)可以发现，Eshelby 构型应力分量 b_{ik} 代表单位厚度无穷小单元法向量为 x_i 的单元表面，在 x_k 方向上平移单位距离所产生的势能改变量。根据构型应力分量 b_{ik} 与 J_k 积分的关系，可以得到 J_k 积分的物理意义，即包围所有缺陷的 J_k 积分($k = 1, 2$)代表路径内单位厚度连续介质沿着两个坐标轴方向(x_1, x_2)发生滑动所造成的势能改变量。

2.1.3　J_k积分的路径无关性

根据 J_k 积分定义式(2-9)，J_k 积分由 Eshelby 构型应力沿包含缺陷的闭合路径 C 积分获得。本小节讨论 J_k 积分的路径性质，针对 J_k 积分的第一个分量 J_1 积分：

$$J_1 = J = \oint_C (Wn_1 - u_{j,1}T_j)\mathrm{d}s \tag{2-17}$$

式中，W 表示应变能密度；n_1 表示积分路径 C 上某一点的外法线方向矢量；$T_j = \sigma_{ij}n_i$，表示积分路径外法线上的应力主矢量。

如图 2-2 所示，考虑围绕裂尖的积分路径 C_R 和 C_D，由 C_R、C_D 以及点 E、A 之间，点 B、F 之间的应力自由裂面组成的新路径 $\varGamma = C_\mathrm{D} + BF - C_\mathrm{R} + EA$(其中定义围绕裂尖的逆时针路径 C_D 为正)，$\varGamma$ 为不包围任何缺陷的闭合积分路径。由于裂面应力自由，因此在点 E、A 和点 B、F 之间的 J_1 积分分量 J_{EA} 和 J_{BF} 满足：

$$J_{EA} = \int_E^A \left(Wn_1 - T_j \frac{\partial u_j}{\partial x_1} \right) \mathrm{d}s = \int_E^A W \mathrm{d}x_2 = 0,\quad J_{BF} = \int_B^F \left(Wn_1 - T_j \frac{\partial u_j}{\partial x_1} \right) \mathrm{d}s = \int_B^F W \mathrm{d}x_2 = 0 \tag{2-18}$$

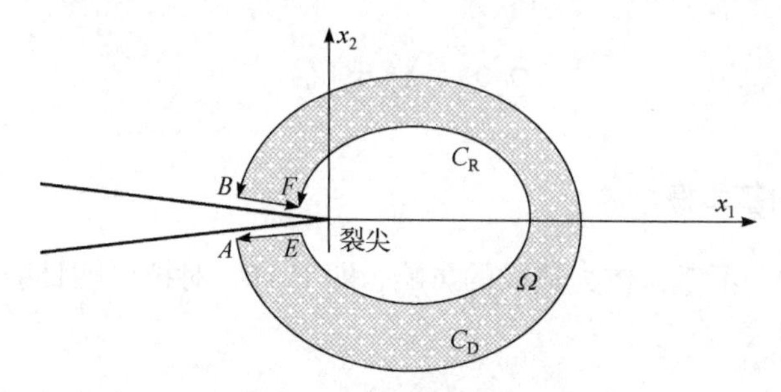

图 2-2　围绕裂尖的积分路径

对于路径 $\varGamma$ 包裹着连续区域 Ω 而不包含任何奇点和断点的情况，格林定理是适用的。基于此，在路径$\varGamma$上进行的 J_1 积分 $J_\varGamma$ 可以写作：

$$J_\varGamma = J_\mathrm{D} - J_\mathrm{R} = \int_\varGamma \left(Wn_1 - T_j \frac{\partial u_j}{\partial x_1} \right) \mathrm{d}s = \iint_{\Omega(\varGamma)} \frac{\partial W}{\partial x_1} \mathrm{d}x_1 \mathrm{d}x_2 - \int_\varGamma \left(\sigma_{j1} \frac{\partial u_j}{\partial x_1} n_1 + \sigma_{j2} \frac{\partial u_j}{\partial x_1} n_2 \right) \mathrm{d}s \tag{2-19}$$

式中，$\Omega(\Gamma)$为路径Γ包围的面积；J_Γ、J_D和J_R分别为定义在路径Γ、C_D和C_R上的J积分。式(2-19)最后一个等号右面的第一项可以表示为

$$
\begin{aligned}
\iint\limits_{\Omega(\Gamma)} \frac{\partial W}{\partial x_1}\mathrm{d}x_1\mathrm{d}x_2 &= \iint\limits_{\Omega(\Gamma)} \frac{\partial W}{\partial \varepsilon_{jk}}\frac{\partial \varepsilon_{jk}}{\partial x_1}\mathrm{d}x_1\mathrm{d}x_2 \\
&= \frac{1}{2}\iint\limits_{\Omega(\Gamma)} \sigma_{jk}\frac{\partial(u_{j,k}+u_{k,j})}{\partial x_1}\mathrm{d}x_1\mathrm{d}x_2
\end{aligned}
\tag{2-20}
$$

式(2-19)最后一个等号右面的第二项可以表示为

$$
\begin{aligned}
\int_\Gamma\left(\sigma_{j1}\frac{\partial u_j}{\partial x_1}n_1+\sigma_{j2}\frac{\partial u_j}{\partial x_1}n_2\right)\mathrm{d}s &= \int_\Gamma \sigma_{j1}\frac{\partial u_j}{\partial x_1}\mathrm{d}x_2+\sigma_{j2}\frac{\partial u_j}{\partial x_1}\mathrm{d}x_1 \\
&= \iint\limits_{\Omega(\Gamma)}\left[\frac{\partial(\sigma_{j1}u_{j,1})}{\partial x_1}+\frac{\partial(\sigma_{j2}u_{j,1})}{\partial x_2}\right]\mathrm{d}x_1\mathrm{d}x_2
\end{aligned}
\tag{2-21}
$$

不考虑体力的平衡方程，将式(2-20)和式(2-21)代入式(2-19)，可以得到：

$$
J_\Gamma = J_\mathrm{D} - J_\mathrm{R} = 0 \tag{2-22}
$$

也就是，存在$J_\mathrm{D}=J_\mathrm{R}$，式(2-22)证明了$J_1$积分的路径无关性质。

对于J_k积分的第二个分量J_2积分，Herrmann 和 Herrmann(1981)指出，当在上下裂面上的起点和终点位置不同时，两个应力自由裂面应变能密度的贡献可能不同，从而导致其路径相关。当闭合路径包围整个裂纹时，若上下裂面上的起点和终点位置相同，则J_2积分同样满足路径无关特性。

2.2　M 积分

2.2.1　M 积分的基本概念

基于式(2-1)，不考虑体力造成的影响，即$V=0$，对拉格朗日能量密度函数做散度操作，可得表达式：

$$
\nabla(\bar{L}\boldsymbol{x}) = (Wx_i)_{,i} = mW + \left(\frac{\partial W}{\partial x_i}\right)_{\text{expl.}} x_i + \frac{\partial W}{\partial u_k}u_{k,i}x_i + \frac{\partial W}{\partial u_{k,j}}u_{k,ji}x_i \tag{2-23}
$$

式中，参数$m=x_{i,i}$，平面问题中$m=2$，三维问题中$m=3$；$()_{,i}$下标代表该物理量对坐标x_i的偏导数。从应变能密度中的柯西应力张量定义和它的对称性，可得

$$
\sigma_{kj} = \sigma_{jk} = \frac{\partial W}{\partial \varepsilon_{kj}} = \frac{\partial W}{\partial u_{k,j}} \tag{2-24}
$$

通过式(2-24)，式(2-23)可改写为

$$(Wx_i)_{,i} = mW + \left(\frac{\partial W}{\partial x_i}\right)_{\text{expl.}} x_i + \sigma_{jk}u_{k,ji}x_i \tag{2-25}$$

引入平衡方程$\sigma_{kj,j}=0$，式(2-25)等号右边最后一项可以写作：

$$\sigma_{jk}u_{k,ji}x_i = (\sigma_{jk}u_{k,i}x_i)_{,j} - \sigma_{jk,j}u_{k,i}x_i - \sigma_{jk}u_{k,i}x_{i,j} = (\sigma_{jk}u_{k,i}x_i)_{,j} - \sigma_{jk}u_{k,j} \tag{2-26}$$

将式(2-26)代入式(2-25)，重新整理可得到：

$$(Wx_i\delta_{ij} - \sigma_{jk}u_{k,i}x_i)_{,j} = mW - \sigma_{jk}u_{k,j} + \left(\frac{\partial W}{\partial x_i}\right)_{\text{expl.}} x_i \tag{2-27}$$

引入线弹性材料中应变能密度与应力张量、应变张量的关系式：

$$W = \frac{1}{2}\sigma_{kj}\varepsilon_{kj} = \frac{1}{2}\sigma_{kj}u_{k,j} \tag{2-28}$$

将式(2-28)代入式(2-27)，可以得到如下的平衡方程：

$$M_{j,j} + \Lambda = 0 \tag{2-29}$$

式中，$M_{j,j}$代表M_j对坐标x_j的偏导数，且有

$$M_j = Wx_i\delta_{ij} - \sigma_{jk}u_{k,i}x_i + \frac{2-m}{2}\sigma_{jk}u_k \tag{2-30}$$

$$\Lambda = \left(\frac{\partial W}{\partial x_i}\right)_{\text{expl.}} x_i \tag{2-31}$$

将M_j称为缺陷自相似扩散的材料损伤扩展力，将Λ称为材料损伤源，其来源是材料内部存在缺陷而导致的材料性质不连续性。考虑平面问题，则式(2-30)中的$m=2$。将材料损伤扩展力M_j沿闭合路径C积分，得到对应的材料损伤扩展构型力M积分的表达式：

$$M = \oint_C M_j n_j \mathrm{d}s = \oint_C (Wx_j n_j - T_k u_{k,i} x_i)\mathrm{d}s \tag{2-32}$$

式中，$T_k = \sigma_{jk}n_j$，代表积分路径外法线上的应力主矢量。

2.2.2　*M* 积分的物理意义

接下来，通过积分内核，即材料损伤扩展力M_j来讨论M积分的物理意义。首先，考虑无限小单元在x_1-x_2平面内总势能改变量和损伤扩展力之间的关系，假设具有单位厚度的无限小单元自相似扩展，即面内坐标为(x_1, x_2)的无限小单元在两坐标方向分别扩展$\lambda x_1\mathrm{d}t$、$\lambda x_2\mathrm{d}t$的距离，其中λ为正的移动速度，$\mathrm{d}t$为时间变量。图 2-3 给出了平面无限小单元的自相似扩展运动与M积分的积分内核分量M_j的

关系，分别用实线和虚线显示变形前后的单元形状。在变形过程中变化的参量为位移矢量和单元总的应变能。需要注意的是，在变形过程中，单元表面上的应力张量假设为不变量。

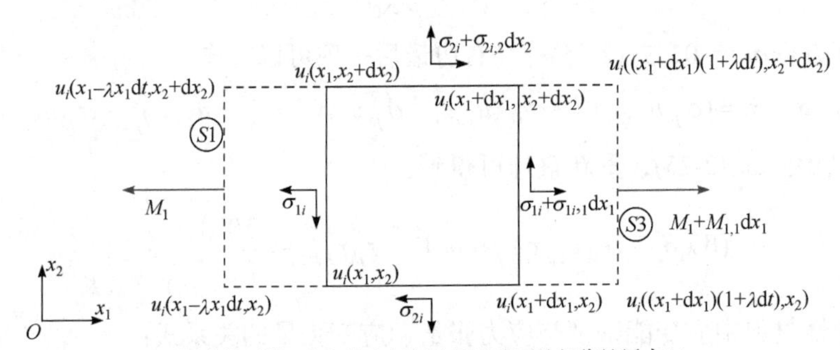

(a) 无限小单元沿x_1方向的自相似扩展运动下的损伤扩展力M_j

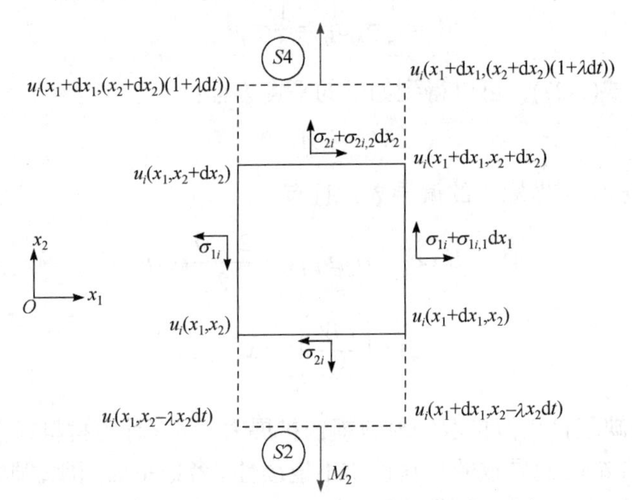

(b) 无限小单元沿x_2方向的自相似扩展运动下的损伤扩展力M_j

图 2-3　平面无限小单元的自相似扩展运动与 M 积分的内核分量 M_j 的关系

上述变形过程中的能量变化可以归结为，单元变形导致的单元总应变能变化以及单元四个侧边 $S1$、$S2$、$S3$ 和 $S4$ 上的外力功变化的共同作用。对于图 2-3(a)所示单元的侧边 $S1$，由于单元由 x_1 自相似扩展至 $x_1-\lambda x_1\mathrm{d}t$，单元内部的应变能变化量可以表示为

$$\Delta w_{S1}=Wx_1\lambda\mathrm{d}t\mathrm{d}x_2 \tag{2-33}$$

同时，应力σ_{11}、σ_{12}在 $S1$ 面上的外力功为

$$\begin{aligned}\Delta A_{S1}=&-\sigma_{11}\mathrm{d}x_2\left[u_1(x_1-\lambda x_1\mathrm{d}t,x_2)-u_1(x_1,x_2)\right]\\&-\sigma_{12}\mathrm{d}x_2\left[u_2(x_1-\lambda x_1\mathrm{d}t,x_2)-u_2(x_1,x_2)\right]=(\sigma_{11}u_{1,1}x_1+\sigma_{12}u_{2,1}x_1)\lambda\mathrm{d}t\mathrm{d}x_2\end{aligned} \tag{2-34}$$

将外力功变化及应变能变化代入势能变化的表达式，单元在 x_1 方向上自相似扩展的距离 $\lambda x_1 \mathrm{d}t$ 在 $S1$ 边上产生的势能变化量为

$$\varPi_{S1} = \Delta w_{S1} - \Delta A_{S1} = (Wx_1 - \sigma_{11}u_{1,1}x_1 - \sigma_{12}u_{2,1}x_1)\lambda \mathrm{d}t\mathrm{d}x_2 = M_1\lambda \mathrm{d}t\mathrm{d}x_2 \tag{2-35}$$

式中，M_1 为损伤扩展力分量的第一项。

使用类似的方法，可以得到单元另一条边 $S3$ 的坐标从 $x_1+\mathrm{d}x_1$ 扩展至 $(x_1+\mathrm{d}x_1)\cdot(1+\lambda \mathrm{d}t)$ 时，应变能变化量以及相应的应力功的表达式分别为

$$\begin{aligned}\Delta w_{S3} &= W(x_1+\mathrm{d}x_1, x_2)(x_1+\mathrm{d}x_1)\lambda \mathrm{d}t\mathrm{d}x_2 \\ &= \left[Wx_1 + (W+W_{,1}x_1)\mathrm{d}x_1\right]\lambda \mathrm{d}t\mathrm{d}x_2 + 0\left(\mathrm{d}x_1^2\mathrm{d}x_2\right)\end{aligned} \tag{2-36}$$

$$\begin{aligned}\Delta A_{S3} &= \left\{(\sigma_{11}+\sigma_{11,1}\mathrm{d}x_1)\left[u_1((x_1+\mathrm{d}x_1+(x_1+\mathrm{d}x_1)\lambda \mathrm{d}t), x_2) - u_1(x_1+\mathrm{d}x_1, x_2)\right]\right\}\mathrm{d}x_2 \\ &\quad + \left\{(\sigma_{12}+\sigma_{12,1}\mathrm{d}x_1)\left[u_2((x_1+\mathrm{d}x_1+(x_1+\mathrm{d}x_1)\lambda \mathrm{d}t), x_2) - u_2(x_1+\mathrm{d}x_1, x_2)\right]\right\}\mathrm{d}x_2 \\ &= (\sigma_{11}u_{1,1}x_1 + \sigma_{12}u_{2,1}x_1 + \sigma_{11,1}u_{1,1}x_1\mathrm{d}x_1 + \sigma_{12,1}u_{2,1}x_1\mathrm{d}x_1 + \sigma_{11}u_{1,11}x_1\mathrm{d}x_1 \\ &\quad + \sigma_{12}u_{2,11}x_1\mathrm{d}x_1 + \sigma_{11}u_{1,1}\mathrm{d}x_1 + \sigma_{12}u_{2,1}\mathrm{d}x_1)\lambda \mathrm{d}t\mathrm{d}x_2 + 0\left(\mathrm{d}x_1^2\mathrm{d}x_2\right)\end{aligned} \tag{2-37}$$

通过式(2-36)和式(2-37)，可以得到边 $S3$ 系统势能变化量为

$$\begin{aligned}\varPi_{S3} &= \Delta w_{S3} - \Delta A_{S3} \\ &= [(W - \sigma_{11}u_{1,1} - \sigma_{12}u_{2,1})x_1 \\ &\quad + (W + W_{,1}x_1 - \sigma_{11,1}u_{1,1}x_1 - \sigma_{12,1}u_{2,1}x_1 - \sigma_{11}u_{1,11}x_1 \\ &\quad - \sigma_{12}u_{2,11}x_1 - \sigma_{11}u_{1,1} - \sigma_{12}u_{2,1})\mathrm{d}x_1]\lambda \mathrm{d}t\mathrm{d}x_2 \\ &= (M_1 + M_{1,1}\mathrm{d}x_1)\lambda \mathrm{d}t\mathrm{d}x_2\end{aligned} \tag{2-38}$$

由式(2-35)和式(2-38)可以看出，损伤扩展力矢量的第一个分量 M_1 的物理意义可以理解为，材料沿着 x_1 坐标方向发生自相似扩展时，由应变能及应力功导致的系统总势能改变量。

对于图 2-3(b)所示的无限小单元沿 x_2 方向的自相似扩展，由上述讨论结果可以推知，在面 $S2$ 上沿着 x_2 方向的自相似扩展导致的应变能变化、应力功变化可以分别表示为

$$\Delta w_{S2} = Wx_2\lambda \mathrm{d}t\mathrm{d}x_1 \tag{2-39}$$

$$\begin{aligned}\Delta A_{S2} &= \left\{-\sigma_{21}\mathrm{d}x_1\left[u_1(x_1, x_2 - \lambda x_2\mathrm{d}t) - u_1(x_1, x_2)\right]\right. \\ &\quad \left. - \sigma_{22}\mathrm{d}x_1\left[u_2(x_1, x_2 - \lambda x_2\mathrm{d}t) - u_2(x_1, x_2)\right]\right\} \\ &= (\sigma_{21}u_{1,2}x_2 + \sigma_{22}u_{2,2}x_2)\lambda \mathrm{d}t\mathrm{d}x_1\end{aligned} \tag{2-40}$$

$S2$ 边上的势能改变量为

$$\Pi_{S2} = \Delta w_{S2} - \Delta A_{S2} = (wx_2 - \sigma_{21}u_{1,2}x_2 - \sigma_{22}u_{2,2}x_2)\lambda \mathrm{d}t\mathrm{d}x_1 = M_2\lambda \mathrm{d}t\mathrm{d}x_1 \tag{2-41}$$

式中，M_2 为损伤扩展力分量的第二项。

同样地，也可以得到面 $S4$ 上由 $x_2+\mathrm{d}x_2$ 到$(x_2+\mathrm{d}x_2)(1+\lambda \mathrm{d}t)$的扩展导致的一系列能量变化，分别如式(2-42)～式(2-44)所示：

$$\begin{aligned}\Delta w_{S4} &= W(x_1, x_2 + \mathrm{d}x_1)(x_2 + \mathrm{d}x_2)\lambda \mathrm{d}t\mathrm{d}x_1 \\ &= \left[Wx_2 + (W + W_{,2}x_2)\mathrm{d}x_2\right]\lambda \mathrm{d}t\mathrm{d}x_1 + 0\left(\mathrm{d}x_2^2\mathrm{d}x_1\right)\end{aligned} \tag{2-42}$$

$$\begin{aligned}\Delta A_{S4} = &\left[(\sigma_{21}u_{1,2}x_2 + \sigma_{22}u_{2,2}x_2) + (\sigma_{21,2}u_{1,2}x_2\mathrm{d}x_2 + \sigma_{22,2}u_{2,2}x_2\mathrm{d}x_2 + \sigma_{21}u_{1,22}x_2\mathrm{d}x_2\right. \\ &\left. + \sigma_{22}u_{2,22}x_2\mathrm{d}x_2 + \sigma_{21}u_{1,2}\mathrm{d}x_2 + \sigma_{22}u_{2,2}\mathrm{d}x_2)\right]\lambda \mathrm{d}t\mathrm{d}x_1 + 0\left(\mathrm{d}x_2^2\mathrm{d}x_1\right)\end{aligned} \tag{2-43}$$

$$\Pi_{S4} = \Delta w_{S4} - \Delta A_{S4} = (M_2 + M_{2,2}\mathrm{d}x_2)\lambda \mathrm{d}t\mathrm{d}x_1 \tag{2-44}$$

由此，通过式(2-41)和式(2-44)可以看出，损伤扩展力第二个分量 M_2 的物理意义可以理解为，材料沿着 x_2 坐标方向发生自相似扩展时，由应变能及应力功导致的系统总势能改变量。

从式(2-35)、式(2-38)、式(2-41)和式(2-44)的推导过程可以看出，通过对 M_j 进行积分可得 M 积分的物理意义，即代表了积分路径内缺陷自相似扩展所引起的系统总势能改变量。

2.2.3 *M* 积分的路径无关性

本小节验证 M 积分的路径无关性。图 2-4 为含多缺陷弹性体的积分路径示意图，定义如下三条积分路径：

$$\begin{cases} \Gamma^{(1)} = \overline{ABCA} \\ \Gamma^{(2)} = \overline{DEFD} \\ \Omega = \overline{ABCDFEDCA} \end{cases} \tag{2-45}$$

式中，$\Gamma^{(1)}$与$\Gamma^{(2)}$是任意选择的包含所有缺陷的两条闭合路径，这两条路径不得相交，逆时针方向为正；$\Omega = \Gamma^{(1)} - \Gamma^{(2)}$，且 Ω 所包围的区域为单连通域，$A(\Omega)$表示路径 Ω 包围区域的面积。

令 $M^{(1)}$、$M^{(2)}$和 $M^{(\Omega)}$分别为路径$\Gamma^{(1)}$、$\Gamma^{(2)}$和 Ω 上的 M 积分值，则有

$$\begin{cases} M^{(1)} = M^{\overline{ABCA}} \\ M^{(2)} = M^{\overline{DEFD}} \\ M^{(\Omega)} = M^{(1)} - M^{(2)} \end{cases} \tag{2-46}$$

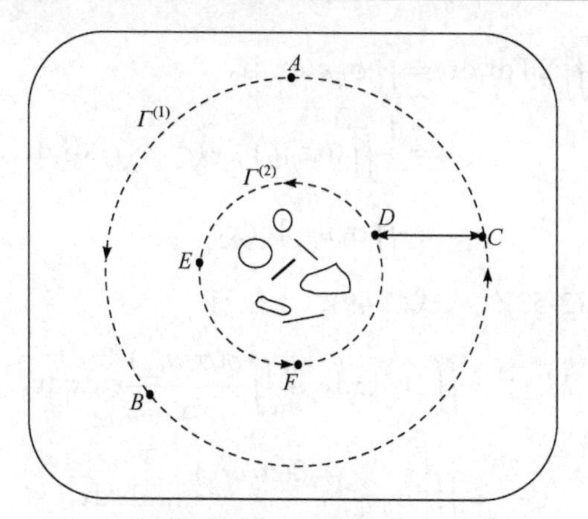

图 2-4　含多缺陷弹性体的积分路径示意图

此外，把 M 积分拆分为两部分，令

$$\begin{cases} M1 = \oint_{\Gamma} W n_i x_i \mathrm{d}s \\ M2 = \oint_{\Gamma} T_k u_{k,i} x_i \mathrm{d}s \end{cases} \tag{2-47}$$

则

$$M = M1 - M2 = \underbrace{\oint_{\Gamma} W n_i x_i \mathrm{d}s}_{M1} - \underbrace{\oint_{\Gamma} T_k u_{k,i} x_i \mathrm{d}s}_{M2} \tag{2-48}$$

对于路径 Ω 包裹着连续区域 A 而不包含任何奇点和断点的情况，基于格林定理，考虑 $M^{(\Omega)}$，有如下关系：

$$\begin{aligned} M1^{(\Omega)} &= \oint_{\Omega} W n_i x_i \mathrm{d}s = \oint_{\Omega} \left(W x_1 \mathrm{d}x_2 - W x_2 \mathrm{d}x_1 \right) \\ &= \iint_{A(\Omega)} \left(W + x_1 \frac{\partial W}{\partial x_1} \right) \mathrm{d}x_1 \mathrm{d}x_2 + \iint_{A(\Omega)} \left(W + x_2 \frac{\partial W}{\partial x_2} \right) \mathrm{d}x_1 \mathrm{d}x_2 \end{aligned} \tag{2-49}$$

引入关系式：

$$\frac{\partial W}{\partial x_1} = \frac{\partial W}{\partial \varepsilon_{ij}} \frac{\partial \varepsilon_{ij}}{\partial x_1} = \frac{1}{2} \sigma_{ij} \left[\frac{\partial}{\partial x_1} \left(\frac{\partial u_i}{\partial x_j} \right) + \frac{\partial}{\partial x_1} \left(\frac{\partial u_j}{\partial x_i} \right) \right] = \frac{\partial}{\partial x_1} \left(\sigma_{ij} \frac{\partial u_i}{\partial x_j} \right) \tag{2-50}$$

同理，有

$$\frac{\partial W}{\partial x_2} = \frac{\partial}{\partial x_2} \left(\sigma_{ij} \frac{\partial u_i}{\partial x_j} \right) \tag{2-51}$$

又有

$$
\begin{aligned}
\iint 2W\mathrm{d}x_1\mathrm{d}x_2 &= \iint \sigma_{ij}\varepsilon_{ij}\mathrm{d}x_1\mathrm{d}x_2 \\
&= \frac{1}{2}\iint ((\sigma_{ij}u_i)_{,j} + (\sigma_{ji}u_j)_{,i})\mathrm{d}x_1\mathrm{d}x_2 \\
&= \iint \sigma_{ij}u_{i,j}\mathrm{d}x_1\mathrm{d}x_2
\end{aligned} \tag{2-52}
$$

将式(2-50)～式(2-52)代入式(2-49)，于是有

$$
\begin{aligned}
M1^{(\Omega)} &= \iint 2W\mathrm{d}x_1\mathrm{d}x_2 + \iint \frac{\partial(\sigma_{ij}u_{i,k})}{\partial x_j}x_k\mathrm{d}x_1\mathrm{d}x_2 \\
&= \iint \left[\sigma_{ij}u_{i,j} + \frac{\partial(\sigma_{ij}u_{i,k})}{\partial x_j}x_k\right]\mathrm{d}x_1\mathrm{d}x_2
\end{aligned} \tag{2-53}
$$

$$
\begin{aligned}
M2^{(\Omega)} &= \oint_{\Omega} T_k u_{k,i}x_i\mathrm{d}s \\
&= \oint_{\Omega} (\sigma_{k1}u_{k,i}x_i n_1 + \sigma_{k2}u_{k,i}x_i n_2)\mathrm{d}s \\
&= \oint_{\Omega} (\sigma_{k1}u_{k,i}x_i\mathrm{d}x_2 - \sigma_{k2}u_{k,i}x_i\mathrm{d}x_1) \\
&= \iint \left[\frac{\partial(\sigma_{k1}u_{k,i}x_i)}{\partial x_1} + \frac{\partial(\sigma_{k2}u_{k,i}x_i)}{\partial x_2}\right]\mathrm{d}x_1\mathrm{d}x_2 \\
&= \iint \left[\frac{\partial(\sigma_{kj}u_{k,i})}{\partial x_j}x_i + \sigma_{kj}u_{k,i}\frac{\partial x_i}{\partial x_j}\right]\mathrm{d}x_1\mathrm{d}x_2 \\
&= \iint \left[\sigma_{kj}u_{k,j} + \frac{\partial(\sigma_{kj}u_{k,i})}{\partial x_j}x_i\right]\mathrm{d}x_1\mathrm{d}x_2
\end{aligned} \tag{2-54}
$$

由式(2-53)和式(2-54)容易得到 $M^{(\Omega)} = M1^{(\Omega)} - M2^{(\Omega)} = 0$，于是有 $M^{(1)} = M^{(2)}$，至此 M 积分的路径无关性得证。

2.3　L 积分

2.3.1　L 积分的基本概念

L 积分的引出依然基于拉格朗日能量密度函数来进行。在不考虑体力的情况下，通过对拉格朗日能量密度函数进行散度操作，获得

$$
\nabla\times(\bar{L}\boldsymbol{x}) = -e_{mij}(Wx_j)_{,i} = -e_{mij}\left[\left(\frac{\partial W}{\partial x_i}\right)_{\text{expl.}}x_j + \frac{\partial W}{\partial u_{k,l}}u_{k,li}x_j\right] \tag{2-55}
$$

式中，∇ 为微分算子；$(\partial W/\partial x_i)_{\text{expl.}}$ 代表应变能密度函数 W 对于坐标 x_i 的显式依赖关系；e_{mij} 代表变换张量，依赖于下标 m、i 和 j 的排列顺序，如果任意两个下标相等，则 $e_{mij}=0$，如果下标排列为“123”的偶序，则 $e_{mij}=1$，如果下标排列为“123”的奇序，则 $e_{mij}=-1$。

将应变能密度与位移偏导数、柯西应力张量之间的关系式(2-24)代入式(2-55)，重新排列得到：

$$e_{mij}(Wx_j)_{,i}=e_{mij}\left(\frac{\partial W}{\partial x_i}\right)_{\text{expl.}}x_j+e_{mij}\sigma_{kl}u_{k,li}x_j \tag{2-56}$$

由平衡方程 $\sigma_{kj,j}=0$，式(2-56)等号右边最后一项可以写作：

$$e_{mij}\sigma_{kl}u_{k,li}x_j=e_{mij}(\sigma_{kl}u_{k,i}x_j)_{,l}-e_{mij}\sigma_{kj}u_{k,i} \tag{2-57}$$

于是，式(2-56)可以表示为

$$e_{mij}(Wx_j\delta_{il}-\sigma_{kl}u_{k,i}x_j)_{,l}=e_{mij}\left(\frac{\partial W}{\partial x_i}\right)_{\text{expl.}}x_j-e_{mij}\sigma_{kj}u_{k,i} \tag{2-58}$$

式中，δ_{il} 为变换张量，如果下标相等，则其值为 1，否则为 0。接着，通过代入平衡方程 $\sigma_{kj,j}=0$，式(2-58)等号右边第二项可以写作：

$$e_{mij}\sigma_{kj}u_{k,i}=e_{mij}\left[(\sigma_{kj}u_{k,i}-\sigma_{ik}u_{j,k})+(\sigma_{il}u_j)_{,l}\right] \tag{2-59}$$

将式(2-59)代入式(2-58)可以推导出：

$$e_{mij}(Wx_j\delta_{il}+\sigma_{il}u_j-\sigma_{kl}u_{k,i}x_j)_{,l}=e_{mij}\left[\left(\frac{\partial W}{\partial x_i}\right)_{\text{expl.}}x_j+\left(\sigma_{ik}u_{j,k}-\sigma_{kj}u_{k,i}\right)\right] \tag{2-60}$$

类似于 Eshelby 构型应力张量，将二阶张量 L_{ml} 定义为旋转构型应力张量，并存在：

$$L_{ml}=e_{mij}(Wx_j\delta_{il}+\sigma_{il}u_j-\sigma_{kl}u_{k,i}x_j) \tag{2-61}$$

同时，定义材料旋转损伤源矢量 R_m，其表达式如下：

$$R_m=-e_{mij}\left[\left(\frac{\partial W}{\partial x_i}\right)_{\text{expl.}}x_j+\left(\sigma_{ik}u_{j,k}-\sigma_{kj}u_{k,i}\right)\right] \tag{2-62}$$

该损伤源是材料缺陷导致的不连续及材料自身的力学行为特性。由此，类似于在物理空间由柯西应力张量构成的应力平衡方程，可以得到由材料旋转构型应力以及损伤源在材料空间形成的平衡方程，即

$$L_{ml,l}+R_m=0 \tag{2-63}$$

由式(2-62)可以发现，材料旋转损伤源的第一项可以解释为由于缺陷的存在而造成的材料不连续，这表明材料构型力理论具有可以表征多缺陷系统特性的潜在能力；材料旋转损伤源 R_m 的第二项可以通过材料的本构方程来分析。为了简单地表明材料力学行为及本构方程对损伤源的影响，选取平面弹性问题来考虑，在 x_1-x_2 平面上将式(2-62)的第二项展开为

$$e_{mij}(\sigma_{ik}u_{j,k}-\sigma_{kj}u_{k,i})=2(\sigma_{11}\varepsilon_{21}-\sigma_{12}\varepsilon_{11}+\sigma_{12}\varepsilon_{22}-\sigma_{22}\varepsilon_{12})\quad (m=3,\ i,j=1,\ 2) \tag{2-64}$$

各向同性材料的通用本构方程可以写成张量形式：

$$\begin{bmatrix}\sigma_{11}\\ \sigma_{22}\\ \sigma_{12}\end{bmatrix}=\begin{bmatrix}C_{1111} & C_{1122} & C_{1112}\\ C_{2211} & C_{2222} & C_{2212}\\ C_{1211} & C_{1222} & C_{1212}\end{bmatrix}\begin{bmatrix}\varepsilon_{11}\\ \varepsilon_{22}\\ 2\varepsilon_{12}\end{bmatrix} \tag{2-65}$$

式中，C_{ijkl} 为弹性刚度矩阵，并且满足下标交换的对称性，即 $C_{ijkl}=C_{jikl}=C_{ijlk}=C_{klij}$。由于应力张量、应变张量及弹性刚度矩阵的对称性，对于二维弹性力学问题，独立的弹性常数共有 6 个；对于三维弹性问题而言，独立的弹性常数则为 21 个。将本构方程(2-65)代入式(2-64)，则存在如下关系：

$$\begin{aligned}e_{mij}(\sigma_{kj}u_{k,i}-\sigma_{ik}u_{j,k})=2\big[&(C_{1111}-2C_{1212}-C_{2211})\varepsilon_{11}\varepsilon_{12}+(C_{1211}-C_{1222})\varepsilon_{11}\varepsilon_{22}\\ &+(2C_{1112}-2C_{2212})\varepsilon_{12}\varepsilon_{12}-C_{1211}\varepsilon_{11}\varepsilon_{11}\\ &+C_{1222}\varepsilon_{22}\varepsilon_{22}+(C_{1122}+2C_{1212}-C_{2222})\varepsilon_{22}\varepsilon_{12}\big]\end{aligned} \tag{2-66}$$

通过以上分析可以发现，对于各向同性弹性本构，满足 $C_{1111}=C_{1212}=C_{2211}$，$C_{1211}=C_{1222}$，$C_{1112}=C_{2212}$，$C_{1122}=C_{1212}=C_{2222}$，式(2-66)等号右边的项将消失；除此之外，材料的力学行为将会影响损伤源。因此，对于各向同性材料而言，损伤源 R_m 可以写作：

$$R_m=-e_{mij}\left(\frac{\partial W}{\partial x_i}\right)_{\text{expl.}}x_j \tag{2-67}$$

考虑在 x_1-x_2 平面上，令 $m=3$，将旋转构型应力张量 L_{3l} 沿闭合路径 $\varGamma$ 积分，则可以得到材料构型力理论的另一个重要概念——L 积分，表达式如下：

$$L=\oint_{\varGamma}L_{3l}n_l\mathrm{d}s=\oint_{\varGamma}e_{3ij}(Wx_jn_i+T_iu_j-T_ku_{k,i}x_j)\mathrm{d}s \tag{2-68}$$

式中，n_i 表示闭合路径 $\varGamma$ 外法线的方向；$T_i=\sigma_{il}n_l$；$T_k=\sigma_{kl}n_l$。

根据上述推导可以发现，对于各向同性材料而言，L 积分的值主要取决于闭合路径包围的损伤源大小。如果闭合路径包围了材料缺陷，如裂纹、裂纹群、夹杂、空洞、位错等，则 L 积分无疑可以反映出材料存在上述缺陷。对于各向异性材料，式(2-66)将不为 0，这时材料的方向特性及材料本身存在的缺陷都将对 L 积分造成影响。

2.3.2　L 积分的物理意义

本小节将通过讨论与 L 积分密切相关的材料损伤旋转构型应力，即式(2-61)中定义的 L_{ml} 来阐述 L 积分的物理意义。考虑 x_1-x_2 平面内的无限小单元，L_{ml} 的物理意义与无限小单元特定形式的运动状态有密切的关系。假设无限小单元处于围绕着平面内特定参考点的旋转状态，图 2-5 显示了平面无限小单元的旋转运动与 L 积分材料构型力分量的关系。

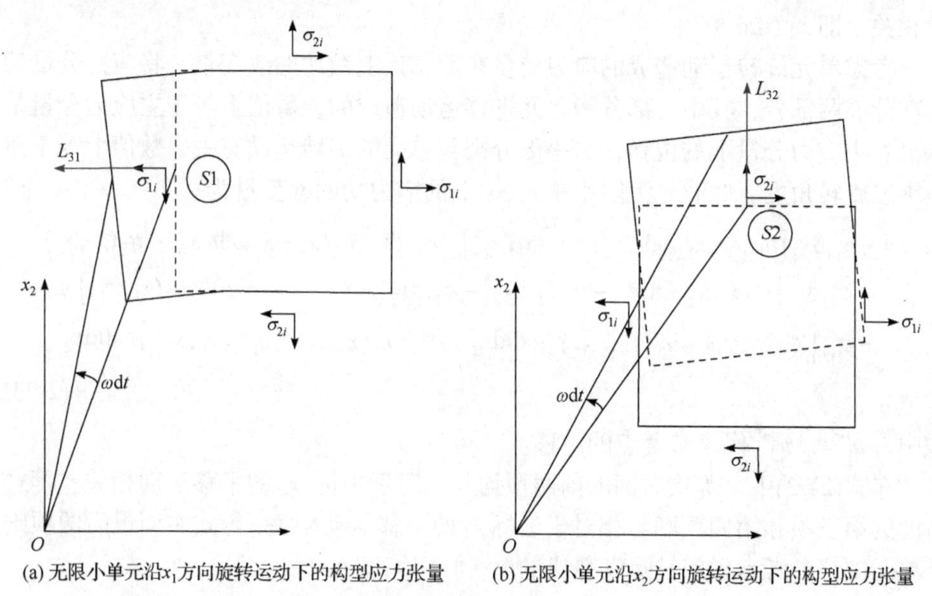

(a) 无限小单元沿x_1方向旋转运动下的构型应力张量　(b) 无限小单元沿x_2方向旋转运动下的构型应力张量

图 2-5　平面无限小单元的旋转运动与 L 积分材料构型力分量的关系

当 $m=3$ 时，x_1-x_2 平面上构型应力分量 L_{ml} 的两个分量分别为

$$\begin{cases}L_{31}=Wx_2-\sigma_{11}u_{1,1}x_2-\sigma_{21}u_{2,1}x_2+\sigma_{11}u_{1,2}x_1+\sigma_{21}u_{2,2}x_1+\sigma_{11}u_2-\sigma_{21}u_1\\L_{32}=-Wx_1-\sigma_{22}u_{2,1}x_2+\sigma_{12}u_{1,2}x_1+\sigma_{22}u_{2,2}x_1-\sigma_{12}u_{1,1}x_2+\sigma_{12}u_2-\sigma_{22}u_1\end{cases}\tag{2-69}$$

无限小单元旋转之后，其单元内坐标为(x_1, x_2)的一点相对于该点的初始位置在两个坐标轴方向上会产生一小段位移。假设在单元表面上的点(x_1, x_2)进行如下转动(Eischen et al., 1987)：

$$v_i=-e_{3ij}x_j\omega\quad(i,j=1,2)\tag{2-70}$$

式中，ω为正的实常数，为点(x_1, x_2)围绕参考点的旋转角速度。单元内一点围绕参考点的旋转运动可以被分解为两个平移运动，分别表示为

$$\begin{cases}v_1=-e_{31j}x_j\omega=-x_2\omega\\v_2=-e_{32j}x_j\omega=x_1\omega\end{cases}\tag{2-71}$$

类似于推导损伤扩展力的物理意义，单元总势能的变化可以看作单元平面变形产生的应变能变化和单元运动导致的外力功变化共同作用的结果。如图 2-5(a)所示，考虑面 $S1$ 上单元围绕点 O 进行旋转，面 $S1$ 的旋转造成的应变能 w 改变量为

$$\Delta w = -Wv_1 \mathrm{d}t\mathrm{d}x_2 = Wx_2\omega \mathrm{d}t\mathrm{d}x_2 + 0(\mathrm{d}x_1\mathrm{d}x_2) \tag{2-72}$$

式中，$\mathrm{d}t$ 是旋转运动的时间增量。在此种情况下，线弹性材料的应变能密度 W 作为不变量看待。忽略高阶项，旋转运动造成的应变能改变量直接与单元面积改变量相关，即 $x_2\omega\mathrm{d}t\mathrm{d}x_2$。

考虑单元旋转运动造成的应力分量在面 $S1$ 上做功的改变量，将应力分量的总功分成两部分，其中一部分为单元平移运动造成的，数值上等于主应力分量乘以沿着主应力分量上的位移，另一部分则与单元的旋转运动有关，数值上等于扭矩乘以旋转角度。此时，无限小单元 $S1$ 上的应力功的改变量为

$$\begin{aligned}\Delta A = &-\sigma_{11}\mathrm{d}x_2\left[u_1(x_1 - x_2\omega\mathrm{d}t, x_2) - u_1(x_1, x_2)\right] - \sigma_{12}\mathrm{d}x_2\left[u_2(x_1 - x_2\omega\mathrm{d}t, x_2) - u_2(x_1, x_2)\right]\\ &-\sigma_{11}\mathrm{d}x_2\left[u_1(x_1, x_2 + x_1\omega) - u_1(x_1, x_2)\right] - \sigma_{12}\mathrm{d}x_2\left[u_2(x_1, x_2 + x_1\omega) - u_2(x_1, x_2)\right]\\ &-\sigma_{11}\left[u_2(x_1, x_2) - u_2^{\mathrm{ref}}(x_1, x_2)\right]\omega\mathrm{d}t\mathrm{d}x_2 + \sigma_{21}\left[u_1(x_1, x_2) - u_1^{\mathrm{ref}}(x_1, x_2)\right]\omega\mathrm{d}t\mathrm{d}x_2\end{aligned} \tag{2-73}$$

式中，u_1^{ref} 、u_2^{ref} 代表参考点的位移。

在式(2-73)中，等式右面的前两项均与相对于坐标 x_2 的平移运动相关，等式右面的第三项和第四项则与相对于坐标 x_1 的平移运动相关，等式右面最后两项则是单元围绕参考点做旋转运动造成的。

假设整个运动过程中参考点固定不动，即存在 $u_1^{\mathrm{ref}} = u_2^{\mathrm{ref}} = 0$，则存在如下关系：

$$\begin{cases} u_{1,1} = \dfrac{\left[u_1(x_1 - x_2\omega\mathrm{d}t, x_2) - u_1(x_1, x_2)\right]}{-x_2\omega\mathrm{d}t} \\ u_{2,1} = \dfrac{\left[u_2(x_1 - x_2\omega\mathrm{d}t, x_2) - u_2(x_1, x_2)\right]}{-x_2\omega\mathrm{d}t} \\ u_{1,2} = \dfrac{\left[u_1(x_1, x_2 + x_1\omega\mathrm{d}t) - u_1(x_1, x_2)\right]}{x_1\omega\mathrm{d}t} \\ u_{2,2} = \dfrac{\left[u_2(x_1, x_2 + x_1\omega\mathrm{d}t) - u_2(x_1, x_2)\right]}{x_1\omega\mathrm{d}t} \end{cases} \tag{2-74}$$

应力功的改变量可以改写为

$$\begin{aligned}\Delta A = (&\sigma_{11}u_{1,1}x_2 + \sigma_{21}u_{2,1}x_2 - \sigma_{11}u_{1,2}x_1\\ &-\sigma_{21}u_{2,2}x_1 - \sigma_{11}u_2 + \sigma_{21}u_1)\omega\mathrm{d}t\mathrm{d}x_2\end{aligned} \tag{2-75}$$

综上，旋转运动造成的总势能改变量为

$$\begin{aligned}\Pi &= \Delta w - \Delta A \\ &= (Wx_2 - \sigma_{11}u_{1,1}x_2 - \sigma_{21}u_{2,1}x_2 + \sigma_{11}u_{1,2}x_1 \\ &\quad + \sigma_{21}u_{2,2}x_1 + \sigma_{11}u_2 - \sigma_{21}u_1)\omega \mathrm{d}t\mathrm{d}x_2\end{aligned} \tag{2-76}$$

可以看出，式(2-76)第二个等号右面括号内即为式(2-69)中材料构型力分量 L_{31}。这表明，面 $S1$ 由旋转造成的总势能改变量与旋转构型应力 L_{ml} 的第一个分量 L_{31} 之间存在固有关系，即

$$\Pi = L_{31}\omega \mathrm{d}t\mathrm{d}x_2 \tag{2-77}$$

同时，与 L 积分相关的构型应力的第二个分量，可以通过表面上无限小单元绕着参考点旋转运动时，其总势能沿坐标 x_2 方向的改变量去考虑，如图 2-5(b)所示。在面 $S2$ 上，由于单元的旋转运动，坐标为(x_1, x_2)的点将从原始位置移动到$(x_1-x_2\omega \mathrm{d}t, x_2+x_1\omega \mathrm{d}t)$，则单元应变能 w 的改变量可以写作：

$$\Delta w = -Wv_2\mathrm{d}t\mathrm{d}x_1 = -Wx_1\omega \mathrm{d}t\mathrm{d}x_1 + 0(\mathrm{d}x_1\mathrm{d}x_2) \tag{2-78}$$

单元边界 $S2$ 上应力功的改变量为

$$\begin{aligned}\Delta A &= (\sigma_{22}u_{2,1}x_2 - \sigma_{12}u_{1,2}x_1 - \sigma_{22}u_{2,2}x_1 \\ &\quad + \sigma_{12}u_{1,1}x_2 - \sigma_{12}u_2 + \sigma_{22}u_1)\omega \mathrm{d}t\mathrm{d}x_1\end{aligned} \tag{2-79}$$

类似于式(2-79)的推导，将单元旋转运动导致的应变能改变量和应力功代入势能改变量的表达式，可以得到旋转构型应力 L_{ml} 的第二个分量 L_{32} 与总势能改变量之间的关系：

$$\Pi = \Delta w - \Delta A = L_{32}\omega \mathrm{d}t\mathrm{d}x_1 \tag{2-80}$$

由式(2-77)和式(2-80)可以看出，二维材料旋转构型应力分量 $L_{3l}(l=1, 2)$的物理意义可以解释成单位厚度的无限小单元绕着参考点，沿着 x_l 方向发生旋转时所产生的总势能改变量。因此，以 L_{3l} 为积分内核的 L 积分，其物理意义可归纳为积分路径内缺陷绕某一特定点旋转时所引起的总势能改变量。

2.3.3　L 积分的路径无关性

本小节介绍 L 积分的路径无关性。图 2-6 所示为计算 L 积分的路径。式(2-68)中定义的 L 积分是从图 2-6 所示的全局坐标系中沿着一系列任意方向和分布的缺陷的封闭路径计算得到的。引入一个封闭路径 $C = \Gamma+C^{+}+C^{-}- C_1$，其绕开缺陷区域并且仅仅包含均匀区域。均匀区域路径的 L 积分为

$$L_C = \oint_{C=\Gamma+C^{+}+C^{-}-C_1} e_{3ij}(Wx_jn_i + \sigma_{ik}u_jn_k - \sigma_{kl}u_{k,i}x_jn_l)\mathrm{d}C \tag{2-81}$$

式中，$\mathrm{d}C$ 是沿着路径 C 无限小的弧长。

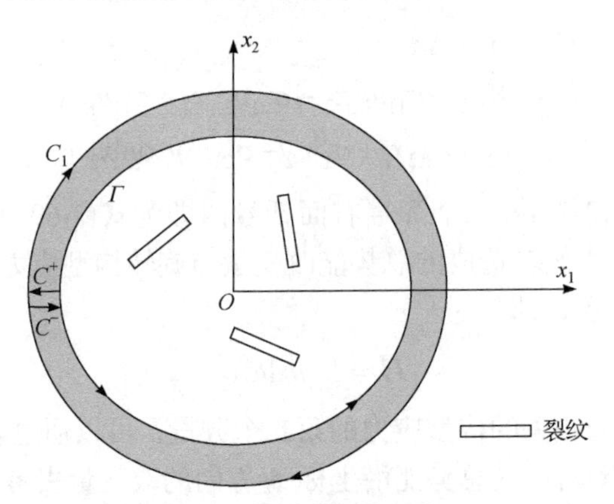

图 2-6　计算 L 积分的路径

对于路径 C 包裹着连续区域 A 而不包含任何奇点和断点的情况，格林定理是适用的。因此，式(2-81)可以转换为

$$L_C = L_{(\Gamma)} - L_{(C_1)} = \iint_A e_{3ij}[(Wx_j)_{,i} + (\sigma_{ik}u_j)_{,k} - (\sigma_{kl}u_{k,i}x_j)_{,l}]\mathrm{d}x_1\mathrm{d}x_2 \tag{2-82}$$

式中，由于沿着 C^+和 C^-的方向相反，$L_{(C^+)}$ 和 $L_{(C^-)}$ 相互抵消。利用应力平衡方程，方程(2-82)可以被改写为

$$L_{(\Gamma)} - L_{(C_1)} = \iint_{A(\Omega)} e_{3ij}\left(\frac{\partial W}{\partial x_i}x_j + Wx_{j,i} + \sigma_{ik}u_{j,k} - \sigma_{kl}u_{k,il}x_j - \sigma_{kj}u_{k,i}\right)\mathrm{d}x_1\mathrm{d}x_2 \tag{2-83}$$

式(2-83)中的第一项 $e_{3ij}\dfrac{\partial W}{\partial x_i}x_j$ 可以写为

$$e_{3ij}\frac{\partial W}{\partial x_i}x_j = e_{3ij}\frac{\partial W}{\partial \varepsilon_{kl}}\frac{\partial \varepsilon_{kl}}{\partial x_i}x_j = e_{3ij}\sigma_{kl}u_{k,li}x_j \tag{2-84}$$

由于独立变量 x_1 和 x_2 以及置换张量的特性，式(2-83)中的第二项 $e_{3ij}Wx_{j,i}$ 将会消失，即

$$e_{3ij}Wx_{j,i} = 0 \tag{2-85}$$

将式(2-84)和式(2-85)代入式(2-83)中，重新整理得到如下的简化形式：

$$L_{(\Gamma)} - L_{(C_1)} = \iint_{A(\Omega)} e_{3ij}\left(\sigma_{ik}u_{j,k} - \sigma_{kj}u_{k,i}\right)\mathrm{d}x_1\mathrm{d}x_2 \tag{2-86}$$

对于各向异性材料，$e_{3ij}(\sigma_{ik}u_{j,k}-\sigma_{kj}u_{k,i})$项不为零。由于这个项的作用，$L$ 积分沿着两个不同的积分路径会得到不同的计算结果。各向异性行为会导致 L 积分展现出路径相关性，它的存在限制了 L 积分的广泛应用。幸运的是，对于各向同性弹性体来说，这个项将会消失，此时 L 积分将会呈现出路径无关性。

2.4　材料构型力的其他性质

2.4.1　J_k 积分的守恒定律

图 2-7 所示为无限大弹性体内 N 条相互作用裂纹。考虑包围全部裂纹的闭合路径 Γ^∞ 和仅包围第 l 条裂纹的闭合路径 C_l，由于 J_k 积分具有路径无关性，则沿闭合路径 Γ^∞ 积分得到的 J_k 积分值等于沿着单独包围一条裂纹的闭合路径积分得到的 J_k 积分之和，满足关系式：

$$J_1^\infty = J^\infty = \sum_{l=1}^{N} J_1^{(l)} \tag{2-87}$$

$$J_2^\infty = \sum_{l=1}^{N} J_2^{(l)} \tag{2-88}$$

式中，所有的变量都定义在全局坐标系 $x_1 O x_2$ 下；N 代表裂纹数量；上标 (l) 对应于沿仅包含第 l 条裂纹的闭合路径 C_l 的积分结果。等式左边项是沿 Γ^∞ 积分的结果，右边项是沿每条包围裂纹的闭合路径 C_l，$l=1, 2,\cdots,N$ 分别积分的加和。

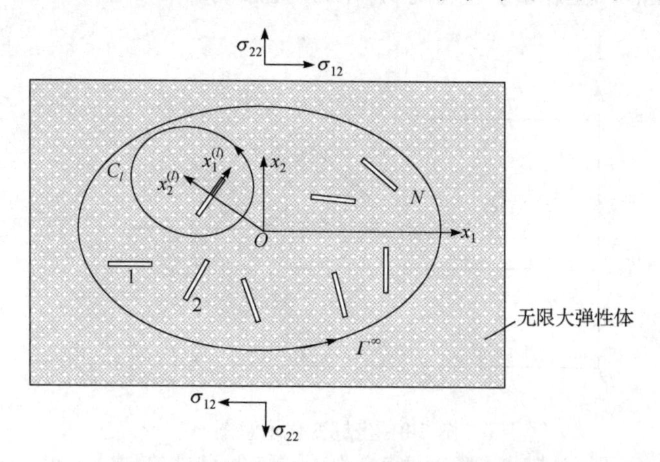

图 2-7　无限大弹性体内 N 条相互作用裂纹

基于此，针对多缺陷问题，J_k 积分的守恒定律可表述如下：当含多条相互作用裂纹的无限大弹性体受远场均布载荷作用时，若选取的闭合积分路径包含全部裂纹(或孔洞、夹杂等)，或在闭合路径外不存在其他非连续性，定义在全局坐标系下 J_k 积分的所有分量都将消失，换句话说，假如无限大弹性体承受远场均布载荷，弹性体内所有裂纹变形对全局坐标系下 J_k 积分的所有分量的总贡献等于零。数学表达式可写作：

$$J_1^{\infty}=J^{\infty}(x_1,x_2)=\sum_{l=1}^{N}J_1^{(l)}(x_1,x_2)=0 \tag{2-89}$$

$$J_2^{\infty}(x_1,x_2)=\sum_{l=1}^{N}J_2^{(l)}(x_1,x_2)=0 \tag{2-90}$$

式中，所有量都定义在全局坐标系内。J_k积分守恒定律的证明过程详见 *Advances in Conservation Laws and Energy Release Rates*(Chen，2002)。

2.4.2　材料构型力与坐标系变化的关系

1) J_k积分与坐标系变化的关系

在图 2-8 所示的坐标变化示意图中，将坐标系 x_1Ox_2 旋转一个角度φ^*，得到一个新坐标系 $x_1^*Ox_2^*$，则新坐标系下有

$$\begin{cases}J_1^*=J_1^{(0)}\cos\theta-J_2^{(0)}\sin\theta\\J_2^*=J_1^{(0)}\sin\theta+J_2^{(0)}\cos\theta\end{cases} \tag{2-91}$$

式中，上标∗表示新坐标系下的量，以下相同；上标(0)表示原来坐标系下的量，以下相同。显然，坐标系旋转将对 J_k 积分产生影响。

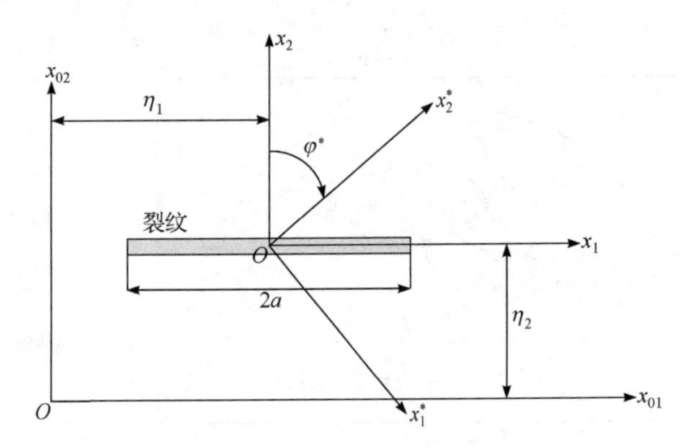

图 2-8　坐标变化示意图

a 为半裂纹长度；η_1 和 η_2 分别对应两个坐标轴上的平移量

若将坐标系平移，即

$$\begin{cases}x_1^*=x_1^{(0)}+\eta_1\\x_2^*=x_2^{(0)}+\eta_2\end{cases} \tag{2-92}$$

从 J_k 积分的定义式(2-9)可以看出：

$$J_k^* = J_k^{(0)} \quad (k=1,2) \tag{2-93}$$

这表明，J_k 积分与坐标系平移无关。

2) M 积分与坐标系变化的关系

由于 M 积分是 J_k 积分向量和坐标向量(x_1, x_2)的内积，因此 M 积分作为一个标量，与坐标系旋转无关。式(2-92)所示的坐标系平移满足关系式：

$$M^* = M^{(0)} + \eta_1 J_1^{(0)} + \eta_2 J_2^{(0)} \tag{2-94}$$

由 2.4.1 小节可知，J_1、J_2 满足守恒定律，即 J_1=0，J_2=0，故

$$M^* = M^{(0)} \tag{2-95}$$

因此，可以证明 M 积分与坐标系的平移也无关。

3) L 积分与坐标系变化的关系

从式(2-68)可以看出，在 L 积分的表达式中，若除掉中间的 $e_{3ij}T_iu_j$ 项，其余项可以表示成两向量内积的形式，明显与坐标系旋转无关。因此，L 积分与坐标系旋转没有关系。对于坐标系平移，L 积分有

$$L^* = L^{(0)} + \eta_2 J_1^{(0)} - \eta_1 J_2^{(0)} \tag{2-96}$$

类似地，如果选择一个闭合的路径 C，根据 J_k 积分的守恒定律，恒有关系式 $J_1(C)$=0，$J_2(C)$=0，将该关系式代入式(2-96)可以发现，坐标系平移对 L 积分也没有影响。

2.4.3　J_k 积分、M 积分和 L 积分的势函数表达式

本小节使用弹性理论中的复变函数方法(England，1971)来解释各向同性弹性体的材料构型力(J_k 积分、M 积分和 L 积分)。针对各向同性弹性体，与应力状态相关的复势函数$\phi(z)$和$\psi(z)$可写作 $z = x + \mathrm{i}y$ 的解析函数。在平面问题中使用复变函数理论，应力$(\sigma_{11}, \sigma_{22}, \sigma_{12})$、作用力 f 和位移(u_1, u_2)可以用两个解析函数$\phi(z)$和$\psi(z)$表示如下：

$$\begin{cases} \sigma_{11} + \sigma_{22} = 4\mathrm{Re}\,\phi'(z) \\ \sigma_{22} - \sigma_{11} + 2\mathrm{i}\sigma_{12} = 2\left[\bar{z}\phi''(z) + \psi'(z)\right] \end{cases} \tag{2-97}$$

$$f = -Y + \mathrm{i}X = \phi(z) + z\overline{\phi'(z)} + \overline{\psi(z)} \tag{2-98}$$

$$2\mu(u_1 + \mathrm{i}u_2) = \kappa\phi(z) - z\overline{\phi'(z)} - \overline{\psi(z)} \tag{2-99}$$

式中，在平面应力问题中$\kappa=(3-\nu)/(1+\nu)$，在平面应变问题中$\kappa=(3-4\nu)$，ν是材料泊松比。

对于平面应力问题，可以推得 J_k 积分、M 积分和 L 积分的势函数表达式：

$$
\begin{cases}
J_1 + \mathrm{i}J_2 = -\dfrac{2\mathrm{i}}{E}\left[\oint_C (\phi')^2 \mathrm{d}z - 2\overline{\oint_C \phi'\psi' \mathrm{d}z}\right] \\
M = \dfrac{4}{E}\mathrm{Im}\oint_C z\phi'\psi' \mathrm{d}z0 \\
L = \dfrac{4}{E}\mathrm{Re}\oint_C z\psi\phi'' \mathrm{d}z = \dfrac{4}{E}\mathrm{Re}\oint_C \psi'(\phi - z\phi')\mathrm{d}z
\end{cases}
\tag{2-100}
$$

式中，E 为弹性模量。平面应变下，$E = E / (1-\nu^2)$。在每一个表达式的推导过程中，都假设积分曲线 C 内的合力为零，以保证复势函数$\phi(z)$和$\psi(z)$为单值函数。

反平面剪切条件下，关系式

$$
\begin{cases}
\sigma_{32} + \mathrm{i}\sigma_{31} = \omega'(z) \\
u_3 = \dfrac{1}{2\mathrm{i}G}(\omega - \overline{\omega})
\end{cases}
\tag{2-101}
$$

提供了解析函数$\omega(z)$表示的应力和位移形式，其中 G 为剪切模量。这时，对应的 J_k 积分、M 积分和 L 积分之间具有如下的势函数关系：

$$
J_1 - \mathrm{i}J_2 = -\frac{\mathrm{i}}{2G}\oint_C (\omega')^2 \mathrm{d}z \tag{2-102}
$$

$$
L + \mathrm{i}M = -\frac{1}{2G}\oint_C z(\omega')^2 \mathrm{d}z \tag{2-103}
$$

2.4.4　J_k 积分、M 积分、L 积分与 Bueckner 功共轭积分

1) Bueckner 功共轭积分

本小节将通过 Bueckner 功共轭积分(Bueckner's work conjugate integral)来阐述材料构型力 J_k 积分、M 积分和 L 积分。

在平面弹性问题中，Bueckner 功共轭积分包含两个物理场的量，这里记为α-场和β-场。沿着一条积分路径Γ，Bueckner 功共轭积分为

$$
\begin{aligned}
B &= \int_\Gamma \left[u_i^{(\beta)}\sigma_{ij}^{(\alpha)} - u_i^{(\alpha)}\sigma_{ij}^{(\beta)} \right] n_j \mathrm{d}s \\
&= \mathrm{Re}\int_\Gamma \left[(X_n + \mathrm{i}Y_n)_\alpha (u_x - \mathrm{i}u_y)_\beta - (X_n + \mathrm{i}Y_n)_\beta (u_x - \mathrm{i}u_y)_\alpha \right] \mathrm{d}s
\end{aligned}
\tag{2-104}
$$

式中，上标(α)和(β)分别表示该量属于α-场和β-场，这两个场是由两对复势($\phi_{(\alpha)}$，$\psi_{(\alpha)}$)和($\phi_{(\beta)}$，$\psi_{(\beta)}$)决定的两种物理状态(u_x^α，u_y^α)和(u_x^β，u_y^β)；n_j 表示积分路径 Γ 的单位外法向向量；X_n 和 Y_n 表示积分路径Γ上的作用力；Γ表示一条分段光滑的积分路径。

一般情况下，选择α-场作为真实的物理场。这里，假设α-场描述的是一个包

含任意多缺陷的平面弹性问题，那么 2.4.3 小节所列出的复势函数$\phi(z)$和$\psi(z)$可以表示为如下的级数形式：

$$\begin{cases}\phi_{(\alpha)}(z)=\phi(z)=A_1z+A_2\ln z+a_0+\sum\limits_{n=1}^{\infty}\dfrac{a_n}{z^n}\\ \psi_{(\alpha)}(z)=\psi(z)=B_1z+B_2\ln z+b_0+\sum\limits_{n=1}^{\infty}\dfrac{b_n}{z^n}\end{cases}\tag{2-105}$$

式中，系数A_1和B_1的值由无限远处的应力条件确定；a_n和b_n代表缺陷构型的力学特性，如缺陷的尺寸、形状以及分布密度等。

注意到式(2-105)中的 $\ln z$ 项，由于它是一个多值函数，沿逆时针方向绕圆形积分路径$\varGamma$一周，其值增加 $2\pi i$。这说明作用在由积分路径$\varGamma$所包围的有限区域上的作用力只和系数A_2、B_2相关。因此，A_2和B_2可以由积分路径$\varGamma$上的作用力确定。另外，注意到式(2-105)中的复势函数$\phi(z)$和$\psi(z)$中的a_0和b_0是常数项，这说明a_0和b_0代表材料的刚体位移。

与之对应，选择β-场作为辅助场，它的复势函数可以通过与上述α-场相类似的方法得到：

$$\begin{cases}\phi_{(\beta)}(z)=E_1z+E_2\ln z+e_0+\sum\limits_{n=1}^{\infty}\dfrac{e_n}{z^n}\\ \psi_{(\beta)}(z)=F_1z+F_2\ln z+f_0+\sum\limits_{n=1}^{\infty}\dfrac{f_n}{z^n}\end{cases}\tag{2-106}$$

可以看出，由式(2-104)～式(2-106)可以推导得到多缺陷问题中的 Bueckner 功共轭积分的表达式。因此，将式(2-105)和式(2-106)代入式(2-97)～式(2-99)，得出α-场和β-场的应力、作用力和位移的表达式，再代入式(2-104)，经过推导，可以得出 Bueckner 功共轭积分的表达式：

$$B=\frac{\pi(\kappa+1)}{\mu}\mathrm{Re}\left[A_1f_1+A_2f_0-a_0F_2-a_1F_1+B_1e_1+B_2e_0-b_0E_2-b_1E_1\right]\tag{2-107}$$

以下将由式(2-107)来建立 Bueckner 功共轭积分和J_k积分、M积分、L积分的联系。

2) Bueckner 功共轭积分和J_k积分的联系

本小节考虑J_k积分的各分量与 Bueckner 功共轭积分之间的关系。首先，需要确定一个真实的物理场以及一个特殊的辅助场。将α-场作为真实的物理场，复势函数形式如式(2-105)所示。为方便起见，下文中“α”标志符将被省略，即令$u_i^{\alpha}=u_i$和$\sigma_{ij}^{\alpha}=\sigma_{ij}$。

记β-场的应力、位移状态为($u_i^{\beta}, s_{ij}^{\beta}$)，并令$\beta$-场的应力、位移状态为真实场中应力、位移状态对水平坐标轴 x_1 的偏导数(Chen et al., 2000；Chen，1985)：

$$u_i^{\beta}=\frac{\partial u_i}{\partial x},\quad \sigma_{ij}^{\beta}=\frac{\partial \sigma_{ij}}{\partial x} \tag{2-108}$$

由式(2-108)定义的β-场，得到β-场的复势函数：

$$\begin{cases}\phi_{(\beta)}(z)=\phi'(z)=A_1+\dfrac{A_2}{z}-\displaystyle\sum_{n=1}^{\infty}\frac{na_n}{z^{n+1}}\\ \psi_{(\beta)}(z)=\phi'(z)+\psi'(z)=A_1+B_1+\dfrac{A_2+B_2}{z}-\displaystyle\sum_{n=1}^{\infty}\frac{n(a_n+b_n)}{z^{n+1}}\end{cases} \tag{2-109}$$

由式(2-105)和式(2-109)所定义的真实场和辅助场，得到 J_1 积分(J 积分)和 Bueckner 功共轭积分之间的普适性关系：

$$J=\frac{B_J}{2}=\frac{\pi(\kappa+1)}{\mu}\mathrm{Re}\left[A_1A_2+A_1B_2+A_2B_1\right] \tag{2-110}$$

式中，B_J 为以式(2-109)构建的 Bueckner 功共轭积分。

类似地，引入另一个辅助场β-场的应力、位移状态($u_i^{\beta}, s_{ij}^{\beta}$)，并令$\beta$-场的应力、位移状态为真实场中应力、位移状态对水平坐标轴 x_2 的偏导数：

$$\begin{cases}u_i^{\beta}=\dfrac{\partial u_i}{\partial y}\\ \sigma_{ij}^{\beta}=\dfrac{\partial \sigma_{ij}}{\partial y}\end{cases} \tag{2-111}$$

同样，由式(2-111)所定义的应力、位移状态，不难得到辅助场的复势函数：

$$\begin{cases}\phi_{(\beta)}(z)=\mathrm{i}\phi'(z)=\mathrm{i}\left(A_1+\dfrac{A_2}{z}-\displaystyle\sum_{n=1}^{\infty}\frac{na_n}{z^{n+1}}\right)\\ \psi_{(\beta)}(z)=\mathrm{i}\left[-\phi'(z)+\psi'(z)\right]=\mathrm{i}\left[B_1-A_1+\dfrac{B_2-A_2}{z}-\displaystyle\sum_{n=1}^{\infty}\frac{n(b_n-a_n)}{z^{n+1}}\right]\end{cases} \tag{2-112}$$

从而得到 J_2 积分与 Bueckner 功共轭积分之间的关系：

$$J_2=\frac{B_{J_2}}{2}=\frac{\pi(\kappa+1)}{\mu}\mathrm{Im}\left[A_1A_2-A_1B_2-A_2B_1\right] \tag{2-113}$$

式中，B_{J_2} 为以式(2-112)构建的 Bueckner 功共轭积分。

3) Bueckner 功共轭积分和 M 积分的联系

为解释 M 积分与 Bueckner 功共轭积分之间的关系，同样定义α-场为真实的物理场，如式(2-105)所示。辅助场β-场的应力、位移状态($u_i^{\beta}, \sigma_{ij}^{\beta}$)与真实场的应力、位移状态有如下关系：

$$\begin{cases} u_i^{\beta} = x_l u_{i,l} \\ \sigma_{ij}^{\beta} = \sigma_{ij} + x_l \sigma_{ij,l} \end{cases} \tag{2-114}$$

该辅助场的复势函数为

$$\begin{cases} \phi_{(\beta)}(z) = z\phi'(z) = A_1 z + A_2 - \sum_{n=1}^{\infty} \dfrac{n a_n}{z^n} \\ \psi_{(\beta)}(z) = z\psi'(z) = B_1 z + B_2 - \sum_{n=1}^{\infty} \dfrac{n b_n}{z^n} \end{cases} \tag{2-115}$$

由该辅助场和真实场，求得

$$M = \frac{B_M}{2} = \frac{\pi(\kappa+1)}{\mu} \mathrm{Re}\left[A_2 B_2 - A_1 b_1 - a_1 B_1 \right] \tag{2-116}$$

式中，B_M为以式(2-115)构建的 Bueckner 功共轭积分。

4) Bueckner 功共轭积分和 L 积分的联系

本小节讨论 Bueckner 功共轭积分和 L 积分的关系。与之前类似，定义辅助场的应力、位移状态($u_i^{\beta}, \sigma_{ij}^{\beta}$)与真实场的应力、位移状态有如下关系：

$$\begin{cases} u_1^{\beta} = -u_2 + x_2 u_{1,1} - x_1 u_{1,2} \\ u_2^{\beta} = u_1 - x_1 u_{2,2} + x_2 u_{2,1} \\ \sigma_{11}^{\beta} = -2\sigma_{12} + x_2 \sigma_{11,1} - x_1 \sigma_{11,2} \\ \sigma_{22}^{\beta} = 2\sigma_{12} + x_2 \sigma_{22,1} - x_1 \sigma_{22,2} \\ \sigma_{12}^{\beta} = \sigma_{11} - \sigma_{22} + x_1 \sigma_{11,1} - x_2 \sigma_{22,2} \end{cases} \tag{2-117}$$

得到辅助场的复势函数：

$$\begin{cases} \phi_{(\beta)}(z) = -\mathrm{i}\left[z\phi'(z) - \phi(z) \right] = -\mathrm{i}\left[\left(A_1 z + A_2 - \sum_{n=1}^{\infty} \dfrac{n a_n}{z^n} \right) - \left(A_1 z + A_2 \ln z + a_0 + \sum_{n=1}^{\infty} \dfrac{a_n}{z^n} \right) \right] \\ \psi_{(\beta)}(z) = -\mathrm{i}\left[z\psi'(z) + \psi(z) \right] = -\mathrm{i}\left[\left(B_1 z + B_2 - \sum_{n=1}^{\infty} \dfrac{n b_n}{z^n} \right) + \left(B_1 z + B_2 \ln z + b_0 + \sum_{n=1}^{\infty} \dfrac{b_n}{z^n} \right) \right] \end{cases} \tag{2-118}$$

进一步，可得 L 积分与 Bueckner 功共轭积分之间的关系式如下：

$$L = \frac{B_L}{2} = \frac{\pi(\kappa+1)}{\mu} \mathrm{Im}\left[A_2 b_0 - a_0 B_2 - 2 a_1 B_1 \right] \tag{2-119}$$

式中，B_L为以式(2-118)构建的 Bueckner 功共轭积分。

由上可知，针对包含多缺陷的弹性体，可以给出 Bueckner 功共轭积分与材料构型力 J_k积分、M积分、L积分之间的关联关系。

第 3 章　材料构型力的数值计算方法

随着材料构型力理论的研究和发展，其在材料缺陷和结构强度分析方面的应用越来越广泛。在工程结构中，为了更好地应用材料构型力理论解决实际工程问题，材料构型力(J_k积分、M积分和L积分)的相关数值计算就变得尤为重要。本章介绍材料构型力的数值实现过程。基于三类材料构型力的基本概念，运用等效域积分法，利用缺陷附近一个有限区域来代替积分路径进行积分计算，利用高斯积分法得到对应于某个积分路径下的守恒积分数值。将材料构型力的数值计算方法与有限元后处理结合，利用 ABAQUS 二次开发应用程序编程接口，编写 Python 脚本控制 ABAQUS 内核实现有限元后处理，开发出适用于材料构型力计算的程序插件。另外，利用 ANSYS 商用软件编写 APDL 命令，对输出结果进行后处理，数值计算 J_k积分、M积分和L积分。

3.1　材料构型力的数值实现方法

3.1.1　J_k积分的数值实现方法

由 2.1 节可知，二维 J_k积分($k=1,2$)可以通过 Eshelby 构型应力沿着包围缺陷的任意闭合积分路径进行线积分得到，如方程(2-9)所示。考虑到二维 J_k积分是线积分，运用散度定理，针对缺陷附近包含缺陷的一个有限区域，采用面域积分来等效线积分，对其进行数值求解。因此，本小节采用等效域积分法，实现对 J_k积分的数值计算。图 3-1 给出了采用等效域积分法求解 J_k积分时的积分路径示意图，其中 Γ 代表包围缺陷的闭合积分路径，n_j代表积分路径上某点的外法线矢量，dA代表无限小积分面域。

根据等效域积分法的思想，J_k 积分的定义式可改写为(Raju et al., 1990；Nikishkov et al., 1987)

$$J_k = \oint_{\Gamma} (W n_k - \sigma_{ji} u_{j,k} n_i) \mathrm{d}\Gamma = -\int_A (W \delta_{ki} - \sigma_{ji} u_{j,k}) \frac{\partial q}{\partial x_i} \mathrm{d}A \quad (k=1,2) \tag{3-1}$$

采用等效域积分法对 J_k积分进行数值计算的第一步是确定积分区域。在有限元模拟中，为方便计算，将等效积分区域的边界(Γ_0 和Γ)选在有限单元的边上。特别地，引入的函数 $q(x,y)$只是一个数学上的处理，是为了更有效地采用数值计

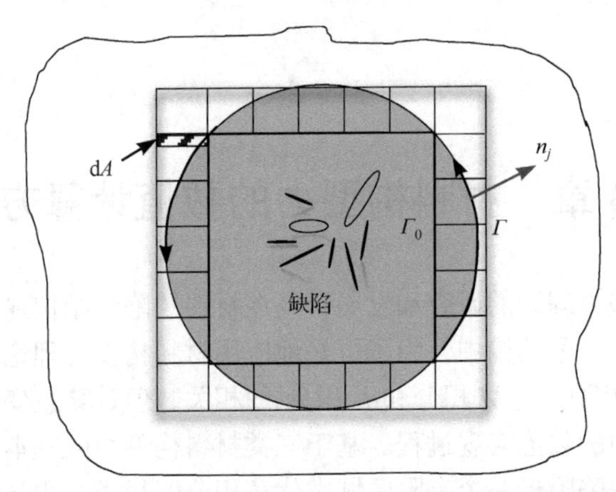

图 3-1　采用等效域积分法求解 J_k 积分时的积分路径示意图

算方法来对相应的积分表达式进行变换。J_k 积分的值对假设的函数 $q(x, y)$的具体形式并不敏感，因而函数 $q(x, y)$的取值只要合理即可。一般地，在内边界Γ_0上，令 $q = 1$；在外边界 Γ上，令 $q = 0$。

在计算中，对于四节点等参单元，函数 q 的取值为

$$q = N_1 q_1^{\mathrm{e}} + N_2 q_2^{\mathrm{e}} + N_3 q_3^{\mathrm{e}} + N_4 q_4^{\mathrm{e}} = \sum_{i=1}^{4} N_i(r,s) q_i^{\mathrm{e}} \tag{3-2}$$

式中，N_i 为形状函数；q_i^{e} 为单元节点值；(r, s)为单元的高斯点坐标。函数 q 对坐标系的偏导可写作：

$$\begin{cases} \dfrac{\partial q}{\partial x_1} = \displaystyle\sum_{i=1}^{4} \dfrac{\partial N_i}{\partial x_1} q_i^{\mathrm{e}} \\ \dfrac{\partial q}{\partial x_2} = \displaystyle\sum_{i=1}^{4} \dfrac{\partial N_i}{\partial x_2} q_i^{\mathrm{e}} \end{cases} \tag{3-3}$$

那么，某一单元内 J_k 积分的值为

$$\begin{cases} J_1^{\mathrm{e}} = \displaystyle\int_{-1}^{1}\int_{-1}^{1} I_1(r,s)\mathrm{d}r\mathrm{d}s \\ J_2^{\mathrm{e}} = \displaystyle\int_{-1}^{1}\int_{-1}^{1} I_2(r,s)\mathrm{d}r\mathrm{d}s \end{cases} \tag{3-4}$$

式中，

$$\begin{cases} I_1(r,s) = \left[-(W - \sigma_{11}u_{1,1} - \sigma_{21}u_{2,1}) \dfrac{\partial q}{\partial x_1} + (\sigma_{12}u_{1,1} + \sigma_{22}u_{2,1}) \dfrac{\partial q}{\partial x_2} \right] \det[\varLambda] \\ I_2(r,s) = \left[(\sigma_{11}u_{1,2} + \sigma_{21}u_{2,2}) \dfrac{\partial q}{\partial x_1} - (W - \sigma_{12}u_{1,2} - \sigma_{22}u_{2,2}) \dfrac{\partial q}{\partial x_2} \right] \det[\varLambda] \end{cases} \tag{3-5}$$

式中，det[$\boldsymbol{\Lambda}$]表示当前单元雅可比矩阵的行列式，[$\boldsymbol{\Lambda}$]的定义式为

$$[\boldsymbol{\Lambda}]=\begin{bmatrix}\dfrac{\partial x_1}{\partial r} & \dfrac{\partial x_2}{\partial r}\\ \dfrac{\partial x_1}{\partial s} & \dfrac{\partial x_2}{\partial s}\end{bmatrix} \tag{3-6}$$

根据高斯积分法，任一单元上 J_1^{e} 和 J_2^{e} 的近似值可通过对单元上的高斯积分点(r_i, s_i)的函数 $I_1(r_i, s_i)$和 $I_2(r_i, s_i)$分别求和获得

$$\begin{cases}J_1^{\mathrm{e}}\approx I_1(r_1,s_1)+I_1(r_2,s_2)+I_1(r_3,s_3)+I_1(r_4,s_4)\\ J_2^{\mathrm{e}}\approx I_2(r_1,s_1)+I_2(r_2,s_2)+I_2(r_3,s_3)+I_2(r_4,s_4)\end{cases} \tag{3-7}$$

接着，重复上述计算过程，覆盖积分区域内所含有的单元，即可得到对应于该积分区域的 J_k 积分值，即

$$J_k=\sum J_k^{\mathrm{e}}\quad (k=1,2) \tag{3-8}$$

3.1.2 *M* 积分的数值实现方法

由 2.2 节可知，对于二维平面问题，M 积分的定义式为

$$M=\oint_C (Wx_j n_j-\sigma_{jk}u_{k,i}x_i n_j)\mathrm{d}S \tag{3-9}$$

与 J_k 积分的数值计算方法类似，可采用等效域积分法数值计算 M 积分的值，将式(3-9)改写为

$$M=\int_A\left(\sigma_{jk}\frac{\partial u_k}{\partial x_i}x_i-Wx_j\right)\frac{\partial q}{\partial x_j}\mathrm{d}A \tag{3-10}$$

任意单个单元内的 M 积分值 M^{e} 为

$$M^{\mathrm{e}}=\int_{-1}^{1}\int_{-1}^{1}I_M(r,s)\mathrm{d}r\mathrm{d}s \tag{3-11}$$

式中，

$$\begin{aligned}I_M(r,s)=\Bigg[&\left(\sigma_{11}\frac{\partial u_1}{\partial x_1}x_1+\sigma_{11}\frac{\partial u_1}{\partial x_2}x_2+\sigma_{12}\frac{\partial u_2}{\partial x_1}x_1+\sigma_{12}\frac{\partial u_2}{\partial x_2}x_2-Wx_1\right)\frac{\partial q}{\partial x_1}\\ &+\left(\sigma_{12}\frac{\partial u_1}{\partial x_1}x_1+\sigma_{12}\frac{\partial u_1}{\partial x_2}x_2+\sigma_{22}\frac{\partial u_2}{\partial x_1}x_1+\sigma_{22}\frac{\partial u_2}{\partial x_2}x_2-Wx_2\right)\frac{\partial q}{\partial x_2}\Bigg]\det[\boldsymbol{\Lambda}]\end{aligned} \tag{3-12}$$

式中，det[$\boldsymbol{\Lambda}$]表示对应单元的雅可比矩阵行列式。

类似地，根据高斯积分法，任意单个单元的 M^{e} 近似值可通过对单元上的高斯积分点(r_i, s_i)的函数 $I_M(r_i, s_i)$求和获得

$$M^{\mathrm{e}} \approx I_M(r_1,s_1)+I_M(r_2,s_2)+I_M(r_3,s_3)+I_M(r_4,s_4) \tag{3-13}$$

接着，对选定积分路径内的所有单元重复上述步骤，得到闭合路径内每个单元的 M 积分值 M^{e}。最后，将所得 M^{e} 叠加获得指定积分区域内的 M 积分值，即

$$M=\sum M^{\mathrm{e}} \tag{3-14}$$

3.1.3 *L* 积分的数值实现方法

由 2.3 节可知，二维 L 积分定义式为

$$L=\oint_{\Gamma} e_{3ij}(Wx_j n_i+\sigma_{il}u_j n_l-\sigma_{kl}u_{k,i}x_j n_l)\mathrm{d}\Gamma \tag{3-15}$$

类比 J_k 积分的数值计算方法，运用等效域积分法，可得

$$L=\int_A e_{3ij}(\sigma_{kl}u_{k,i}x_j-Wx_j\delta_{il}-\sigma_{il}u_j)\frac{\partial q}{\partial x_l}\mathrm{d}A \tag{3-16}$$

任意单个单元内的 L 积分值 L^{e} 等于：

$$L^{\mathrm{e}}=\int_{-1}^{1}\int_{-1}^{1} I_L(r,s)\mathrm{d}r\mathrm{d}s \tag{3-17}$$

式中，

$$\begin{aligned}I_L(r,s)=\Bigg[&(\sigma_{11}u_{1,1}x_2+\sigma_{21}u_{2,1}x_2-2Wx_2-2\sigma_{11}u_2-\sigma_{11}u_{1,2}x_1-\sigma_{21}u_{2,2}x_1+2\sigma_{21}u_1)\frac{\partial q}{\partial x_1}\\&+(\sigma_{12}u_{1,1}x_2+\sigma_{22}u_{2,1}x_2-2\sigma_{12}u_2-\sigma_{12}u_{1,2}x_1-\sigma_{22}u_{2,2}x_1+2Wx_1+2\sigma_{22}u_1)\frac{\partial q}{\partial x_2}\Bigg]\det[\Lambda]\end{aligned} \tag{3-18}$$

类似地，根据高斯积分法，任意单个单元的 L^{e} 近似值可通过对单元上的高斯积分点 (r_i, s_i) 的函数 $I_L(r_i,s_i)$ 求和获得

$$L^{\mathrm{e}} \approx I_L(r_1,s_1)+I_L(r_2,s_2)+I_L(r_3,s_3)+I_L(r_4,s_4) \tag{3-19}$$

接着，对选定积分路径内的所有单元重复上述步骤，得到闭合路径内每个单元的 L 积分值 L^{e}。最后，将所得 L^{e} 叠加获得指定积分区域内的 L 积分值，即

$$L=\sum L^{\mathrm{e}} \tag{3-20}$$

3.2 基于 ABAQUS 平台的材料构型力数值计算

实现材料构型力在有限元软件中的数值计算，有助于进一步加强和推广材料构型力理论的研究和在工业领域的应用。ABAQUS 是一款功能强大、应用范围广的适用于工程模拟的有限元分析软件。本节基于 3.1 节所述的 J_k 积分、M 积分和

L 积分的数值实现方法，利用 Python 语言来编写相应的后处理程序，并结合图形用户界面(graphical user interface，GUI，又称图形用户接口)插件开发工具，开发出用于计算材料构型力的后处理计算程序插件，对 ABAQUS 进行二次开发，实现对 ABAQUS 功能的扩展完善。图 3-2 给出了计算 J_k 积分、M 积分和 L 积分的后处理程序编写流程。

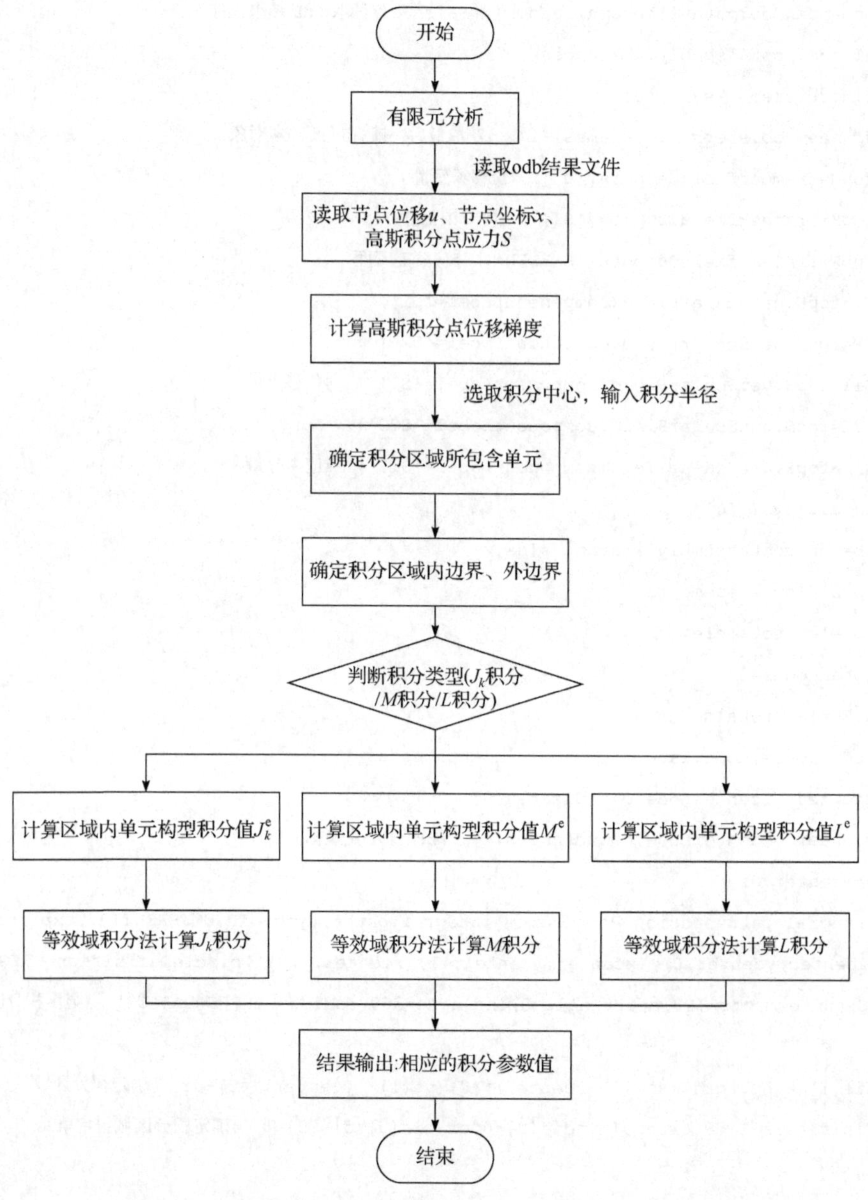

图 3-2　计算 J_k 积分、M 积分和 L 积分的后处理程序编写流程

按照上述流程，编写 Python 脚本，部分插件开发的内核命令流阐述如下。

```
import Jint_main  #关联 Jk 积分计算程序
import Mint_main  #关联 M 积分计算程序
import Lint_main  #关联 L 积分计算程序
......
odb=openOdb(path=fileName,readOnly=False)  #读取 odb 结果文件
a1=odb.rootAssembly.instances
b1=odb.steps.keys()[0]
frames=odb.steps[b1].frames[-1]  #获取最后一帧 odbFrame 对象
fopU=frames.fieldOutputs['U']  #位移场变量
fopS=frames.fieldOutputs['S']   #应力场变量
fopW=frames.fieldOutputs['ESEDEN']  #应变能密度
U1=fopU.getScalarField(componentLabel='U1')
U2=fopU.getScalarField(componentLabel='U2')
S11=fopS.getScalarField(componentLabel='S11')  #位移分量
S22=fopS.getScalarField(componentLabel='S22')
S12=fopS.getScalarField(componentLabel='S12')  #应力分量
aa=a1.keys()[0]
ib=odb.rootAssembly.instances[aa]
totalele=ib.elements
ELE=len(totalele)
totalnodes=ib.nodes
NODE=len(totalnodes)
nodeLabel=[node.label for node in totalnodes]
xcenter = centernode.coordinates[0]
ycenter = centernode.coordinates[1]  #积分中心点坐标
y=ycenter+Jr
integral_path=session.Path(name='integral_path',type=CIRCUMFERENTIAL,expression=((xcenter,ycenter,0),(xcenter,ycenter,1),(xcenter,y,0)),circleDefinition=ORIGIN_AXIS,numSegments=100,startAngle=0,endAngle=360,radius=CIRCLE_RADIUS)  #显示积分区域
......
dis[i] = np.sqrt((xe[i]- xcenter)**2+(ye[i]- ycenter)**2)-Jr  #确定积分区域
dis[0]*dis[1]<0 or dis[0]*dis[2]<0 or dis[0]*dis[3]<0  #确定积分区域包含单元
......
################Jk积分计算程序#################
```

```
if IntegralType=='Jk':
Jint_main.j_main(ELE,NODE,U1,U2,S11,S22,S12,nodeLabel,xcenter,ycenter,Jr,fopW,
ib) #等效域积分法计算 Jk 积分
#################M积分计算程序##################
elif IntegralType=='M':
Mint_main.m_main(ELE,NODE,U1,U2,S11,S22,S12,nodeLabel,xcenter,ycenter,Jr,fopW,
ib) #等效域积分法计算 M 积分
#################L积分计算程序##################
else IntegralType=='L':
Lint_main.l_main(ELE,NODE,U1,U2,S11,S22,S12,nodeLabel,xcenter,ycenter,Jr,fopW,
ib) #等效域积分法计算 L 积分
print('integral radius = %f'%Jr) #输出积分参数
```

利用 Python 对上述流程完整实现，并对积分中心点进行选取，根据积分半径对积分区域进行判断，便可利用 odb 结果文件的数据来计算等效积分区域内单元积分内核值，进而得到相应的积分值，输出结果，结合注册文件和图形用户界面文件，开发出如图 3-3 所示的材料构型力二次开发计算插件。在该插件中，通过 GUI 操作选取需要进行处理的 odb 结果文件，在下拉框选取所求解的积分类型。在本程序中，在 odb 结果文件中对积分中心点进行选择，输入相应积分半径，便可得到一确定的圆形积分路径。运行程序便可实现对某一积分半径下相应材料构型力(J_k 积分、M 积分和 L 积分)的自动计算，并可在 ABAQUS 操作界面中查看积分路径以及输出的材料构型力参数结果，实现材料构型力的自动计算。

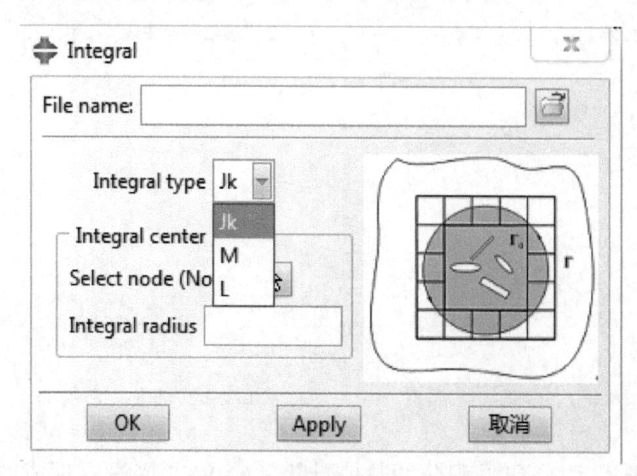

图 3-3　材料构型力二次开发计算插件

3.3　基于 ANSYS 平台的材料构型力数值计算

ANSYS 是目前广泛应用的有限元分析软件之一，它含有多个软件包，可用于求解结构、流体、电力、碰撞等问题。APDL(ANSYS parametric design language) 即 ANSYS 参数化设计语言，它是一种解释性语言，可用来自动完成一些通用性强的任务，也可以用于根据参数来建立模型。APDL 还包括许多特性，如重复执行某条命令、宏、if-then-else 分支、do 循环、标量、向量及矩阵操作等。APDL 不仅是设计优化和自适应网格划分等经典特性的实现基础，而且也为日常分析提供了很多便利。特别强调的是，ANSYS 13.0 版本开始，其 APDL 命令流中的 CINT 命令已经自带计算 J_1 积分的模块，计算时的 CINT 命令流设置如下。

```
CSYS,0
CNODE=NODE(0,0,0)                    !定位裂尖节点坐标
NSEL,S,,,CNODE
CM,CK,NODE                           !定义裂尖节点名称
LOCAL,12,0,0,0,0,0,,,1,1,
CINT,NEW,1
CINT,TYPE,JINT                       !定义计算类型，计算 J1 积分
CINT,CTNC,CK                         !定义裂尖节点部分
CINT,NCON,5                          !指定路径积分计算中要计算的路径数
CINT,SYMM,OFF
CINT,NORM,0,2                        !定义裂纹平面法线
CINT,LIST
ALLSEL,ALL
FINISH
/SOL
SOLVE
FINISH
/POST1
PRCINT,1,,JINT                       !输出 J1 积分的值
```

然而，对于 M 积分和 L 积分的数值计算，ANSYS 尚没有现成的计算命令流，需要用户利用 APDL，通过 ANSYS 自带的路径操作，自编用户子程序。下面将

着重介绍如何利用 ANSYS 的路径操作计算 J_k 积分、M 积分和 L 积分。

3.3.1　J_k 积分的 APDL 命令流

首先介绍 J_k 积分的数值计算。J_k 积分分为 J_1 积分和 J_2 积分。对于 J_1 积分，通过 path 路径操作，其计算思路及 APDL 命令流如下：

```
ETABLE,ERASE                              !清除单元表残余数据
ETABLE,sene,SENE,                         !存储单元应变能
ETABLE,volu,VOLU,                         !计算单元体积
SEXP,sedp,SENE,VOLU,1,-1,                 !计算单元应变能密度
PDEF,se,ETAB,sedp,AVG                     !应变能密度映射到路径上
PCALC,INTG,j11,SE,YG,1,                   !对 Y 坐标积分，计算 J1 积分第一项
PCALC,INTG,j21,SE,XG,-1,
!*
*GET,j21,PATH, ,LAST,J21
*GET,j11,PATH, ,LAST,J11                  !积分结果赋值给 J1 积分第一项
!*
PDEF,sx,S,X,AVG                           !应力分量 sigma_x 映射到路径
PDEF,sy,S,Y,AVG                           !应力分量 sigma_y 映射到路径
PDEF,sxy,S,XY,AVG                         !应力分量 sigma_xy 映射到路径
!*
PVECT,NORM,nx,ny,nz                       !定义路径单位法向量
PCALC,MULT,sxnx,SX,NX,1,
PCALC,MULT,sxyny,SXY,NY,1,
PCALC,MULT,syny,SY,NY,1,
PCALC,MULT,sxynx,SXY,NX,1,
!*
PCALC,ADD,tx,SXNX,SXYNY,1,1, ,            !计算主应力 Tx
PCALC,ADD,ty,SYNY,SXYNX,1,1, ,            !计算主应力 Ty
!*
*get,dx,path,,last,s
*SET,dx,dx/1000                           !获取一个微分小量
pcalc,add,xg,xg,,,,-dx/2                  !移动映射路径的横坐标
pdef,ux1,u,x
pdef,uy1,u,y                              !映射两个方向的位移到新路径
pcalc,add,xg,xg,,,,dx
```

```
pdef,ux2,u,x
pdef,uy2,u,y
pcalc,add,xg,xg,,,,-dx/2                !将路径移回原地
*SET,cx,1/dx
pcalc,add,c1,ux2,ux1,cx,-cx             !得到位移对于横坐标的偏导 u1'/x1'
pcalc,add,c2,uy2,uy1,cx,-cx             !得到位移对于横坐标的偏导 u2'/x1'
PCALC,MULT,txc1,TX,C1,1,
PCALC,MULT,tyc2,TY,C2,1,
PCALC,ADD,tctc,TXC1,TYC2,1,1, ,
PCALC,INTG,j12,TCTC,S,-1,
*GET,j12,PATH, ,LAST,J12                !获得 J1 积分的第二项
*SET,j1,j11+j12                         !获得 J1 积分的最终值
```

类似地，对于 J_2 积分，其计算思路及 APDL 命令流如下：

```
CSYS,0
ETABLE,ERASE                            !清除单元表残余数据
AVPRIN,0,0,
ETABLE,sene,SENE,                       !存储单元应变能
AVPRIN,0,0,
ETABLE,volu,VOLU,                       !存储单元体积
SEXP,sed,SENE,VOLU,1,-1,                !计算单元应变能密度
AVPRIN,0,0,
PDEF,sedp,ETAB,sed,AVG                  !应变能密度映射到路径上
/PBC,PATH, ,0
PCALC,INTG,j1,SEDP,XG,-1,               !对 X 坐标积分
*GET,J1,PATH, ,LAST,J1                  !积分结果赋值给参数(J2积分的第一项)
AVPRIN,0,0,
PDEF,sx,S,X,AVG                         !应力分量 σx 映射到路径
/PBC,PATH, ,0
AVPRIN,0,0,
PDEF,sy,S,Y,AVG                         !应力分量 σy 映射到路径
/PBC,PATH, ,0
AVPRIN,0,0,
PDEF,sxy,S,XY,AVG                       !应力分量 τxy 映射到路径
/PBC,PATH, ,0
```

```
PVECT,NORM,nx,ny,nz                           !定义路径单位法向量
PCALC,MULT,sxnx,SX,NX,1,
PCALC,MULT,sxyny,SXY,NY,1,
PCALC,MULT,syny,SY,NY,1,
PCALC,MULT,sxynx,SXY,NX,1,
PCALC,ADD,tx,SXNX,SXYNY,1,1, ,               !计算主应力 Tx
PCALC,ADD,ty,SYNY,SXYNX,1,1, ,               !计算主应力 Ty
*GET,dy,path,,last,s
*SET,dy,dy/1000                               !获取一个微小分量
PCALC,ADD,yg,yg,,,,-dy/2                      !移动映射路径的横坐标
PDEF,ux1,u,x
PDEF,uy1,u,y                                  !映射两个方向位移到新路径
PCALC,ADD,yg,yg,,,,dy
PDEF,ux2,u,x
PDEF,uy2,u,y
PCALC,ADD,yg,yg,,,,-dy/2                      !将路径移回原地
*SET,c,1/dy
PCALC,ADD,c1,ux2,ux1,c,-c                     !得到位移 Ux 对横坐标的偏导
PCALC,ADD,c2,uy2,uy1,c,-c                     !得到位移 Uy 对横坐标的偏导
PCALC,MULT,txc1,TX,C1,1,
PCALC,MULT,tyc2,TY,C2,1,
PCALC,ADD,tctc,TXC1,TYC2,1,1, ,
PCALC,INTG,J2,TCTC,S,-1,
*GET,J2,PATH, ,LAST,J2                        !J2 积分的第二项
*SET,J_2,J1+J2                                !获得 J2 积分的最终值
```

3.3.2 *M* 积分的 APDL 命令流

本小节介绍 *M* 积分的数值计算，其计算思路及 APDL 命令流如下：

```
ETABLE,ERASE                                  !清除单元表残余数据
AVPRIN,0,0,
ETABLE,sene,SENE,                             !存储单元应变能
AVPRIN,0,0,
ETABLE,volu,VOLU,                             !存储单元体积
SEXP,sedp,SENE,VOLU,1,-1,                     !计算单元应变能密度
AVPRIN,0,0,
```

```
PDEF,se,ETAB,sedp,AVG
PVECT,NORM,nx,ny,nz,                        !定义路径单位法向量
PCALC,MULT,sexg,SE,XG,1,
PCALC,MULT,sexgnx,SEXG,NX,1,
PCALC,MULT,seyg,SE,yG,1,
PCALC,MULT,seygny,SEyG,Ny,1,
PCALC,INTG,m1x,sexgnx,S,1,
PCALC,INTG,m2y,seygny,S,1,
*get,m1x,path,,last,m1x
*get,m2y,path,,last,m2y
PDEF,CLEAR
PDEF,sx,S,X,AVG
/PBC,PATH, ,0
AVPRIN,0,0,
PDEF,sy,S,Y,AVG
/PBC,PATH, ,0
AVPRIN,0,0,
PDEF,sxy,S,XY,AVG
/PBC,PATH, ,0
PVECT,NORM,nx,ny,nz
PCALC,MULT,sxnx,SX,NX,1,
PCALC,MULT,sxyny,SXY,NY,1,
PCALC,MULT,syny,SY,NY,1,
PCALC,MULT,sxynx,SXY,NX,1,
PCALC,ADD,tx,SXNX,SXYNY,1,1, ,
PCALC,ADD,ty,SYNY,SXYNX,1,1, ,
*get,dx,path,,last,s
*SET,dx,dx/1000                             !获取一个微小分量
pcalc,add,xg,xg,,,,-dx/2                    !移动映射路径的横坐标
pdef,ux1,u,x
pdef,uy1,u,y                                !映射两个方向位移到新路径
pcalc,add,xg,xg,,,,dx
pdef,ux2,u,x
pdef,uy2,u,y
pcalc,add,xg,xg,,,,-dx/2
```

```
*SET,c,1/dx
pcalc,add,c11,ux2,ux1,c,-c
pcalc,add,c21,uy2,uy1,c,-c
PCALC,MULT,txc11,TX,C11,1,
PCALC,MULT,txc11x,TXC11,XG,1,
PCALC,MULT,tyc21,TY,C21,1,
PCALC,MULT,tyc21x,TyC21,XG,1,
PCALC,INTG,m11,TXC11X,S,-1,
*get,m11,path,,last,m11                     !积分结果赋值给参数 m11
PCALC,INTG,m21,TyC21X,S,-1,
*get,m21,path,,last,m21                     !积分结果赋值给参数 m21
PDEF,CLEAR
PDEF,sx,S,X,AVG
/PBC,PATH, ,0
AVPRIN,0,0,
PDEF,sy,S,Y,AVG
/PBC,PATH, ,0
AVPRIN,0,0,
PDEF,sxy,S,XY,AVG
/PBC,PATH, ,0
PVECT,NORM,nx,ny,nz
PCALC,MULT,sxnx,SX,NX,1,
PCALC,MULT,sxyny,SXY,NY,1,
PCALC,MULT,syny,SY,NY,1,
PCALC,MULT,sxynx,SXY,NX,1,
PCALC,ADD,tx,SXNX,SXYNY,1,1, ,
PCALC,ADD,ty,SYNY,SXYNX,1,1, ,
*get,dy,path,,last,s
*SET,dy,dy/1000
pcalc,add,yg,yg,,,,-dy/2                    !将路径移回原地
pdef,ux1,u,x
pdef,uy1,u,y
pcalc,add,yg,yg,,,,dy
pdef,ux2,u,x
pdef,uy2,u,y
```

```
pcalc,add,yg,yg,,,,-dy/2
*SET,c,1/dy
pcalc,add,c12,ux2,ux1,c,-c              !得到位移 Ux 对横坐标的偏导
pcalc,add,c22,uy2,uy1,c,-c              !得到位移 Uy 对横坐标的偏导
PCALC,MULT,txc12,TX,C12,1,
PCALC,MULT,txc12y,TXC12,YG,1,
PCALC,MULT,tyc22,TY,C22,1,
PCALC,MULT,tyc22y,TYC22,YG,1,
PCALC,INTG,m12,TXC12Y,S,-1,
*get,m12,path,,last,m12                 !积分结果赋值给参数 m12
PCALC,INTG,m22,TyC22y,S,-1,
*get,m22,path,,last,m22                 !积分结果赋值给参数 m22
*SET,m_1,m11+m21+m1x                    ! M积分的第一项
*SET,m_2,m12+m22+m2y                    ! M积分的第二项
*SET,mt,m_1+m_2                         !获得 M 积分的最终值
```

3.3.3　*L* 积分的 APDL 命令流

本小节介绍 *L* 积分的数值计算，其计算思路及 APDL 命令流如下：

```
ETABLE,ERASE                            !清除单元表残余数据
AVPRIN,0,0,
ETABLE,sene,SENE,                       !存储单元应变能
AVPRIN,0,0,
ETABLE,volu,VOLU,                       !存储单元体积
SEXP,sedp,SENE,VOLU,1,-1,               !计算单元应变能密度
AVPRIN,0,0,
PDEF,se,ETAB,sedp,AVG
PVECT,NORM,nx,ny,nz                     !定义路径单位法向量
PCALC,MULT,sexg,SE,XG,1,
PCALC,MULT,sexgny,SEXG,Ny,1,
PCALC,MULT,seyg,SE,yG,1,
PCALC,MULT,seygnx,SEyG,Nx,1,
PCALC,INTG,L12,sexgny,S,-1,
PCALC,INTG,L11,seygnx,S,1,
*get,L12,path,,last,L12                 !积分结果赋值给参数 L12
*get,L11,path,,last,L11                 !积分结果赋值给参数 L11
```

```
*SET,L_1,L11+L12
PDEF,CLEAR
PDEF,sx,S,X,AVG
/PBC,PATH, ,0
AVPRIN,0,0,
PDEF,sy,S,Y,AVG
/PBC,PATH, ,0
AVPRIN,0,0,
PDEF,sxy,S,XY,AVG
/PBC,PATH, ,0
PDEF,ux,U,X,AVG
/PBC,PATH, ,0
AVPRIN,0,0,
PDEF,uy,U,Y,AVG
/PBC,PATH, ,0
AVPRIN,0,0,
PVECT,NORM,nx,ny,nz
PCALC,MULT,sxnx,SX,NX,1,
PCALC,MULT,sxyny,SXY,NY,1,
PCALC,MULT,syny,SY,NY,1,
PCALC,MULT,sxynx,SXY,NX,1,
PCALC,MULT,sxnxuy,sxnx,uy,1,
PCALC,MULT,sxynyuy,sxyny,uy,1,
PCALC,MULT,synyux,syny,ux,1,
PCALC,MULT,sxynxux,sxynx,ux,1,
PCALC,ADD,tx,sxnxuy,sxynyuy,1,1, ,
PCALC,ADD,ty,synyux,sxynxux,1,1, ,
PCALC,INTG,L21,tx,S,1,
*get,L21,path,,last,L21                  !积分结果赋值给参数 L21
PCALC,INTG,L22,ty,S,-1,
*get,L22,path,,last,L22                  !积分结果赋值给参数 L22
*SET,L_2,L21+L22
PDEF,CLEAR
PDEF,sx,S,X,AVG
/PBC,PATH, ,0
```

```
AVPRIN,0,0,
PDEF,sy,S,Y,AVG
/PBC,PATH, ,0
AVPRIN,0,0,
PDEF,sxy,S,XY,AVG
/PBC,PATH, ,0
PVECT,NORM,nx,ny,nz
PCALC,MULT,sxyg,SX,YG,1,
PCALC,MULT,sxygnx,SXYG,Nx,1,
PCALC,MULT,sxyyg,SXY,YG,1,
PCALC,MULT,sxyygny,SXYYG,NY,1,
PCALC,MULT,sxyyg,SXY,YG,1,
PCALC,MULT,sxyygnx,SXYYG,NX,1,
PCALC,MULT,syyg,SY,YG,1,
PCALC,MULT,syygny,SYYG,NY,1,
PCALC,MULT,sxxg,SX,XG,1,
PCALC,MULT,sxxgnx,SXXG,Nx,1,
PCALC,MULT,sxyxg,SXY,XG,1,
PCALC,MULT,sxyxgny,SXYXG,NY,1,
PCALC,MULT,sxyxg,SXY,XG,1,
PCALC,MULT,sxyxgnx,SXYXG,NX,1,
PCALC,MULT,syxg,SY,XG,1,
PCALC,MULT,syxgny,SYXG,NY,1,
*GET,DX,PATH,,LAST,S
*SET,DX,DX/1000                        !获取一个微小分量
PCALC,ADD,XG,XG,,,,-DX/2               !移动映射路径的横坐标
PDEF,UX1,U,X
PDEF,UY1,U,Y
PCALC,ADD,XG,XG,,,,DX
PDEF,UX2,U,X
PDEF,UY2,U,Y
PCALC,ADD,XG,XG,,,,-DX/2
*SET,C,1/DX
PCALC,ADD,C1,UX2,UX1,C,-C
PCALC,ADD,C2,UY2,UY1,C,-C
```

```
*get,dy,path,,last,s
*SET,dy,dy/1000                                 !获取一个微小分量
pcalc,add,yg,yg,,,,-dy/2
pdef,ux_1,u,x
pdef,uy_1,u,y
pcalc,add,yg,yg,,,,dy
pdef,ux_2,u,x
pdef,uy_2,u,y                                   !映射两个方向位移到新路径
pcalc,add,yg,yg,,,,-dy/2
*SET,cc,1/dy
pcalc,add,c3,ux_2,ux_1,cc,-cc
pcalc,add,c4,uy_2,uy_1,cc,-cc
PCALC,MULT,L311,sxygnx,c1,1,
PCALC,INTG,L_311,L311,S,-1,
*get,L_311,path,,last,L_311
PCALC,MULT,L312,sxyygny,c1,1,
PCALC,INTG,L_312,L312,S,-1,
*get,L_312,path,,last,L_312
PCALC,MULT,L313,sxyygnx,c2,1,
PCALC,INTG,L_313,L313,S,-1,
*get,L_313,path,,last,L_313
PCALC,MULT,L314,syygny,c2,1,
PCALC,INTG,L_314,L314,S,-1,
*get,L_314,path,,last,L_314
PCALC,MULT,L321,sxxgnx,c3,1,
PCALC,INTG,L_321,L321,S,-1,
*get,L_321,path,,last,L_321
PCALC,MULT,L322,sxyxgny,c3,1,
PCALC,INTG,L_322,L322,S,-1,
*get,L_322,path,,last,L_322
PCALC,MULT,L323,sxyxgnx,c4,1,
PCALC,INTG,L_323,L323,S,-1,
*get,L_323,path,,last,L_323
PCALC,MULT,L324,syxgny,c4,1,
PCALC,INTG,L_324,L324,S,-1,
```

```
*get,L_324,path,,last,L_324
*SET,L_3,L_311+L_312+L_313+L_314+L_321+L_322+L_323+L_324
*SET,L_INT,L_1+L_2+L_3                        !获得L积分的最终值
```

第 4 章　材料构型力的实验测量方法

实现 J_k 积分、M 积分和 L 积分的实验测量，关键性步骤是获得在 x_1-x_2 平面内所有需要用于计算 J_k 积分、M 积分和 L 积分的相关分量，即积分路径上的位移 u_i、位置坐标 x_i、应力 σ_{ij}、应变 ε_{ij} 和应变能密度 W，其中应变能密度可以表示为应力和应变的函数，即 $W=\sigma_{ij}\varepsilon_{ij}/2$。因此，需要直接测量的物理量为积分路径上各位置点处的位移 u_i、应力 σ_{ij} 和应变 ε_{ij}。一般来说，试样或构件中某一位置的位移或应变可通过引伸计或应变片测量得到，再通过材料的本构关系进一步得到该位置处的应力大小。本章中，将对 J_k 积分、M 积分和 L 积分的现有实验测量方法概况进行介绍。

4.1　J_k 积分的实验测量方法

4.1.1　J_1 积分的国家标准测量方法

对于 J_1 积分(著名的 J 积分)的测量方法，可参考材料断裂韧性 J_{IC} 的标准试验测量，其中 J_{IC} 代表 I 型断裂时的临界 J 积分值。在中华人民共和国国家标准《金属材料　准静态断裂韧度的统一试验方法》(标准号：GB/T 21143—2014)中有详细规定。下面针对三点弯曲法测量断裂韧性 J_{IC}(J 积分)进行详细介绍。断裂韧性 J_{IC} 的测量是通过试验获取施加临界载荷 F_{Q} 与裂纹缺口张开位移 V 或施力点位移 q 的关系，利用相应的计算公式获取 J_{IC} 的值，主要包括以下步骤。

1) 三点弯曲标准试样

三点弯曲标准试样如图 4-1 所示，其中 W 为宽度，S 为跨距，L 为长度，B 为厚度，$a=a_0+a_{\mathrm{f}}$ 为裂纹总长度，a_0 为试样初始裂纹长度，a_{f} 为预制疲劳裂纹长度，F 为施加载荷。为了避免加载点和支撑点附近的应力集中对裂纹附近区域的干扰，要求试样尺寸满足 $S:W:B=8:2:1$。裂纹缺口可采用切割或电火花加工，裂纹缺口处可加工一定尺寸的凹槽，以便引伸计的安装。裂纹总长度一般取 $a\approx 0.45W$。

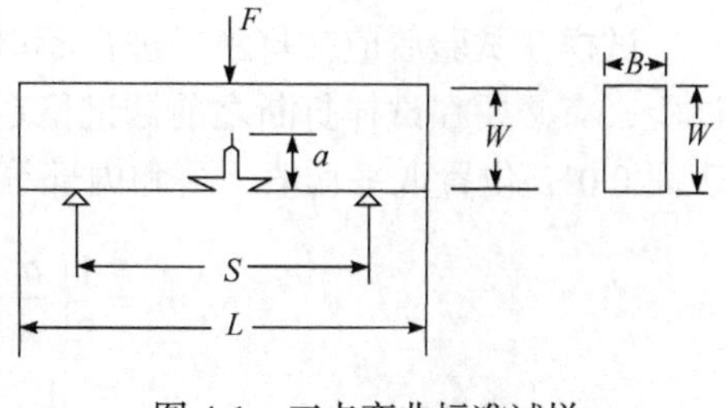

图 4-1　三点弯曲标准试样

2) 预制疲劳裂纹

(1) 划定观测疲劳裂纹的标准线。在工作平台上，用高度尺对试样画出三条垂直于裂纹的水平平行线，第一条以 a_0 的端点为切线，然后隔 1mm 画一条线，再隔 0.5mm 画一条线。

(2) 装好试样，调好跨距 S，使机械切口对准 $S/2$ 处。

(3) 按高频疲劳机操作步骤施加静载荷，选好共振频率，启动动载荷部分。

(4) 仔细观察疲劳裂纹的形成。最小的预制疲劳裂纹扩展量应大于 1.3mm 或试样宽度 W 的 2.5%。

(5) 预制裂纹过程中的降载方案。当裂纹扩展最后 1.3mm 或 50%预制裂纹扩展量时，对载荷进行逐级降载，每级载荷的下降率不超过 10%，一般取 5%～10%，但要保持 $R = F_{\min} / F_{\max}$ 不变。在每级载荷下，取裂纹扩展量$\Delta a = 0.25$～0.50mm。

3) 测量试样

试验前，沿着预期的裂纹扩展路径，至少在三个等间距处测量试样厚度 B，取其平均值。试样宽度应沿厚度方向(裂纹平面)至少三个等间距位置测量，取测量的平均值为宽度 W。测量精度范围要求为± 0.02mm，取其中较大值。

4) 安装试样

安装三点弯曲试验底座，使加载线通过跨距 S 的中点，偏差在 $1\% \times S$ 以内。放置试样时应使缺口中心线正好落在跨距的中点，偏差也不得超过 $1\% \times S$，而且试样与支承辊的轴线应成直角，偏差在± 2°以内。

5) 接入引伸计

在裂纹张口处接入引伸计，测量裂纹张开量 V。

6) 试验机加载

对试样缓慢而均匀地加载，试样加载速率应该使应力强度因子增加的速率为 0.5～$3.0\text{MPa} \cdot \text{m}^{1/2}/\text{s}$。试验一直进行到试样所受力不再增加为止。标记和记录最大力 $F_{\max}$。记录力–位移曲线时，应调整记录仪的放大比，使力–位移曲线的初始斜率为 0.85～1.15。

7) 裂纹总长度 a 的测量

试样在试验后应被打断，进行断口检查，测定原始裂纹总长度 a。对于某些试验，有必要在试样打断之前标记稳定裂纹扩展的范围。a 值通过先对距离两侧表面 $0.01B$ 位置取平均值，再和内部等间距的 7 个点处测量长度取平均值得到：

$$a = \frac{1}{8}\left(\frac{a_1 + a_9}{2} + \sum_{j=2}^{8} a_j\right) \tag{4-1}$$

8) $U_{\rm p}$ 的测定

通过试验记录适当的施力点位移 q 和力值 F。从力–位移曲线的总面积中减去

理论的弹性面积 U_e，得到塑性分量 U_p。此过程中，有多种计算方法可以使用，如通过求积仪得到，或利用计算机的数字积分技术得到，还可以利用弹性柔度分析方法得到(图 4-2)。

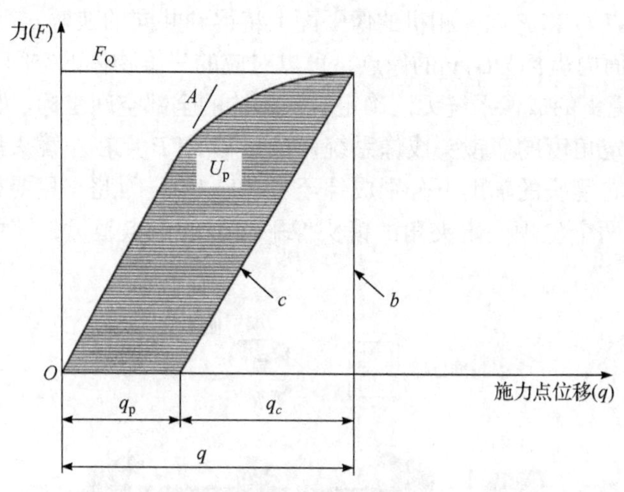

图 4-2　U_p 的测定

A 为阴影面积；c 为卸载线；U_p 为变形功的塑性分量；q_p 为施力点位移塑性分量；q_c 为施力点位移弹性分量；b 为临界载荷值；F_Q 为通过试验记录的首个最大力点的值

9) J_{IC} 的计算

对于三点弯曲试样，若测量施力点位移 q，J_{IC} 满足关系式：

$$J_{IC}=\left[\frac{F_QS}{(BB_N)^{0.5}W^{1.5}}\times g_1\left(\frac{a_0}{W}\right)\right]^2\left(\frac{1-\nu^2}{E}\right)+\frac{2U_p}{B_N(W-a_0)} \tag{4-2}$$

式中，S 为跨距。

4.1.1 小节主要介绍材料临界断裂韧性 J_{IC} 的实验测量方法，但对于任意载荷时刻下的 J_k 积分测量，需要借助其他方法，将在 4.1.2 小节着重介绍。

4.1.2　J_k 积分的 DIC 测量方法

1) 数字图像相关技术简介

在现代的科学研究及工业生产中，材料的强度和使用寿命都是人们关心的问题。因此，对试样结构的变形测量就显得十分重要。非接触测量受到越来越多的重视，数字图像相关技术就是其中的佼佼者。它具有结构简单、测量范围灵活、非接触、对实验环境要求不高、位移测量精度较高的特点，其理论及实验方法较为成熟，在三维目标的识别、表面重建以及位置、形态的分析领域中应用广泛，已经成为现代光测力学领域中一个重要的方法。

DIC 技术采用非结构光照明方式，根据被测物体的空间位置与其在镜头成像平面所成像点的位置之间的对应关系，求解被测物体的空间坐标。DIC 变形测量的原理，类似于人眼的双目立体视觉系统，对于双镜头成像系统，如图 4-3 所示，三维空间内的点 Q 和 P 在左相机的像平面上将得到共同的映射 p。因此，对于在左镜头成像平面内坐标为(x, y)的像点，可以对应的三维物体的空间坐标为无穷多组，因此单一镜头的成像系统无法确定被测物体的全部空间坐标。如图 4-3 所示，当存在呈现一定角度的双镜头成像系统，虽然 Q 和 P 点在左镜头里的像点重叠在一起，但在右镜头的辅助下分别成像至 q' 和 p'点。因此，只要精确地得到空间内某一点在两个呈现一定夹角的镜头像平面上的像点坐标，即可精确推知其空间坐标。

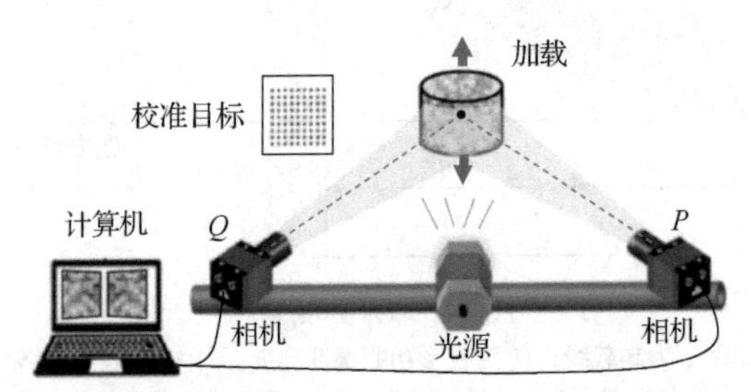

图 4-3　双镜头还原物点的空间三维坐标(Helm et al., 1996)

DIC 技术并不是对单一的像素点在两个镜头的像平面中进行匹配，而是采用对一组像素组成的子面在不同的像平面中进行匹配，如图 4-4 所示。这就要求试样的表面需要有大量较为明确、随机、特征单一的形貌，因此，在实际测量中，通常会对试样表面进行哑光漆喷涂，并采用散斑图像匹配算法。

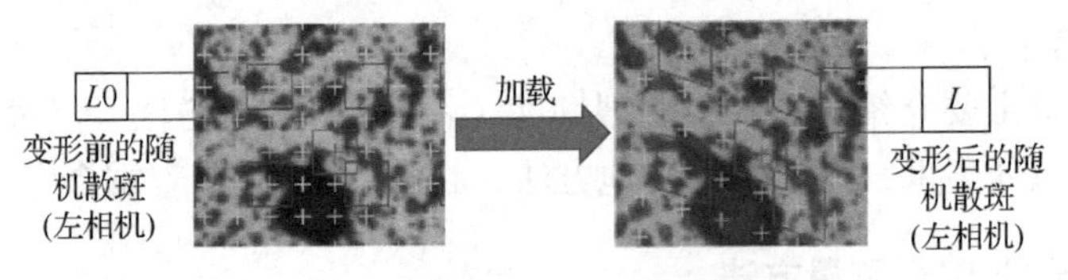

图 4-4　像平面中识别的子面

$L0$ 为变形前随机散斑区域初始边长；L 为变形后随机散斑区域边长

常见的像素子区匹配算法有 SSD 算法、ZSSD 算法、NSSD 算法、ZNSSD 算法、NCC 算法、SAD 算法及零均值归一化互相关(ZNCC)算法等。利用 DIC 技术，可以尝试用异于传统应变片测量的实验方法得到材料构型力分量的值。另外，测量范围也不局限于单裂纹，甚至可以计算多缺陷中每个缺陷的守恒积分，这在传统方法中是难以想象的。

2) 试验测试范例

在本范例中，使用的实验仪器 ARAMIS 4M 是由 GOM 公司生产的一种基于数字图像相关原理的测量设备，如图 4-5 所示。ARAMIS 4M 主要由前端的镜头、支架、控制拍照和数据采集同步的触发器以及后端处理数据的计算机构成。ARAMIS 4M 通过两个成角度的高分辨率镜头对试样表面进行拍摄，可以将试样表面图像划分成一定数量的像素组成的像素群，也就是灰度图的像素子区，利用 DIC 技术计算试样表面散斑图子区在左右两个镜头里的位置，重建试样表面的三维形貌。通过计算不同状态下像素子区的运动过程，准确地测量出像素子区的位移，进而得到整个试样表面的位移场和应变场。

在本测试中，试样材料为典型的脆性材料有机玻璃 PMMA。试样的几何尺寸如图 4-6 所示，在试样的左侧边缘预制一条倾斜的边界裂纹，如角度$\theta = 45°$，裂纹长度为 10mm。试样承受单轴拉伸载荷，采用 MTS 试验机。位移场的相关测量则交给了 GOM 公司的 ARAMIS 4M 3D 光学测量系统。在 DIC 测量前，在被测量试样表面喷涂上高对比度、随机性强的哑光漆，如黑色和白色，以便于通过高分辨率摄像头识别试样的表面形貌，实验场景见图 4-7。两个采集试样表面形貌的摄像头成 25°夹角，用于测量处于加载状态下的试样表面的光学表现差异，将两个摄像头在同一时刻采集到的试样表面分为若干个像素子区，并进行相应的匹配，得到当前状态下各个像素子区在空间中的平移及旋转运动，进而通过相关的数学处理计算得到加载过程中试样表面的位移场。在试验中，子平面的尺寸取为 15 像素×15 像素，相关的测量范围大致为 0.5mm×0.5mm。

图 4-5 ARAMIS 4M 三维 DIC 测量设备

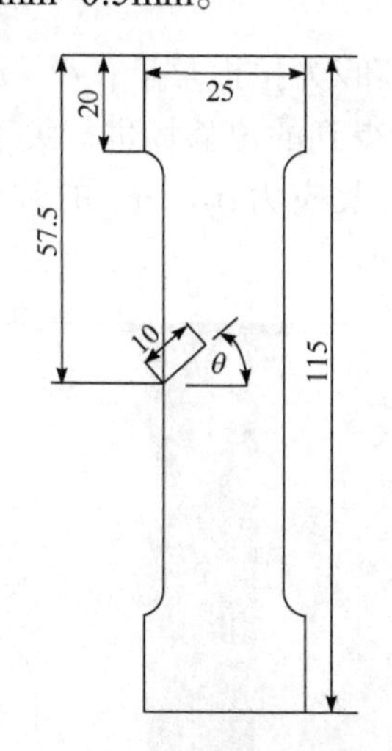

图 4-6 试样的几何尺寸(单位：mm)

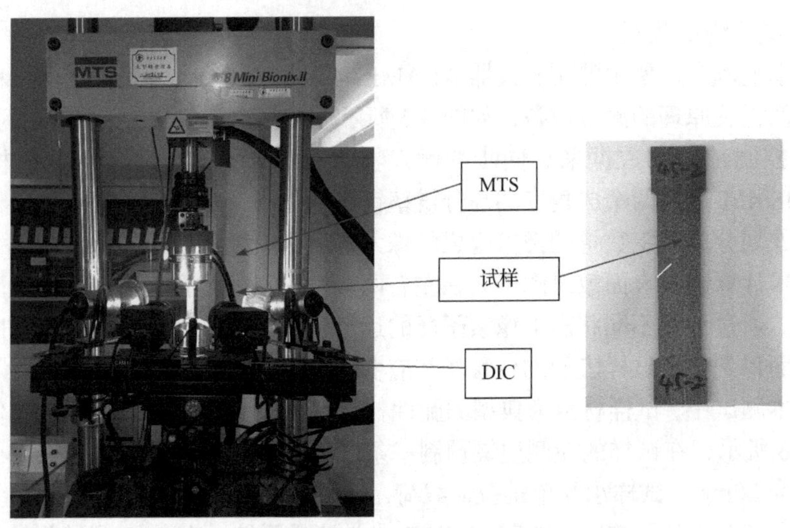

图 4-7　应用 DIC 技术在实验中测量材料构型力

试样表面的位移场精确结果可以直接从 ARAMIS 4M 中输出，如图 4-8(a)所示，这是在测量结果中未加各种插值计算处理的精确可信结果。其他的在计算材料构型力中涉及的参量，如应力、位移梯度等，可以通过材料本构方程、几何方程等方程，结合已知的表面位移场得到。其中，应力场通过 DIC 测量获得的位移结果得到。对线弹性行为，应力与应变之间遵循广义胡克定律：

$$\sigma_{ij} = 2G\varepsilon_{ij} + \lambda\Theta\delta_{ij} \tag{4-3}$$

式中，G 和λ为拉梅常量；$\Theta = \varepsilon_{ii}$，为体积应变；$\delta_{ij}$为克罗内克符号；应变$\varepsilon_{ij}$通过对试验得到的位移场进行关于坐标的求偏导数得到，即$\varepsilon_{ij} = (u_{i,j} + u_{j,i}) / 2$。$u_{x,y}$、$u_{y,x}$ 及应力σ_y、σ_{xy} 的数值结果作为几个代表变量分别显示在图 4-8(b)和(c)中。

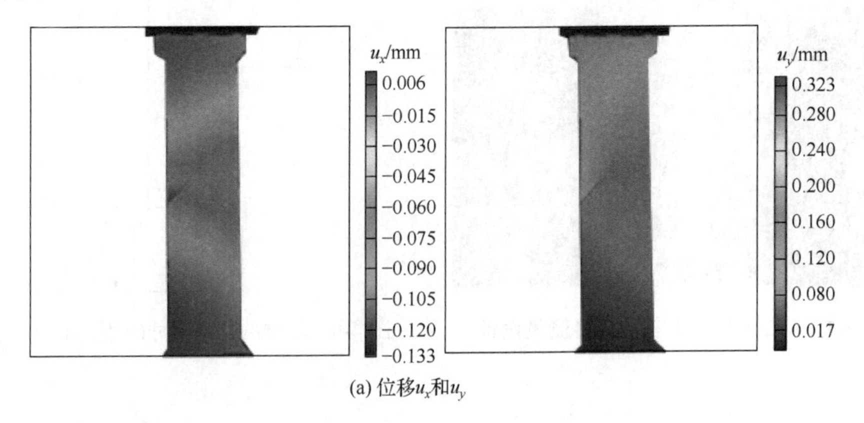

(a) 位移u_x和u_y

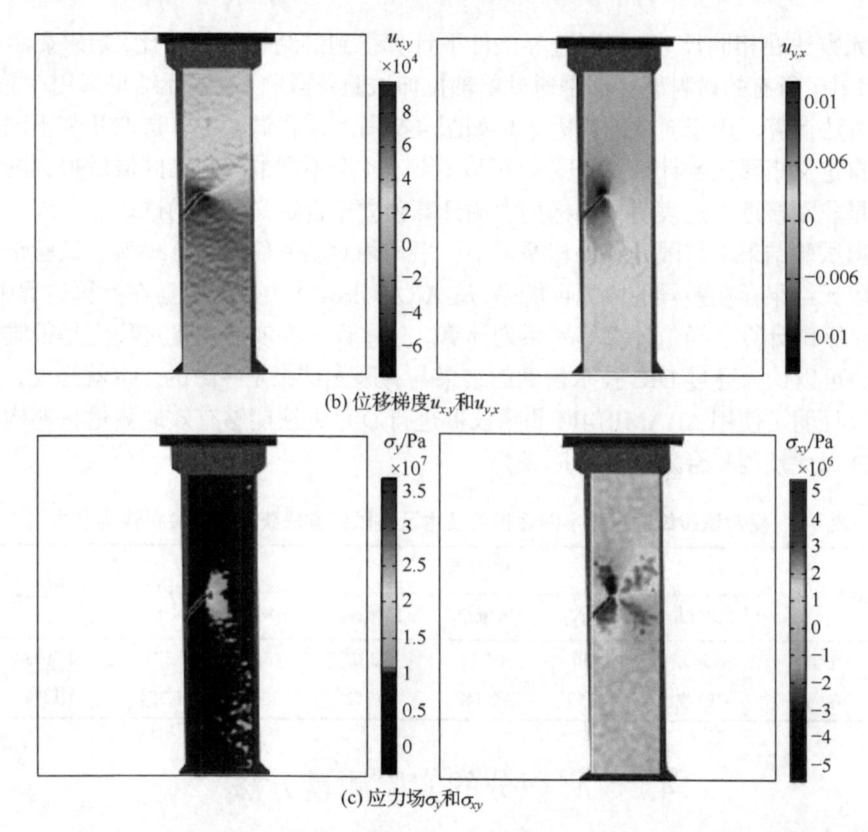

(b) 位移梯度$u_{x,y}$和$u_{y,x}$

(c) 应力场σ_y和σ_{xy}

图 4-8　在单轴拉伸下含倾斜裂纹弹性平板在数字图像相关技术中的相应结果

DIC 测量的实验精度可能会受到许多意料之外的因素影响，如光线照明、喷涂在试样表面的随机形貌、光线反射、空气环境、子平面尺寸、图像匹配中使用的关联准则、像素插值算法、映射函数等。对比图 4-8(c)和图 4-9 可知，实验获得的应力结果与有限元方法(FEM)计算得到的应力结果的误差在可接受范围内，即实验结果和有限元结果基本吻合。

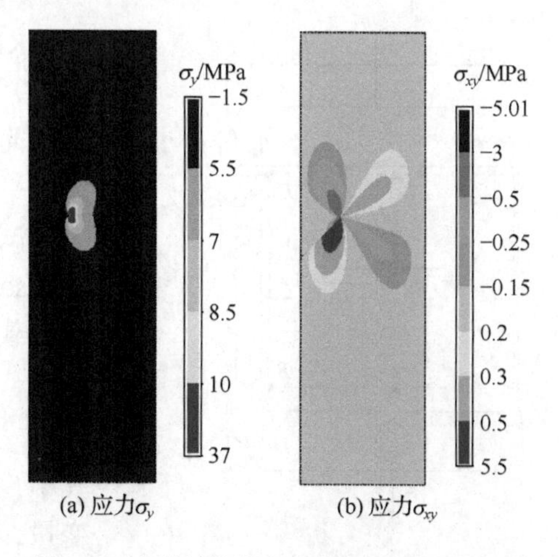

(a) 应力σ_y　(b) 应力σ_{xy}

图 4-9　在单轴拉伸下含倾斜裂纹弹性平板的有限元结果

在获得试样表面离散点上的所有分量之后，裂尖的材料构型力是通过选定一个自定义的区域 Ω 并进行数值积分获得的。为了验证试验所获数据的可靠性，将试验测量(采用 DIC 技术)得到的结果与有限元方法在相同尺寸、相同边界条件下计算得到的结果进行对比，结果显示在表 4-1 中。所有的材料属性都是通过单轴拉伸试验获得的，有限元结果采用 3.3 节所列方法计算，用于对比的应力结果如图 4-9 所示，在试验中，选取几个不同大小的自定义矩形区域计算 J_k 积分。可以看到，4 个不同的自定义区域所得到的试验结果非常接近，这表明材料构型力的计算独立于自定义区域的选取。此外，可以看出试验结果与有限元结果相差很小，平均相对误差仅仅是 1.89%。试验结果与有限元结果存在差异的原因可能是，从 ARAMIS 4M 中所获数据在计算过程中，经历了平滑计算、插值计算等一系列计算。这些误差在实验测量过程中是很难避免的，可以认为通过 DIC 技术得到的结果与有限元结果是一致的。也就是说，这个研究证明了使用 ARAMIS 4M 测量仪器进行 DIC 方法能够有效地测量材料构型力，并以此预测复合型裂纹的扩展。

表 4-1　复合型裂纹通过数字图像相关技术及有限元方法获得的裂尖材料构型力

材料构型力	DIC 技术					FEM	相对误差
	区域Ω_1	区域Ω_2	区域Ω_3	区域Ω_4	平均值		
J_1	0.363	0.356	0.374	0.362	0.364	0.371	1.89%
J_2	−0.347	−0.359	−0.342	−0.352	−0.350	−0.354	1.13%

4.2　*M* 积分的实验测量方法

4.2.1　*M* 积分的传统测量方法

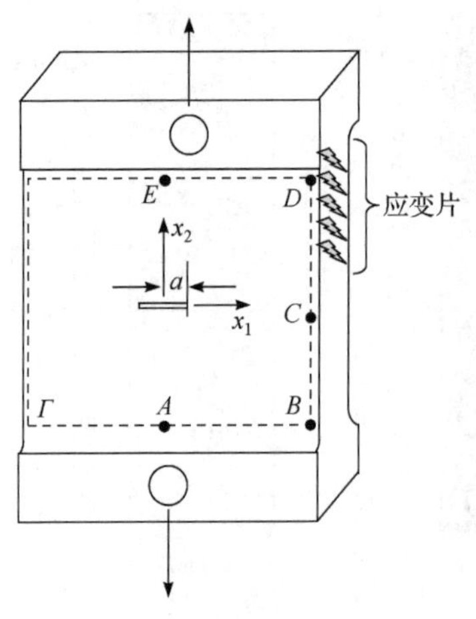

图 4-10　单裂纹实验测量 *M* 积分示意图(King et al., 1981)

King 等(1981)针对平面应力状态的单裂纹问题，对 *M* 积分的表达式进行了相应的解析分析和简化。如图 4-10 所示，对于中心含有单裂纹的平板试样，承受单轴拉伸载荷作用。

试样表面的应力及位移均可以利用 Kolosoff-Mushkeishvili 复势函数表示。受到单轴拉伸载荷的单裂纹问题复势函数 $\phi(z)$ 为

$$\phi(z)=\frac{\sigma}{2}\sqrt{z^2-a^2}-\frac{\sigma}{2}z \tag{4-4}$$

式中，σ为远端均匀载荷；a 为裂纹半长；z 为复变量；定义常数$\beta=-\sigma/2$。由图 4-10 可以发现，对于较大的积分路径，裂纹半长 a 相比于积分路径将是一个较小的数值。在保留足够关于变形场

特征信息的基础上，忽略 a/r 的三次方以上高阶项，简化由复势函数表示的应力和位移。此时，M 积分的表达式可分解为紧贴试样边缘的两条直线路径积分之和，即

$$M = 4(M_{AB} + M_{BC}) \tag{4-5}$$

对于平面应力状态，利用积分路径的边界条件，可以得到两部分路径上的 M 积分分别为

$$\begin{cases} M_{AB} = 2\int_0^b \left[\dfrac{1}{2E}\left(\sigma_{xx}^2 - \sigma_{yy}^2 + 2H\nu\sigma_{xy}^2\right)h + \dfrac{x}{E}(\sigma_{xy}\sigma_{xx} - \nu\sigma_{xy}\sigma_{yy}) - \sigma_{xy}u_{x,y}h + x\sigma_{xy}u_{y,x}\right]\mathrm{d}x \\ M_{BC} = 2\int_0^h \left\{\dfrac{1}{2E}\left[\sigma_{yy}^2 - \sigma_{xx}^2 + 2(1-\nu)\sigma_{xy}^2\right]b + \dfrac{y}{E}\sigma_{xy}\sigma_{yy} + \dfrac{y\nu}{E}\sigma_{xy}\sigma_{xx} - \sigma_{xy}u_{x,y}y - b\sigma_{yy}u_{x,y}\right\}\mathrm{d}y \end{cases} \tag{4-6}$$

式中，h、b 均为与试样尺寸相关的常数。

如果认为积分路径与裂纹长度相比足够大，可将应力和位移解析形式中含有 a/r 的平方及更高阶次的项全部忽略，则得

$$M_{AB} \cong \frac{hb\sigma^2}{E} + 2\sigma\int_0^b \left(xu_{y,x} - \frac{\nu x}{E}\sigma_{xy}\right)\mathrm{d}x \tag{4-7}$$

进而得到：

$$M_{AB} = \frac{-hb\sigma^2}{E} + \frac{4\sigma b}{E}[u_y(b,h) - u_y(0,h)] \tag{4-8}$$

式中，$u_y(b,h)$和 $u_y(0,h)$分别为试样上 D 点和 E 点或 B 点和 A 点的 y 方向位移。由式(4-8)可见，计算路径 AB 上的 M 积分值只需测量两点位移即可。

路径 BC 上的 M 积分可以简化为

$$M_{BC} = \frac{bE}{2}\int_0^h \varepsilon_{yy}^2 \mathrm{d}y \tag{4-9}$$

其值与路径上 y 方向的正应变相关。因此，在贴近边界的矩形积分路径上，M 积分就可以近似转化为

$$\begin{aligned} M &= 4(M_{AB} + M_{BC}) \\ &= 2bE\int_0^h \varepsilon_{yy}^2 \mathrm{d}y + \frac{-4hb\sigma^2}{E} + \frac{16\sigma b}{E}[u_y(b,h) - u_y(0,h)] \end{aligned} \tag{4-10}$$

对于式(4-10)而言，需要测量的物理量只有竖直路径上的 y 方向正应变和水平路径端点的 y 方向位移，具体的应变及位移传感器设置如图 4-10 所示。

从 King 等(1981)的分析中可以看出，利用 M 积分的路径无关性，当积分路径选取在材料边界的矩形路径上时，对于竖直方向的 M 积分计算可以有效利用其应

力自由的边界条件。将试样的夹持部分加厚可以有效地简化远场边界条件，进而得到较为简单的表达式。

4.2.2 *M*积分的间接测量方法

为实现对单裂纹*M*积分的间接测量，首先引入*M*积分与总势能改变量(CTPE)的关系，其中总势能改变量用符号*U*表示。在平面应变条件下，将单裂纹问题的总势能改变量分解为Ⅰ型裂纹和Ⅱ型裂纹各自贡献的和，即

$$U = U_{\mathrm{I}} + U_{\mathrm{II}} \tag{4-11}$$

式中，下标Ⅰ和Ⅱ分别表示张开型裂纹与滑移型裂纹，则

$$\begin{cases} U_{\mathrm{I}} = \dfrac{\pi a^2 \left(\sigma_{22}^{\infty}\right)^2 (1-\nu^2)}{E} \\ U_{\mathrm{II}} = \dfrac{\pi a^2 \left(\sigma_{12}^{\infty}\right)^2 (1-\nu^2)}{E} \end{cases} \tag{4-12}$$

因此，*M*积分的值可以表示为

$$M = \frac{\kappa+1}{4\mu}\pi a^2\left[\left(\sigma_{12}^{\infty}\right)^2 + \left(\sigma_{22}^{\infty}\right)^2\right] \tag{4-13}$$

式中，对于平面应变，$\kappa = 3-4\nu$，ν为泊松比；$\mu = E/[2(1+\nu)]$。

考虑无穷远处应力边界条件σ_{22}^{∞}和σ_{12}^{∞}，则Ⅰ型裂纹和Ⅱ型裂纹的裂尖应力强度因子可以写作：

$$\begin{cases} K_{\mathrm{I\,R}} = K_{\mathrm{I\,L}} = \sqrt{\pi a}\,\sigma_{22}^{\infty} \\ K_{\mathrm{II\,R}} = K_{\mathrm{II\,L}} = \sqrt{\pi a}\,\sigma_{12}^{\infty} \end{cases} \tag{4-14}$$

结合式(4-12)和式(4-14)，则可以得到*M*积分和总势能改变量的关系为

$$M = 2U \tag{4-15}$$

式(4-15)表明，对于单裂纹问题，*M*积分值等于总势能改变量*U*的两倍。对于含有单裂纹缺陷的试样而言，远端受到均匀分布的载荷，其总势能改变量为

$$U = \frac{1}{2}\int_{-a}^{a} \sigma_{i2}^{\infty}\Delta u_i(x)\mathrm{d}x \quad (i=1,2) \tag{4-16}$$

式中，σ_{i2}^{∞}为无穷远处的均布载荷；$\Delta u_i(x)$为上下裂纹面跨过裂纹的位移差。因此，可以采用在试样裂纹上粘贴跨过裂纹并垂直于裂面的应变片的办法测量*M*积分。

根据如图4-11所示的单裂纹试样的受力等效关系，含有单裂纹的无限大板可以等效为受到相同载荷的无缺陷连续介质与裂纹内侧受到相同载荷而其余边界自

由的构型的叠加，则含有单裂纹的单位厚度试样全部的外力功为

$$\frac{1}{2}\sigma Lu=\frac{1}{2}\sigma Lu'+\frac{1}{2}\sigma\int_{-a}^{a}u_2(x)\mathrm{d}x \tag{4-17}$$

式中，σ为远端均布载荷；L为试样宽度；u为含有缺陷试样远端的位移；u'为无缺陷试样远端位移；$u_2(x)$为裂纹两个裂面的位移。

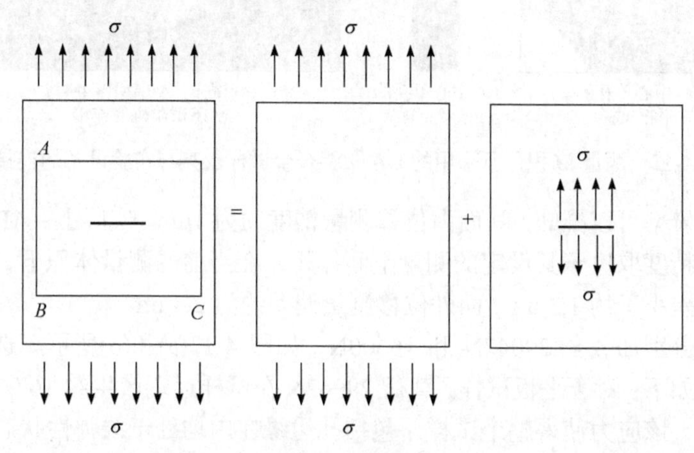

图4-11　单裂纹试样的受力等效关系

比较式(4-17)和式(4-16)可以发现，单裂纹构型的CTPE为式(4-17)等号右边第二项，即同尺寸有无缺陷试样的外力功之差。因此，只需测量远端的应力和有无缺陷试样在相同载荷下的位移差，即可利用外力功差与CTPE的关系得到M积分：

$$\sigma L(u-u')=\sigma\int_{-a}^{a}u_2(x)\mathrm{d}x=M \tag{4-18}$$

4.2.3　*M*积分的DIC测量方法

1) 实验设备及含有缺陷的试样

实验采用的试样、ARAMIS 4M与MTS试验机的设置如图4-12(a)～(c)所示。试样采用LY-12铝合金，平板试样尺寸为60mm×80mm×3mm(宽度×长度×厚度)，条状试样尺寸为25mm×110mm×3mm(宽度×长度×厚度)。材料弹性模量为71GPa，泊松比为0.33。两种试样均含有直径为5mm的圆孔。试样表面上，用黑色和白色反光漆喷涂成散斑状态。

正如前述，ARAMIS 4M设备设定完毕后对其进行校验，以获得镜头和当前系统设置的所有内外参数，如测量空间坐标原点、镜头实际交角、实际基距等，并评估当前的测量偏差。校验结果显示，位移偏差约为0.029像素，结合测量体

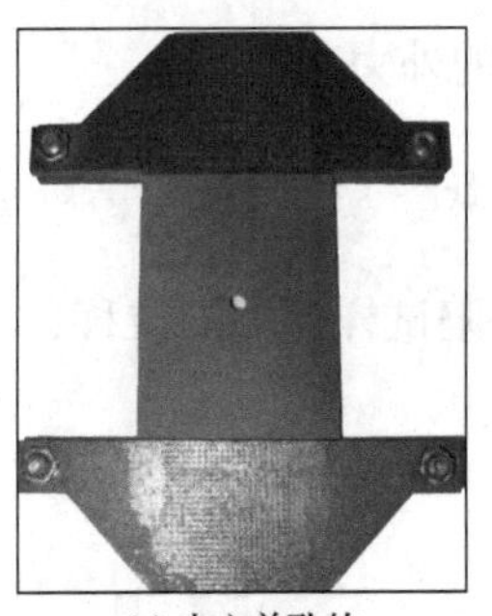

(a) 中心单孔的平板试样

(b) 中心单孔的条状试样

(c) 试样、ARAMIS 4M与MTS试验机的连接

图 4-12　测量 M 积分所采用的 LY-12 铝合金试样及其与实验设备的连接

积和镜头分辨率可以推知，其面内位移测量精度约为 1μm。实际上，ARAMIS 4M 的位移测量精度取决于其设定的测量空间体积，在当前的测量体积下，通常面内位移测量偏差小于约 1.3μm，面外位移测量偏差约为 2.4μm。

将试样分别加载至 29047N 和 16600N，如图 4-13(a)和(b)所示。选取这两个载荷的原因如下：对于平板试样，载荷 29047N 在试样远端产生约 167.5MPa 的均匀拉伸应力，该应力使得整个试样，包括孔边缘在内均处于线弹性状态；施加在条形试样上的 16600N 载荷，其产生约 229.7MPa 的正应力，该应力使得试样圆孔边缘产生了部分塑性变形(相应地，分别使用了不同载荷量程的试验机 MTS-880 及 MTS-858)。同时，选取孔洞中心作为坐标原点，在试样表面选取数条包围缺陷的积分路径进行 M 积分的计算。图中 s 和 h 分别为积分路径的宽度和长度。

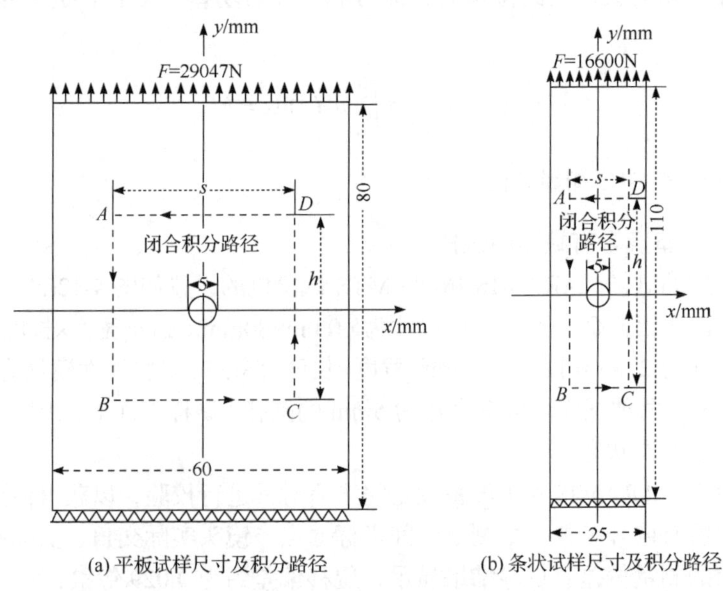

(a) 平板试样尺寸及积分路径　　(b) 条状试样尺寸及积分路径

图 4-13　用来测量 M 积分的不同尺寸试样及积分路径选取

2) 实验测量线弹性 M 积分的表达式

由于 ARAMIS 4M 测量数据主要以应变和位移为主，因此要将 M 积分转化为应变、位移以及材料常数的函数。从 M 积分的定义式出发，首先导出应变表示的应变能密度。对于平面应力问题，本构关系为

$$\begin{cases} \sigma_{xx} = \dfrac{2\lambda\mu}{\lambda+2\mu}(\varepsilon_{xx}+\varepsilon_{yy})+2\mu\varepsilon_{xx} \\ \sigma_{yy} = \dfrac{2\lambda\mu}{\lambda+2\mu}(\varepsilon_{xx}+\varepsilon_{yy})+2\mu\varepsilon_{yy} \\ \tau_{xy} = \mu(u_{x,y}+u_{y,x}) \end{cases} \tag{4-19}$$

将式(4-19)代入应变能密度表达式，得到利用应变表征的应变能密度函数为

$$W = \left(\frac{\lambda\mu}{\lambda+2\mu}+\mu\right)\left(\varepsilon_{xx}^2+\varepsilon_{yy}^2\right)+\frac{2\lambda\mu}{\lambda+2\mu}\varepsilon_{xx}\varepsilon_{yy}+\frac{1}{2}\mu(u_{x,y}+u_{y,x})^2 \tag{4-20}$$

受到远场均布载荷的中心对称裂纹两端的应力、应变状态也应为对称分布的，故积分路径只选为与裂纹对称的一半的路径，在该路径上积分即可得到整体的 M 积分值。积分路径选取如图 4-13 所示。

对于路径 AB，其外法线方向 $n_1=-1$、$n_2=0$，则 M 积分的前半部分可以展开为

$$Wx_i n_i = -Wx \tag{4-21}$$

同样地，该路径外法线方向上的应力主矢量为

$$\begin{cases} T_1 = \sigma_{j1}n_j = -\sigma_{xx} \\ T_2 = \sigma_{j2}n_j = -\sigma_{xy} \end{cases} \tag{4-22}$$

将式(4-22)及本构关系式(4-19)代入 M 积分表达式的后半部分得到：

$$\begin{aligned} T_k u_{k,i} x_i = & -\left[\left(\frac{2\lambda\mu}{\lambda+2\mu}+2\mu\right)\varepsilon_{xx}+\frac{2\lambda\mu}{\lambda+2\mu}\varepsilon_{yy}\right](\varepsilon_{xx}x+u_{x,y}y) \\ & -\mu(u_{x,y}+u_{y,x})(u_{y,x}x+\varepsilon_{yy}y) \end{aligned} \tag{4-23}$$

将式(4-20)、式(4-21)及式(4-23)代入 M 积分表达式，可以得到路径 AB 上的 M 积分部分：

$$M_{AB} = \int_A^B \left\{ \begin{aligned} & \frac{2\mu x\left(\varepsilon_{xx}^2-\varepsilon_{yy}^2\right)(\lambda+\mu)}{\lambda+2\mu}+\frac{1}{2}\mu x\left(u_{y,x}^2-u_{x,y}^2\right)+\mu u_{y,x}y\varepsilon_{yy} \\ & +\frac{\mu u_{x,y}y\left[4\varepsilon_{xx}(\lambda+\mu)+\varepsilon_{yy}(3\lambda+2\mu)\right]}{\lambda+2\mu} \end{aligned} \right\} \mathrm{d}y \tag{4-24}$$

同理，对于 BC 路径的 M 积分，其路径外法线方向 $n_1 = 0$、$n_2 = -1$，代入 M 积分表达式前半部分可得

$$Wx_i n_i = -Wy \tag{4-25}$$

路径 BC 外法线方向上的应力主矢量为

$$\begin{cases} T_1 = \sigma_{j1} n_j = -\sigma_{xy} \\ T_2 = \sigma_{j2} n_j = -\sigma_{yy} \end{cases} \tag{4-26}$$

并存在：

$$\begin{aligned} T_k u_{k,i} x_i = & -\left[\left(\frac{2\lambda\mu}{\lambda+2\mu}+2\mu\right)\varepsilon_{yy}+\frac{2\lambda\mu}{\lambda+2\mu}\varepsilon_{xx}\right](u_{y,x}x+\varepsilon_{yy}y) \\ & -\mu(u_{x,y}+u_{y,x})(\varepsilon_{xx}x+u_{x,y}y) \end{aligned} \tag{4-27}$$

因此，BC 路径上的 M 积分分量表达式为

$$M_{BC} = \int_B^C \left\{ \begin{aligned} & \frac{2\mu y\left(\varepsilon_{yy}^2-\varepsilon_{xx}^2\right)(\lambda+\mu)}{\lambda+2\mu}+\frac{1}{2}\mu y\left(u_{x,y}^2-u_{y,x}^2\right)+\mu x u_{x,y}\varepsilon_{xx} \\ & +\frac{\mu u_{y,x}x[4\varepsilon_{yy}(\lambda+\mu)+\varepsilon_{xx}(3\lambda+2\mu)]}{\lambda+2\mu} \end{aligned} \right\} \mathrm{d}x \tag{4-28}$$

将以上两部分合并，对于对称的路径，M 积分值等于两倍的 AB 和 BC 路径上 M 积分分量值的和，即

$$M = 2(M_{AB} + M_{BC}) \tag{4-29}$$

由式(4-29)可知，对于 M 积分的实验测定，需要测量的参数为如下几组：两条路径上的正应变 ε_{xx} 和 ε_{yy}，位移矢量 u_x 和 u_y，以及位移矢量在对应坐标的偏导数 $u_{y,x}$ 和 $u_{x,y}$。

3) 实验位移场数据的平滑处理

经过上述的实验步骤，ARAMIS 4M 可以直接得到试样表面的位移场，如图 4-14(a)～(d)所示。由前述数字图像相关方法的论述可以看出，散斑图子区在完成匹配的同时，其上的平均位移，以及描述散斑图子区变形而计算的子区位移偏导数均可以直接算出。理论上位移场和应变场均可以直接得到。但是，实际上此方法得到的表面变形数据，特别是应变场和位移偏导数场较为粗糙，无法直接应用到后续的计算里。因此，利用弹性力学里位移与应变的显式关系，根据测量得到的位移场重建应变场和位移偏导数场。

实验测量得到的位移场为散点数据，首先将位移重建在设定的坐标格点上，根据原始数据的密度，设坐标点在 x 和 y 方向上分别间隔 0.5mm。利用实验测得的散点数据，使用线性插值法在各点上重建位移场数据。需要强调的是，利用实

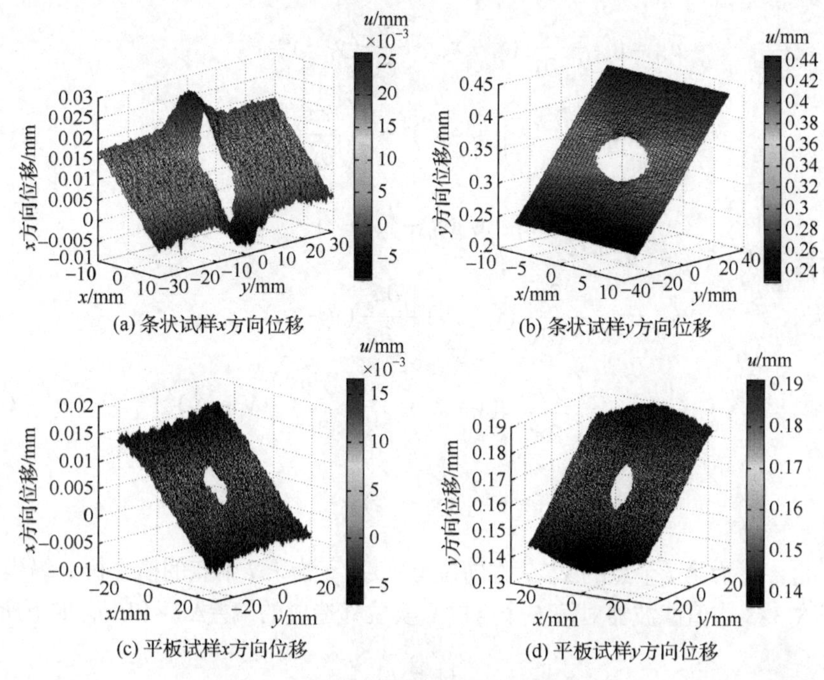

(a) 条状试样x方向位移　(b) 条状试样y方向位移

(c) 平板试样x方向位移　(d) 平板试样y方向位移

图 4-14　测量得到的原始位移场数据

验直接测到的原始位移数据线性插值得到新的位移场并不影响位移数据的精度。

数字图像相关技术的测量精度受诸多因素影响，包括器件光路方面的因素，如成像与理想模型的偏差、散斑的质量、器件热燥、试样的表面形貌、环境光的变化，以及算法方面的偏差，如散斑图子区形函数模型、次像素插值算法、散斑图子区匹配函数等。这些因素共同作用，一般很难将其分解并单独考虑。将测量得到的位移场分解为真实位移数据和叠加的噪声数据，并假设叠加的噪声信号为独立同分布的高斯白噪声，其信号均值为 0。因此，可采用均值和中值滤波器对位移场数据进行平滑处理。

采用 3×3 或 5×5 均值滤波器来平滑位移场数据。考虑到滤波器会同时作用在真实位移数据及噪声数据上，因此平滑过程在减弱噪声影响的同时也会对真实位移数据造成影响。3×3 均值滤波器如图 4-15 所示。

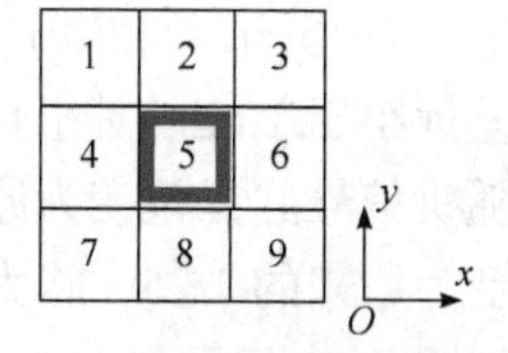

图 4-15　3×3 均值滤波器示意图

对于真实位移数据而言，由于试样表面光滑且连续，因此可以假设其满足位移连续条件，即存在连续的位移场和位移偏导数场，则对于图 4-15 中标号为 5 的点而言，利用泰勒(Taylor)级数展开定义在该点上的位移，可以得到：

$$
\begin{aligned}
u_{xi} &= u_{x5} + \frac{\partial u_x}{\partial x}(x_i - x_5) + \frac{\partial u_x}{\partial y}(y_i - y_5) \\
&+ \frac{1}{2}\left(\frac{\partial^2 u_x}{\partial x^2}\right)(x_i - x_5)^2 + \frac{1}{2}\left(\frac{\partial^2 u_x}{\partial y^2}\right)(y_i - y_5)^2 \\
&+ \frac{\partial^2 u_x}{\partial x \partial y}(x_i - x_5)(y_i - y_5) + \cdots
\end{aligned} \tag{4-30}
$$

$$
\begin{aligned}
u_{yi} &= u_{y5} + \frac{\partial u_y}{\partial x}(x_i - x_5) + \frac{\partial u_y}{\partial y}(y_i - y_5) \\
&+ \frac{1}{2}\left(\frac{\partial^2 u_y}{\partial x^2}\right)(x_i - x_5)^2 + \frac{1}{2}\left(\frac{\partial^2 u_y}{\partial y^2}\right)(y_i - y_5)^2 \\
&+ \frac{\partial^2 u_y}{\partial x \partial y}(x_i - x_5)(y_i - y_5) + \cdots
\end{aligned} \tag{4-31}
$$

式中，u_{xi}、u_{yi}为第 i 个点的 x、y 方向位移；x_i、y_i为第 i 个点的横坐标、纵坐标。使用一次 3×3 均值滤波器对第 5 个点的真实位移造成的偏差Δu_{x5}和Δu_{y5}如下所示：

$$
\begin{cases}
\Delta u_{x5} = \dfrac{1}{9}\left(\sum\limits_{i=1}^{9} u_{xi}\right) - u_{x5} \\
\Delta u_{y5} = \dfrac{1}{9}\left(\sum\limits_{i=1}^{9} u_{yi}\right) - u_{y5}
\end{cases} \tag{4-32}
$$

位移场数据点间在 x 和 y 方向上的距离均为 0.5mm，则将该距离代入式(4-32)。同时，由于 3×3 矩阵的对称性，级数中位移的奇次偏导数项均互相抵消，因此如果忽略 Taylor 级数四次项以上的部分，则可以计算出：

$$
\begin{cases}
\Delta u_{x5} = (\partial^2 u_x / \partial x^2 + \partial^2 u_y / \partial y^2) / 12 \\
\Delta u_{y5} = (\partial^2 u_y / \partial x^2 + \partial^2 u_y / \partial y^2) / 12
\end{cases} \tag{4-33}
$$

利用同样的方法，可以获得 5×5 均值滤波器对真实位移数据的影响：$(\partial^2 u / \partial x^2 + \partial^2 U / \partial y^2) / 4$ 和$(\partial^2 V / \partial x^2 + \partial^2 V / \partial y^2) / 4$。对于被测平面上大部分区域而言，该偏差远小于 1μm。对于真实位移上叠加的噪声而言，每次使用 3×3 均值滤波器将使随机信号的方差变为原来的 1/9，每次使用 5×5 均值滤波器将使随机信号的方差变为原来的 1/25，将大大缓解噪声的影响。

图 4-16 显示了 x 坐标从−25mm 至 25mm，y 坐标为−6mm 的直线路径上平滑前后位移 u_x 的变化。图中使用 5×5 均值滤波器对该路径上的 x 方向位移数据进行平滑。从图 4-16 中可以看出，平滑前后总的位移场数据的偏差均小于 1μm。对于变化更为平缓的 y 方向位移而言，平滑前后的位移场数据 u_x 和 u_y 如图 4-17 所示，

平滑前后位移偏差更小。

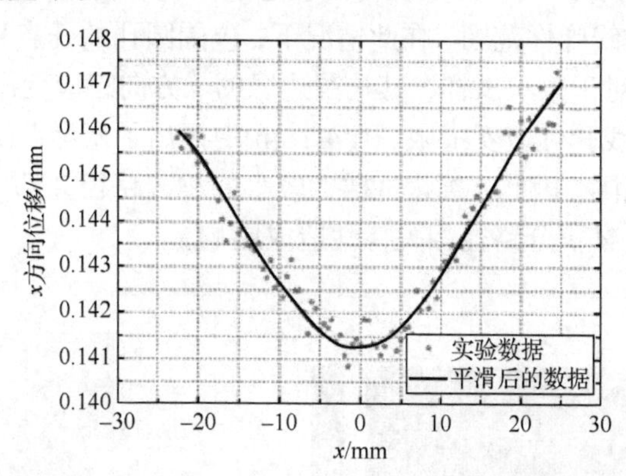

图 4-16 x 坐标从–25mm 至 25mm，y 坐标为–6mm 的直线路径上平滑前后位移 u_x 的变化

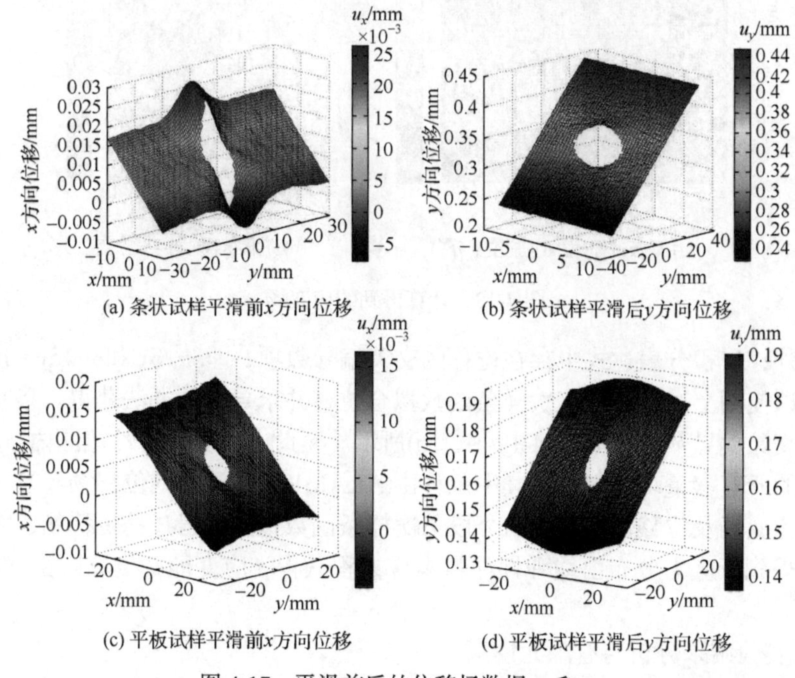

(a) 条状试样平滑前x方向位移 (b) 条状试样平滑后y方向位移

(c) 平板试样平滑前x方向位移 (d) 平板试样平滑后y方向位移

图 4-17 平滑前后的位移场数据 u_x 和 u_y

4) 应变场和位移场偏导数场的获取

在得到了平滑的位移场之后，使用分段三次样条函数将平滑后的位移数据分别在 x 轴和 y 轴方向进行拟合，并且利用得到的位移分段函数表达式对 x 和 y 坐标求导数，即可得到位移场的方向偏导数。图 4-18(a)、(b)分别显示了平板试样和条状试样的 y 方向位移对 y 坐标的偏导数，即 y 方向正应变分布。从图 4-18 中可以看出，对于平板试样而言，y 方向最大正应变ε_y 约为 0.32%，明显低于材料的单

轴拉伸弹性应变上限 0.4%。可以认为该状态下，试样表面(包括应力集中的圆孔附近)都处于完全的线弹性范围。在此情况下，包围圆孔的任意积分路径应该完全处于线弹性区域。对于条状试样，其孔洞边缘的 y 方向正应变 ε_y 达到了 0.6%，明显超过了单轴拉伸线弹性应变上限。图 4-18(b)中标出了米泽斯(Mises)等效应变达到 0.4%的塑性区范围。因此，条状试样上较小的积分路径会部分穿越或完全处于塑性区，因而会对 M 积分路径相关特性造成影响。

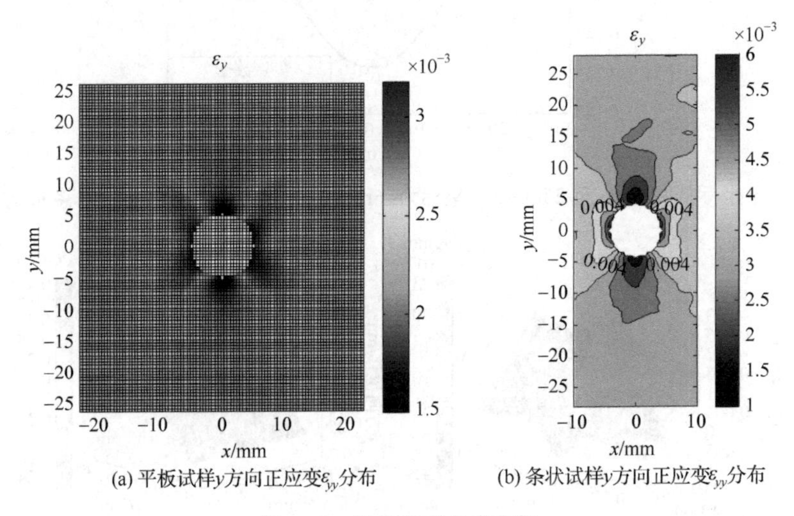

(a) 平板试样 y 方向正应变 ε_{yy} 分布　　(b) 条状试样 y 方向正应变 ε_{yy} 分布

图 4-18　计算得到的应变场

另外，M 积分表达式中存在位移的交叉偏导数项，即 $\delta u_y/\delta x$ 和 $\delta u_x/\delta y$。这两项同样可以使用上述的分段三次样条函数拟合位移并求导数的办法获得。条状试样的位移交叉偏导数分布如图 4-19(a)、(b)所示。至此，计算线弹性范围内 M 积分所需要的所有参量均已得到。其中位移由 ARAMIS 4M 测得的位移场经过平滑而得到；应变场及位移偏导数场由分段三次样条函数拟合平滑过的位移场，并求方向导数得到；应力分布由线弹性材料本构方程获得，应变能密度场则由式(4-20)得到。

5) 实验结果分析与有限元模拟

在平面内选取一系列矩形积分路径，如图 4-13 所示。将上述位移、应变、位移偏导数等参量映射至该路径上，代入计算 M 积分的表达式(4-29)，并采用数值积分的方法分别求出不同路径上的 M 积分值。同时，为了验证实验测量结果的准确性，使用有限元模拟相同尺寸和载荷的试样，如图 4-20 所示，计算 M 积分值并与实验结果进行对比分析。其中，有限元模拟中材料本构方程选择弹塑性本构方程，使用 LY-12 铝合金标准试样的单轴拉伸数据。所有的计算 M 积分所用到的参数均通过 ANSYS 的输出文件获得，然后建立 APDL 命令流文件计算 M 积分。

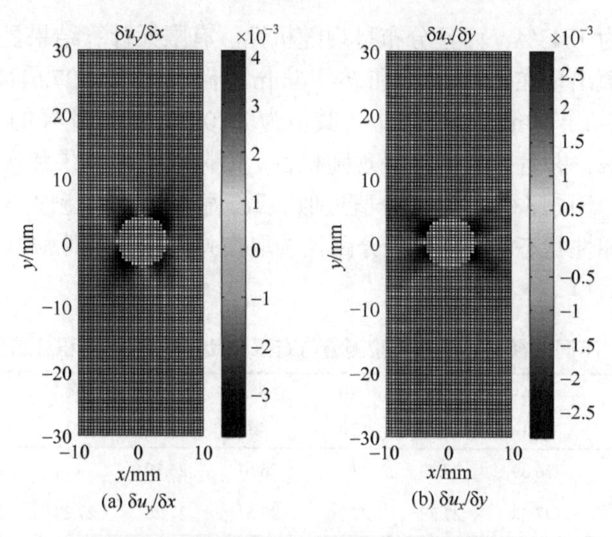

(a) $\delta u_y/\delta x$　　(b) $\delta u_x/\delta y$

图 4-19　条状试样的位移交叉偏导数分布

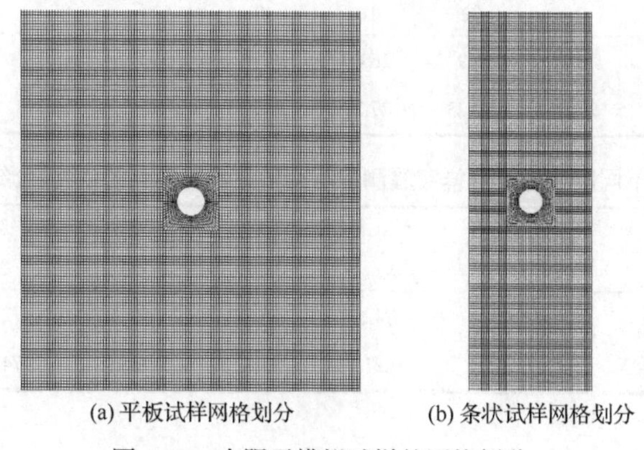
(a) 平板试样网格划分　　(b) 条状试样网格划分

图 4-20　有限元模拟试样的网格划分

有限元方法计算 M 积分的过程可以参照 Hu 等(2009，2011)的工作。对于两种试样均使用 Plane42 型平面单元，其中平板试样划分为 19360 个单元，条状试样划分为 10560 个单元。文献中使用有限元方法计算 M 积分会表现出微弱的单元相关性，但在本实验中，单元划分密度已可以忽略这种影响。

不同路径平板试样和条状试样实验测量和有限元计算得到的 M 积分结果分别显示在表 4-2 和表 4-3 中。不同路径用变量 s 和 h 来表示，这两个变量分别表示矩形积分路径的宽度和长度。表 4-2 表征了平板试样 M 积分值，从中可以看出，积分路径处于完全的线弹性区，16 条积分路径下的 M 积分值基本一致。实验测量 M 积分的最大值出现在 s = 22mm 和 h = 30mm 的路径上，为 27.78N；最小值出现在 s = 30mm 和 h = 30mm 的路径上，其值为 26.10N；不同路径的 M 积分之间的偏差约为 6.43%，而且分布呈现随机性。有限元计算结果显示不同路径的 M 积分，最大值出现在 $s=38$mm 和 $h=46$mm 的路径上，为 27.51N；最小值出现在 $s=14$mm 和 $h=50$mm 的路径上，其值为 27.08N；不同路径的 M 积分之间的偏差约为 1.58%，并且分布同样呈现随机性。有限元计算结果和实验测量得到的结果较为吻合，不同路径的 M 积分值近似一致，显示出守恒特性。这一结果表明，在材料处于线弹性状态时，只要积分路径选取在弹性区域，则 M 积分将遵循路径无关性。

表 4-2　不同路径平板试样实验测量与有限元计算得到的 M 积分结果对比

s /mm	44	42	40	38	36	34	32	30
h /mm	50	14	30	46	18	22	46	30
M /N(实验测量)	26.39	27.73	27.15	26.61	26.19	26.11	27.28	26.10
M /N(有限元计算)	27.38	27.33	27.36	27.51	27.26	27.23	27.49	27.35
s /mm	28	26	24	22	20	18	16	14
h /mm	26	32	16	30	50	28	30	50
M /N(实验测量)	26.31	26.94	26.40	27.78	26.93	26.53	27.32	26.27
M /N(有限元计算)	27.34	27.23	27.28	27.29	27.18	27.27	27.31	27.08

表 4-3　不同路径条状试样实验测量与有限元计算得到的 M 积分结果对比

s /mm	8	40	38	36	34	3230
h /mm	24	30	46	18	22	4630
M /N(实验测量)	58.90	62.42	65.82	68.92	72.93	74.67
M /N(有限元计算)	70.03	70.21	73.02	73.19	74.54	74.70
s /mm	14	14	16	16	18	18
h /mm	24	50	24	50	24	50
M /N(实验测量)	74.16	75.42	74.28	75.59	74.72	76.53
M /N(有限元计算)	75.40	75.53	75.86	76.04	75.91	76.10

相对地，针对条状试样，表 4-3 中 12 条不同路径有限元计算结果与实验测量结果对比则显示出与表 4-2 不同的特性。对于实验测量得到的结果而言，整体上不同路径的 M 积分值呈现明显的增大趋势，最小 M 积分值出现在 $s=8$mm 和 $h=24$mm 的路径上，其值为 58.90N，最大 M 积分值出现在最外侧的路径上，其值为 76.53N，不同路径的 M 积分之间的偏差约为 23%。有限元计算结果也具有类似的趋势，最小值出现在 $s=8$mm 和 $h=24$mm 的路径上，其值为 70.03N；最大值出现在 $s=18$mm 和 $h=50$mm 的路径上，其值为 76.10N。无论是有限元计算结果还是实验测量结果，均显示出明显的路径相关性。同时可以得知，有限元模拟得到

的 M 积分在外侧的积分路径上互相吻合，并与内侧的积分路径差别较大。虽然实验测量结果也反映类似趋势，但在内侧路径上，实验测量结果与有限元计算结果差异较大。其原因在于，实验计算时采用线弹性本构方程，当积分路径通过塑性区时，计算积分路径上点的应力和应变能密度时均会出现偏差，有限元计算则考虑弹塑性本构下的真实应力和应变能密度，因此实验计算的 M 积分值出现大幅偏离，这说明对于塑性材料直接使用线弹性本构方程会使得应变能密度及应力计算出现偏差，从而造成 M 积分的误差。实验测量结果及有限元计算结果均显示，当积分路径内包含缺陷和塑性区时，M 积分将表现出路径无关性。

第 5 章 材料构型力在裂纹扩展中的应用

5.1 J 积分断裂准则

研究发现，直接获取裂纹端点区的弹塑性应力场的封闭解是相当困难的。于是，避开直接求解裂纹尖端弹塑性应力场，Rice(1968)与 Cherepanov(1967)提出了与积分路径无关的 J 积分(J_1 积分)，用于综合度量裂纹尖端弹塑性应力场的强度，对弹塑性断裂力学的发展起到重要的作用。该理论避开了直接计算裂纹尖端附近的弹塑性应力、应变场，用远场 J 积分作为表示裂纹尖端应力、应变集中特征的平均参量。

对于二维问题，J 积分的定义式为

$$J=J_1=\int_{\Gamma}(Wn_1-u_{i,1}T_i)\mathrm{d}s \tag{5-1}$$

式中，n_1 是沿积分路径 x_1 方向的法向量；Γ 是由裂纹下表面某点到裂纹上表面某点的简单积分路径；W 是弹塑性应变能密度；T_i 是作用于积分路径单位周长上的主应力；u_i 是积分路径边界上的位移；$\mathrm{d}s$ 是积分路径线的弧长，如图 5-1 所示。可以解析证明，J 积分与积分路径的选取无关，即 J 积分满足路径守恒。因此，可选取应力、应变场较易求解的路径来得到 J 积分值，此值与积分路径非常靠近裂纹尖端的结果是相同的。J 积分有着明确的物理意义，代表裂纹沿 x 方向扩展单位长度时的能量释放率。

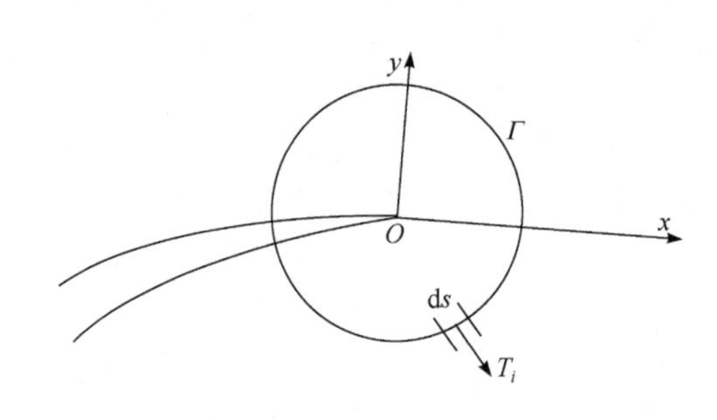

图 5-1 J 积分的积分路径

对于Ⅰ型裂纹，基于 J 积分的起裂判据为

$$J\geqslant J_{\mathrm{IC}} \tag{5-2}$$

式中，J_{IC} 是Ⅰ型裂纹在起裂时的平面应变断裂韧性。当 $J>J_{\mathrm{IC}}$ 时，裂纹起裂；当 $J<J_{\mathrm{IC}}$ 时，裂纹不发生断裂；当 $J=J_{\mathrm{IC}}$ 时，裂纹处于断裂临界状态。

对于线弹性断裂问题，可以证明 J 积分和能量释放率 G、应力强度因子 K 满足如下关系：

$$J = G = \frac{K_{\mathrm{I}}^2 + K_{\mathrm{II}}^2}{E} + \frac{1+\nu}{E} K_{\mathrm{III}}^2 \tag{5-3}$$

5.2　J_k积分在复合型裂纹扩展中的应用

5.2.1　基于 J_k积分的复合型裂纹扩展准则

对于复合型裂纹来说，由于材料结构或者外部加载方式的非对称性，当裂纹发生扩展时，裂纹的扩展路径会相对于它的原始路径产生一定的偏移。本小节通过裂纹尖端的材料构型力提出一个适用于预测复合型裂纹扩展的准则。J_1 积分表示沿着裂面初始方向上的材料构型力，等同于裂纹尖端沿着 e_1 方向前进单位距离所产生的能量释放率。与之类似，J_2 积分也有明确的物理意义，表示裂纹尖端沿着局部坐标系的 e_2 方向，也就是裂纹表面的法线方向，移动单位距离所产生的能量释放率。

针对二维裂纹扩展问题，基于材料构型力的断裂准则需要满足以下两个基本条件：

(1) 初始裂纹的扩展方向取决于裂纹尖端 J_k 积分的合力矢量 $\overline{J}$ 。也就是说，在裂纹尖端的局部坐标系 $e_1\,O\,e_2$ 中，裂纹的起始偏转角满足关系式：

$$\alpha = \arctan(J_2/J_1) \tag{5-4}$$

式中，α表示裂纹偏转角，如图 5-2 所示。

(2) 当裂纹尖端的材料构型力合力矢量的值$|J|$超过临界材料构型力时，裂纹开始发生扩展，表达式可写作：

$$|J| = \sqrt{J_1^2 + J_2^2} \geqslant J_{\mathrm{R}} \tag{5-5}$$

式中，J_{R} 表示材料在复合型裂纹下的断裂韧性，是一个与裂纹构型和外部加载方式无关，仅与材料自身相关的常数。

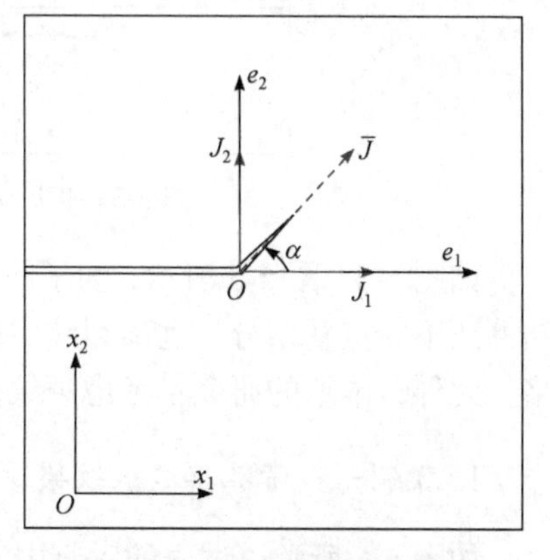

图 5-2　复合型裂纹问题中的材料构型力准则

在均质材料的纯 I 型裂纹问题中，由于 J_2 积分沿着裂纹表面的法线方向，在材料发生破坏的过程中，它对裂纹扩展的贡献几乎不存在，因此纯 I 型裂纹将沿着裂纹原先的方向扩展。在复合型裂纹中，裂纹尖端 J_2 积分的作用将显著提高，它会使裂纹更加不稳定，且造成在扩展过程中裂纹偏离原先的方向。本小节提出的基于 J_k 积分的断裂准则可以为复合型裂纹偏转问题提供一个有效的判定方法。

5.2.2　基于 J_k 积分裂纹扩展的数值实现方法

通过材料构型力准则可以预测裂纹的扩展轨迹和临界载荷，接下来将进一步阐述一系列具有代表性的平面裂纹实例。在有限元方法数值模拟中，初始采用较小的裂纹扩展子步，并对裂纹尖端附近的网格进行修正，以此来不断产生新的裂纹进行计算。在有限元计算中，根据材料构型力准则，通过迭代方法计算裂纹路径，将裂纹尖端沿着材料构型力合力矢量方向平移一个增量 Δa，形成一个新的裂纹尖端。为了减小不必要的计算量，每个子步长根据偏转角不断修正，$\Delta a = (1-\sin|\theta_{\mathrm{defl}}|)\Delta a_0$，其中 Δa_0 表示初始裂纹扩展步长，Δa 表示当前的扩展步长，θ_{defl} 表示裂纹尖端局部坐标系下所预测的裂纹偏转角。在偏转角 θ_{defl} 较小的时候，裂纹能够快速扩展，减小计算负担，偏转角 θ_{defl} 较大的时候，应迅速减小扩展步长 Δa，以便观察裂纹偏转角较为精细的变化。扩展子步长与裂纹偏转角的关系如图 5-3 所示。

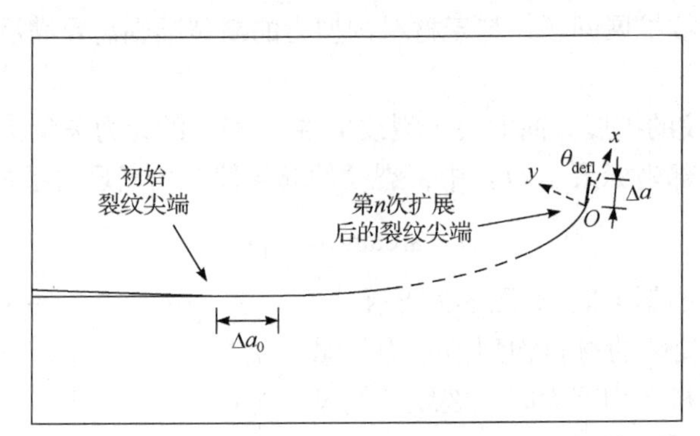

图 5-3　扩展子步长与裂纹偏转角的关系

如图 5-4、图 5-5 所示，为了简便起见，只对裂纹尖端附近的网格采用智能网格算法不断重新划分，远离裂纹尖端对计算结果影响不大的区域则采用固定的网格。此外，本章的研究不考虑裂纹扩展速率，所有的扩展均认为是准静态扩展。

1. 案例一：带孔单边裂纹梁

如图 5-6 所示，试样的垂直中心线偏左侧有一个半径为 5.2mm 的圆形孔洞，下侧边缘的中心有一条边界初始裂纹，裂纹的原始长度 $a = 2.5$mm，在下侧的两端附近给予约束，在上侧边缘中心位置附近的两个点施加集中载荷，也就是说，试样是一个四点弯曲梁。材料为 SAE1020 钢，弹性模量 $E = 205$GPa，泊松比 $\nu = 0.3$。

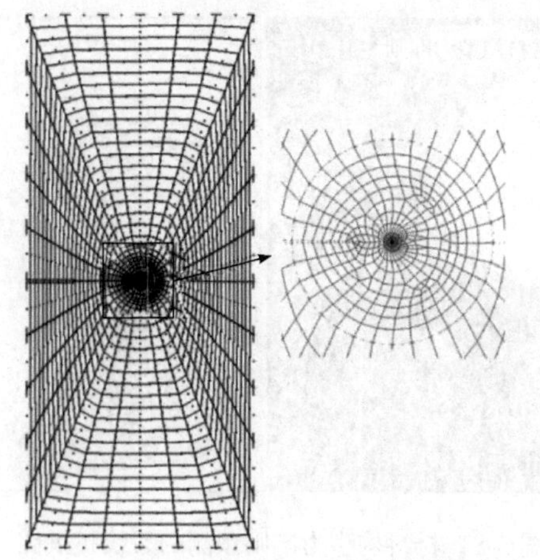

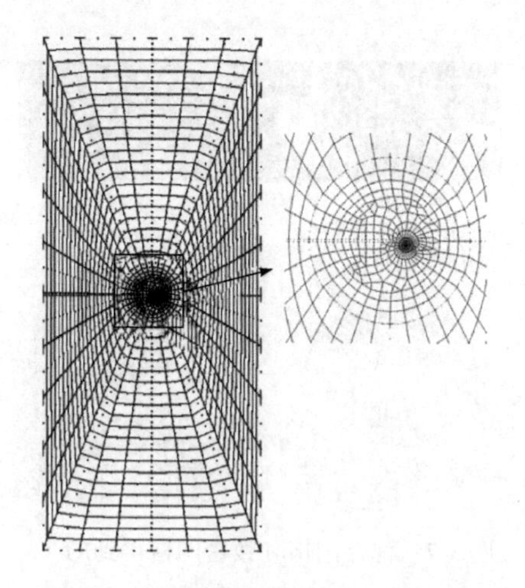

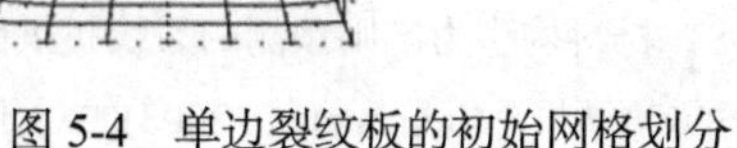

图 5-4 单边裂纹板的初始网格划分

图 5-5 裂纹扩展之后重新划分的网格

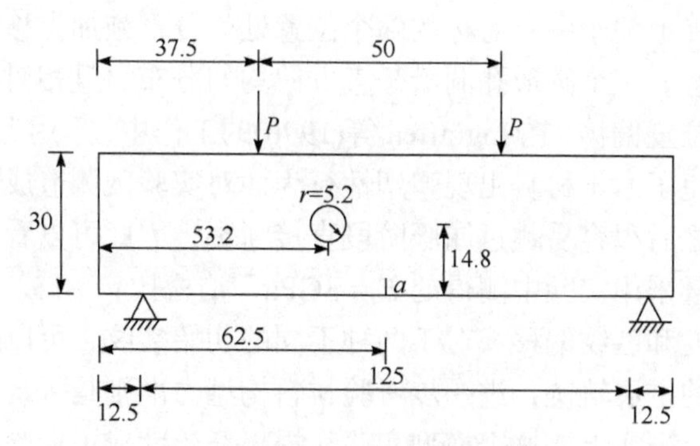

图 5-6 带有偏心孔洞的四点弯曲梁(单位：mm)

采用较为稀疏的网格和较为致密的网格分别得到结果，以验证网格的非敏感性，稀疏的网格含有 9318 个单元，致密的网格含有 12778 个单元，通过图 5-7 可以看出，不同网格精度下的裂纹扩展路径在远离缺陷的情况下差别很小，在本小节的其他案例中也同样确保了结果的收敛性。

图 5-8 中给出了材料构型力准则预测的裂纹扩展路径与实验结果(Miranda et al., 2003)的对比。由图可知，裂纹总是被孔洞吸引，在扩展过程中裂纹受到孔洞的强烈干涉，改变了原有笔直向上的轨迹，转而倾向于向着孔洞生长直至贯穿孔洞。图 5-8 所示结果也表明：材料构型力准则能够很好地预测在实验观察中裂纹的扩展情况。

2. 案例二：含三个等直径圆孔的边裂纹板

如图 5-9 所示，含边界裂纹的梁在上端边界的中心位置承受集中力 P 的压缩

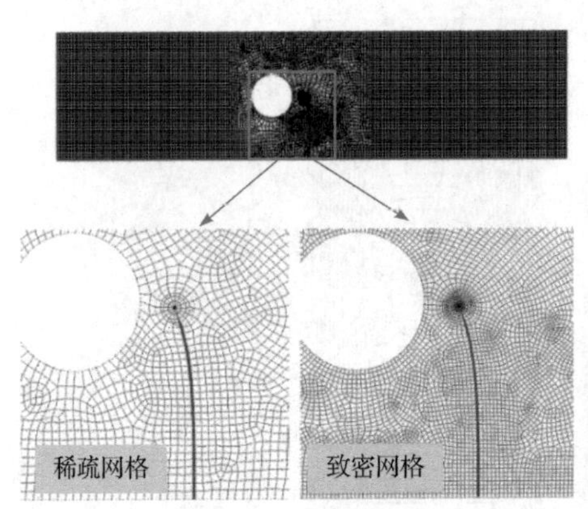

图 5-7　稀疏网格和致密网格得到的裂纹轨迹

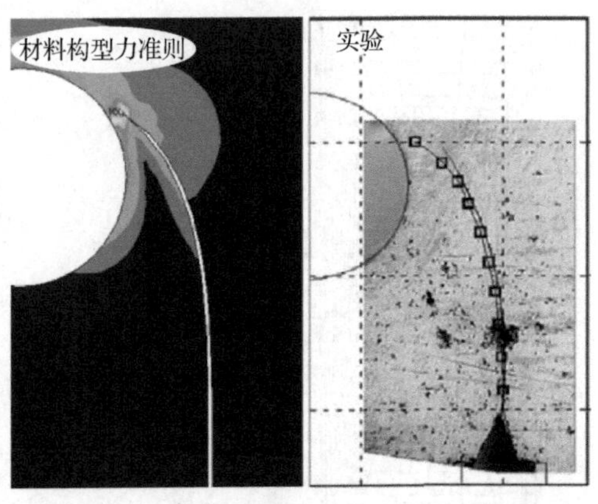

图 5-8　材料构型力准则预测的裂纹扩展路径与实验结果(Miranda et al., 2003)的对比

作用，在下端边界上关于中心对称的两个位置处，分别施加位移约束，此时梁处于三点弯曲的状态。三个圆形孔洞沿竖直方向均匀分布，且相对于平板的中心竖直线有一定量的位置偏移。在 Ingraffea 等(1990)的工作中，采用有机玻璃(PMMA)板进行实验，避免了由于材料出现弹塑性行为而对实验观测造成的困扰。有机玻璃在线弹性阶段之后很容易跳过屈服阶段直接断裂，因此可以看作线弹性脆性材料，它的弹性模量采用实验中测得的 $E = 3\text{GPa}$，泊松比 $\nu = 0.3$。表 5-1 给出了不同试样的裂纹长度和裂纹偏移。对于两种不同的初始裂纹，可以通过观测裂纹在扩展过程中不同的扩展轨迹，进一步考验材料构型力准则是否足以判断裂纹在扩展中出现的差别。事实上，这个模型实验从提出开始就成了检验材料构型力准则可靠性的标准之一，众多学者都进行过关于这个实验的数值模拟工作。

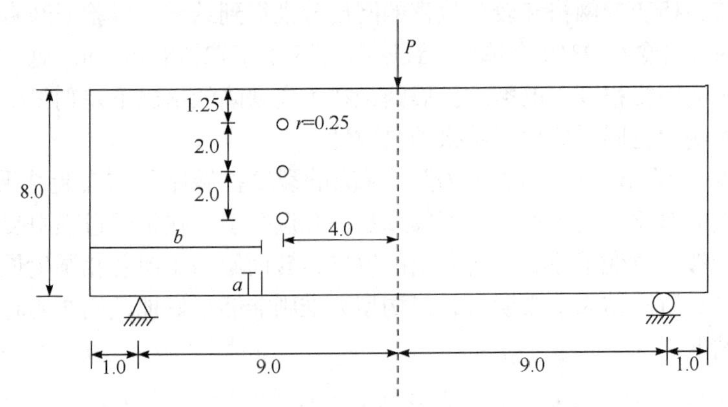

图 5-9　含边界裂纹和三个偏移孔洞的三点弯曲梁(单位：mm)

表 5-1　不同试样的裂纹长度和裂纹偏移

试样	裂纹长度 a/mm	裂纹偏移 b/mm
试样Ⅰ	1.5	5.0
试样Ⅱ	1.0	4.0

在数值计算中，认为在外界载荷施加过程中材料处于准静态，也就是说，裂纹每次向前扩展的量是有限的，将一个相对于裂纹长度很小的值Δa = 0.05mm 作为有限元计算中每一步迭代的初始步长。每一个子步都使用材料构型力准则来判断裂纹偏转的方向，将所得的裂纹扩展轨迹与 Ingraffea 等(1990)实验中获得的结果进行对比，验证材料构型力准则在预测复合型裂纹扩展时的准确性。图 5-10(a)和(b)中，左侧的图片分别是试样Ⅰ在 65 步迭代后裂纹的扩展路径和试样Ⅱ在 74 步迭代后裂纹的扩展路径，右侧的图片则是通过实验获得的结果。显然，由于三个等直径圆孔的存在，裂纹的扩展路径、裂纹尖端的应力场相对于三点弯曲实验都发生了明显的偏转。对于试样Ⅰ来说，裂纹先是向着沿竖直线排列最下面的圆孔扩展，在快要靠近孔洞的时候发生偏转，向着排列在中间的圆孔扩展，最后停留在该圆孔边缘。试样Ⅱ由于初始裂纹距离孔洞较远，在承受类似Ⅰ型裂纹的外部载荷时，裂纹径直向着排列在中间的圆孔扩展，直至贯穿圆孔。裂纹的初始尺寸和起始位置主导了它的扩展路径，通过有限元方法和材料构型力准则模拟的裂纹扩展路径则很好地吻合了实验中的结果。这证明，在预测复合型裂纹扩展的问题中，材料构型力准则是行之有效的。

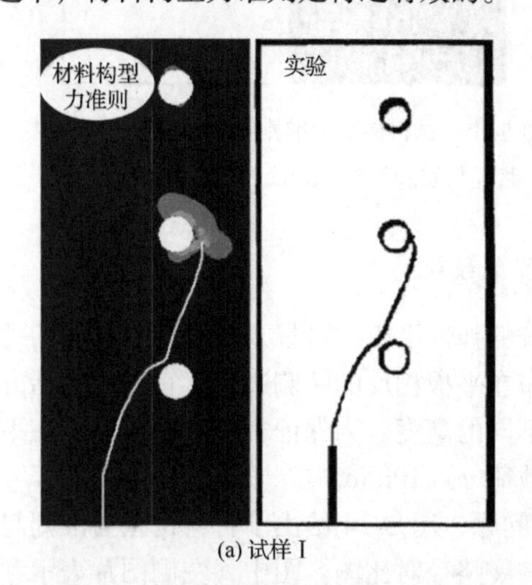

(a) 试样Ⅰ

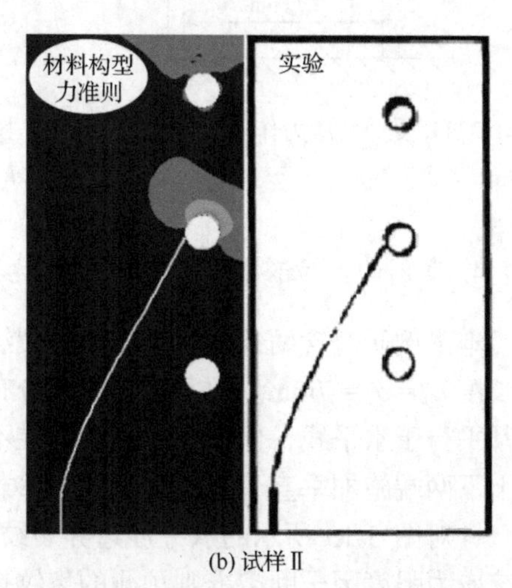

(b) 试样Ⅱ

图 5-10　材料构型力准则预测的裂纹扩展路径与实验结果(Ingraffea et al., 1990)的对比

3. 案例三：剪切应力下的单边裂纹板

本案例讨论含单边裂纹的平板承受沿着平板上端远场剪切应力(单位剪应力 τ)的裂纹扩展问题。如图 5-11 所示，受剪切应力作用的单边裂纹板在初始状态下底部被固定在地面上，这也意味着平板的下端关于转动和平移的自由度都被约束了。平板材料的弹性模量 $E = 30\text{MPa}$，泊松比 $\nu = 0.25$。对于图 5-11 所示的试样而言，由于非对称性的存在，这个问题不能看作纯Ⅰ型或纯Ⅱ型裂纹断裂，而是一个复合型裂纹断裂。

图 5-12 显示了利用材料构型力准则在 17 个迭代步骤之后的剪切裂纹扩展路径与 Azocar 等(2010)的实验结果对比。如图 5-12 所示，裂纹轨迹先向下偏转，而后渐渐趋于平行于水平线，这类似于 Azocar 等所得到的工作结果。

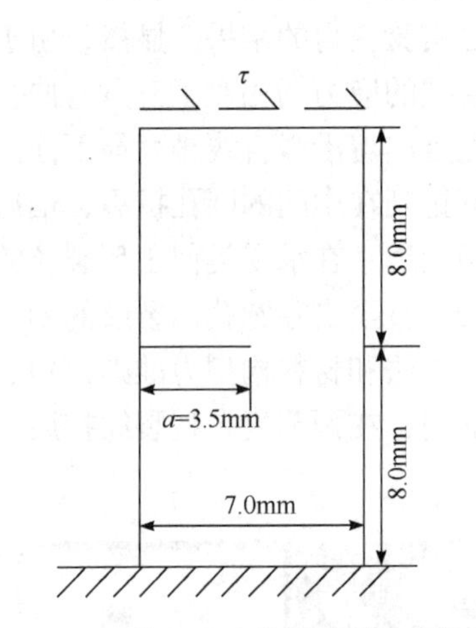

图 5-11　受剪切应力作用的单边裂纹板

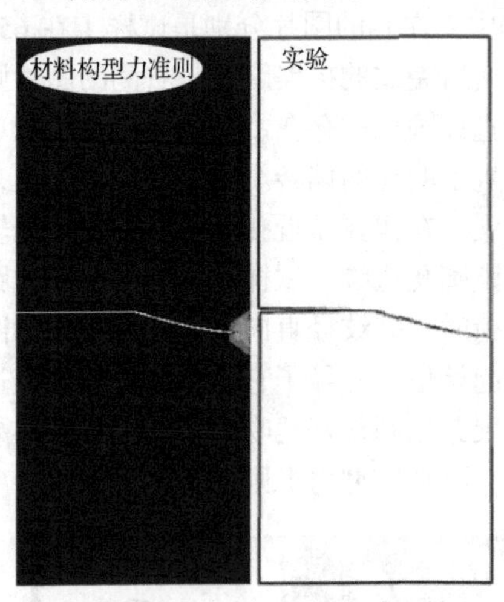

图 5-12　材料构型力准则预测的剪切裂纹扩展路径与实验结果(Azocar et al., 2010)的对比

4. 案例四：位移载荷下的双干涉边界裂纹板

本案例研究含两条相互干涉边界裂纹的弹性平板，如图 5-13 所示，初始的裂纹长度 $a_1 = a_2 = 7\text{mm}$。两条边界裂纹分布在平板相反的两侧边缘，它们的初始方向都平行于水平线，但是两条裂纹处在不同的高度。为保证裂纹发生扩展，在平板上下两端施加垂直于平板边缘的位移载荷 $u_0 = 10\text{mm}$。

针对图 5-13 所示的双干涉边界裂纹问题，图 5-14 给出了材料构型力准则与传统应力强度因子断裂准则预测的裂纹扩展路径对比图。图中，左侧图片表示利用材料构型力准则的数值计算结果，右侧图片显示的是 Judt 等(2016)利用传统应力强度因子断裂准则预测的结果。结果表明，平板中两条裂纹的相互干涉作用非

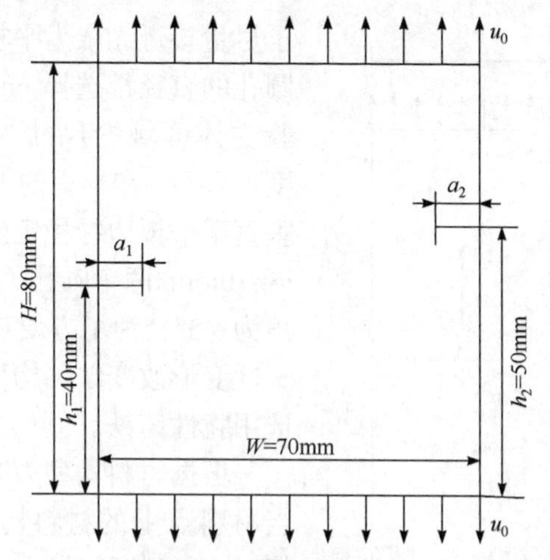

图 5-13　含两条相互干涉边界裂纹的弹性平板

常强烈。两条裂纹起初都向着对方扩展，在进入一定范围后，开始向远离对方的方向偏转，再经过一段扩展之后，再次向彼此偏转，最终在两条裂纹扩展路径的包围下，形成类似四边形的局部损伤区域。从图 5-14 中可以很明显地看出，通过材料构型力准则得到的结果吻合利用传统应力强度因子断裂准则(Judt et al., 2016)预测的结果。

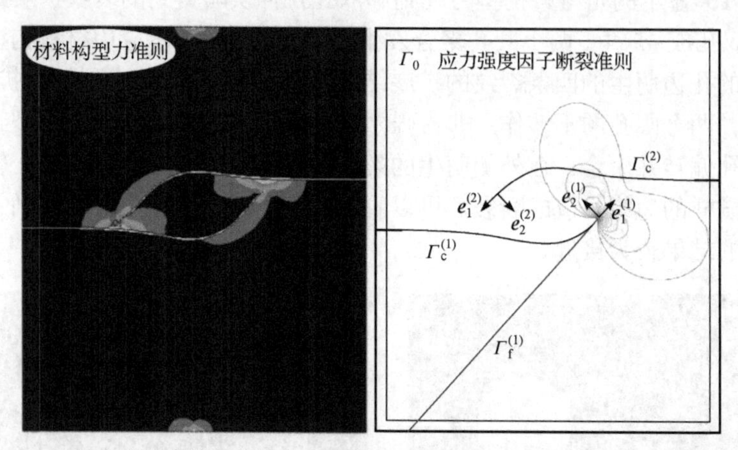

图 5-14　材料构型力准则与传统应力强度因子断裂准则预测的裂纹扩展路径对比图

5. 案例五：中心双孔聚合

通过前面几个案例的研究可以发现，材料构型力准则在拥有明确应力集中点或者存在宏观主裂纹的情况下具有较好的表现。本案例的主要目的是在没有确定的应力集中点的材料中检验材料构型力准则的适用性。图 5-15 给出了含有中心双孔的平板拉伸试样及其几何尺寸(单位：mm)。根据 MTS 拉伸试验机的尺寸，为

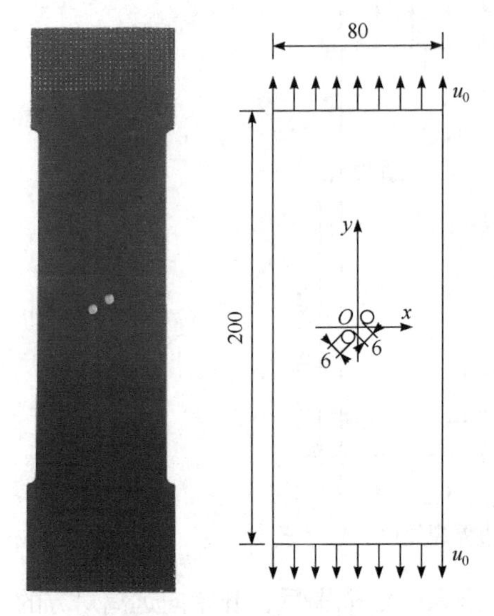

图 5-15　含有中心双孔的平板拉伸试样及其几何尺寸(单位：mm)

了尽量接近无限大平板的加载情况，两个圆孔的直径都选择 6mm，相距 6mm，实验主体区域的尺寸为 200mm×80mm(长度×宽度)。在平板的下端和上端都施加着垂直于平板边缘稳定的位移载荷，大小为 u_0=10mm。两个圆孔关于水平轴(x 轴)的夹角为 45°。为了方便观察实验结果，减小塑性变形改变缺陷构型的影响，试样材料选用脆性铸铁。

根据材料构型力准则的第二条假设，当材料点上的材料构型力合力超过临界值时，起裂开始发生，因此，裂纹沿着圆孔边缘的材料构型力最大点优先发生扩展，这个点首先出现在圆孔相对侧，当内侧的裂纹向另一个圆孔偏转时，两条复合型裂纹中 I 型载荷所占的比重下降，此时圆孔外侧边缘也超过了临界构型应力值，外侧开始萌生裂纹并扩展。

图 5-16 显示的是材料构型力准则和双孔拉伸实验得到的裂纹扩展路径的对比。图中双孔成 45°角，两个圆孔聚合发生干涉，左侧图表示应用材料构型力准则计算得到的孔边萌生的四条裂纹的扩展结果，右侧图表示实验中裂纹的扩展情况。结果显示，两个圆孔的干涉作用非常强烈，在起裂后圆孔相对内侧的裂纹迅速向另一个圆孔偏转并聚合，在外侧萌生的裂纹则是缓缓向中线，也就是 x 轴靠近，最终到达试样的边缘，造成断裂。可以看出，利用材料构型力准则得到的结果与实验获得的结果较为接近。

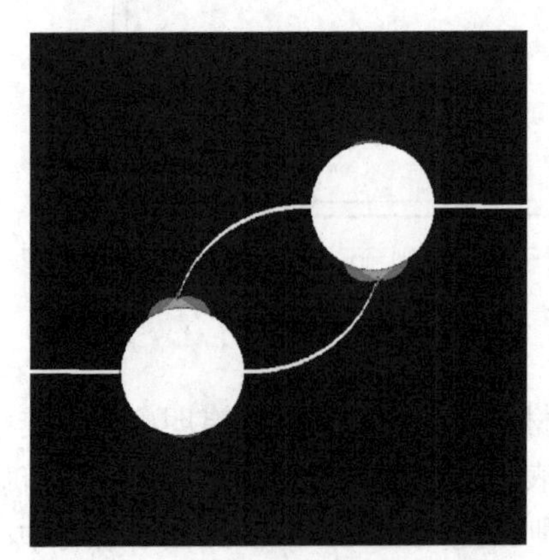

图 5-16　材料构型力准则和双孔拉伸实验得到的裂纹扩展路径的对比

6. 案例六：含倾斜裂纹的弹性平面

本案例将对材料构型力准则下预测得到的含裂纹结构的临界载荷和实验得到的临界载荷做对比验证，研究图 5-17 显示的单轴拉伸载荷作用下含中心倾斜裂纹弹性平板。设初始裂纹方向与外部加载方向的夹角为 $\beta(0°<\beta<90°)$，弹性平面承受远场单轴拉伸应力 σ_0。对倾斜裂纹问题来说，当裂纹尖端的材料构型力合力达到材料的断裂韧性时，裂纹将会发生扩展，表达式为 $|J|\geqslant J_{\mathrm{R}}$，其中 J_{R} 可以看作裂纹扩展阻力，它是独立于外部载荷和裂纹构型之外的参量，也可以作为材料的断裂韧性。

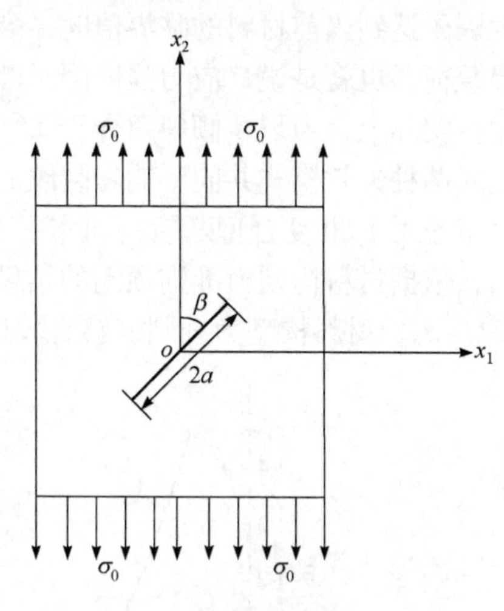

图 5-17　单轴拉伸载荷作用下含中心倾斜裂纹弹性平板

Pook(1971)对预制裂纹的锌铝合金试样进行了拉伸破坏试验，得到了对应不同裂纹倾斜角的临界载荷。在不同裂纹尺寸和失效载荷下，通过实验测量可以得到考虑裂纹影响的临界载荷参数 $\sigma_{\mathrm{cr}}a^{1/2}$ 的值。将材料构型力准则下预测得到的倾斜裂纹失效临界载荷值与实验结果(Pook，1971)进行对比，得到如图 5-18 所示的临界载荷参数 $\sigma_{\mathrm{cr}}a^{1/2}$ 随着裂纹倾斜角变化的趋势图。图中，三角形标志表示实验测量获得的失效临界载荷数据点，实线表示通过材料构型力准则得到的预测结果。在材料构型力准则中，$EJ_{\mathrm{R}} = 1.797\times 10^{12}(\mathrm{N}^2\cdot\mathrm{m}^{-3})$ 可以作为锌铝合金材料的断裂韧性，其中锌铝合金的临界应力强度因子 K_{IC} 源自文献数据(Pook，1971)。材料构型力准则预测得到的含复合型中心裂纹板的失效临界载荷 $\sigma_{\mathrm{cr}}a^{1/2}$ 为

$$\sigma_{\mathrm{cr}}\sqrt{a}=\frac{EJ_{\mathrm{R}}}{\pi\sin^2\beta\sqrt{1+\sin^2(2\beta)}} \tag{5-6}$$

式中，$EJ_{\mathrm{R}}=1.797\times10^{12}(\mathrm{N}^2\cdot\mathrm{m}^{-3})$。

由图 5-18 可知，失效临界载荷与裂纹倾斜角之间存在着明确的关系，失效临界载荷 $\sigma_{\mathrm{cr}}a^{1/2}$ 随着裂纹倾斜角的增大先呈现出减小的趋势，在倾斜角接近 70°时达到极小值后又开始缓慢增大。这个结果与传统的断裂理论预测结果有所区别，主要原因在于。材料构型力准则考虑了裂纹沿初始方向和垂直于原裂纹面方向的能量释放率，认为它们共同影响着裂纹扩展的方向和失效临界载荷。在传统的应力强度因子断裂准则中，预测得到的失效临界载荷会随着裂纹倾斜角的增大而呈现出单调递减的趋势。这是因为，应力强度因子断裂准则假定当Ⅰ型或Ⅱ型应力强

度因子达到当前材料的临界值时，裂纹就发生扩展，此时外部载荷可视为失效临界载荷。也就是说，应力强度因子断裂准则考虑的是单个应力强度因子分量的作用。实际上，当裂纹倾斜角介于 0°～90°时，裂纹处于Ⅰ/Ⅱ复合型断裂状态下，此时两种失效模式共同影响着裂纹的失效临界载荷，材料构型力断裂准则正是综合考虑了Ⅰ/Ⅱ复合型断裂共同作用下裂尖能量释放率的变化。由图 5-18 可以看出，依据材料构型力准则预测的结果与实验数据基本一致。这表明，通过临界状态$|J|=J_R$，材料构型力准则能够有效地预测失效的临界载荷σ_{cr}。

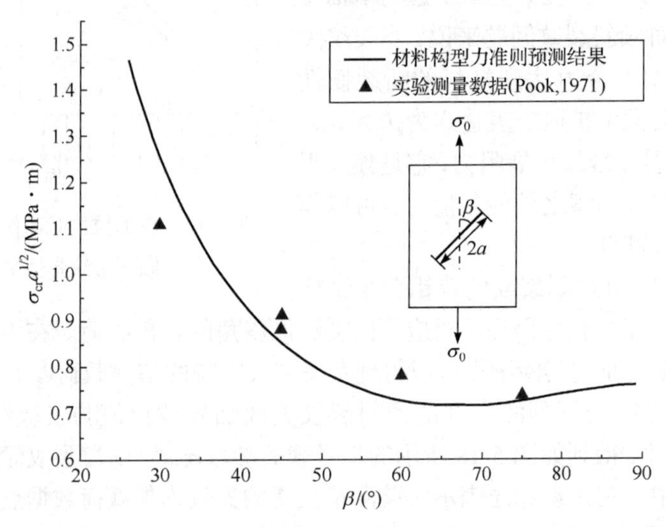

图 5-18　材料构型力准则预测的倾斜裂纹失效临界载荷与 Pook 实验结果的对比

7. 案例七：裂纹与软夹杂干涉问题的研究

本案例对裂纹和圆形软夹杂的干涉问题进行分析，通过数值方法模拟裂纹在软夹杂干涉作用下的扩展趋势，得到裂纹扩展过程中材料构型力随着裂纹扩展长度的变化趋势。

如图 5-19 所示，考虑裂纹前端存在一个圆形软夹杂，α 为初始裂纹尖端与软夹杂圆心连线的夹角，初始裂纹长度 $a=10$mm，圆形软夹杂的半径 $r=3$mm，裂纹尖端与圆形软夹杂中心的距离 $d=8$mm，$\sigma=100$MPa 为模型所受的均匀分布拉伸载荷，模型下端固定，假设该模型处于平面应力状态。采用线弹性材料本构模型，基体弹性模量 $E=71$GPa，泊松比 $\nu=0.33$。裂尖附近存在弹性模量 $E=7$GPa 的均质圆形软夹杂，其弹性模量约为基体的 1/10。在裂纹与夹杂干涉效应问题的研究中，夹杂相对于裂纹尖端的位置是一个非常重要的参量。由图 5-19 可知，夹角 α、裂尖与软夹杂圆心的距离 d 共同决定了圆形软夹杂的位置，将距离 d 固定，圆形软夹杂的位置就可以由单一变量夹角 α 确定。为了实现这一目标，分别对夹

角 α 为 0°、15°、30°、45°、60°、75°和 90°的圆形软夹杂进行数值模拟，观察在不同夹杂与裂尖相对位置下裂纹扩展路径受到的影响。

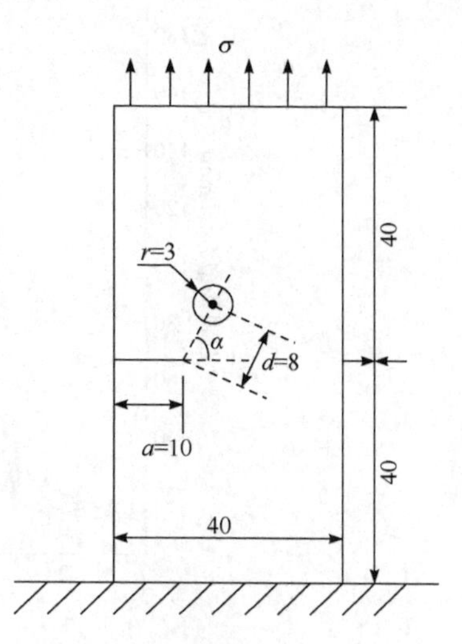

图 5-19　裂纹和软夹杂干涉模型(单位：mm)

图 5-20 给出不同软夹杂位置(夹角 α=0°、15°、30°、45°、60°、75°和 90°)干涉作用下的裂纹扩展路径，图中圆形空白表示均质的软夹杂材料。由图 5-20 看出，当 α=0°时，裂纹从开始扩展到扩展结束一直沿着 I 型裂纹的扩展方向，即朝着软夹杂前进；当 α=15°和 30°时，裂纹从起裂就受到软夹杂的影响，表现为裂纹向软夹杂的方向偏转，直到裂纹与软夹杂聚合；当 α = 45°和 60°时，裂纹也是从起裂就受到软夹杂的作用发生偏转，但是当裂纹扩展受到软夹杂的干涉减小到一定程度后，裂纹便继续向前扩展；当 α = 75°和 90°时，裂纹起裂后先向着软夹杂发生轻微的偏转，之后软夹杂对于裂尖的作用明显减小，裂纹则继续沿近似 I 型裂纹的扩展方向前进，直到发生断裂为止。图 5-21 给出软夹杂干涉作用下裂尖材料构型力随裂纹扩展长度的变化趋势。

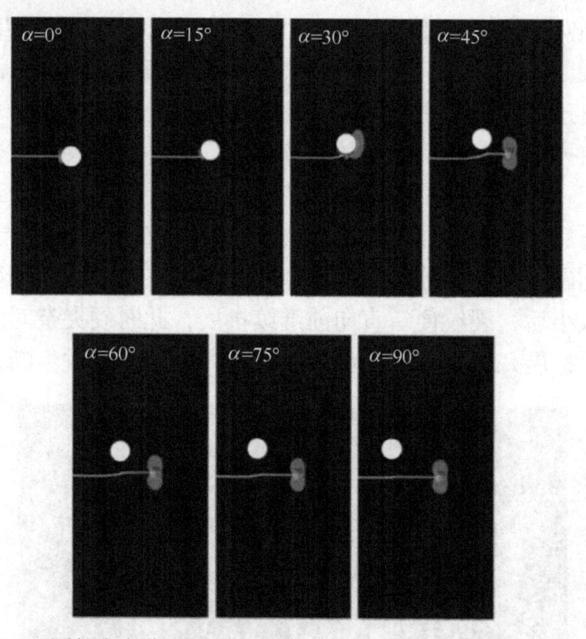

图 5-20　不同软夹杂位置(夹角 α=0°、15°、30°、45°、60°、75°和 90°)干涉作用下的裂纹扩展路径

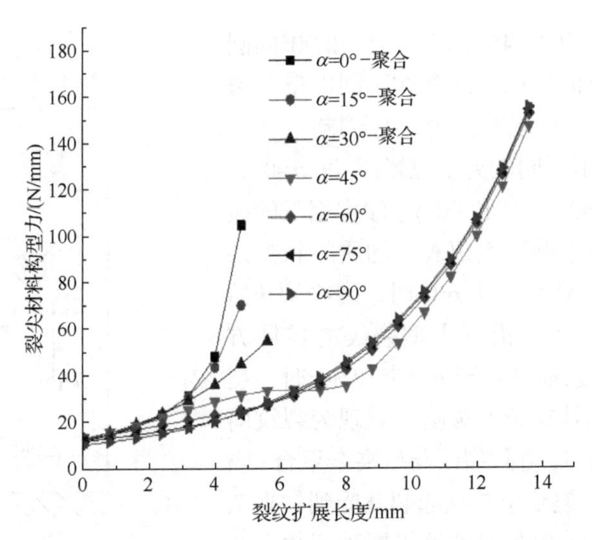

图 5-21　软夹杂干涉作用下裂尖材料构型力随裂纹扩展长度的变化趋势

8. 案例八：裂纹与硬夹杂干涉问题的研究

本案例对裂纹和硬夹杂干涉问题进行分析。硬夹杂弹性模量 $E=500\text{GPa}$，其弹性模量约为基体的 7 倍。采用与图 5-19 中相同的边界条件与外部载荷。下面研究 7 个不同夹角 α 下的裂纹扩展行为。

图 5-22 给出不同硬夹杂位置($\alpha=0°$、15°、30°、45°、60°、75°和 90°)干涉作用下的裂纹扩展路径，圆形空白表示均质线弹性硬夹杂材料。由图可知，硬夹杂对裂纹的扩展轨迹显示出与之前软夹杂完全不同的一些现象。当 $\alpha=0°$时，裂纹从起裂到扩展结束一直沿着 I 型裂纹的轨迹扩展，最终与硬夹杂聚合，这与软夹杂的情况基本相似；但当 $\alpha=15°$和 30°时，裂纹在靠近硬夹杂时受到强烈的干涉作用，绕开硬夹杂后，继续向前扩展；当 $\alpha \geqslant 45°$($\alpha=45°$、60°、75°、90°)时，裂纹从起裂时就受到硬夹杂的干涉作用而选择向远离硬夹杂的方向偏移，在受到的硬夹杂作用逐渐减小后，裂纹便一直向前继续扩展，此时硬夹杂对裂纹的影响可以忽略不计，裂纹扩展几乎是沿纯 I 型裂纹扩展方向，直到发生断裂。

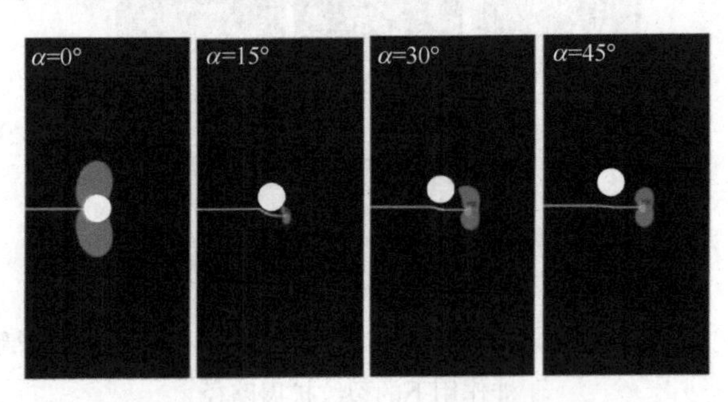

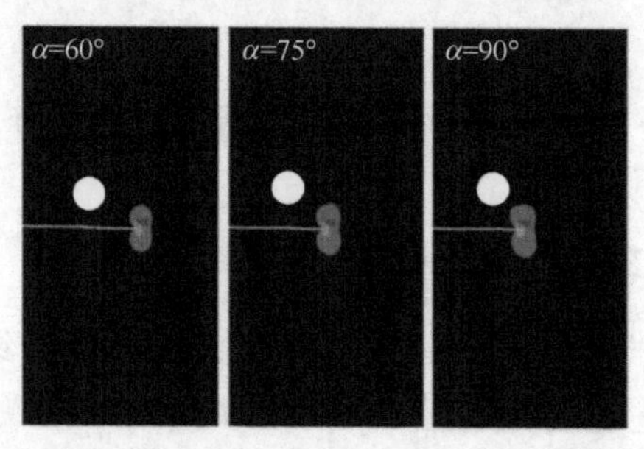

图 5-22　不同硬夹杂位置(α =0°、15°、30°、45°、60°、75°和 90°)干涉作用下的裂纹扩展路径

对比图 5-20 和图 5-22 可以看出，软夹杂会吸引裂纹向其扩展，硬夹杂会排斥裂纹扩展，裂纹在扩展过程中会绕开硬夹杂。当裂纹与夹杂的夹角较小时，夹杂对裂纹扩展的影响作用明显；当夹角较大时，夹杂对裂纹扩展的影响较小；当圆形夹杂与初始裂尖的夹角 α 超过 60°时，不论是软夹杂还是硬夹杂，对裂尖的影响都非常小，裂纹都会呈现出近似于 I 型裂纹的趋势进行扩展。

图 5-23 给出硬夹杂干涉作用下裂尖材料构型力随裂纹扩展长度的变化趋势。可以发现，当 $\alpha = 0°$时，硬夹杂能够明显抑制裂尖材料构型力的增加，直至裂纹与硬夹杂发生聚合。当 $\alpha = 15°$和 30°时，裂尖材料构型力一开始增加缓慢，之后又迅速增大，直接增大到纯 I 型裂纹扩展的程度，这表明此时硬夹杂对裂纹的影响可以完全忽略。当 $\alpha \geqslant 45°$($\alpha = 45°$、60°、75°、90°)时，裂纹在起裂之后受到轻微的抑制作用，之后便不同程度地迅速增大，直至最后曲线重合，这说明了裂纹在绕过硬夹杂后，硬夹杂对裂纹的扩展路径将不再产生影响。观察夹角 α 从 15°增长到 90°时裂尖材料构型力曲线，可以发现，随着夹角 α 的增大，硬夹杂对裂纹的抑制作用逐渐减小，对裂纹扩展趋势的影响也越小。

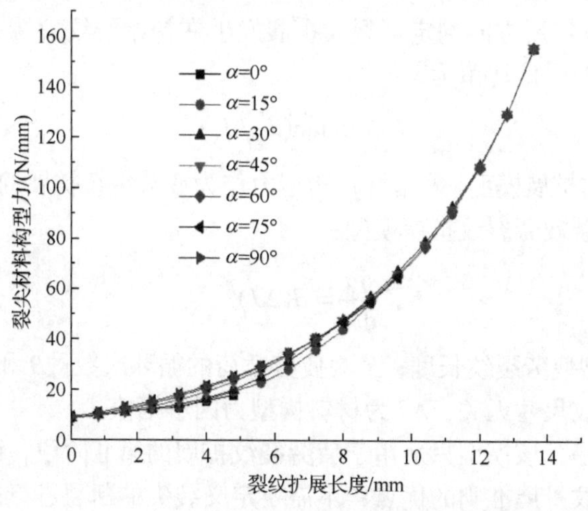

图 5-23　硬夹杂干涉作用下裂尖材料构型力随裂纹扩展长度的变化趋势

5.3　J_k积分在线弹性复合型疲劳裂纹扩展中的应用

5.3.1　基于 J_k积分的复合型疲劳裂纹扩展模型

对于循环载荷下的材料疲劳裂纹扩展问题，本小节介绍基于裂纹尖端材料构型力提出的一个预测复合型疲劳裂纹扩展的理论模型。图 5-24 显示了基于材料构型力的复合型疲劳裂纹扩展准则。J_x材料构型力表示沿着裂面初始方向上的材料构型力，代表裂纹沿裂纹面初始方向扩展单位长度的总势能释放率。相应地，J_y材料构型力的物理意义则表示裂纹尖端沿着垂直于裂纹面的法线方向扩展单位距离所产生的总能量释放率。基于材料构型力的疲劳裂纹扩展准则在平面裂纹扩展问题中满足以下三个基本条件。

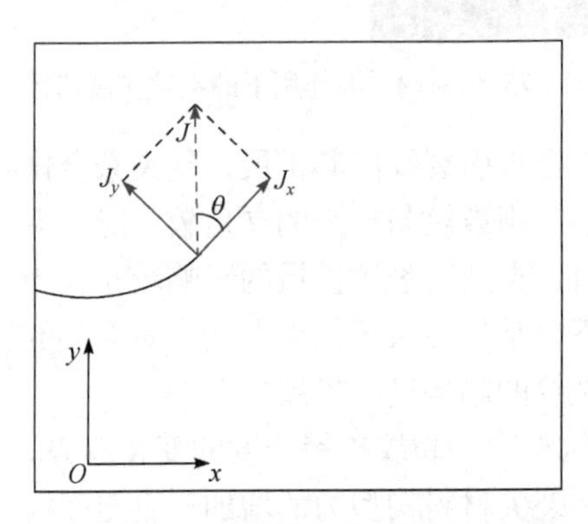

图 5-24　基于材料构型力的复合型疲劳裂纹扩展准则

(1) 疲劳裂纹起裂判据。当裂纹尖端的材料构型力合力矢量的值$|J|$超过临界材料构型力 J_{th} 时，裂纹开始发生扩展：

$$|J| = \sqrt{J_x^2 + J_y^2} \geqslant J_{\text{th}} \tag{5-7}$$

式中，J_{th} 为临界材料构型力，表征材料在复合型裂纹下的断裂韧性，是材料常数，与裂纹尺寸和载荷条件无关。

(2) 疲劳裂纹扩展方向判定。裂纹扩展发生在初始裂纹尖端并沿着材料构型力合力的矢量方向，偏转角为

$$\theta = \arctan(J_y / J_x) \tag{5-8}$$

(3) 疲劳裂纹扩展模型。采用材料构型力作为疲劳裂纹扩展的控制参量，提出材料构型力复合型疲劳裂纹扩展模型：

$$\frac{\mathrm{d}a}{\mathrm{d}N} = B(\Delta J)^P \tag{5-9}$$

式中，a 为复合型疲劳裂纹长度；N 为疲劳载荷的循环次数；B 和 P 为材料常数，与载荷条件和裂纹尺寸无关；ΔJ 为材料构型力因子幅值。

需要注意的是，该模型只适用于疲劳裂纹扩展的第Ⅱ阶段，即稳定阶段。材料构型力疲劳裂纹扩展准则的优点：不需要定义裂尖的断裂进行区，并且可以同

时判断起裂条件和预测裂纹扩展方向，不仅适用于线弹性材料，而且能描述弹塑性、界面耦合和多裂纹等复杂问题，特别是能预测复合型裂纹和缺陷干涉对裂纹扩展方向的影响规律。基于材料构型力的复合型疲劳裂纹扩展模型，选用材料构型力因子幅值作为裂纹扩展的控制因素，不仅能在机理上更加真实地反映复合型疲劳裂纹扩展规律，而且能准确预测裂纹扩展方向，确定裂纹的扩展轨迹。

5.3.2　疲劳裂纹扩展数值计算方法

对于复合型疲劳裂纹扩展模拟，其主要任务就是获得真实的疲劳裂纹扩展轨迹和寿命。本小节根据提出的材料构型力复合型疲劳裂纹扩展模型，结合材料构型力有限元计算方法，完成材料疲劳裂纹扩展速率、寿命和路径的计算，其数值分析流程如图 5-25 所示，具体步骤如下所述。

(1) 根据结构几何尺寸和初始裂纹情况，建立裂纹体的有限元计算模型，完成网格划分，设置单元属性和材料属性。

(2) 对模型施加相应的载荷和边界条件，计算得到 x、y 两个方向上的材料构

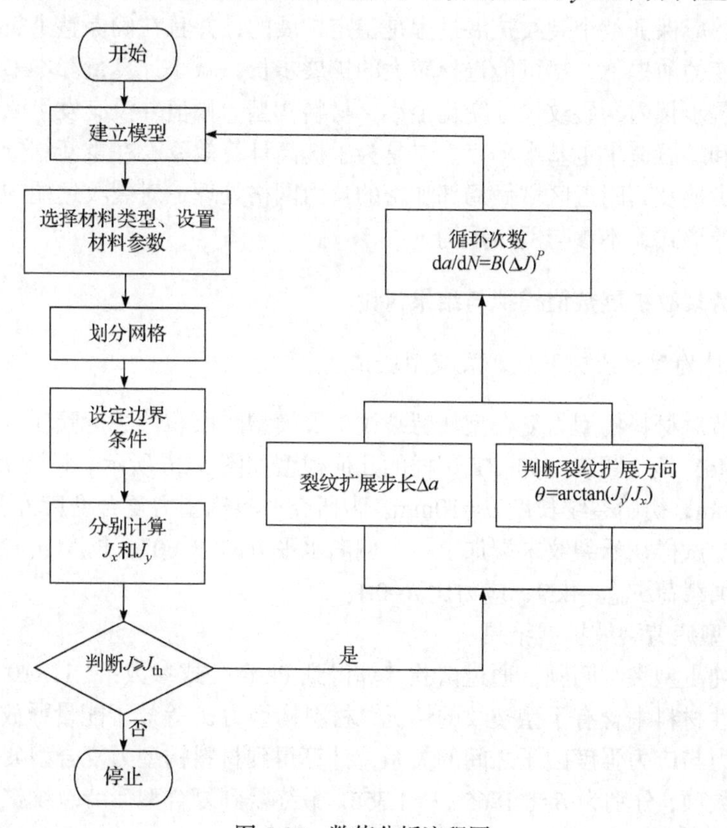

图 5-25　数值分析流程图

型力分量 J_x、J_y，并根据两个分量确定材料构型力合力矢量的大小，比较材料构型力合力值 J 与临界材料构型力值 J_{th}，判断疲劳裂纹是否发生扩展。若 J 大于等于临界值 J_{th}，裂纹发生扩展行为，其扩展方向依据式(5-8)给出；随后，假定裂纹向前扩展一个增量 Δa，然后根据复合型疲劳裂纹扩展模型式(5-9)得到对应的循环次数 N，完成一次裂纹扩展过程；若 J 小于临界值 J_{th}，表示裂纹扩展驱动力不足以克服裂纹扩展阻力，裂纹不发生扩展现象，跳出循环。

(3) 按照上述计算的裂纹扩展方向角 θ，并给定步长，移动裂纹尖端至新的裂尖处，再次完成建模和网格划分，同时计算新模型中与裂纹扩展有关的参量。

(4) 判断裂纹是否达到失稳临界状态。如果裂纹扩展没有达到失稳条件，就继续第(3)步的操作，直至裂纹扩展至失稳临界状态，获得疲劳裂纹扩展情况下的 a-N 曲线以及扩展路径；如果裂纹扩展达到失稳条件，认为裂纹扩展过程结束，获得材料破坏时的裂纹扩展寿命及扩展路径。

需要特别说明的是，对于一个完整的疲劳裂纹扩展数值计算过程，要保证方法的可靠性，要注意两个问题：一是裂纹扩展步长 Δa 的选取。在选取裂纹扩展步长 Δa 时，应保证整个裂纹扩展过程是稳定扩展的，并且在确保整个裂纹扩展轨迹保持不变的前提下，尽可能选择较大的扩展步长，减小计算量。本书假设在每个裂纹扩展步长内，裂纹尺寸变化很小，材料构型力幅值并没有发生改变，裂纹扩展方向和扩展速率也基本不变。二是为了提高计算效率，在重新划分网格时，只对裂纹尖端及其附近区域做局部加密的自由网格处理，对裂纹远端的区域采用固定网格的形式，不参与网格重构。

5.3.3　疲劳裂纹扩展数值模拟与结果讨论

1. 材料构型力疲劳裂纹扩展模型验证

本小节对材料构型力复合型疲劳裂纹扩展模型的可靠性进行验证。试样材料为 CrNi2MoV 钢，紧凑拉伸(CT)试样的几何模型如图 5-26 所示。长度 W=40mm，厚度 B=5mm，初始裂纹长度 a_0=10mm。为研究材料构型力复合型疲劳裂纹扩展，在标准 CT 试样初始裂纹末端加工一个偏离水平方向 θ=60°、长度 a_1=2mm 的斜裂纹。施加载荷 F_{max}=4kN，应力比 R=0.1。

1)　Ⅰ型疲劳裂纹扩展结果

对于纯Ⅰ型裂纹问题，通过试验计算得到 Paris 公式参数：1.11×10^{-8}、2.71。对于线弹性材料中含有Ⅰ型裂纹的情况，材料构型力 J_x 等效于能量释放率。通过材料构型力与应力强度因子之间的关系，计算得到材料构型力复合型疲劳裂纹模型中的常数项，分别为 B=0.1865，P=1.355。最终得到复合型疲劳裂纹扩展模型的表达式为

$$\frac{da}{dN}=0.1865(\Delta J)^{1.355} \tag{5-10}$$

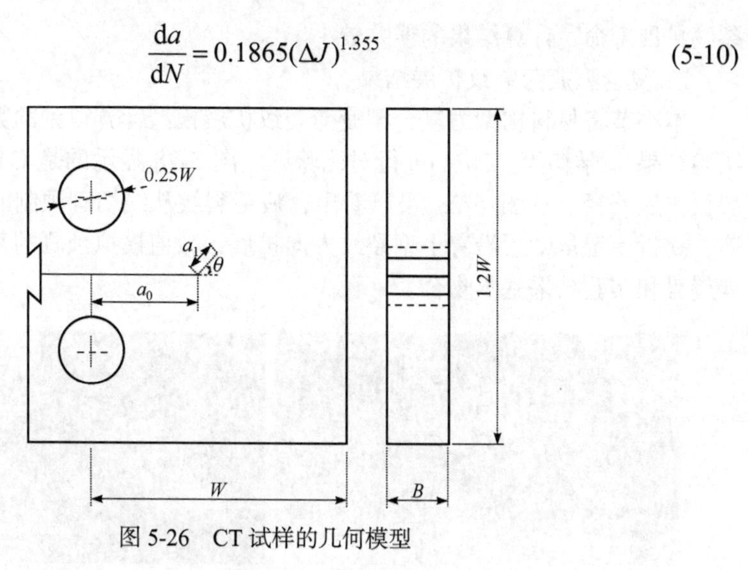

图 5-26　CT 试样的几何模型

有限元计算过程采用线弹性材料本构，弹性模量 $E=215\text{GPa}$，泊松比 $\nu=0.3$。在整个计算过程中，施加载荷 F_{max} 使得裂尖的材料构型力合力始终大于临界材料构型力 J_{th}，因此不需要判定临界载荷。分别计算应力强度因子幅 ΔK 和材料构型力因子幅 ΔJ 控制情况下，Ⅰ型疲劳裂纹长度随循环次数的变化情况，即 a-N 曲线，并对比 CT 试样直裂纹疲劳试验结果，绘制如图 5-27 所示的 CT 试样直裂纹 a-N 曲线。

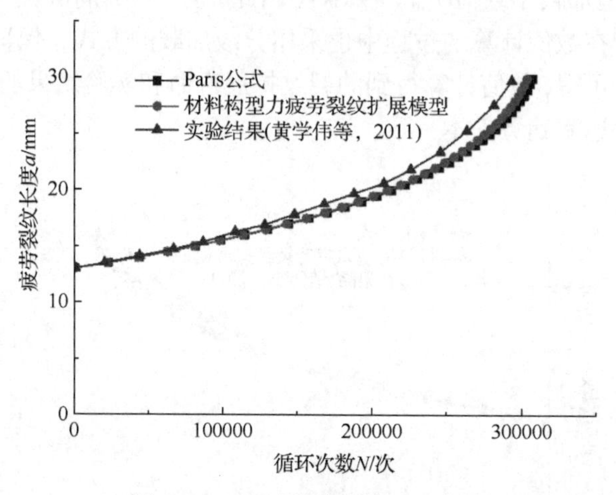

图 5-27　CT 试样直裂纹 a-N 曲线

从图 5-27 中可以看出，三种情况下得到的 a-N 曲线趋势基本一致。对于最终寿命(循环次数)而言，基于材料构型力因子幅的有限元结果和实验结果的误差只有 3.24%。由此可见，基于材料构型力的疲劳裂纹扩展模型可以较为准确地预测裂纹扩展寿命，计算结果的误差较小。

2) 复合型疲劳裂纹扩展结果

本小节将材料构型力复合型疲劳裂纹扩展模型计算得到的数值结果和文献的实验结果(黄学伟等，2011)进行对比验证，图 5-28 显示的是 CT 试样复合型疲劳裂纹扩展路径。从图 5-28 可以看出，疲劳裂纹从线切割预制的裂纹根部开始扩展，拐折一定角度后沿着 I 型裂纹方向扩展，数值模拟预测的复合型疲劳裂纹扩展趋势和实验结果基本吻合。

(a) 实验图片(黄学伟等，2011)

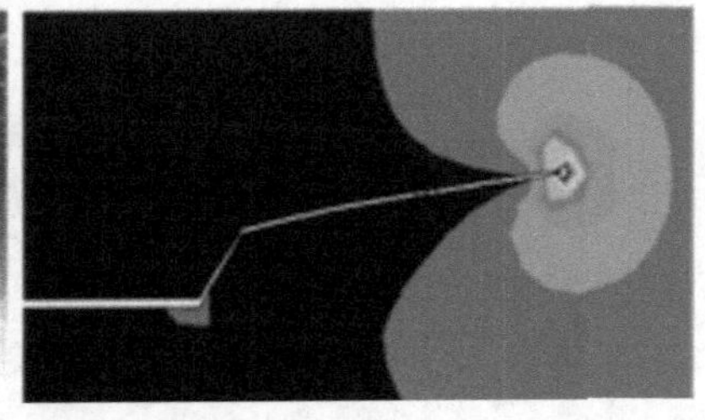

(b) 材料构型力复合型疲劳裂纹扩展模型计算结果

图 5-28　CT 试样复合型疲劳裂纹扩展路径

图 5-29 给出了数值计算和实验得到的 CT 试样复合型疲劳裂纹 a-N 曲线。这里，裂纹长度定义为从初始裂纹开始扩展的裂纹曲线长度。为加快裂纹萌生，在实验过程中采用了分级加载的方式，即前 1×10^4 周次施加较大载荷($P_{max}=3$kN)、1×10^4 周次以后施加较小载荷($P_{max}=2$kN)。因此，前 1×10^4 周次疲劳裂纹扩展速率偏大。同样地，在数值计算的过程中也采用分级加载的方式，保证完全符合实验条件。从图 5-29 可得，数值计算得到的裂纹扩展寿命和实验结果的误差为 7.29%，且两者裂纹扩展速率趋势基本一致。

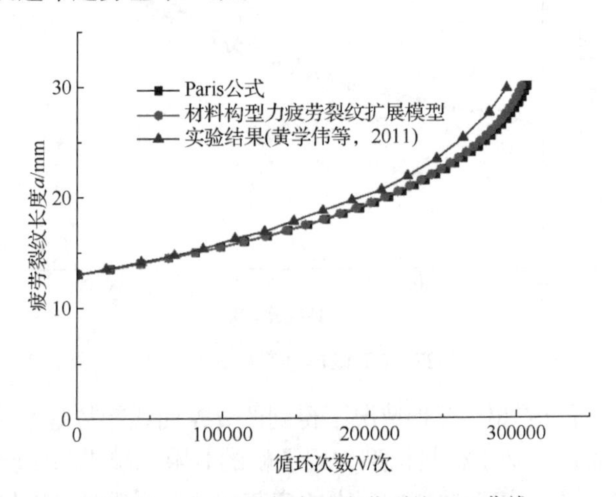

图 5-29　CT 试样复合型疲劳裂纹 a-N 曲线

基于图 5-28 和图 5-29 的对比结果，验证了材料构型力复合型疲劳裂纹扩展模型在预测裂纹扩展路径和疲劳裂纹扩展寿命两方面的有效性。

2. 典型疲劳裂纹扩展分析

本小节利用材料构型力复合型疲劳裂纹扩展模型对平板边界斜裂纹、疲劳裂纹与孔干涉问题进行研究。

1) 平板边界斜裂纹问题

本小节对含边界斜裂纹的平板问题进行分析。图 5-30 为含边界斜裂纹的金属板示意图。金属板左边界存在一个初始长度 a_0 = 10mm 的斜裂纹，它与水平方向的夹角记为 θ，上下边界施加 100MPa 的均布载荷，应力比 $R = 0.1$，并假设该模型处于平面应力状态，材料为 CrNi2MoV 钢。

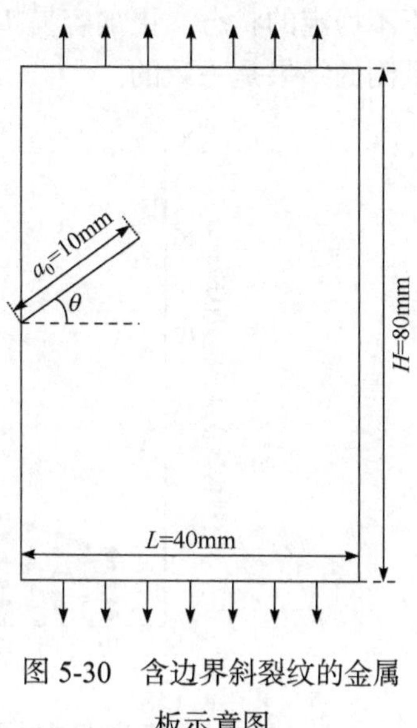

图 5-30　含边界斜裂纹的金属板示意图

θ 分别取值 15°、30°、45°、60°、75°进行数值计算，图 5-31 给出不同角度下金属板边界斜裂纹 a-N 曲线。由图 5-31 可以看出，偏转角 θ 的值会影响斜裂纹的扩展寿命，随着偏转角变小，斜裂纹扩展寿命也变短。

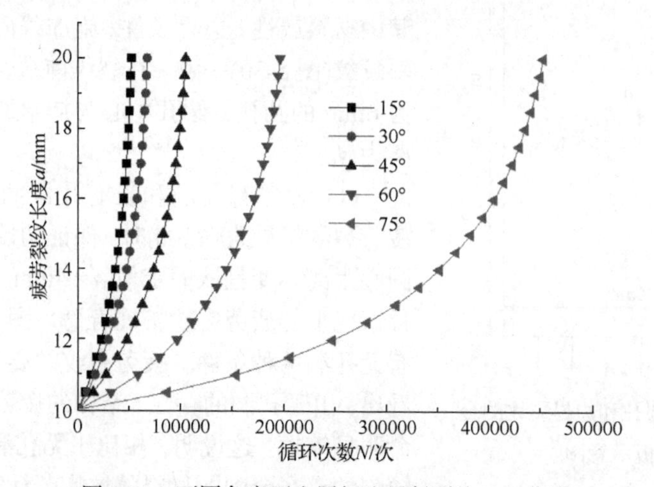

图 5-31　不同角度下金属板边界斜裂纹 a-N 曲线

图 5-32 显示的是不同角度下斜裂纹裂尖材料构型力因子幅随疲劳裂纹长度的变化。可以发现：在整个疲劳裂纹扩展过程中，偏转角 θ 较小的斜裂纹裂尖材料构型力因子幅相对较大，此时驱动裂纹扩展的能量远大于裂纹扩展阻力，裂纹

处于不稳定的状态，更加容易扩展，因此扩展寿命也就越短，这个规律和扩展寿命预测的结果是一致的。

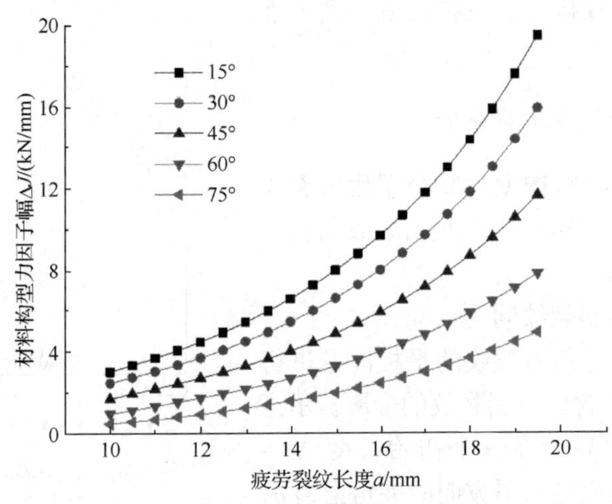

图 5-32　不同角度下斜裂纹裂尖材料构型力因子幅随疲劳裂纹长度的变化

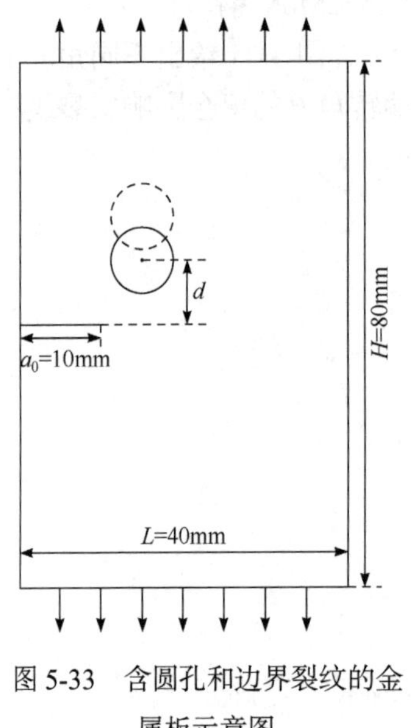

图 5-33　含圆孔和边界裂纹的金属板示意图

2) 疲劳裂纹与圆形孔洞干涉问题

本小节考虑疲劳裂纹和圆形孔洞的干涉作用，分析其对裂纹扩展路径和扩展寿命的影响。图 5-33 为含圆孔和边界裂纹的金属板示意图，其中材料属性、边界条件、施加载荷与平板边界斜裂纹(图 5-30)一致。在裂纹前端，有一个直径为 6mm 的圆孔，圆孔中心与初始裂纹的垂直距离为 d。

(1) 考虑有孔洞和没有孔洞两种情况下的疲劳裂纹扩展寿命。此时，保证初始裂纹与孔洞圆心距离不变且取固定值 $d=4$mm，分别计算两种情况下的疲劳裂纹扩展寿命。图 5-34 给出了有无孔洞两种条件下疲劳裂纹的 a-N 曲线。可以看出，由于孔洞的存在，结构的疲劳裂纹扩展寿命明显缩短。这说明，相比于无孔洞结构，孔洞缺陷的存在会削弱材料的抗疲劳性能。

(2) 考虑孔洞与裂尖的相对位置改变时裂纹与孔洞的干涉问题。研究不同距离 d 条件下，孔洞对疲劳裂纹的干涉影响，包括扩展路径和扩展寿命两个方面。在 d 分别取值 4mm、6mm、8mm 和 10mm 四种不同情况下进行数值模拟。

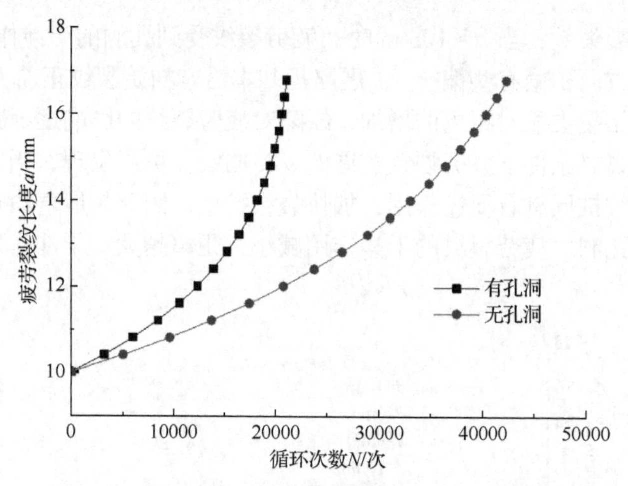

图 5-34　有无孔洞两种条件下疲劳裂纹的 a-N 曲线

图 5-35 给出了不同距离 d 条件下疲劳裂纹的扩展路径。可以看出，当 d = 4mm 时，疲劳裂纹一开始扩展就受到孔洞的影响，向着孔洞的方向偏折，疲劳裂纹最终和孔洞发生聚合并停止扩展；当 d = 6mm 和 8mm 时，疲劳裂纹在开始扩展的时候，同样受到了孔洞的影响，朝着孔洞方向偏转，但是当扩展一定距离以后，孔洞对疲劳裂纹的干涉作用减弱，疲劳裂纹再次偏转，朝着初始裂纹正前方

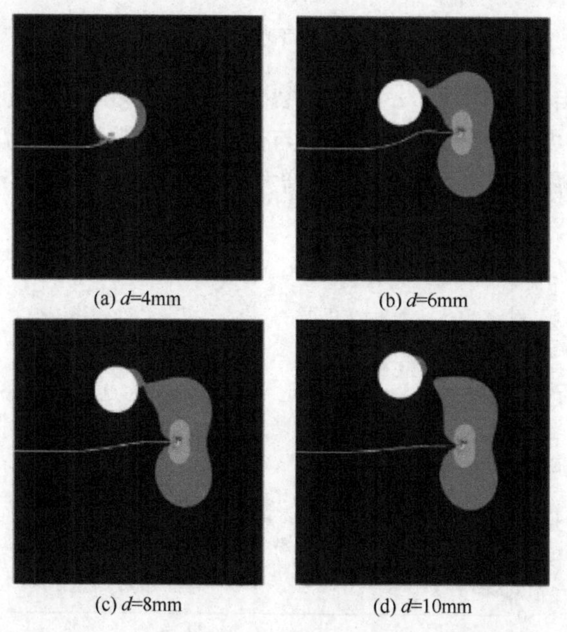

图 5-35　不同距离 d 条件下疲劳裂纹的扩展路径

扩展，直至断裂失效；当 $d=10$mm 时，疲劳裂纹受到孔洞的干涉作用特别微小，只是朝着孔洞方向稍微有些偏折，扩展路径基本沿着初始裂纹正前方。也就是说，随着孔洞与初始裂尖相对距离的增加，缺陷对疲劳裂纹的影响逐渐减小。图 5-36 给出了不同距离 d 条件下疲劳裂纹扩展的 a-N 曲线。可以发现，当距离较小时，孔洞对疲劳裂纹扩展有着促进作用，加快裂纹扩展，因此扩展寿命也就越短；当距离较大时，孔洞对疲劳裂纹的干涉作用减小，距离越大，干涉作用越小，扩展寿命也就越长。

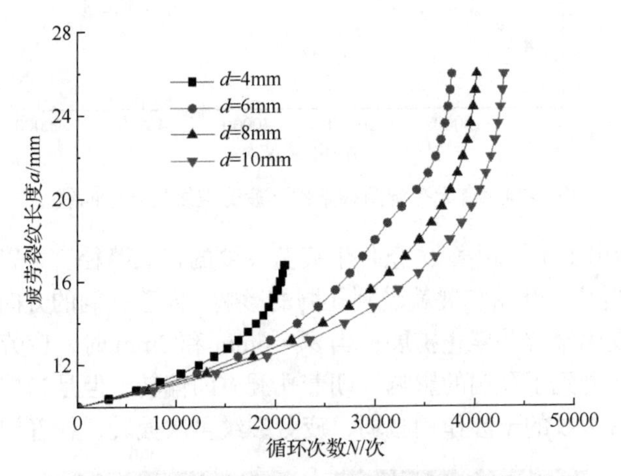

图 5-36　不同距离 d 条件下疲劳裂纹扩展的 a-N 曲线

图 5-37 给出了不同距离 d 条件下裂尖材料构型力因子幅随疲劳裂纹长度的变化。由图 5-37 可以看出，当圆孔位置与初始裂尖的距离较小($d=4$mm)时，裂尖材料构型力因子幅在裂纹起裂之后急剧增大；当距离逐增大($d=8$mm 和 10mm)时，

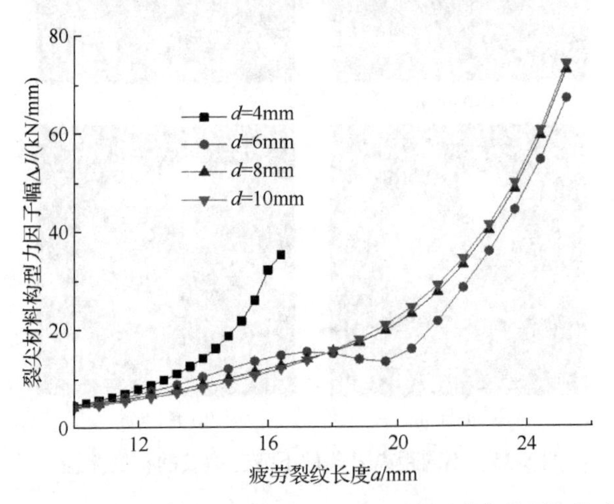

图 5-37　不同距离 d 条件下裂尖材料构型力因子幅随疲劳裂纹长度的变化

裂尖材料构型力因子幅虽然呈现出逐渐增大的趋势，但是增长幅度并没有 $d=4$mm 时大；当圆孔位置与初始裂尖的距离 $d=6$mm 时，裂尖材料构型力因子幅呈现先增大后减小再增大的趋势，表明圆孔缺陷的存在对疲劳裂纹扩展过程的某一阶段起到了抑制的作用。因此，当疲劳裂纹和孔洞处在一个恰当的距离时，裂尖材料构型力因子幅将一直减小，并可能小于临界材料构型力 $J_{\rm th}$，疲劳裂纹扩展速率可能衰减至零，从而发生止裂现象。

5.4　J_k积分在复合型弹塑性疲劳裂纹扩展中的应用

对于韧性材料的复合型疲劳裂纹扩展问题，裂纹尖端区域存在较大尺寸的塑性屈服区，由材料塑性屈服引起的耗散效应不容忽视，则以往基于小范围塑性屈服的线弹性假设的断裂准则及裂纹扩展速率模型不再适用。在本节研究中，基于裂尖 J_k 积分($k=1,2$)的物理意义，选取裂尖 J_k 积分作为复合型弹塑性疲劳裂纹扩展的驱动力，建立基于 J_k 积分的复合型弹塑性疲劳裂纹扩展模型，预测弹塑性材料中疲劳裂纹的扩展方向和剩余疲劳寿命。利用紧凑拉伸剪切(compact tension shear, CTS)试样开展混合型弹塑性疲劳裂纹扩展实验对基于 J_k 积分的复合型弹塑性疲劳裂纹扩展模型进行验证。

5.4.1　弹塑性材料的 J_k 积分

根据弹塑性理论，总应变 ε_{ij} 是弹性应变 $\varepsilon_{ij}^{\rm e}$ 和塑性应变 $\varepsilon_{ij}^{\rm p}$ 之和：

$$\varepsilon_{ij}=\varepsilon_{ij}^{\rm e}+\varepsilon_{ij}^{\rm p} \tag{5-11}$$

对于不考虑硬化效应的塑性材料，应变能密度函数 W 仅与弹性应变相关：

$$W=W_{\rm e}\left(\varepsilon_{ij}^{\rm e}\right) \tag{5-12}$$

根据本构理论，应力 σ_{ij} 和弹性应变的关系、应变能密度函数 W 的梯度如下：

$$\sigma_{ij}=\frac{\partial W}{\partial \varepsilon_{ij}^{\rm e}} \tag{5-13}$$

$$\begin{aligned}\frac{\partial W}{\partial x_k}&=\frac{\partial W}{\partial \varepsilon_{ij}^{\rm e}}\frac{\partial \varepsilon_{ij}^{\rm e}}{\partial x_k}+\left.\frac{\partial W}{\partial x_k}\right|_{\rm expl.}=\sigma_{ij}\varepsilon_{ij,k}^{\rm e}+\left.\frac{\partial W}{\partial x_k}\right|_{\rm expl.}\\&=\sigma_{ij}\varepsilon_{ij,k}-\sigma_{ij}\varepsilon_{ij,k}^{\rm p}+\left.\frac{\partial W}{\partial x_k}\right|_{\rm expl.}=\sigma_{ij}u_{i,jk}-\sigma_{ij}\varepsilon_{ij,k}^{\rm p}+\left.\frac{\partial W}{\partial x_k}\right|_{\rm expl.}\end{aligned} \tag{5-14}$$

式中，u_i 表示位移张量；下标 expl. 表示应变能密度函数 W 对位置 x_i 的显式导数。

参考如下关系式：

$$(\sigma_{ij}u_{i,k})_{,j} = \sigma_{ij,j}u_{i,k} + \sigma_{ij}u_{i,jk} \tag{5-15}$$

$$\frac{\partial W}{\partial x_k} = (W\delta_{jk})_{,j} \tag{5-16}$$

可以得到：

$$-\left.\frac{\partial W}{\partial x_k}\right|_{\text{expl.}} = (W\delta_{jk} - \sigma_{ij}u_{i,k})_{,k} + \sigma_{ij}\varepsilon^{\text{p}}_{ij,k} \tag{5-17}$$

式中，δ_{jk}为 Kronecker 符号。可以看出式(5-17)是应变能密度 W 与坐标 x_i 的依赖项，与式(2-8)类比，得到弹塑性材料的损伤源表示：

$$b_k = (W\delta_{jk} - \sigma_{ij}u_{i,k})_{,k} + \sigma_{ij}\varepsilon^{\text{p}}_{ij,k} \tag{5-18}$$

在任一区域 Ω 上积分，可得弹塑性材料的 J_k 积分为

$$\begin{aligned} J_k &= \int_{\Omega} b_k \mathrm{d}S \\ &= \int_{\Omega} (W\delta_{jk} - \sigma_{ij}u_{i,k})_{,k}\mathrm{d}S + \int_{\Omega} \sigma_{ij}\varepsilon^{\text{p}}_{ij,k}\mathrm{d}S \\ &= J_k^{\text{elas}} + J_k^{\text{plas}} \end{aligned} \tag{5-19}$$

式中，J_k^{elas}代表 J_k 积分的弹性部分；J_k^{plas}代表 J_k 积分的塑性部分。

5.4.2 基于 J_k 积分的复合型弹塑性疲劳裂纹扩展模型

本小节中，针对弹塑性疲劳裂纹扩展问题，基于材料构型力 J_k 积分的明确物理意义，建立复合型弹塑性疲劳裂纹扩展模型。该模型满足以下三条基本假设：

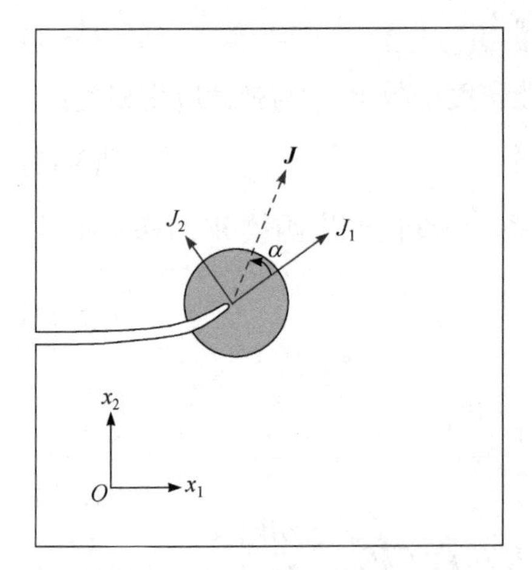

图 5-38 疲劳裂纹的扩展方向示意图

(1) 当裂纹尖端 J_k 积分的幅值超过材料的门槛值时，疲劳裂纹发生扩展：

$$|J| = \sqrt{J_1^2 + J_2^2} \geqslant J_{\text{th}} \tag{5-20}$$

式中，J_{th}为疲劳裂纹扩展的门槛值，是一个与疲劳裂纹的构型和载荷形式无关的材料常数。当裂纹尖端 J_k 积分的幅值小于 J_{th} 时，疲劳裂纹不扩展。

(2) 图 5-38 为疲劳裂纹的扩展方向示意图，疲劳裂纹沿裂尖 J_k 积分的合力矢量方向发生扩展。疲劳裂纹扩展的偏转角为

$$\alpha = \arctan(J_2/J_1) \tag{5-21}$$

因此，每个疲劳载荷循环下的疲劳裂纹扩展路径可以通过式(5-21)来确定。

(3) 复合型疲劳裂纹扩展寿命主要取决于每个疲劳载荷循环下的疲劳裂纹扩展速率。本模型认为裂纹尖端的等效 J_k 积分幅值 ΔJ_{eq} 可视为复合型弹塑性疲劳裂纹扩展的驱动力，且复合型弹塑性疲劳裂纹扩展速率与 ΔJ_{eq} 呈现幂指数关系，表达式如下：

$$\frac{\mathrm{d}a}{\mathrm{d}N} = B(\Delta J_{eq})^P \tag{5-22}$$

$$\Delta J_{eq} = \sqrt{\Delta J_1^2 + \Delta J_2^2} \tag{5-23}$$

式中，$\mathrm{d}a/\mathrm{d}N$ 是裂纹扩展速率，即每个疲劳载荷循环下疲劳裂纹扩展的长度；ΔJ_{eq} 是裂纹尖端的等效 J_k 积分的幅值；B 和 P 是由实验确定的相关参数。

以上提出的基于裂尖材料构型力的疲劳模型，其优势是可以同时用于预测疲劳裂纹的起裂、疲劳裂纹扩展路径和疲劳寿命。需要指出的是，对于Ⅰ型弹塑性疲劳裂纹，J_1 积分在裂纹尖端附近占主导地位，其中 J_2 积分的大小可以忽略不计。然而，对于复合型载荷下的疲劳裂纹问题，由于裂纹尖端区域存在与 J_1 积分相当大小的 J_2 积分，J_2 积分对疲劳裂纹扩展的贡献不能忽略，根据式(5-21)可知，疲劳裂纹扩展路径会发生偏转。以上提出的疲劳裂纹扩展模型能同时考虑疲劳裂纹沿原裂纹面和垂直裂纹面方向扩展时所引起总势能释放率的贡献。基于传统 J 积分的疲劳裂纹扩展模型，只能考虑疲劳裂纹沿原裂纹面切向方向扩展所引起系统总能量释放率的贡献。除此之外，以上提出的疲劳裂纹扩展模型还适用于含有较大范围塑性屈服区的疲劳失效问题。这是相较于传统的基于小范围屈服假设的应力强度因子疲劳裂纹扩展模型的优势。综上所述，本小节给出的疲劳裂纹扩展模型为处理复合型弹塑性疲劳裂纹问题提供了一个简单、实用和方便的方法。

5.4.3　弹塑性疲劳裂纹实验和数值模拟方法

开展多组复合型加载下的弹塑性试样疲劳裂纹扩展实验。利用 ANSYS 二次开发功能对基于材料构型力的复合型弹塑性疲劳裂纹扩展模型进行数值实现。对比实验结果和数值结果，验证所提出的复合型弹塑性疲劳裂纹扩展模型的准确性和有效性。

试样由 45#钢加工而成，表 5-2 列出了 45#钢的力学性能参数。图 5-39 为采用的 45#钢的应力-应变曲线，满足双线性弹塑性本构关系。实验采用紧凑拉伸剪切(CTS)试样研究Ⅰ/Ⅱ复合型加载条件下的弹塑性疲劳裂纹扩展路径和扩展速率。图 5-40 给出了实验中采用的 CTS 试样的几何结构和尺寸(单位：mm)。CTS 试样是专门设计用于Ⅰ/Ⅱ复合型加载条件下疲劳裂纹扩展实验的试样，该试样由板材在轧制方向加工而成(Ramberg et al., 1943)。

表 5-2　45#钢的力学性能参数

材料参数	σ_y /MPa	σ_μ /MPa	E /GPa	ν
45#钢	355	550	210	0.269

注：σ_y 为材料的屈服强度；σ_μ为材料的拉伸强度。

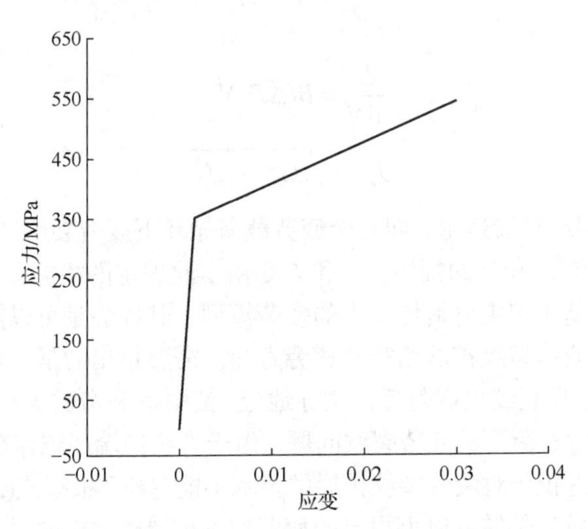

图 5-39　采用的 45#钢的应力-应变曲线

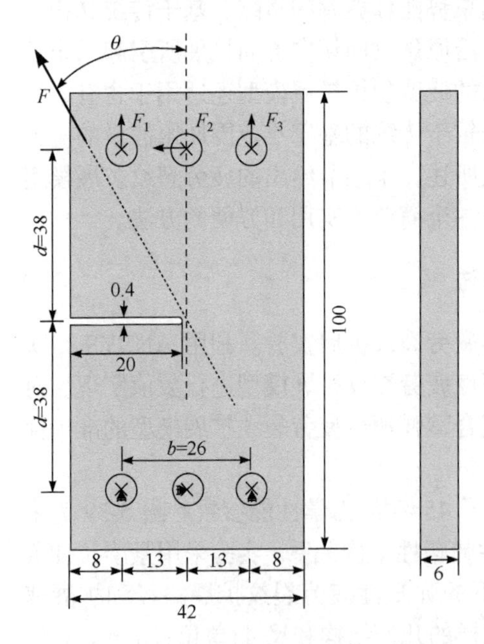

图 5-40　实验中采用的 CTS 试样的几何结构和尺寸(单位：mm)

如图 5-40 所示，CTS 试样的几何尺寸为 100mm×42mm×6mm，试样边缘有一个 U 形槽，该 U 形槽通过电火花线切割机加工而成，长度为 20mm，根部半径为 0.2mm。实验中 CTS 试样承受着载荷角为 θ 的循环机械载荷 F。通过改变载荷角 θ，实现对 CTS 试样进行纯 Ⅰ 型到 Ⅰ/Ⅱ 复合型，再到纯 Ⅱ 型疲劳载荷的加载。所有疲劳裂纹扩展实验均在力控制的加载模式下进行，采用正弦波形加载。实验在室温 20℃的空气环境中进行。为了提高疲劳裂纹尖端位置光学观测的精度，CTS 试样的表面在研磨后再进行抛光。

复合型疲劳裂纹扩展实验在 MTS-880/25T 液压伺服单轴拉伸/压缩疲劳试验机(西安交通大学机械结构强度与振

动国家重点实验室)上进行。复合型疲劳裂纹扩展实验装置和 CTS 试样安装如图 5-41 所示。图 5-41 中，①为 MTS-880/25T 液压伺服单轴拉伸/压缩疲劳试验机；②为 CTS 试样的 U 形加载装置；③为 CTS 试样的变方向加载装置；④为 CTS 试样；⑤为显微镜头；⑥为集成测量系统的数字工业摄像机。为了实现对 CTS 试样进行不同比例的复合型疲劳载荷的加载，设计并加工了专用的 CTS 试样夹具(Richard，1988)。通过该特殊设计的夹具，可以在 0°～90°改变载荷角 θ，从而实现对 CTS 试样进行从纯 Ⅰ 型($\theta=0°$)到 Ⅰ/Ⅱ 复合型($\theta=15°$、30°、45°、60°和 75°)再到纯 Ⅱ 型($\theta = 90°$)疲劳载荷的加载。在进行疲劳裂纹扩展实验前，先对所有试样预制疲劳裂纹，在试样的 U 形缺口位置引入狭缝状疲劳裂纹。

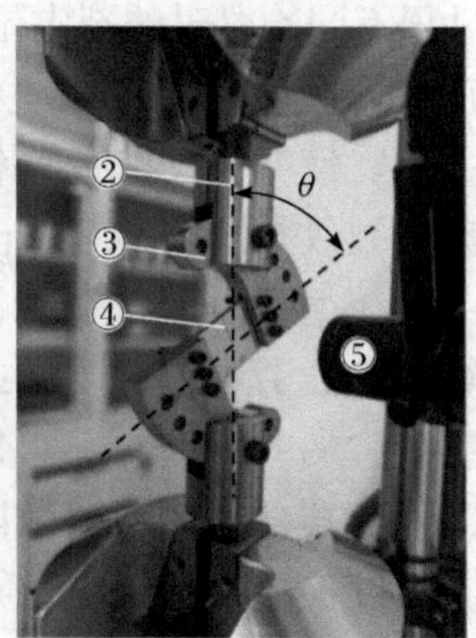

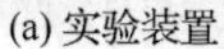
(a) 实验装置　(b) CTS试样安装

图 5-41　复合型疲劳裂纹扩展实验装置和 CTS 试样安装示意图

疲劳裂纹预制过程：①试样进行 Ⅰ 型疲劳载荷加载，疲劳载荷幅值为 9kN，加载比 $R=0.1$，进行 20000 个疲劳载荷循环。②试样进行 Ⅰ 型疲劳载荷加载，疲劳载荷幅值降至 7.5kN，加载比 $R = 0.1$，进行 20000 个疲劳载荷循环。经过步骤①和②后，预制的疲劳裂纹长度 Δa 达到 1～2mm。经过疲劳裂纹预制后，归一化的疲劳裂纹长度 a/w 均在 0.49～0.51，其中 a 和 w 分别为试样的疲劳裂纹长度和宽度。图 5-42 中给出了通过疲劳裂纹预制后裂纹尖端的图像。

所有试样的疲劳裂纹预制完成后，开展复合型疲劳裂纹扩展实验。疲劳裂纹扩展实验保持在低周疲劳状态，疲劳载荷幅值恒定，加载比 $R=0.1$。疲劳裂纹扩展实验共分为 4 组，其中包含纯 Ⅰ 型疲劳载荷 1 组，Ⅰ/Ⅱ 复合型疲劳载荷 3 组，加载角 θ 分别为 0°、30°、45°和 60°，其中每组实验重复 2～3 次。四组疲劳裂纹扩展实验中加载的疲劳载荷幅值分别为 7.5kN、8.4kN、8.8kN 和 9.4kN。在疲劳裂纹扩展实验中，疲劳裂纹扩展过程由高分辨率互补金属氧化物半导体(CMOS)(20Mpix)摄像机监控和记录，该摄像机可以连续捕获和存储试样表面的图像(分辨率为 75pix/mm)。通过连续拍摄和存储的含疲劳裂纹试样的表面图像，可以判定

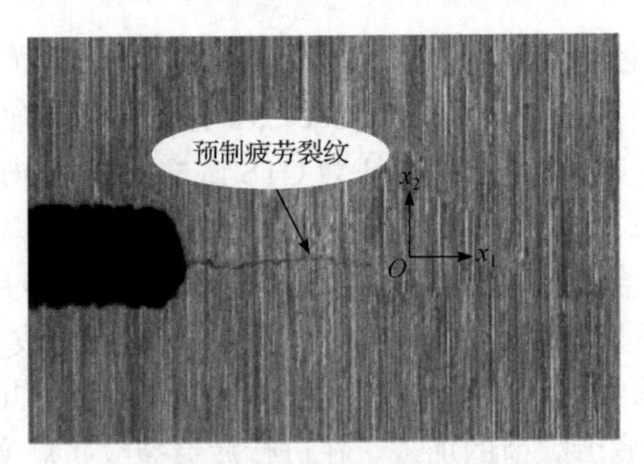

图 5-42　通过疲劳裂纹预制后裂纹尖端的图像

疲劳裂纹在扩展过程不同阶段时的裂尖位置和扩展路径。因此，通过以上获得的裂尖坐标(x, y)和疲劳载荷循环次数 N 的关系，可以得到疲劳裂纹长度 a 与疲劳载荷循环次数 N 的关系。疲劳裂纹扩展速率 $\mathrm{d}a/\mathrm{d}N$ 通过七点递增多项式法确定。

对于复合型疲劳裂纹扩展实验，除记录疲劳裂纹扩展路径外，另一项重要工作是获得不同疲劳载荷循环次数 N 下的裂纹尖端 J_k 积分。本实验中采用有限元模拟的方法来计算给定疲劳裂纹在Ⅰ型或Ⅰ/Ⅱ复合型加载下的裂尖位移、应变和应力场。对于裂纹尖端的 J_k 积分，可以通过对裂尖用户自定义的区域 Ω 进行数值积分得到。CTS 试样的有限元离散网格和裂尖局部坐标系如图 5-43 所示。为提高计算精度，裂纹尖端附近采用奇异性单元。对整个 CTS 试样进行建模分析，采用了平面应力条件计算。疲劳裂纹扩展实验中，MTS-880/25T 试验机的载荷通过 CTS 试样变方向加载装置和 CTS 试样的 6 个加载孔传递，作用力 F 分解为以下分量：

$$F_1 = F\left(\frac{1}{2}\cos\theta + \frac{d}{b}\sin\theta\right) \tag{5-24}$$

$$F_2 = F\sin\theta \tag{5-25}$$

$$F_3 = F\left(\frac{1}{2}\cos\theta - \frac{d}{b}\sin\theta\right) \tag{5-26}$$

式中，b 和 d 为试样的几何参数，见图 5-40。

在数值模拟中，在 6 个加载孔的圆心位置分别建立 6 个质量单元(1 个节点)，将质量单元的节点和绕孔边一周的节点建立多点约束关系，通过该质量单元的节点施加集中力载荷和位移约束，然后经建立的多点约束关系将集中力载荷和位移约束传递到孔边位置。在有限元模型中，给定的单元区域 Ω_e 中每个节点上的 J_k 积分可表示为

$$J_i = \int_{\Omega_\mathrm{e}} N^{(\mathrm{I})} c_i \mathrm{d}V = \int_{\Omega_\mathrm{e}} \left(b_{ij} N_{,j}^{(\mathrm{I})} + \sigma_{jk} \varepsilon_{jk}^{\mathrm{p}} N_{,i}^{(\mathrm{I})}\right) \mathrm{d}V \tag{5-27}$$

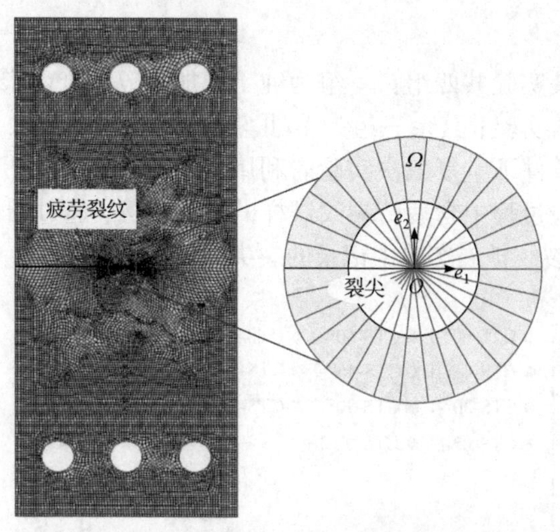

图 5-43　CTS 试样的有限元离散网格和裂尖局部坐标系

式中，N 为单元的形函数；上标(I)为给定单元中的节点号。式(5-27)中，分量 $b_{ij}N_{,j}^{(\mathrm{I})}$ 和 $\sigma_{jk}\varepsilon_{jk}^{\mathrm{p}}N_{,i}^{(\mathrm{I})}$ 可以通过单元积分点处有限元分析得到的结果——应变能密度、节点位移、应力、弹性应变和塑性应变等进行数值运算得到。式(5-27)中积分结果可以通过在单元域中进行高斯积分得到。在有限元模型中，一个节点可能隶属于多个单元，因此，给定节点上的各材料构型力分量 $J_i^{(K)}$ 需要将其各隶属单元的贡献进行求和：

$$J_i^{(K)} = \sum_{\mathrm{ele}=1}^{n_{\mathrm{ele}}} J_i^{(I_{\mathrm{ele}})} \tag{5-28}$$

式中，$\sum_{\mathrm{ele}=1}^{n_{\mathrm{ele}}}$ 代表对各个分量求和。在数值计算中，裂纹尖端的 J_k 积分为绕裂尖的用户自定义区域 Ω 所包含的单元中贡献值的和，用户自定义区域 Ω 要大于塑性区，其大小与计算结果无关(Ozenc et al., 2014)，则裂纹尖端 J_k 积分的各分量为

$$J_1^{\mathrm{tip}} = \sum_{\Omega\text{-domain}} J_1 \tag{5-29}$$

$$J_2^{\mathrm{tip}} = \sum_{\Omega\text{-domain}} J_2 \tag{5-30}$$

为了方便计算裂尖 J_i^{tip} 积分，在裂尖位置建立如图 5-43 所示的局部坐标系 $e_1 O e_2$。其中，e_1 为裂尖局部坐标系的横轴，其正方向为沿裂纹面切向方向；e_2 为裂尖局部坐标系的纵轴，其正方向为沿裂纹面法向方向。

5.4.4　弹塑性疲劳裂纹扩展结果

本小节讨论复合型加载下疲劳裂纹的扩展路径和扩展速率。通过对比实验结果和疲劳裂纹扩展方向结果，验证提出的复合型弹塑性疲劳裂纹扩展模型的有效

性和准确性。

疲劳裂纹扩展实验共四组：一组为纯Ⅰ型加载(θ = 0°)，该组在相同疲劳载荷条件下重复两次实验；其余三组为Ⅰ/Ⅱ复合型加载(θ=30°、45°和60°)，每组在相同疲劳载荷条件下重复三次实验。利用数字CMOS工业摄像机捕捉并存储疲劳裂纹扩展实验过程中含疲劳裂纹试样的表面图像，通过图像判定裂尖位置。图5-44给出疲劳裂纹扩展实验中记录的裂尖位置坐标。

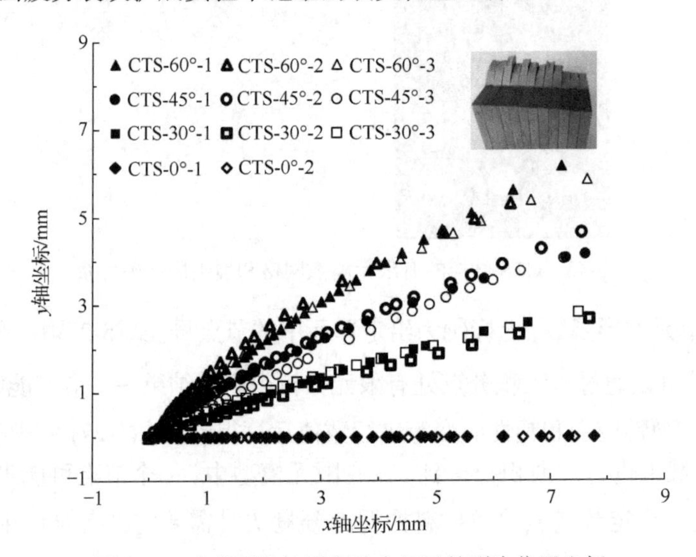

图5-44　疲劳裂纹扩展实验中记录的裂尖位置坐标

图5-45显示不同载荷角下含疲劳裂纹试样裂纹扩展的表面图像。可以发现：对于纯Ⅰ型加载模式(θ = 0°)，疲劳裂纹将沿原裂纹的延长线方向扩展，其扩展路径是自相似的(图5-45(a))。对于Ⅰ/Ⅱ复合型加载模式，以θ=30°为例，观察图5-45(b)可知，疲劳裂纹扩展方向偏离原裂纹方向。随着复合型载荷中载荷角θ的增大，疲劳裂纹扩展的偏转角显著增大。具体来说，当θ=30°、45°和60°时，疲劳裂纹扩展的偏转角分别为α=25.8°、41.2°和55.6°。

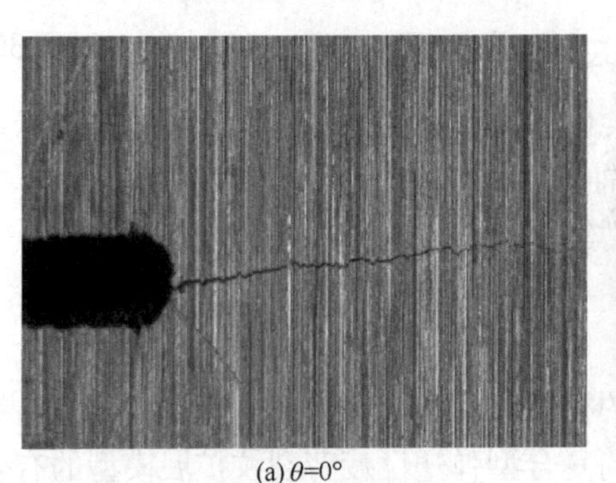

(a) θ=0°

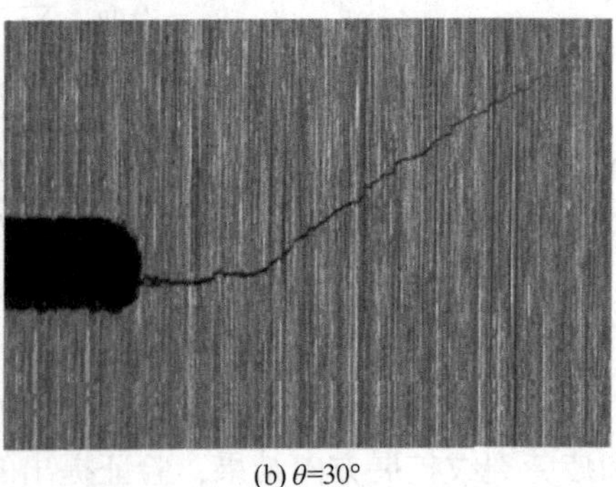

(b) θ=30°

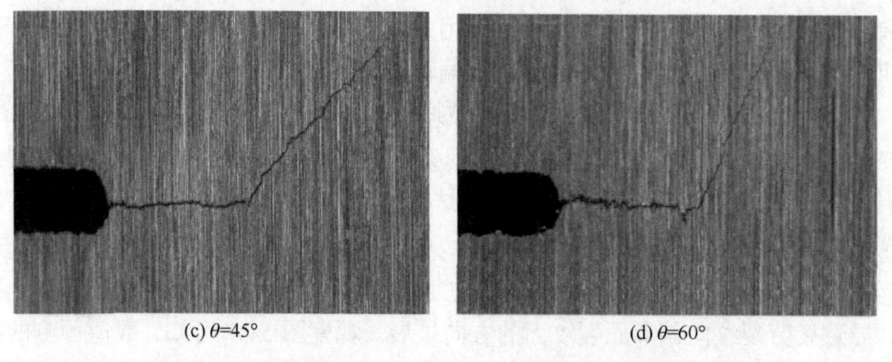

(c) θ=45°　　(d) θ=60°

图 5-45　不同载荷角下含疲劳裂纹试样裂纹扩展的表面图像

数值模拟复合型疲劳裂纹的扩展行为，获取扩展过程中的冯·米泽斯(Von-Mises)应力分布。图 5-46 显示了疲劳裂纹扩展过程中的裂尖塑性屈服区，裂尖前方的闭合椭圆区域代表裂尖附近发生塑性屈服。由图 5-46 可以看出，对于纯Ⅰ型和Ⅰ/Ⅱ复合型加载试样，疲劳裂纹扩展过程中裂尖附近均存在较大范围塑性屈服区。此时，线弹性断裂力学的小范围屈服假设将不再成立。针对复合型加载条件

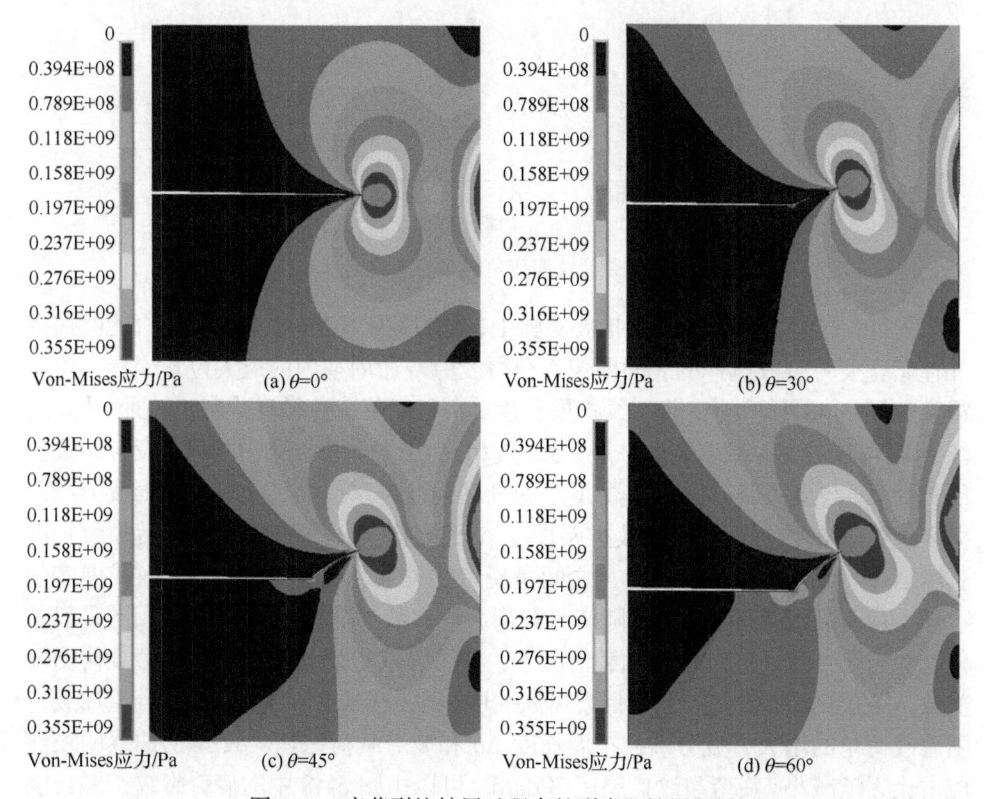

(a) θ=0°　(b) θ=30°　(c) θ=45°　(d) θ=60°

图 5-46　疲劳裂纹扩展过程中的裂尖塑性屈服区

下弹塑性疲劳裂纹扩展问题，本小节采用式(5-21)中基于材料构型力的 J_k 积分断裂准则来预测复合型加载下的疲劳裂纹偏转角。

CTS 试样疲劳裂纹偏转角的实验观测结果和数值预测结果如图 5-47 所示。当 θ=0°时，CTS 试样为纯Ⅰ型断裂问题，其裂尖材料构型力 $J_2^{\mathrm{tip}}=0$，此时疲劳裂纹偏转角 α=0°，数值预测结果与实验观测结果一致。当 θ=30°、45°和 60°时，CTS 试样为Ⅰ/Ⅱ复合型断裂问题，裂尖材料构型力 J_2^{tip} 与 J_1^{tip} 的量级接近，J_2^{tip} 的值不可忽略，疲劳裂纹沿原裂纹面法向方向扩展引起的能量释放率对裂纹扩展产生影响，导致疲劳裂纹向偏离原裂纹面的方向扩展。观察图 5-47 可知，数值预测的疲劳裂纹偏转角和实验观测结果一致性较好。

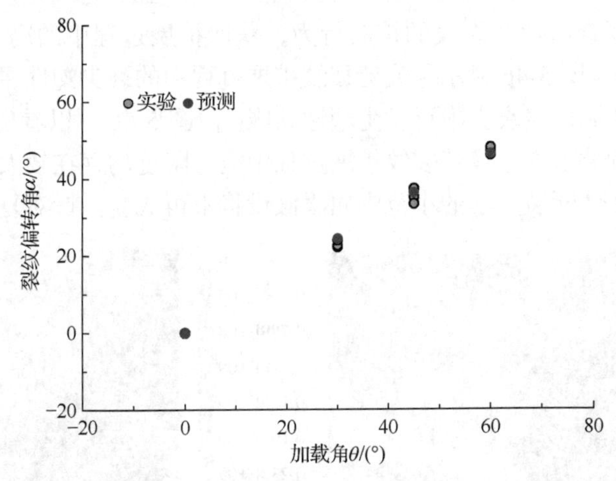

图 5-47　CTS 试样疲劳裂纹偏转角的实验观测结果和数值预测结果

另外，在复合型疲劳裂纹扩展实验中，利用数字 CMOS 工业摄像机能够捕捉并存储含疲劳裂纹试样的表面图像，获得疲劳寿命周期内的裂尖位置坐标，由此得到如图 5-48 所示的疲劳裂纹扩展长度 Δa 和疲劳载荷循环次数 N 的关系。由图 5-48 可以看出，疲劳裂纹扩展大致可以分为三个阶段：第一阶段，疲劳裂纹扩展长度 Δa 与疲劳载荷循环次数 N 之间满足线性关系；第二阶段，随着疲劳载荷循环次数 N 的增加，疲劳裂纹扩展长度 Δa 急剧增加；第三阶段，疲劳裂纹扩展长度 Δa 与疲劳载荷循环次数 N 之间呈现指数关系。观察四组疲劳裂纹扩展实验可知，疲劳裂纹扩展长度 Δa 随疲劳载荷循环次数 N 的变化曲线并不相同，但总体趋势完全一致。在纯Ⅰ型加载情况下，疲劳裂纹扩展长度 Δa 和疲劳载荷循环次数 N 的曲线的第一阶段，即线性段占比最大，达到了 1/3。对于复合型加载，随着载荷角的增大，疲劳裂纹扩展长度 Δa 和疲劳载荷循环次数 N 的曲线的线性段占比逐渐减小。疲劳裂纹扩展速率 da/dN 可以由图 5-48 中的疲劳裂纹扩展长度和疲劳载荷循环次数 N 经七点递增多项式法计算得到。

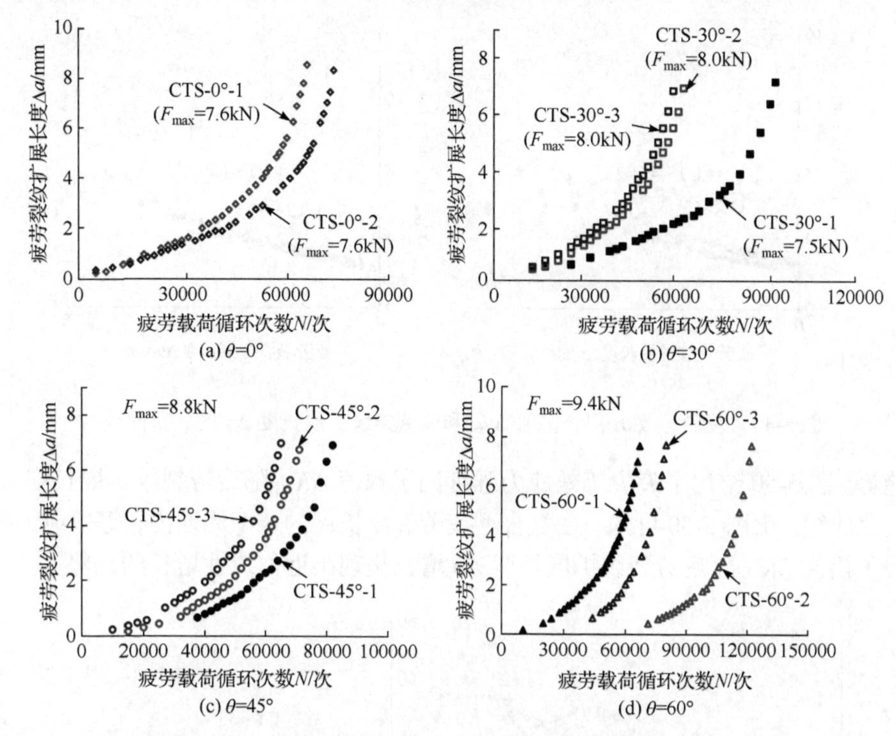

图 5-48　疲劳裂纹扩展长度 Δa 和疲劳载荷循环次数 N 的关系

在疲劳载荷作用下，已知裂纹长度的复合型弹塑性疲劳裂纹裂尖 J_k 积分、变化幅值 ΔJ_1 和 ΔJ_2，可以采用等效域积分法数值计算得到。结合式(5-23)，得到如图 5-49 所示的裂尖等效 J_k 积分幅值 ΔJ_{eq} 和疲劳裂纹扩展长度 Δa 的关系曲线。由图 5-49 可知，当 $\Delta a < 5\mathrm{mm}$ 时，裂尖等效 J_k 积分幅值 ΔJ_{eq} 与疲劳裂纹扩展长度 Δa 之间满足线性关系；当 $\Delta a \geqslant 5\mathrm{mm}$ 时，受到裂尖塑性屈服区影响，裂尖等效 J_k 积分幅值 ΔJ_{eq} 与疲劳裂纹扩展长度 Δa 之间不再满足线性关系，表现出非线性增

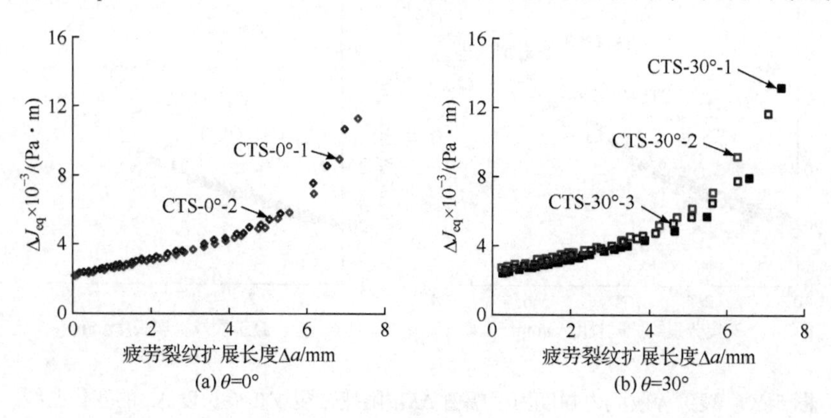

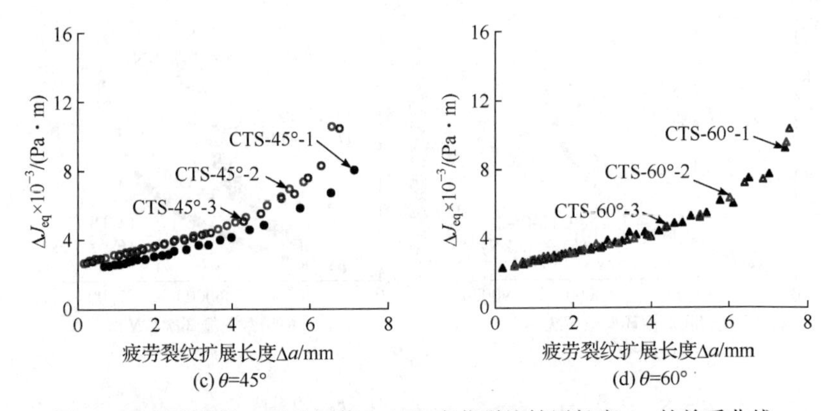

图 5-49　裂尖等效 J_k 积分幅值 ΔJ_{eq} 和疲劳裂纹扩展长度 Δa 的关系曲线

长趋势。图 5-50 给出了裂尖等效应力强度因子幅值 ΔK_{eff} 随疲劳裂纹扩展长度 Δa 的变化曲线。由图 5-50 可知，在复合型疲劳裂纹扩展的整个周期内，等效应力强度因子幅值 ΔK_{eff} 随疲劳裂纹扩展长度 Δa 增长呈现出近似线性增长的趋势。

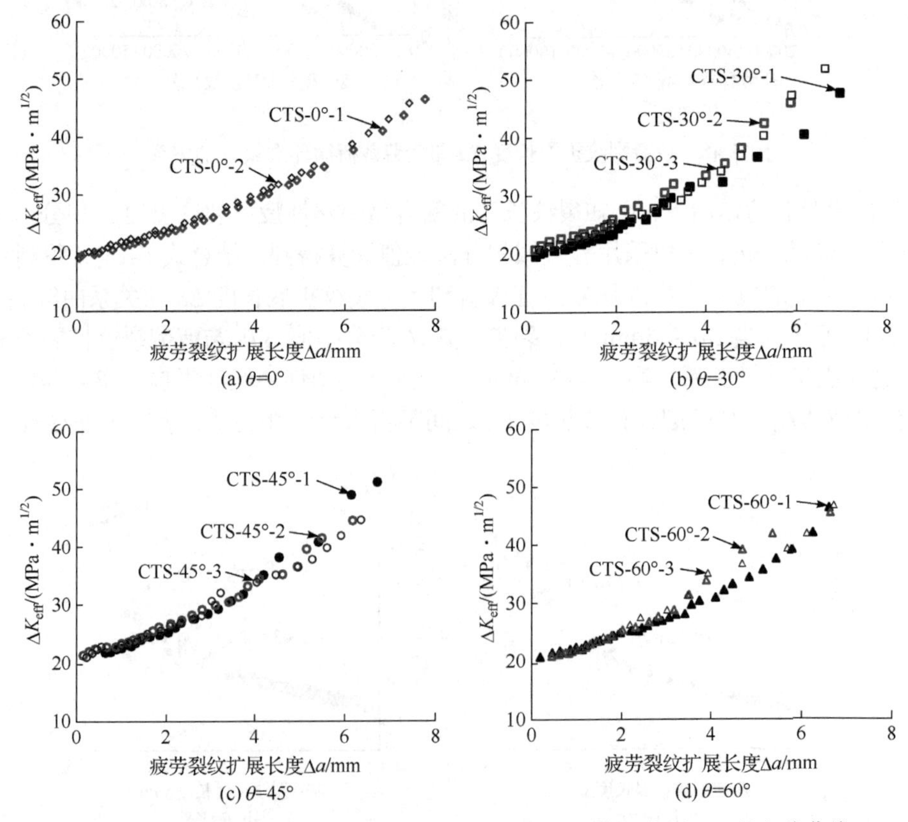

图 5-50　裂尖等效应力强度因子幅值 ΔK_{eff} 随疲劳裂纹扩展长度 Δa 的变化曲线

为了方便展示，将不同疲劳载荷下用 ΔJ_{eq} 描述的疲劳裂纹扩展速率 da/dN(图 5-51)和不同疲劳载荷下用 ΔK_{eff} 描述的疲劳裂纹扩展速率 da/dN(图 5-52)放到对数坐标中。由图 5-51 发现，在复合型加载条件下，对数坐标中 $\lg(da/dN)$和 $\lg(\Delta J_{eq})$呈现出线性关系，即 $\lg(da/dN) = \lg B + P\lg(\Delta J_{eq})$，线性拟合的相关性系数如图 5-51 所示，其中 B、P 是与复合型载荷的加载角无关的参数。以上结果表明，复合型弹塑性疲劳裂纹扩展速率 da/dN 和等效 J_k 积分的幅值 ΔJ_{eq} 满足式(5-22)所示的幂指数关系。由图 5-52 可知，复合型弹塑性疲劳裂纹扩展速率 da/dN 和等效应力强度因子幅值 ΔK_{eff} 也呈现出幂指数的关系，但相关性系数整体上比图 5-51 中的小。

将不同加载角度下的疲劳裂纹扩展速率曲线汇总。图 5-53 给出了 ΔJ_{eq} 描述的疲劳裂纹扩展速率模型，可以看出，不同加载角度下疲劳裂纹扩展速率曲线趋势总体一致，基于 da/dN-ΔJ_{eq} 的疲劳裂纹扩展速率模型的相关性系数为 0.9688。

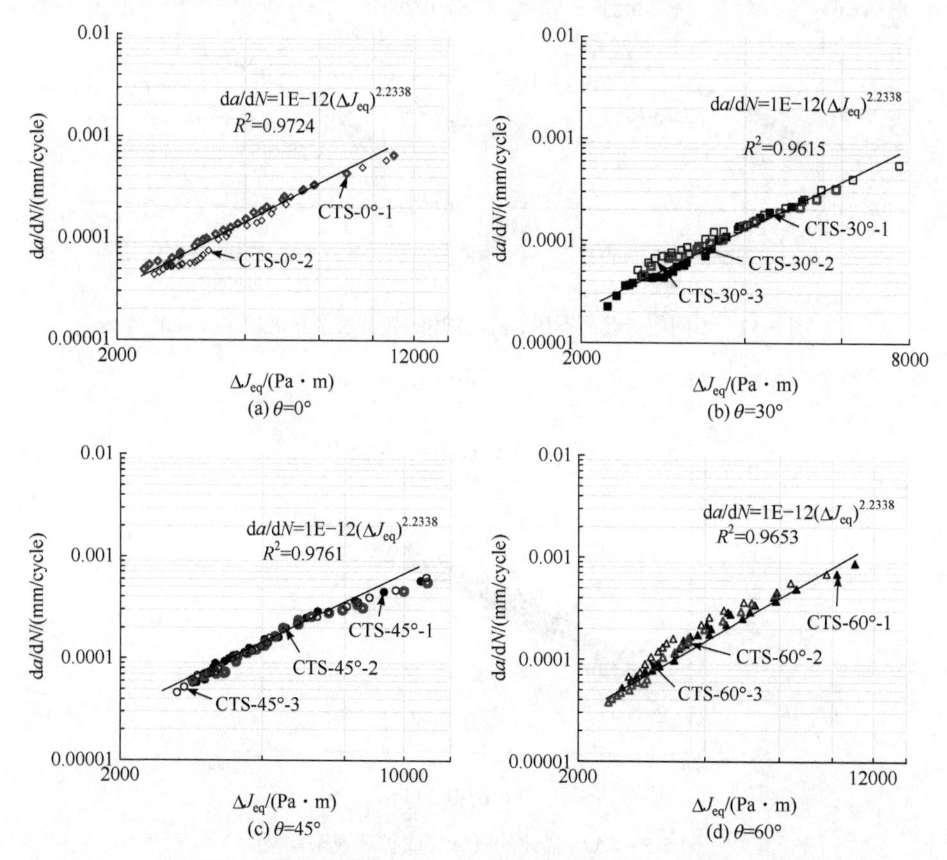

图 5-51　不同疲劳载荷下用 ΔJ_{eq} 描述的疲劳裂纹扩展速率 da/dN

cycle 为疲劳循环

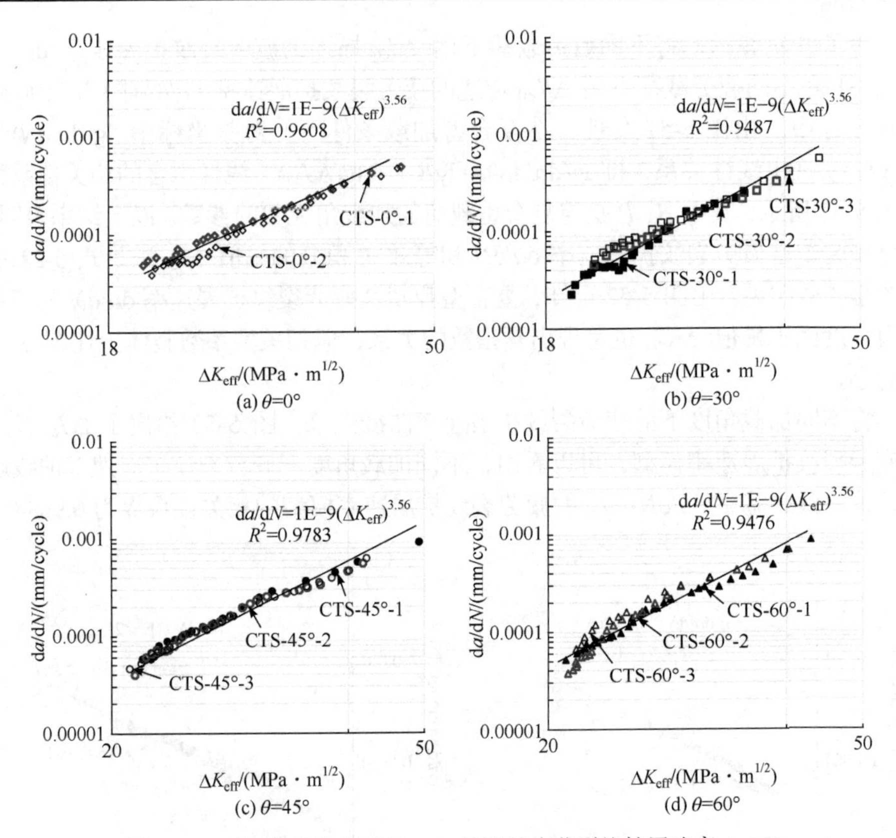

图 5-52　不同疲劳载荷下用 ΔK_{eff} 描述的疲劳裂纹扩展速率 da/dN

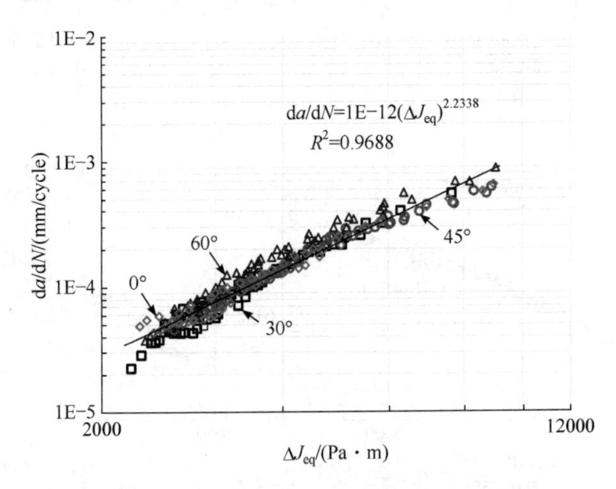

图 5-53　ΔJ_{eq} 描述的疲劳裂纹扩展速率模型

如图 5-54 所示，基于 $da/dN\text{-}\Delta K_{eff}$ 的疲劳裂纹扩展速率模型的相关性系数较低，为 0.9547。原因分析如下：由图 5-46 中疲劳裂纹扩展过程中的应力场可知，疲劳裂纹扩展第三阶段中裂纹尖端存在较大范围的塑性屈服区，此时基于线弹性断裂力学的等效应力强度因子幅值 ΔK_{eff} 不再适用。本小节提出的裂尖等效 J_k 积分幅值 ΔJ_{eq} 则能够有效考虑裂尖塑性屈服区耗散效应对疲劳裂纹扩展的影响。结果表明，将 ΔJ_{eq} 作为复合型弹塑性疲劳裂纹扩展的驱动力能够更好地描述疲劳裂纹扩展速率。

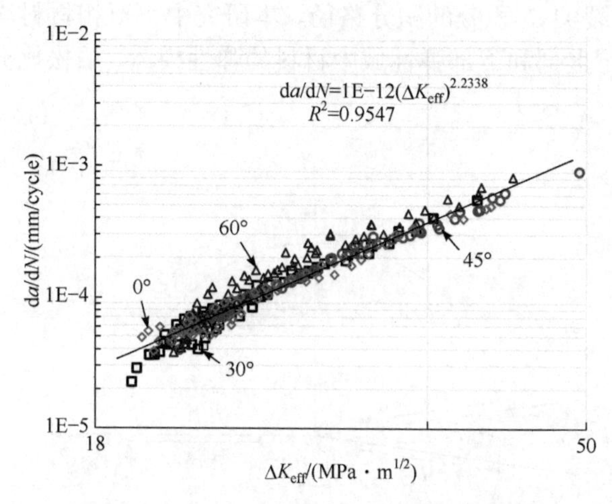

图 5-54　ΔK_{eff} 描述的疲劳裂纹扩展速率模型

5.5　J_k 积分在界面裂纹扩展中的应用

现阶段各种功能材料、复合材料等先进材料广泛应用于电力电子、航空航天、道路交通和核电等领域。这些先进材料是由两种或两种以上不同材料通过某种方法连接起来并具有结合界面的组合材料。例如，在航空航天领域中，将薄金属板和纤维增强复合材料层层黏结而成的金属层压板用于大型客机——空客 A380 的机身蒙皮；由钛合金和镍基高温合金扩散焊接而成的航空发动机转子部件。然而，出于制作、加工工艺的原因，不可避免地会在材料的结合界面引入缺陷。因此，材料的结合界面是结构的薄弱环节，常发生界面开裂的现象。与单相材料中的裂纹问题不同，双相材料界面裂纹尖端应力场呈现振荡奇异性，给界面断裂问题的研究带来了诸多挑战。同时，对于双相材料界面裂纹问题，裂纹尖端附近的拉剪效应固有耦合在一起。也就是说，即使在单拉载荷作用下，裂纹尖端都处在拉剪的复杂应力状态。因此，界面裂纹问题本质上可以归结为复合型加载下的裂纹问题。然而，采用能量释放率 G 或 J 积分作为界面裂纹扩展的控制参量的挑战在于，它们无法有效区分裂纹尖端的拉伸效应和剪切效应。值得注意的是，双相材料的界面断裂行为和裂尖的拉剪效应是直接相关的。因此，有必要寻找能够更加精确描述双相材料弹性界面断裂行为的有效控制参量。

5.5.1　界面裂纹的裂尖 J_k 积分

本小节介绍二维双相材料界面裂纹问题中裂尖 J_k 积分表达式的推导。图 5-55 给出了界面裂纹裂尖 J_k 积分的积分路径。本研究中，双相材料均为线弹性各向同性材料。其中，上部和下部弹性域中材料的弹性模量、泊松比分别为(E_1, ν_1)和(E_2, ν_2)。

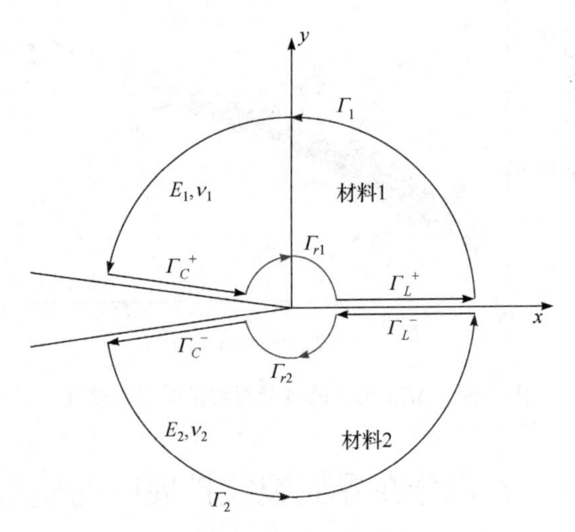

图 5-55　界面裂纹裂尖 J_k 积分的积分路径

假设在 $y = 0$ 和 $x > 0$ 范围内上下两种弹性材料完美黏结在一起，在 $y = 0$ 和 $x < 0$ 范围内上下两种弹性材料没有被黏结，存在裂纹，那么对于该界面裂纹来说，裂尖 J_k 积分就等于材料构型应力张量 b_{ji} 沿逆时针绕裂尖的路径 $\Gamma_r \to 0$ 积分，并且可以写为

$$J_k = \lim_{\Gamma_r \to 0} \int_{\Gamma_r} b_{jk} n_j \, \mathrm{d}\Gamma = \lim_{\Gamma_r \to 0} \int_{\Gamma_r} (W n_k - \sigma_{ji} u_{i,k} n_j) \, \mathrm{d}\Gamma \tag{5-31}$$

式中，$\Gamma_{\gamma 1} = \Gamma_L^+ + \Gamma_1 + \Gamma_C^+ + \Gamma_{r1}$ ，$\Gamma_{\gamma 2} = \Gamma_{r2} + \Gamma_C^- + \Gamma_2 + \Gamma_L^-$，路径 $\Gamma_{\gamma 1}$、$\Gamma_{\gamma 2}$ 分别为位于上、下部弹性域中绕过了裂尖且不包围缺陷的闭合积分路径。已证明材料构型应力沿两个闭合积分路径 $\Gamma_{\gamma 1}$ 和 $\Gamma_{\gamma 2}$ 的积分值都为 0：

$$\int_{\Gamma_{\gamma 1}} (b_{jk} n_j) \, \mathrm{d}\Gamma = \int_{\Gamma_C^+} (b_{jk} n_j) \, \mathrm{d}\Gamma + \int_{\Gamma_1} (b_{jk} n_j) \, \mathrm{d}\Gamma + \int_{\Gamma_L^+} (b_{jk} n_j) \, \mathrm{d}\Gamma + \int_{\Gamma_{r1}} (b_{jk} n_j) \, \mathrm{d}\Gamma = 0 \tag{5-32}$$

$$\int_{\Gamma_{\gamma 2}} (b_{jk}n_j)\,\mathrm{d}\Gamma = \int_{\Gamma_C^-} (b_{jk}n_j)\,\mathrm{d}\Gamma + \int_{\Gamma_2} (b_{jk}n_j)\,\mathrm{d}\Gamma + \int_{\Gamma_L^-} (b_{jk}n_j)\,\mathrm{d}\Gamma + \int_{\Gamma_{r2}} (b_{jk}n_j)\,\mathrm{d}\Gamma = 0 \tag{5-33}$$

两个半圆形的积分路径 Γ_1 和 Γ_2 可以合并为一个闭合圆形积分路径 Γ。类似地，Γ_{r1} 和 Γ_{r2} 也可以合并为一个闭合的圆形积分路径 Γ_r。联立式(5-32)和式(5-33)，可得

$$\begin{aligned}&\int_{\Gamma_C^-} (b_{jk}n_j)\,\mathrm{d}\Gamma + \int_{\Gamma_C^+} (b_{jk}n_j)\,\mathrm{d}\Gamma + \int_{\Gamma_L^-} (b_{jk}n_j)\,\mathrm{d}\Gamma \\ &+\int_{\Gamma_L^+} (b_{jk}n_j)\,\mathrm{d}\Gamma + \int_{\Gamma} (b_{jk}n_j)\,\mathrm{d}\Gamma + \int_{\Gamma_r} (b_{jk}n_j)\,\mathrm{d}\Gamma = 0\end{aligned} \tag{5-34}$$

下面讨论沿裂面和界面的边界条件。对于不包含缺陷的完美黏结界面，沿界面的位移和面力是连续的：

$$\begin{cases}\sigma_{j2}(x,0^+) = \sigma_{j2}(x,0^-) \\ u_j(x,0^+) = u_j(x,0^-)\end{cases} \quad (x \geqslant 0) \tag{5-35}$$

考虑裂面应力自由条件，即沿裂纹面有 $T_i = \sigma_{ij}n_j = 0$，可以得到：

$$\sigma_{j2}(x,0^+) = \sigma_{j2}(x,0^-) = 0 \quad (x < 0) \tag{5-36}$$

将式(5-35)和式(5-36)中的边界条件代入式(5-34)。当 $k = 1$ 时，有

$$\int_{\Gamma} (Wn_1 - \sigma_{ij}u_{i,1}n_j)\,\mathrm{d}\Gamma - \int_{\Gamma_r} (Wn_1 - \sigma_{ij}u_{i,1}n_j)\,\mathrm{d}\Gamma = 0 \tag{5-37}$$

当 $k = 2$ 时，有

$$\begin{aligned}&\int_{\Gamma} (Wn_2 - \sigma_{ij}u_{i,2}n_j)\,\mathrm{d}\Gamma - \int_{\Gamma_r} (Wn_2 - \sigma_{ij}u_{i,2}n_j)\,\mathrm{d}\Gamma \\ &-\int_{\Gamma_C} \left[\left|W\right|\right]\mathrm{d}\Gamma - \int_{\Gamma_L} \left(\left[\left|W\right|\right] - \sigma_{j2}\left[\left|u_{j,2}\right|\right]\right)\mathrm{d}\Gamma = 0\end{aligned} \tag{5-38}$$

式中，$\left[\left|W\right|\right]$ 和 $\left[\left|u_{j,2}\right|\right]$ 分别代表应变能密度和位移梯度在界面 $y = 0$ 处的阶跃值，其表达式如下：

$$\begin{cases}\left[\left|W\right|\right] = W(x,0^+) - W(x,0^-) \\ \left[\left|u_{j,2}\right|\right] = u_{j,2}(x,0^+) - u_{j,2}(x,0^-)\end{cases} \tag{5-39}$$

由式(5-31)、式(5-37)和式(5-38)可知，界面裂纹的裂尖 J_k 积分可以表示为

$$J_1 = \int_{\Gamma} (Wn_1 - \sigma_{ij}u_{i,1}n_j)\,\mathrm{d}\Gamma \tag{5-40}$$

$$J_2=\int_{\Gamma}(Wn_2-\sigma_{ij}u_{i,2}n_j)\mathrm{d}\Gamma-\int_{\Gamma_C}\left[\left|W\right|\right]\mathrm{d}\Gamma-\int_{\Gamma_L}\left(\left[\left|W\right|\right]-\sigma_{j2}\left[\left|u_{j,2}\right|\right]\right)\mathrm{d}\Gamma \tag{5-41}$$

5.5.2 裂尖 J_k 积分的数值计算

由 Muskhelishvili 复势理论可知(Muskhelishvili，1977)，弹性域中的应力和位移分量可以用两个复势函数表征出来。针对图 5-55 中的界面裂纹问题，图中上部弹性域(材料 1)中的应力分量和位移分量可以表示为

$$\begin{cases}(\sigma_{xx})_1+(\sigma_{yy})_1=4\Re[\Phi_1(z)]\\(\sigma_{yy})_1-(\sigma_{xx})_1+2\mathrm{i}(\tau_{xy})_1=2[\bar{z}\Phi_1'(z)+\Psi_1(z)]\\2\mu_1(u_x)_1+\mathrm{i}(u_y)_1=\kappa_1\int\Phi_1(z)\mathrm{d}z-z\bar{\Phi}_1(\bar{z})-\int\bar{\Psi}_1(\bar{z})\mathrm{d}\bar{z}\end{cases} \tag{5-42}$$

同样地，图 5-55 中下部弹性域(材料 2)中的应力分量和位移分量可以表示为

$$\begin{cases}(\sigma_{xx})_2+(\sigma_{yy})_2=4\Re[\Phi_2(z)]\\(\sigma_{yy})_2-(\sigma_{xx})_2+2\mathrm{i}(\tau_{xy})_2=2[\bar{z}\Phi_2'(z)+\Psi_2(z)]\\2\mu_1(u_x)_2+\mathrm{i}(u_y)_2=\kappa_1\int\Phi_2(z)\mathrm{d}z-z\bar{\Phi}_2(\bar{z})-\int\bar{\Psi}_2(\bar{z})\mathrm{d}\bar{z}\end{cases} \tag{5-43}$$

式中，$z=x+\mathrm{i}y$，为复变量；μ为剪切模量，且有

$$\kappa=\begin{cases}(3-\nu)/(1+\nu) & (平面应力)\\(3-4\nu) & (平面应变)\end{cases} \tag{5-44}$$

式中，ν为泊松比。

弹性体中 J_k 积分的复势函数(Chou，1990；Budiansky and Rice，1973)形式写作：

$$J_1=\lim_{r\to 0}\frac{1+\kappa}{4\mu}\mathrm{Im}\left\{\int_A^B\left[(\Phi)^2+2\Phi\Psi\right]\mathrm{d}z+\bar{z}(\Phi)^2\Big|_A^B\right\} \tag{5-45}$$

$$J_2=-\lim_{r\to 0}\frac{1+\kappa}{4\mu}\mathrm{Re}\left\{\int_A^B\left[(\Phi)^2-2\Phi\Psi\right]\mathrm{d}z-\bar{z}(\Phi)^2\Big|_A^B\right\} \tag{5-46}$$

式中，A 和 B 分别表示积分路径的起点和终点。因此，对于图 5-55 中的界面裂纹问题，式(5-45)和式(5-46)中的 J_k 积分可以表示为

$$\begin{aligned}J_1=\lim_{r\to 0}&\left\{\frac{1+\kappa_2}{4\mu_2}\mathrm{Im}\left\{\int_{-\pi}^{0}\left[(\Phi_2)^2+2\Phi_2\Psi_2\right]\mathrm{d}z+\bar{z}(\Phi_2)^2\Big|_{-\pi}^{0}\right\}\right.\\&\left.+\frac{1+\kappa_1}{4\mu_1}\mathrm{Im}\left\{\int_0^{\pi}\left[(\Phi_1)^2+2\Phi_1\Psi\right]\mathrm{d}z+\bar{z}(\Phi_1)^2\Big|_0^{\pi}\right\}\right\}\end{aligned} \tag{5-47}$$

$$J_2=-\lim_{r\to 0}\left\{\frac{1+\kappa_2}{4\mu_2}\mathrm{Re}\left\{\int_{-\pi}^{0}\left[(\Phi_2)^2-2\Phi_2\Psi_2\right]\mathrm{d}z-\overline{z}(\Phi_2)^2\Big|_{-\pi}^{0}\right\}+\frac{1+\kappa_1}{4\mu_1}\mathrm{Re}\left\{\int_{0}^{\pi}\left[(\Phi_1)^2-2\Phi_1\Psi_1\right]\mathrm{d}z-\overline{z}(\Phi_1)^2\Big|_{0}^{\pi}\right\}\right\} \tag{5-48}$$

式中，复势函数$\Phi_j(z)$和$\Psi_j(z)$的表达式(Judt and Ricoeur，2016)为

$$\Phi_j(z)=\frac{K_1-\mathrm{i}K_2}{2\sqrt{2}}\mathrm{e}^{\mp\varepsilon\pi}z^{-\frac{1}{2}-\mathrm{i}\varepsilon} \tag{5-49}$$

$$\Psi_j(z)=\frac{K_1+\mathrm{i}K_2}{2\sqrt{2}}\mathrm{e}^{\pm\varepsilon\pi}z^{-\frac{1}{2}+\mathrm{i}\varepsilon}-\left(\frac{1}{2}-\mathrm{i}\varepsilon\right)\Phi_j(z) \tag{5-50}$$

式中，$K=K_1-\mathrm{i}K_2$，为界面裂纹复应力强度因子；ε 为界面振荡性指数：

$$\varepsilon=\frac{1}{2\pi}\ln\left(\frac{\kappa_1\mu_2+\mu_1}{\kappa_2\mu_1+\mu_2}\right) \tag{5-51}$$

接下来，给出双相材料界面裂纹裂尖 J_k 积分与复应力强度因子 K 的关系式。将式(5-49)、式(5-50)代入式(5-47)、式(5-48)，可得

$$J_1=\lim_{r\to 0}\left\{\begin{aligned}&\frac{1+\kappa_2}{4\mu_2}\mathrm{Im}\left\{\underbrace{\int_{-\pi}^{0}\left[(\Phi_2(z))^2+2\Phi_2(z)\Psi_2(z)\right]\mathrm{d}z}_{I_1}+\underbrace{\overline{z}(\Phi_2(z))^2\Big|_{-\pi}^{0}}_{I_2}\right\}\\&+\frac{1+\kappa_1}{4\mu_1}\mathrm{Im}\left\{\underbrace{\int_{0}^{\pi}\left[(\Phi_1(z))^2+2\Phi_1(z)\Psi_1(z)\right]\mathrm{d}z}_{I_3}+\underbrace{\overline{z}(\Phi_1(z)_1)^2\Big|_{0}^{\pi}}_{I_4}\right\}\end{aligned}\right\} \tag{5-52}$$

$$J_2=-\lim_{r\to 0}\left\{\begin{aligned}&\frac{1+\kappa_2}{4\mu_2}\mathrm{Re}\left\{\underbrace{\int_{-\pi}^{0}\left[(\Phi_2(z))^2-2\Phi_2(z)\Psi_2(z)\right]\mathrm{d}z}_{I_5}-\underbrace{\overline{z}(\Phi_2(z))^2\Big|_{-\pi}^{0}}_{I_2}\right\}\\&+\frac{1+\kappa_1}{4\mu_1}\mathrm{Re}\left\{\underbrace{\int_{0}^{\pi}\left[(\Phi_1(z))^2-2\Phi_1(z)\Psi_1(z)\right]\mathrm{d}z}_{I_6}-\underbrace{\overline{z}(\Phi_1(z))^2\Big|_{0}^{\pi}}_{I_4}\right\}\end{aligned}\right\} \tag{5-53}$$

下面将式(5-52)和式(5-53)分开进行整理：

$$I_1=\int_{-\pi}^{0}\left[(\Phi_2(z))^2+2\Phi_2(z)\Psi_2(z)\right]\mathrm{d}z$$

$$
\begin{aligned}
&=\int_{-\pi}^{0}\left[\frac{\mathrm{e}^{2\varepsilon\pi}(K_1-\mathrm{i}K_2)^2}{8}z^{-1-2\mathrm{i}\varepsilon}+\frac{K_1^2+K_2^2}{4}z^{-1}-(1-2\mathrm{i}\varepsilon)\frac{\mathrm{e}^{2\varepsilon\pi}(K_1-\mathrm{i}K_2)^2}{8}z^{-1-2\mathrm{i}\varepsilon}\right]\mathrm{d}z\\
&=\int_{-\pi}^{0}\left[\frac{K_1^2+K_2^2}{4}z^{-1}+2\mathrm{i}\varepsilon\frac{\mathrm{e}^{2\varepsilon\pi}(K_1-\mathrm{i}K_2)^2}{8}z^{-1-2\mathrm{i}\varepsilon}\right]\mathrm{d}z\\
&=\int_{-\pi}^{0}\left[\frac{K_1^2+K_2^2}{4}z^{-1}+2\mathrm{i}\varepsilon\frac{\mathrm{e}^{2\varepsilon\pi}(K_1-\mathrm{i}K_2)^2}{8}z^{-1-2\mathrm{i}\varepsilon}\right]z\mathrm{i}\mathrm{d}\theta\\
&=\int_{-\pi}^{0}\left[\frac{K_1^2+K_2^2}{4}\mathrm{i}-2\varepsilon\frac{\mathrm{e}^{2\varepsilon\pi}(K_1-\mathrm{i}K_2)^2}{8}z^{-2\mathrm{i}\varepsilon}\right]\mathrm{d}\theta\\
&=\frac{\pi\left(K_1^2+K_2^2\right)}{4}\mathrm{i}-\int_{-\pi}^{0}\left[2\varepsilon\frac{\mathrm{e}^{2\varepsilon\pi}(K_1-\mathrm{i}K_2)^2}{8}\mathrm{e}^{2\varepsilon\theta}\right]\mathrm{d}\theta\\
&=\frac{\pi\left(K_1^2+K_2^2\right)}{4}\mathrm{i}-\frac{\mathrm{e}^{2\varepsilon\pi}-1}{8}(K_1-\mathrm{i}K_2)^2(\cos(2\varepsilon\ln r)-\mathrm{i}\sin(2\varepsilon\ln r))\\
&=\frac{\pi\left(K_1^2+K_2^2\right)}{4}\mathrm{i}-\frac{\mathrm{e}^{2\varepsilon\pi}-1}{8}\Big\{\left(K_1^2-K_2^2\right)\cos(2\varepsilon\ln r)-2K_1K_2\sin(2\varepsilon\ln r)\\
&\quad-\mathrm{i}\left[\left(K_1^2-K_2^2\right)\sin(2\varepsilon\ln r)+2K_1K_2\cos(2\varepsilon\ln r)\right]\Big\}
\end{aligned}
\tag{5-54}
$$

$$
\begin{aligned}
I_2&=\bar{z}(\Phi_2(z))^2\Big|_{-\pi}^{0}\\
&=\bar{z}\frac{\mathrm{e}^{2\varepsilon\pi}(K_1-\mathrm{i}K_2)^2}{8}z^{-1}z^{-2\mathrm{i}\varepsilon}\Big|_{-\pi}^{0}\\
&=\frac{\mathrm{e}^{2\varepsilon\pi}(K_1-\mathrm{i}K_2)^2}{8}r\mathrm{e}^{-\mathrm{i}\theta}(r\mathrm{e}^{\mathrm{i}\theta})^{-1}(r\mathrm{e}^{\mathrm{i}\theta})^{-2\mathrm{i}\varepsilon}\Big|_{-\pi}^{0}\\
&=\frac{\mathrm{e}^{2\varepsilon\pi}(K_1-\mathrm{i}K_2)^2}{8}\mathrm{e}^{-2\mathrm{i}\theta}(r\mathrm{e}^{\mathrm{i}\theta})^{-2\mathrm{i}\varepsilon}\Big|_{-\pi}^{0}\\
&=\frac{\mathrm{e}^{2\varepsilon\pi}(K_1-\mathrm{i}K_2)^2}{8}(\cos2\theta-\mathrm{i}\sin2\theta)(\cos(2\varepsilon\ln r)-\mathrm{i}\sin(2\varepsilon\ln r))\mathrm{e}^{2\varepsilon\theta}\Big|_{-\pi}^{0}\\
&=\frac{\mathrm{e}^{2\varepsilon\pi}(K_1-\mathrm{i}K_2)^2}{8}(\cos(2\varepsilon\ln r)-\mathrm{i}\sin(2\varepsilon\ln r))(1-\mathrm{e}^{-2\varepsilon\pi})\\
&=\frac{\mathrm{e}^{2\varepsilon\pi}-1}{8}(K_1-\mathrm{i}K_2)^2(\cos(2\varepsilon\ln r)-\mathrm{i}\sin(2\varepsilon\ln r))
\end{aligned}
$$

$$
\begin{aligned}
&=\frac{\mathrm{e}^{2\varepsilon\pi}-1}{8}\Big\{\left(K_1^2-K_2^2\right)\cos(2\varepsilon\ln r)-2K_1K_2\sin(2\varepsilon\ln r)\\
&\quad-\mathrm{i}\Big[\left(K_1^2-K_2^2\right)\sin(2\varepsilon\ln r)+2K_1K_2\cos(2\varepsilon\ln r)\Big]\Big\}
\end{aligned}
\tag{5-55}
$$

$$
\begin{aligned}
I_3&=\int_0^{\pi}\Big[(\Phi_1(z))^2+2\Phi_1(z)\Psi_1(z)\Big]\mathrm{d}z\\
&=\int_0^{\pi}\left[\frac{\mathrm{e}^{-2\varepsilon\pi}(K_1-\mathrm{i}K_2)^2}{8}z^{-1-2\mathrm{i}\varepsilon}+\frac{K_1^2+K_2^2}{4}z^{-1}-(1-2\mathrm{i}\varepsilon)\frac{\mathrm{e}^{-2\varepsilon\pi}(K_1-\mathrm{i}K_2)^2}{8}z^{-1-2\mathrm{i}\varepsilon}\right]\mathrm{d}z\\
&=\int_0^{\pi}\left[\frac{K_1^2+K_2^2}{4}z^{-1}+2\mathrm{i}\varepsilon\frac{\mathrm{e}^{-2\varepsilon\pi}(K_1-\mathrm{i}K_2)^2}{8}z^{-1-2\mathrm{i}\varepsilon}\right]\mathrm{d}z\\
&=\int_0^{\pi}\left[\frac{K_1^2+K_2^2}{4}z^{-1}+2\mathrm{i}\varepsilon\frac{\mathrm{e}^{-2\varepsilon\pi}(K_1-\mathrm{i}K_2)^2}{8}z^{-1-2\mathrm{i}\varepsilon}\right]z\mathrm{i}\mathrm{d}\theta\\
&=\int_0^{\pi}\left[\frac{K_1^2+K_2^2}{4}\mathrm{i}-2\varepsilon\frac{\mathrm{e}^{-2\varepsilon\pi}(K_1-\mathrm{i}K_2)^2}{8}z^{-2\mathrm{i}\varepsilon}\right]\mathrm{d}\theta\\
&=\frac{\pi\left(K_1^2+K_2^2\right)}{4}\mathrm{i}-\int_0^{\pi}\left[2\varepsilon\frac{\mathrm{e}^{-2\varepsilon\pi}(K_1-\mathrm{i}K_2)^2}{8}\mathrm{e}^{2\varepsilon\theta}\right]\mathrm{d}\theta\\
&=\frac{\pi\left(K_1^2+K_2^2\right)}{4}\mathrm{i}-\frac{1-\mathrm{e}^{-2\varepsilon\pi}}{8}(K_1-\mathrm{i}K_2)^2(\cos(2\varepsilon\ln r)-\mathrm{i}\sin(2\varepsilon\ln r))\\
&=\frac{\pi\left(K_1^2+K_2^2\right)}{4}\mathrm{i}-\frac{1-\mathrm{e}^{-2\varepsilon\pi}}{8}\Big\{\left(K_1^2-K_2^2\right)\cos(2\varepsilon\ln r)-2K_1K_2\sin(2\varepsilon\ln r)\\
&\quad-\mathrm{i}\Big[\left(K_1^2-K_2^2\right)\sin(2\varepsilon\ln r)+2K_1K_2\cos(2\varepsilon\ln r)\Big]\Big\}
\end{aligned}
\tag{5-56}
$$

$$
\begin{aligned}
I_4&=\bar{z}(\Phi_1(z))^2\Big|_0^{\pi}\\
&=\bar{z}\frac{\mathrm{e}^{-2\varepsilon\pi}(K_1-\mathrm{i}K_2)^2}{8}z^{-1}z^{-2\mathrm{i}\varepsilon}\Big|_0^{\pi}\\
&=\frac{\mathrm{e}^{-2\varepsilon\pi}(K_1-\mathrm{i}K_2)^2}{8}r\mathrm{e}^{-\mathrm{i}\theta}(r\mathrm{e}^{\mathrm{i}\theta})^{-1}(r\mathrm{e}^{\mathrm{i}\theta})^{-2\mathrm{i}\varepsilon}\Big|_0^{\pi}\\
&=\frac{\mathrm{e}^{-2\varepsilon\pi}(K_1-\mathrm{i}K_2)^2}{8}\mathrm{e}^{-2\mathrm{i}\theta}(r\mathrm{e}^{\mathrm{i}\theta})^{-2\mathrm{i}\varepsilon}\Big|_0^{\pi}\\
&=\frac{\mathrm{e}^{-2\varepsilon\pi}(K_1-\mathrm{i}K_2)^2}{8}(\cos 2\theta-\mathrm{i}\sin 2\theta)(\cos(2\varepsilon\ln r)-\mathrm{i}\sin(2\varepsilon\ln r))\mathrm{e}^{2\varepsilon\theta}\Big|_0^{\pi}
\end{aligned}
$$

$$
\begin{aligned}
&=\frac{\mathrm{e}^{-2\varepsilon\pi}(K_1-\mathrm{i}K_2)^2}{8}(\cos(2\varepsilon\ln r)-\mathrm{i}\sin(2\varepsilon\ln r))(\mathrm{e}^{2\varepsilon\pi}-1)\\
&=\frac{1-\mathrm{e}^{-2\varepsilon\pi}}{8}(K_1-\mathrm{i}K_2)^2\cos(2\varepsilon\ln r)-\mathrm{i}\sin(2\varepsilon\ln r)\\
&=\frac{1-\mathrm{e}^{-2\varepsilon\pi}}{8}\Big\{\left(K_1^2-K_2^2\right)\cos(2\varepsilon\ln r)-2K_1K_2\sin(2\varepsilon\ln r)\\
&-\mathrm{i}\left[\left(K_1^2-K_2^2\right)\sin(2\varepsilon\ln r)+2K_1K_2\cos(2\varepsilon\ln r)\right]\Big\}
\end{aligned}
\tag{5-57}
$$

$$
\begin{aligned}
I_5&=\int_{-\pi}^{0}\left[(\Phi_2(z))^2-2\Phi_2(z)\Psi_2(z)\right]\mathrm{d}z\\
&=\int_{-\pi}^{0}\left[\frac{\mathrm{e}^{2\varepsilon\pi}(K_1-\mathrm{i}K_2)^2}{8}z^{-1-2\mathrm{i}\varepsilon}-\frac{K_1^2+K_2^2}{4}z^{-1}+(1-2\mathrm{i}\varepsilon)\frac{\mathrm{e}^{2\varepsilon\pi}(K_1-\mathrm{i}K_2)^2}{8}z^{-1-2\mathrm{i}\varepsilon}\right]\mathrm{d}z\\
&=\int_{-\pi}^{0}\left[-\frac{K_1^2+K_2^2}{4}z^{-1}+\frac{\mathrm{e}^{2\varepsilon\pi}(K_1-\mathrm{i}K_2)^2}{4}z^{-1-2\mathrm{i}\varepsilon}-2\mathrm{i}\varepsilon\frac{\mathrm{e}^{2\varepsilon\pi}(K_1-\mathrm{i}K_2)^2}{8}z^{-1-2\mathrm{i}\varepsilon}\right]z\mathrm{i}\mathrm{d}\theta\\
&=\int_{-\pi}^{0}\left[-\frac{K_1^2+K_2^2}{4}\mathrm{i}+\frac{\mathrm{e}^{2\varepsilon\pi}(K_1-\mathrm{i}K_2)^2}{4}z^{-2\mathrm{i}\varepsilon}\mathrm{i}+2\varepsilon\frac{\mathrm{e}^{2\varepsilon\pi}(K_1-\mathrm{i}K_2)^2}{8}z^{-2\mathrm{i}\varepsilon}\right]\mathrm{d}\theta\\
&=\int_{-\pi}^{0}-\frac{\pi\left(K_1^2+K_2^2\right)}{4}\mathrm{i}\mathrm{d}\theta+\int_{-\pi}^{0}\frac{\mathrm{e}^{2\varepsilon\pi}(K_1-\mathrm{i}K_2)^2}{4}z^{-2\mathrm{i}\varepsilon}\mathrm{i}\mathrm{d}\theta\\
&\quad+\int_{-\pi}^{0}\left[2\varepsilon\frac{\mathrm{e}^{2\varepsilon\pi}(K_1-\mathrm{i}K_2)^2}{8}z^{-2\mathrm{i}\varepsilon}\right]\mathrm{d}\theta\\
&=-\frac{\pi\left(K_1^2+K_2^2\right)}{4}\mathrm{i}+\int_{-\pi}^{0}\frac{\mathrm{e}^{2\varepsilon\pi}}{4}\left[\left(K_1^2-K_2^2\right)-2\mathrm{i}K_1K_2\right](\cos(2\varepsilon\ln r)-\mathrm{i}\sin(2\varepsilon\ln r))\mathrm{e}^{2\varepsilon\theta}\mathrm{i}\mathrm{d}\theta\\
&\quad+\int_{-\pi}^{0}\frac{\mathrm{e}^{2\varepsilon\pi}}{8}\left[\left(K_1^2-K_2^2\right)-2\mathrm{i}K_1K_2\right](\cos(2\varepsilon\ln r)-\mathrm{i}\sin(2\varepsilon\ln r))\mathrm{e}^{2\varepsilon\theta}2\varepsilon\mathrm{d}\theta\\
&=-\frac{\pi\left(K_1^2+K_2^2\right)}{4}\mathrm{i}+\frac{\mathrm{e}^{2\varepsilon\pi}-1}{8\varepsilon}\left[\left(K_1^2-K_2^2\right)-2\mathrm{i}K_1K_2\right](\cos(2\varepsilon\ln r)-\mathrm{i}\sin(2\varepsilon\ln r))\mathrm{i}\\
&\quad+\frac{\mathrm{e}^{2\varepsilon\pi}-1}{8}\left[\left(K_1^2-K_2^2\right)-2\mathrm{i}K_1K_2\right](\cos(2\varepsilon\ln r)-\mathrm{i}\sin(2\varepsilon\ln r))\\
&=-\frac{\pi\left(K_1^2+K_2^2\right)}{4}\mathrm{i}+\frac{\mathrm{e}^{2\varepsilon\pi}-1}{8\varepsilon}\Big\{\left(K_1^2-K_2^2\right)\sin(2\varepsilon\ln r)+2K_1K_2\cos(2\varepsilon\ln r)\\
&\quad+\mathrm{i}\left[\left(K_1^2-K_2^2\right)\cos(2\varepsilon\ln r)-2K_1K_2\sin(2\varepsilon\ln r)\right]\Big\}\\
&\quad+\frac{\mathrm{e}^{2\varepsilon\pi}-1}{8}\Big\{\left(K_1^2-K_2^2\right)\cos(2\varepsilon\ln r)-2K_1K_2\sin(2\varepsilon\ln r)
\end{aligned}
$$

$$-\mathrm{i}\left[\left(K_1^2-K_2^2\right)\sin(2\varepsilon\ln r)+2K_1K_2\cos(2\varepsilon\ln r)\right]\Bigg\}$$

(5-58)

$$\begin{aligned}
I_6&=\int_0^{\pi}\left[(\Phi_1(z))^2-2\Phi_1(z)\Psi_1(z)\right]\mathrm{d}z\\
&=\int_0^{\pi}\left[\frac{\mathrm{e}^{-2\varepsilon\pi}(K_1-\mathrm{i}K_2)^2}{8}z^{-1-2\mathrm{i}\varepsilon}-\frac{K_1^2+K_2^2}{4}z^{-1}+(1-2\mathrm{i}\varepsilon)\frac{\mathrm{e}^{-2\varepsilon\pi}(K_1-\mathrm{i}K_2)^2}{8}z^{-1-2\mathrm{i}\varepsilon}\right]\mathrm{d}z\\
&=\int_0^{\pi}\left[-\frac{K_1^2+K_2^2}{4}z^{-1}+\frac{\mathrm{e}^{-2\varepsilon\pi}(K_1-\mathrm{i}K_2)^2}{4}z^{-1-2\mathrm{i}\varepsilon}-2\mathrm{i}\varepsilon\frac{\mathrm{e}^{-2\varepsilon\pi}(K_1-\mathrm{i}K_2)^2}{8}z^{-1-2\mathrm{i}\varepsilon}\right]z\mathrm{i}\mathrm{d}\theta\\
&=\int_0^{\pi}\left[-\frac{K_1^2+K_2^2}{4}\mathrm{i}+\frac{\mathrm{e}^{-2\varepsilon\pi}(K_1-\mathrm{i}K_2)^2}{4}z^{-2\mathrm{i}\varepsilon}\mathrm{i}+2\varepsilon\frac{\mathrm{e}^{-2\varepsilon\pi}(K_1-\mathrm{i}K_2)^2}{8}z^{-2\mathrm{i}\varepsilon}\right]\mathrm{d}\theta\\
&=\int_0^{\pi}-\frac{K_1^2+K_2^2}{4}\mathrm{i}\mathrm{d}\theta+\int_0^{\pi}\frac{\mathrm{e}^{-2\varepsilon\pi}(K_1-\mathrm{i}K_2)^2}{4}z^{-2\mathrm{i}\varepsilon}\mathrm{i}\mathrm{d}\theta\\
&\quad+\int_0^{\pi}\left[2\varepsilon\frac{\mathrm{e}^{-2\varepsilon\pi}(K_1-\mathrm{i}K_2)^2}{8}z^{-2\mathrm{i}\varepsilon}\right]\mathrm{d}\theta\\
&=-\frac{\pi\left(K_1^2+K_2^2\right)}{4}\mathrm{i}\\
&\quad+\int_0^{\pi}\frac{\mathrm{e}^{-2\varepsilon\pi}}{4}\left[\left(K_1^2-K_2^2\right)-2\mathrm{i}K_1K_2\right](\cos(2\varepsilon\ln r)-\mathrm{i}\sin(2\varepsilon\ln r))\mathrm{e}^{2\varepsilon\theta}\mathrm{i}\mathrm{d}\theta\\
&\quad+\int_{-\pi}^{0}\frac{\mathrm{e}^{-2\varepsilon\pi}}{8}\left[\left(K_1^2-K_2^2\right)-2\mathrm{i}K_1K_2\right](\cos(2\varepsilon\ln r)-\mathrm{i}\sin(2\varepsilon\ln r))\mathrm{e}^{2\varepsilon\theta}2\varepsilon\mathrm{d}\theta\\
&=-\frac{\pi\left(K_1^2+K_2^2\right)}{4}\mathrm{i}+\frac{1-\mathrm{e}^{-2\varepsilon\pi}}{8\varepsilon}\left[\left(K_1^2-K_2^2\right)-2\mathrm{i}K_1K_2\right](\cos(2\varepsilon\ln r)-\mathrm{i}\sin(2\varepsilon\ln r))\mathrm{i}\\
&\quad+\frac{1-\mathrm{e}^{-2\varepsilon\pi}}{8}\left[\left(K_1^2-K_2^2\right)-2\mathrm{i}K_1K_2\right](\cos(2\varepsilon\ln r)-\mathrm{i}\sin(2\varepsilon\ln r))\\
&=-\frac{\pi\left(K_1^2+K_2^2\right)}{4}\mathrm{i}+\frac{1-\mathrm{e}^{-2\varepsilon\pi}}{8\varepsilon}\Big\{\left(K_1^2-K_2^2\right)\sin(2\varepsilon\ln r)+2K_1K_2\cos(2\varepsilon\ln r)\\
&\quad+\mathrm{i}\left[\left(K_1^2-K_2^2\right)\cos(2\varepsilon\ln r)-2K_1K_2\sin(2\varepsilon\ln r)\right]\Big\}\\
&\quad+\frac{1-\mathrm{e}^{-2\varepsilon\pi}}{8}\Big\{\left(K_1^2-K_2^2\right)\cos(2\varepsilon\ln r)-2K_1K_2\sin(2\varepsilon\ln r)\\
&\quad-\mathrm{i}\left[\left(K_1^2-K_2^2\right)\sin(2\varepsilon\ln r)+2K_1K_2\cos(2\varepsilon\ln r)\right]\Big\}
\end{aligned}$$

(5-59)

于是，J_1 分量与应力强度因子的关系可以表示为

$$
\begin{aligned}
J_1 &= \lim_{r\to 0}\left\{\frac{1+\kappa_2}{4\mu_2}\mathrm{Im}(I_1+I_2)+\frac{1+\kappa_1}{4\mu_1}\mathrm{Im}(I_3+I_4)\right\} \\
&= \lim_{r\to 0}\left\{\frac{1+\kappa_2}{4\mu_2}\mathrm{Im}\left(\frac{\pi\left(K_1^2+K_2^2\right)}{4}\mathrm{i}\right)+\frac{1+\kappa_1}{4\mu_1}\mathrm{Im}\left(\frac{\pi\left(K_1^2+K_2^2\right)}{4}\mathrm{i}\right)\right\} \\
&= \frac{\pi}{16}\left[\frac{1+\kappa_1}{\mu_1}+\frac{1+\kappa_2}{\mu_2}\right]\left(K_1^2+K_2^2\right)
\end{aligned}
\tag{5-60}
$$

J_{2r}分量与应力强度因子的关系可以表示为

$$
\begin{aligned}
J_2 &= -\lim_{r\to 0}\left\{\frac{1+\kappa_2}{4\mu_2}\mathrm{Re}\left(I_5-I_2\right)+\frac{1+\kappa_1}{4\mu_1}\mathrm{Re}\left(I_6-I_4\right)\right\} \\
&= -\lim_{r\to 0}\left\{\frac{1+\kappa_2}{4\mu_2}\mathrm{Re}\left[-\frac{\pi(K_1^2+K_2^2)}{4}\mathrm{i}+\frac{\mathrm{e}^{2\varepsilon\pi}-1}{8\varepsilon}\left(K_1^2\sin(2\varepsilon\ln r)-K_2^2\sin(2\varepsilon\ln r)\right.\right.\right. \\
&\quad \left.\left.+2K_1K_2\cos(2\varepsilon\ln r)+\mathrm{i}\left(K_1^2\cos(2\varepsilon\ln r)-K_2^2\cos(2\varepsilon\ln r)-2K_1K_2\sin(2\varepsilon\ln r)\right)\right)\right] \\
&\quad +\frac{1+\kappa_1}{4\mu_1}\mathrm{Re}\left[-\frac{\pi\left(K_1^2+K_2^2\right)}{4}\mathrm{i}+\frac{1-\mathrm{e}^{-2\varepsilon\pi}}{8\varepsilon}\left(K_1^2\sin(2\varepsilon\ln r)-K_2^2\sin(2\varepsilon\ln r)\right.\right. \\
&\quad \left.\left.\left.+2K_1K_2\cos(2\varepsilon\ln r)+\mathrm{i}\left(K_1^2\cos(2\varepsilon\ln r)-K_2^2\cos(2\varepsilon\ln r)-2K_1K_2\sin(2\varepsilon\ln r)\right)\right)\right]\right\} \\
&= -\lim_{r\to 0}\frac{1}{32\varepsilon}\left[\frac{1+\kappa_1}{\mu_1}(1-\mathrm{e}^{-2\pi\varepsilon})+\frac{1+\kappa_2}{\mu_2}(\mathrm{e}^{2\pi\varepsilon}-1)\right]\left(K_1^2-K_2^2\right)\sin(2\varepsilon\ln r) \\
&\quad +2K_1K_2\cos(2\varepsilon\ln r)
\end{aligned}
\tag{5-61}
$$

对于单相材料中的裂纹问题，可以对式(5-52)和式(5-53)取极限进行求解。当$\varepsilon\to 0$，根据洛必达法则，式(5-52)和式(5-53)可以退化为

$$
J_1=\frac{1+\kappa}{8\mu}\left(K_{\mathrm{I}}^2+K_{\mathrm{II}}^2\right)
\tag{5-62}
$$

$$
\begin{aligned}
J_2 &= -\lim_{r\to 0}\lim_{\varepsilon\to 0}\frac{1}{32\varepsilon}\left[\frac{1+\kappa_1}{\mu_1}(1-\mathrm{e}^{-2\pi\varepsilon})+\frac{1+\kappa_2}{\mu_2}(\mathrm{e}^{2\pi\varepsilon}-1)\right] \\
&\quad \times\left[\left(K_1^2-K_2^2\right)\sin(2\varepsilon\ln r)+2K_1K_2\cos(2\varepsilon\ln r)\right] \\
&= -\frac{\pi}{4}\left(\frac{1+\kappa}{\mu}\right)K_1K_2=-\frac{1+\kappa}{4\mu}K_{\mathrm{I}}K_{\mathrm{II}}
\end{aligned}
\tag{5-63}
$$

5.5.3 修正的裂尖材料构型力 J_{2r}

对于界面裂纹问题，由于式(5-63)中两个振荡相 $\sin(2\varepsilon\ln r)$和 $\cos(2\varepsilon\ln r)$的存在，当 $r\to0$ 时，J_2 积分是不收敛的。出现上述现象的根本原因在于界面裂纹裂尖场的病态解，即界面裂纹尖端区域应力呈现出 $r^{-1/2+i\varepsilon}$ 振荡奇异特性，上下裂纹面出现折叠和穿透。上述现象在物理上是非真实的。

对于如图 5-56 所示的中心界面裂纹问题，裂纹长度为 $2a$，两种弹性材料完美黏结在一起。裂纹面上作用有均布压力载荷，无穷远端无载荷作用。England (1965)给出了上述中心界面裂纹问题的解，上下裂纹面的位移可以表示为

$$u_{1y}=\frac{\sigma_0(1+\kappa_1)\mathrm{e}^{\pi\varepsilon}}{2\mu_1(1+\mathrm{e}^{2\pi\varepsilon})}\sqrt{a^2-x^2}\cos\left(\varepsilon\ln\frac{a+x}{a-x}\right)\quad(y=0^+,|x|\leqslant a)\tag{5-64}$$

$$u_{2y}=\frac{\sigma_0(1+\kappa_2)\mathrm{e}^{\pi\varepsilon}}{2\mu_2(1+\mathrm{e}^{2\pi\varepsilon})}\sqrt{a^2-x^2}\cos\left(\varepsilon\ln\frac{a+x}{a-x}\right)\quad(y=0^-,|x|\leqslant a)\tag{5-65}$$

式中，下标 1 和 2 分别代表上部弹性域材料 1 和下部弹性域材料 2 中裂纹问题的解。因此，可以得到界面裂纹张开位移为

$$u_{1y}-u_{2y}=\frac{\sigma_0\mathrm{e}^{\pi\varepsilon}}{2(1+\mathrm{e}^{2\pi\varepsilon})}\left(\frac{1+\kappa_1}{\mu_1}+\frac{1+\kappa_2}{\mu_2}\right)\sqrt{a^2-x^2}\cos\left(\varepsilon\ln\frac{a+x}{a-x}\right)\quad(|x|\leqslant a)\tag{5-66}$$

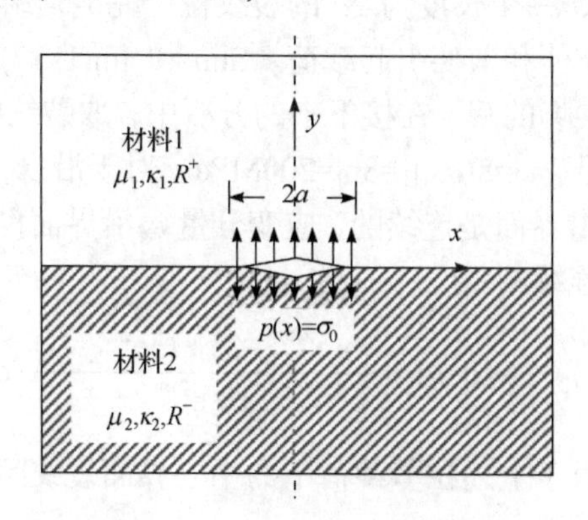

图 5-56　中心界面裂纹问题

考虑到当 $x\to\pm a$ 时有

$$\varepsilon\ln[(a+x)/(a-x)]\to\pm\infty\tag{5-67}$$

因此，在界面裂纹的裂尖区域，存在无穷多的 x 引起：

$$\cos\{\varepsilon\ln[(a+x)/(a-x)]\}<0\ \Rightarrow\ u_{1y}-u_{2y}<0\tag{5-68}$$

负的界面裂纹张开位移意味着裂纹面穿透和折叠的物理非真实现象。先假设界面裂纹张开位移 $u_{1y}-u_{2y}=0$，可以得到：

$$\varepsilon \ln\left[(a+x)/(a-x)\right] = \pm\pi/2 \tag{5-69}$$

令 $\delta=a-x$，则式(5-69)可以表示为

$$\varepsilon \ln\left[(2a-\delta)/\delta\right] = \pm\pi/2 \tag{5-70}$$

通常，常用的工程材料的材料常数都满足 $e^{2\pi\varepsilon}\in(1/3, 3)$，因此有

$$\delta_{\max}/2a \approx 1.26\times10^{-4} \tag{5-71}$$

式中，$\delta_{\max}$表示界面裂纹振荡区的边界尺寸。因此，可以定义 J_{2r} 积分为

$$\begin{aligned}J_{2r} = &-\frac{1}{32\varepsilon}\left[\frac{1+\kappa_1}{\mu_1}(1-e^{-2\pi\varepsilon})+\frac{1+\kappa_2}{\mu_2}(e^{2\pi\varepsilon}-1)\right]\\ &\times\left[\left(K_1^2-K_2^2\right)\sin(2\varepsilon\ln r)+2K_1K_2\cos(2\varepsilon\ln r)\right]\end{aligned} \tag{5-72}$$

同样地，在给定的半径 r 上，J_{2r} 积分也可以通过如下的积分形式来计算：

$$J_{2r} = \int_{\Gamma}(Wn_2-\sigma_{ij}u_{i,2}n_j)\mathrm{d}\Gamma - \int_{\Gamma_C}\left[\left|W\right|\right]\mathrm{d}\Gamma - \int_{\Gamma_L}\left(\left[\left|W\right|\right]-\sigma_{j2}\left[\left|u_{j,2}\right|\right]\right)\mathrm{d}\Gamma \tag{5-73}$$

5.5.4 界面 J_k 积分的算例验证

本小节针对拉剪载荷下的中心界面裂纹问题，给出界面裂纹裂尖 J_k 积分的解析解。如图 5-57 所示，一个长度为 $2a$ 的裂纹位于完美黏结的双相材料薄板的中心位置。在远场作用拉伸和剪切引起载荷。Sun 和 Jih(1987)给出了该拉剪载荷作用下中心界面裂纹裂尖场的解。在接下来的分析中，取裂纹的半长 $a=10\text{mm}$。远场作用的应力载荷满足 $\sigma_{y0}=8(\sigma_{x0})_1=8\tau_0=200\text{MPa}$。对于沿 x 轴方向完美黏结的界面，位移分量 u_x 和 u_y 沿界面是连续的，应变分量 ε_x 沿界面也是连续的，而应力分量 σ_x 在界面两侧是不连续的：

$$(\sigma_{x0})_2 = \omega(\sigma_{x0})_1 + \frac{\omega(e^{2\pi\varepsilon}-3)+(3e^{2\pi\varepsilon}-1)}{1+e^{2\pi\varepsilon}}\cdot\sigma_{y0} \tag{5-74}$$

式中，$\omega=\dfrac{\mu_2(\kappa_1+1)}{\mu_1(\kappa_2+1)}$。对于上述拉剪载荷下的中心界面裂纹问题，Rice 和 Sih(1965)给出了复应力强度因子 $K=K_1+\mathrm{i}K_2$ 的解：

$$\begin{cases}K_1 = \dfrac{\sqrt{a}}{\cosh\pi\varepsilon}\left\{\sigma_{y0}[\cos(\varepsilon\ln 2a)+2\varepsilon\sin(\varepsilon\ln 2a)]\right.\\ \qquad\left.+\tau_0\left[\sin(\varepsilon\ln 2a)-2\varepsilon\cos(\varepsilon\ln 2a)\right]\right\}\\ K_2 = \dfrac{\sqrt{a}}{\cosh\pi\varepsilon}\left\{\tau_0[\cos(\varepsilon\ln 2a)+2\varepsilon\sin(\varepsilon\ln 2a)]\right.\\ \qquad\left.-\sigma_{y0}\left[\sin(\varepsilon\ln 2a)-2\varepsilon\cos(\varepsilon\ln 2a)\right]\right\}\end{cases} \tag{5-75}$$

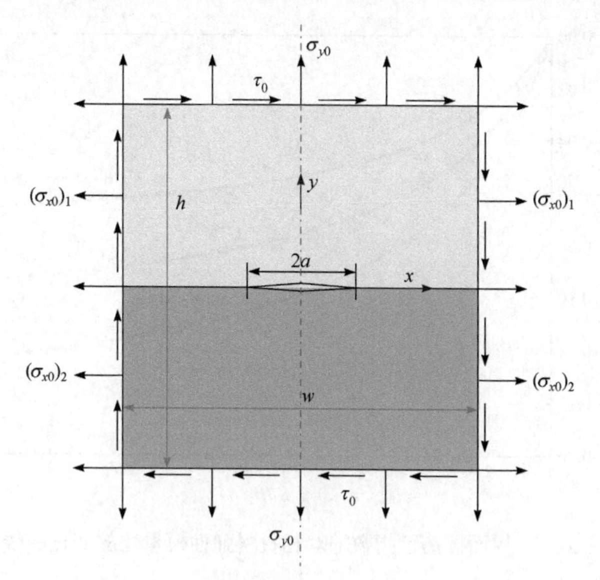

图 5-57　拉剪载荷下的中心界面裂纹模型

联立式(5-60)、式(5-72)和式(5-75)，可以得到图 5-57 中界面裂纹问题的裂尖 J_k 积分解析解。图 5-58 给出了单拉载荷下中心界面裂纹裂尖 J_k 积分随双相材料弹性模量比的变化曲线。图 5-59 给出了界面振荡性指数随双相材料弹性模量比的变化曲线。由图 5-58 和图 5-59 可知，即使在纯 I 型拉伸载荷作用下，由于双相材料失配效应，界面裂纹裂尖 J_k 积分的 J_{2r} 分量也为非零值，并且 J_k 积分的两个分量(J_1 和 J_{2r})随着双相材料弹性模量比 $\eta=E_1/E_2$ 的增大而增大。

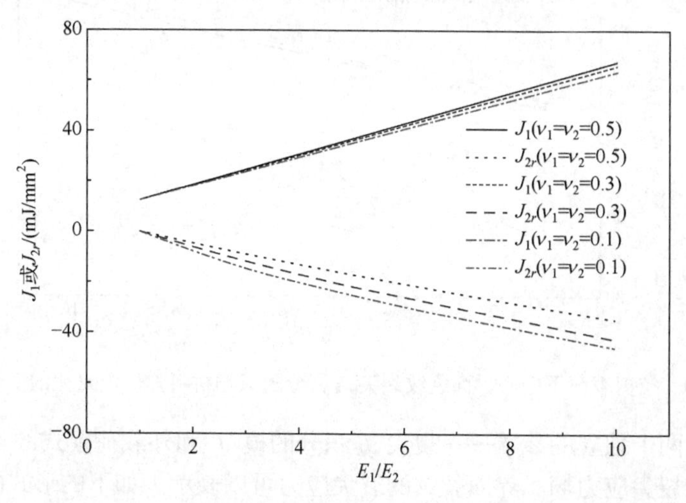

图 5-58　单拉载荷下中心界面裂纹裂尖 J_k 积分随双相材料弹性模量比的变化曲线

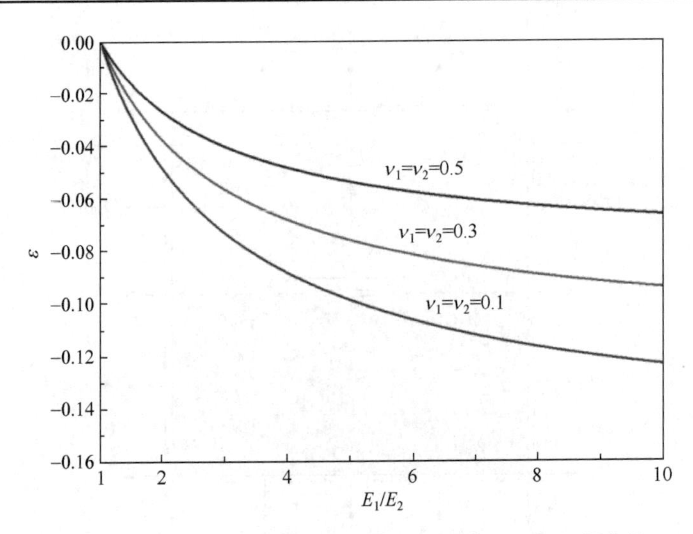

图 5-59　界面振荡性指数随双相材料弹性模量比的变化曲线

图 5-60 中给出了拉剪载荷下中心界面裂纹裂尖 J_k 积分随双相材料弹性模量比的变化曲线。由图 5-60 可知，J_k 积分的两个分量(J_1 和 J_{2r})随着双相材料弹性模量比的增大而增大。以上结果表明，裂尖 J_k 积分更适合作为界面裂纹的裂尖控制参量。

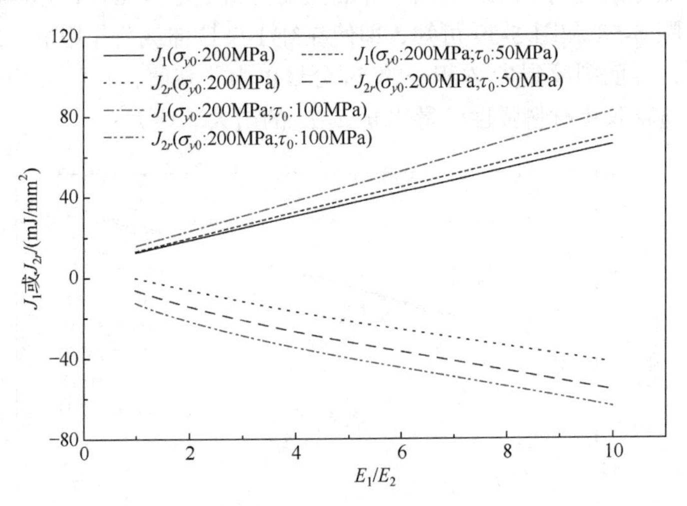

图 5-60　拉剪载荷下中心界面裂纹裂尖 J_k 积分随双相材料弹性模量比的变化曲线

另外，两个独立的参数——裂尖 J_k 积分的模$|J|$和外载荷模式的长度 L_1，可以用来表征裂尖应力场。界面裂纹的裂尖应力可以表示为如下的形式(Zhao et al., 2017)：

$$\sigma_{ij}=\sqrt{\frac{|J|}{2H\pi r}}\left[\cos\left(\varepsilon\frac{r}{L_1}\right)\sigma_{ij}^{\mathrm{I}}(\theta,\varepsilon)+\sin\left(\varepsilon\frac{r}{L_1}\right)\sigma_{ij}^{\mathrm{II}}(\theta,\varepsilon)\right] \tag{5-76}$$

式中，$|J|=\sqrt{J_1{}^2+J_{2r}^2}$，为界面裂纹裂尖 J_k 积分的模；$H=[(1+\kappa_1)/\mu_1+(1+\kappa_2)/\mu_2]$，为材料参数；界面裂纹的外载荷模式的长度 $L_1=\hat{r}\mathrm{e}^{-(\psi/\varepsilon)}$ (Muskhelishvili，1977)；$\sigma_{ij}^{\mathrm{I}}(\theta,\varepsilon)$ 和 $\sigma_{ij}^{\mathrm{II}}(\theta,\varepsilon)$ 为角函数。

5.5.5　基于 J_k 积分的界面断裂准则

本小节介绍基于材料构型力理论提出的一个适用于界面裂纹的断裂准则。该准则认为，界面裂纹的裂尖 J_k 积分是界面裂纹扩展的驱动力。当界面裂纹裂尖 J_k 积分的模大于界面处的断裂韧性时，界面裂纹发生扩展，即

$$|J|=\sqrt{J_1^2+J_{2r}^2}\geqslant J_{\mathrm{R}} \tag{5-77}$$

式中，J_k 积分的两个分量(J_1 和 J_{2r})详见式(5-40)和式(5-73)。这里，J_1 积分的物理意义解释为界面裂纹沿裂纹面方向扩展单位距离所产生的能量释放率，J_{2r} 积分的物理意义解释为界面裂纹沿垂直裂纹面方向扩展单位距离所产生的能量释放率。

下面介绍基于 J_k 积分的界面裂纹断裂韧性值的测量。由式(5-78)可以看出，在弹性范围内，J_k 积分的 J_1 分量与界面的临界能量释放率 G 是相等的。界面裂纹相角 ψ 的定义如式(5-79)所示。通过式(5-72)和以下步骤可以得到 J_k 积分的 J_{2r} 分量。通过临界能量释放率 G 和相角 ψ，可以得到界面裂纹在失效时刻裂尖的复应力强度因子 K_{I} 和 K_{II}。

$$J_1=G=\frac{\pi}{16}\left(\frac{1+\kappa_1}{\mu_1}+\frac{1+\kappa_2}{\mu_2}\right)\left(K_{\mathrm{I}}^2+K_{\mathrm{II}}^2\right) \tag{5-78}$$

$$\psi=\tan^{-1}\left[\frac{\mathrm{Im}(Kl^{\mathrm{i}\varepsilon})}{\mathrm{Re}(Kl^{\mathrm{i}\varepsilon})}\right]=\tan^{-1}\left(\frac{K_{\mathrm{II}}}{K_{\mathrm{I}}}\right) \tag{5-79}$$

式中，l 为特征值；复应力强度因子 $K_1+\mathrm{i}K_2$ 和 $K_{\mathrm{I}}+\mathrm{i}K_{\mathrm{II}}$ 的关系如下：

$$K=K_1+\mathrm{i}K_2=(K_{\mathrm{I}}+\mathrm{i}K_{\mathrm{II}})l^{-\mathrm{i}\varepsilon} \tag{5-80}$$

通过式(5-80)可以得到：

$$\begin{cases}K_1=K_{\mathrm{I}}\cos(\varepsilon\ln l)+K_{\mathrm{II}}\sin(\varepsilon\ln l)\\ K_2=-K_{\mathrm{I}}\sin(\varepsilon\ln l)+K_{\mathrm{II}}\cos(\varepsilon\ln l)\end{cases} \tag{5-81}$$

因此，J_k 积分的 J_{2r} 分量可以通过以上 K_1 和 K_2 结果和式(5-72)得到。再结合式(5-77)可以得到基于 J_k 积分的界面裂纹断裂韧性值。

Liechti 和 Chai(1992)展开了一系列环氧树脂和玻璃界面的断裂实验。其界面

断裂实验中得到的基于 J_k 积分的界面断裂韧性如图 5-61 所示。试样的下端固定，试样上端进行位移加载。研究给出了平面应力条件下该界面裂纹试样中裂尖复应力强度因子的表达式：

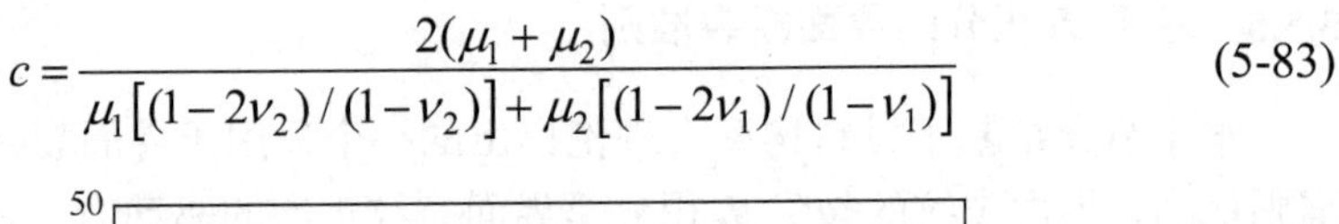

$$K_1 + \mathrm{i}K_2 = \frac{\sqrt{2}\mu_1\mu_2 h^{-1/2-\mathrm{i}\varepsilon}\mathrm{e}^{\mathrm{i}\omega}(cV+\mathrm{i}U)}{(1-\beta^2)^{1/2}(\mu_1+\mu_2)^{1/2}\left[\mu_1(1-\nu_2)+\mu_2(1-\nu_1)\right]^{1/2}} \tag{5-82}$$

式中，

$$c = \frac{2(\mu_1+\mu_2)}{\mu_1\left[(1-2\nu_2)/(1-\nu_2)\right]+\mu_2\left[(1-2\nu_1)/(1-\nu_1)\right]} \tag{5-83}$$

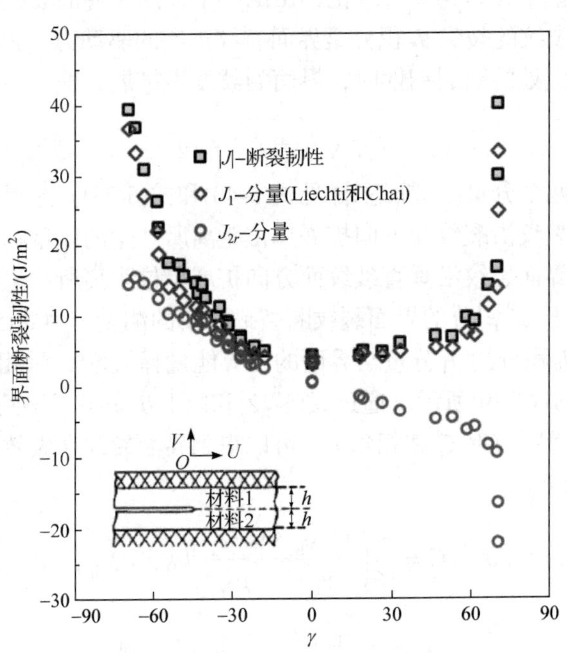

图 5-61　基于 J_k 积分的界面断裂韧性

U 和 V 分别为 x_1 和 x_2 方向的位移载荷；γ 为剪切载荷比例

引入：

$$\gamma = \tan^{-1}\left[U/(cV)\right] \tag{5-84}$$

通过式(5-60)、式(5-72)和式(5-82)可以得到该界面断裂问题中裂尖 J_k 积分的 J_1 和 J_{2r} 分量。具体实验参数如下：E_1=2.07GPa，E_2=68.9GPa，ν_1=0.37，ν_2=0.2，h=12.7mm。Liechti 和 Chai(1992)所测的断裂数据通过上述过程转化为 J_k 积分的界面断裂韧性。观察图 5-61 可知，界面断裂韧性值随着剪切载荷比例的增大而增大。结果表明，即使在纯 I 型拉伸载荷下，界面裂纹裂尖 J_{2r} 分量也为非零参量。在

Ⅰ/Ⅱ复合型加载下，界面裂纹裂尖 J_{2r} 分量随着剪切载荷比例的增大而增大。当剪切载荷的加载方向改变时，界面裂纹裂尖 J_{2r} 分量也由正值变为负值。界面裂纹裂尖的 J_{2r} 分量为正值时，代表裂尖 J_k 积分矢量方向指向材料 1；界面裂纹裂尖的 J_{2r} 分量为负值时，则意味着裂尖 J_k 积分矢量方向指向材料 2。除此之外，界面裂纹是否会向两个基体材料中偏转还取决于材料 1 和材料 2 的断裂韧性，此处暂不讨论。

第 6 章　材料构型力在多缺陷失效破坏中的应用

本章介绍利用材料构型力理论,研究工程材料或结构中含多缺陷的断裂问题。研究涉及：基于材料构型力 J_k 积分，研究复合材料的裂纹-夹杂干涉问题；基于材料构型力 M 积分，研究脆性材料的微裂纹聚合问题、两孔洞聚合问题；分析 M 积分与含夹杂/缺陷有效弹性模量的显式关系，建立基于 M 积分的含复杂多缺陷材料的损伤评估；将ΔM作为疲劳演化驱动力，dA_D/dN 作为复杂微缺陷的疲劳损伤演化速率，提出一种新的含缺口弹塑性材料疲劳模型；结合扩展有限元方法和表征材料损伤的 M 积分，针对考虑黏塑性效应和微裂纹群的裂纹扩展行为开展研究。

6.1　基于 J_k 积分的夹杂相变材料失效或强化

针对含相变颗粒/纤维增韧的非均质材料，当弥散分布在基体中的颗粒/纤维由奥氏体相转变为马氏体相时，会发生超弹性变形，进而提高材料的延伸率和断裂韧性。为解释这类含相变颗粒非均质材料的增韧机理，许多学者利用断裂力学中的经典断裂控制参数(如应力强度因子、J 积分、能量释放率等)研究相变对材料中裂纹扩展行为的影响规律。通过分析含相变颗粒/纤维的非均质材料中裂纹尖端附近断裂参数的增大或减小程度，评估颗粒/纤维相变在材料增韧方面发挥的作用。

已有研究结果表明：夹杂相与裂纹之间的干涉效应受夹杂位置、夹杂尺寸和夹杂弹性模量等多种因素的影响(Li et al., 2000；Nakazawa et al., 1997；Shimamoto et al., 1996)。许多学者针对材料夹杂相对裂尖应力/应变场、应力强度因子、J 积分等的影响进行了大量理论和实验研究。例如，Li 等(2007)、Zhou 等(2011)基于 Eshelby 等效夹杂理论，在假设夹杂相具有均匀的应变条件下，计算得到任意形状夹杂对裂尖应力场的影响。Lipetzky 等(1994)研究发现，在近尖区域平行于裂纹的“纤维状”夹杂对裂尖应力强度因子值的影响比垂直于裂纹的“纤维状”夹杂显著。Lam 等(1993)针对弹性圆夹杂和任意分布的 I 型裂纹及平面内两相同裂纹之间的干涉效应开展研究，结果表明夹杂相对裂纹扩展具有屏蔽和反屏蔽两种效应，具体取决于裂纹、夹杂尺寸及材料弹性模量。尽管前人揭示了许多颗粒/纤维相变对材料断裂行为影响的力学机理，但是由于材料细观非均质特征的复杂性(受到颗粒力学性能、相变程度、尺寸大小、分布位置、体积分数等多因素影响)，夹杂相对材料非均质性在材料力学性能方面的影响研究依然是学者关心的关键问题之一。因此，寻求一个通用的方法研究材料夹杂相对裂尖断裂参数的影响规律很有必要。

基于此，本节介绍材料中颗粒/纤维相变、异质夹杂(软夹杂、硬夹杂)相与裂纹的干涉效应，讨论其对裂尖断裂参数 J_k 积分的影响规律，揭示非均质相对材料的增韧机理。

6.1.1　基于 J_k 积分揭示裂纹和夹杂相的干涉效应

相变是材料中普遍存在的一种可逆的金相组织重构现象，相变过程伴随着体积效应，通过和材料中裂纹之间的干涉，改变材料的断裂韧性。接下来，研究裂纹尖端发生相变时的增韧机理。图 6-1 为裂尖 J_k 积分和远场 J_k 积分的积分路径示意图。特别地，基于 Eshelby 等效夹杂理论，相变区 A 内具有均匀的相变应变 e_{ij}^{T}。试假设，将相变区 A 从材料基体中移除，让相变自由发生。将相变后的相变区 A 放回基体中的相应区域。通过在相变区 A 与基体的边界上施加力 $T_i=\sigma_{ij}n_j$(σ_{ij} 表示裂尖的应力场，n_j 表示外法向单位矢量)来保证边界平衡。此外，为了方便分析，本研究假设相变区和基体的材料属性一样。

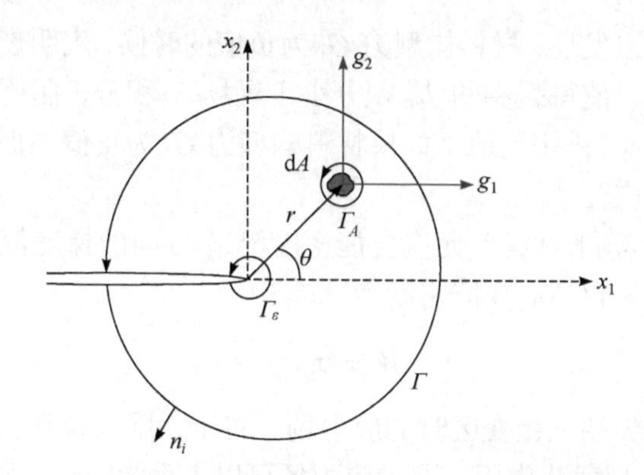

图 6-1　裂尖 J_k 积分和远场 J_k 积分的积分路径示意图

需要指出的是，不存在夹杂相情况下，对于线弹性断裂问题(脆性断裂)，沿远场路径 Γ 积分的 J_k 积分与应力强度因子具有如下关系式：

$$J_{1\infty}=\frac{K_{\mathrm{I}\infty}^2+K_{\mathrm{II}\infty}^2}{E'},\quad J_{2\infty}=-\frac{2K_{\mathrm{I}\infty}K_{\mathrm{II}\infty}}{E'} \tag{6-1}$$

式中，$J_{k\infty}$ 表示远场 J_k 积分；$K_{\mathrm{I}\infty}$ 和 $K_{\mathrm{II}\infty}$ 分别表示依赖于远场载荷和裂纹几何构型的Ⅰ型和Ⅱ型应力强度因子。

对于均质材料来说，守恒 J_k 积分具有路径无关性。但是，对于非均质材料来说，由于夹杂相的存在，不同积分路径会导致所计算的 J_k 积分有所差异。事实上，Carka 和 Landis(2011)的研究中已经提到过，在积分路径包围夹杂相时 J 积分的路径相关性。本研究所针对的相变增韧问题同样发现了裂尖 J_k 积分具有路径相关性。为区分远场 J_k 积分($J_{k\infty}$)，定义新的断裂参数 $J_{k\text{tip}}$ 积分来表征裂尖 J_k 积分。如图 6-1 所示，$J_{k\text{tip}}$ 积分可沿围绕裂尖的无穷小闭合路径 $\varGamma_\varepsilon$ 积分计算得到，满足如下关系式：

$$\begin{aligned} J_{k\text{tip}} &= \lim_{\varepsilon\to 0}\int_{\varGamma_\varepsilon} b_{kj}n_j\mathrm{d}s = \int_{\varGamma} b_{kj}n_j\mathrm{d}s - \int_A b_{kj,j}\mathrm{d}A = \underbrace{\int_{\varGamma}\left(W\delta_{kj}-\sigma_{ij}u_{i,k}\right)n_j\mathrm{d}s}_{J_{k\infty}} + \underbrace{\int_A g_k\mathrm{d}A}_{G_k} \\ &= J_{k\infty} + G_k \end{aligned} \tag{6-2}$$

式中，A 表示夹杂相(如接下来的相变颗粒/纤维等)的面积；$G_k(k=1,2)$表示变量 g_k 在夹杂相区 A 的积分。

因此，相变对材料断裂韧性(J 积分参数表征)的影响，即相变增韧机理，可以通过分析由于相变的发生，裂尖 J_{tip} 积分的改变来表征和量化。由式(6-2)可知，裂尖 J_{tip} 积分与远场 J_∞ 积分的数值差为

$$\Delta J = J_{\text{tip}} - J_\infty = G_1 \tag{6-3}$$

通过式(6-3)可以发现，材料构型力 G_1 为负值的时候，表明裂尖相变的发生释放了裂尖的应变能，使得裂尖的 J_{tip} 积分小于远场 J_∞ 积分，阻碍裂纹的扩展，呈现出裂纹“屏蔽效应”；相反地，如果材料构型力 G_1 为正值，促进裂纹的扩展，呈现出“反屏蔽效应”。

参量 g_k 的大小等于材料单元应变能密度沿 x_k 方向的梯度值，单位厚度的材料微元由相变发生导致的应变能密度为

$$W = \sigma_{ij}e_{ij}^{\mathrm{T}} \tag{6-4}$$

式中，σ_{ij} 表示裂纹尖端无相变区时的应力场。对于无限大线弹性的各向同性板，受到面内Ⅰ/Ⅱ复合型载荷作用，裂尖应力场可以表示为

$$\begin{cases} \sigma_{11} = \dfrac{K_{\mathrm{I}}}{\sqrt{2\pi r}}\cos\dfrac{\theta}{2}\left(1-\sin\dfrac{\theta}{2}\sin\dfrac{3\theta}{2}\right) - \dfrac{K_{\mathrm{II}}}{\sqrt{2\pi r}}\sin\dfrac{\theta}{2}\left(2+\cos\dfrac{\theta}{2}\cos\dfrac{3\theta}{2}\right) \\ \sigma_{22} = \dfrac{K_{\mathrm{I}}}{\sqrt{2\pi r}}\cos\dfrac{\theta}{2}\left(1+\sin\dfrac{\theta}{2}\sin\dfrac{3\theta}{2}\right) + \dfrac{K_{\mathrm{II}}}{\sqrt{2\pi r}}\sin\dfrac{\theta}{2}\cos\dfrac{\theta}{2}\cos\dfrac{3\theta}{2} \\ \sigma_{12} = \sigma_{21} = \dfrac{K_{\mathrm{I}}}{\sqrt{2\pi r}}\sin\dfrac{\theta}{2}\cos\dfrac{\theta}{2}\cos\dfrac{3\theta}{2} + \dfrac{K_{\mathrm{II}}}{\sqrt{2\pi r}}\cos\dfrac{\theta}{2}\left(1-\sin\dfrac{\theta}{2}\sin\dfrac{3\theta}{2}\right) \end{cases} \tag{6-5}$$

将式(6-5)代入式(6-4)，应变能密度为

$$W=\frac{1}{\sqrt{2\pi r}}\left\{\left[\left(e_{11}^{\mathrm{T}}+e_{22}^{\mathrm{T}}\right)\cos\frac{\theta}{2}-\frac{e_{11}^{\mathrm{T}}-e_{22}^{\mathrm{T}}}{2}\sin\theta\sin\frac{3\theta}{2}+e_{12}^{\mathrm{T}}\sin\theta\cos\frac{3\theta}{2}\right]K_{\mathrm{I}}\right.$$
$$\left.-\left[2e_{11}^{\mathrm{T}}\sin\frac{\theta}{2}+\frac{e_{11}^{\mathrm{T}}-e_{22}^{\mathrm{T}}}{2}\sin\theta\cos\frac{3\theta}{2}+2e_{12}^{\mathrm{T}}\left(\sin\frac{\theta}{2}\cos\frac{\theta}{2}\sin\frac{3\theta}{2}-\cos\frac{\theta}{2}\right)\right]K_{\mathrm{II}}\right\} \tag{6-6}$$

相应的参量 g_k 可以由式(6-6)求得

$$\begin{cases}g_1=-\dfrac{\partial(W)}{\partial x}=\dfrac{r^{-\frac{3}{2}}}{2\sqrt{2\pi}}\left\{\left[\left(e_{11}^{\mathrm{T}}+e_{22}^{\mathrm{T}}\right)\cos\dfrac{3\theta}{2}-\dfrac{3\left(e_{11}^{\mathrm{T}}-e_{22}^{\mathrm{T}}\right)}{2}\sin\theta\sin\dfrac{5\theta}{2}+3e_{12}^{\mathrm{T}}\sin\theta\cos\dfrac{5\theta}{2}\right]K_{\mathrm{I}}\right.\\ \qquad\left.-\left[2e_{11}^{\mathrm{T}}\sin\dfrac{3\theta}{2}+\dfrac{3\left(e_{11}^{\mathrm{T}}-e_{22}^{\mathrm{T}}\right)}{2}\sin\theta\cos\dfrac{5\theta}{2}+e_{12}^{\mathrm{T}}\left(3\sin\theta\sin\dfrac{5\theta}{2}-2\cos\dfrac{3\theta}{2}\right)\right]K_{\mathrm{II}}\right\}\\ g_2=-\dfrac{\partial(W)}{\partial y}=\dfrac{r^{-\frac{3}{2}}}{2\sqrt{2\pi}}\left\{\left[\left(e_{11}^{\mathrm{T}}+e_{22}^{\mathrm{T}}\right)\sin\dfrac{3\theta}{2}+\dfrac{\left(e_{11}^{\mathrm{T}}-e_{22}^{\mathrm{T}}\right)}{2}\left(\cos\theta\sin\dfrac{5\theta}{2}+\sin\dfrac{7\theta}{2}\right)\right.\right.\\ \qquad\left.-e_{12}^{\mathrm{T}}\left(\cos\theta\cos\dfrac{5\theta}{2}+\cos\dfrac{7\theta}{2}\right)\right]K_{\mathrm{I}}+\left[2e_{11}^{\mathrm{T}}\cos\dfrac{3\theta}{2}+\dfrac{\left(e_{11}^{\mathrm{T}}-e_{22}^{\mathrm{T}}\right)}{2}\cos\theta\cos\dfrac{5\theta}{2}\right.\\ \qquad\left.\left.+\dfrac{\left(e_{11}^{\mathrm{T}}-e_{22}^{\mathrm{T}}\right)}{2}\cos\dfrac{7\theta}{2}+e_{12}^{\mathrm{T}}\left(2\sin\dfrac{3\theta}{2}+\cos\theta\sin\dfrac{5\theta}{2}+\sin\dfrac{7\theta}{2}\right)\right]K_{\mathrm{II}}\right\}\end{cases} \tag{6-7}$$

那么，由裂尖任意形状的相变区 A 发生相变导致的裂尖总的材料构型力为

$$\begin{cases}G_1=\Delta J_1=\int_A g_1\mathrm{d}A\\ G_2=\Delta J_2=\int_A g_2\mathrm{d}A\end{cases} \tag{6-8}$$

式中，G_1 和 G_2 分别为裂尖沿 x_1 和 x_2 两个方向上的材料构型力分量，数值上等于相应的守恒 J_k 积分的改变量。

6.1.2　颗粒/纤维复合材料的相变增韧机理

本小节将针对单颗粒、多颗粒和单纤维、多纤维相变的裂纹屏蔽/反屏蔽效应进行研究，具体分析颗粒/纤维相对裂尖的分布位置、体积分数对裂纹屏蔽/反屏蔽效应的影响规律。

1. 颗粒增韧

图 6-2 所示为圆形相变单颗粒-裂纹干涉模型，颗粒形状为圆形，半径为 R，位于裂尖局部坐标(r_0,θ)位置。首先，考虑单个膨胀型($e_{11}^{\mathrm{T}}=e_{22}^{\mathrm{T}}=e^{\mathrm{T}}$，$e_{12}^{\mathrm{T}}=0$)相变颗粒对裂纹的屏蔽及反屏蔽影响规律。在应力或温度的触发下，膨胀型相变发生，其典型的应力-应变本构模型如图 6-3 所示。

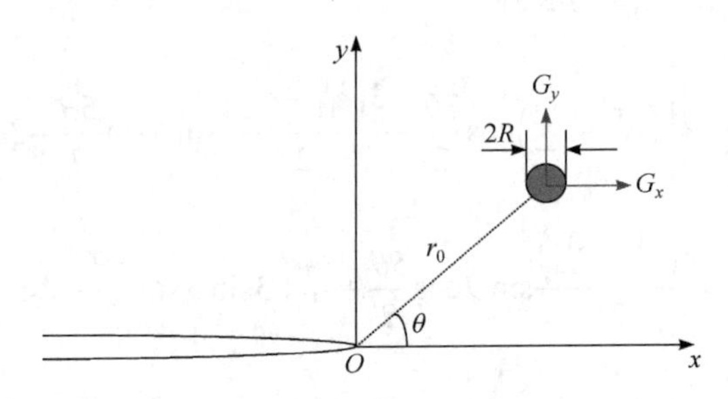

图 6-2　圆形相变单颗粒-裂纹干涉模型

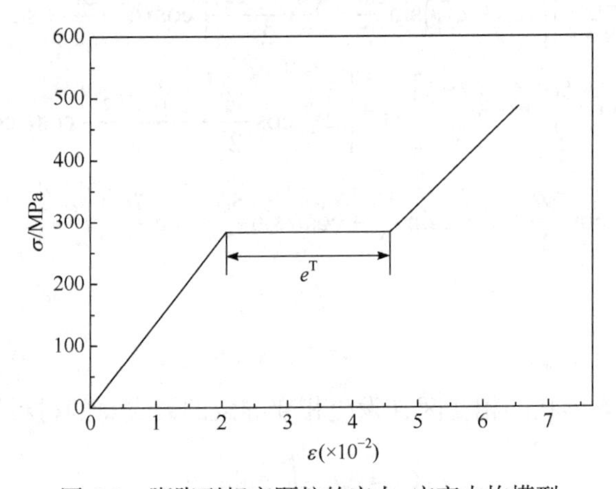

图 6-3　膨胀型相变颗粒的应力-应变本构模型

假设模型中裂纹平行于 x_1 方向，此时裂纹沿 x_1 方向扩展的能量释放率可以由 $\Delta J\,(J_1)$表征。相变发生，裂尖 J 积分的改变量可求得

$$\Delta J_1=G_1=\int_A g_1\mathrm{d}A=\sqrt{\frac{\pi}{2}}e^{\mathrm{T}}r_0^{-\frac{3}{2}}R^2\left(K_{\mathrm{I}}\cos\frac{3\theta}{2}-K_{\mathrm{II}}\sin\frac{3\theta}{2}\right) \tag{6-9}$$

需要指出的是，式(6-9)是基于材料构型力及相应的守恒 J 积分来理论表征相变增韧的公式。接着，采用经典的权函数方法进行理论验证。针对脆性基体中的单颗粒相变-裂纹干涉问题，裂尖 J 积分的改变量可以写成如下形式：

$$\Delta J=\frac{1}{E}\left[2(\Delta K_{\mathrm{I}}K_{\mathrm{I}\infty}+\Delta K_{\mathrm{II}}K_{\mathrm{II}\infty})+(\Delta K_{\mathrm{I}})^2+(\Delta K_{\mathrm{II}})^2\right] \tag{6-10}$$

式中，ΔK 表示由于相变颗粒的存在，裂尖应力强度因子的改变量。参考 McMeeking 和 Evans(1981)基于权函数方法对相变增韧问题的研究，可知 ΔK 可以写成如下形式：

$$\Delta K = \oint_S t_i h_i \mathrm{d}s \tag{6-11}$$

式中，t_i 是施加在相变颗粒表面的张力；函数 h_i 是权函数，表达式如下所示：

$$h_i=\frac{1}{2\sqrt{2\pi r}(1-\nu)}\begin{Bmatrix}\cos\dfrac{\theta}{2}\left(2\nu-1+\sin\dfrac{\theta}{2}\sin\dfrac{3\theta}{2}\right)\\ \sin\dfrac{\theta}{2}\left(2-2\nu-\cos\dfrac{\theta}{2}\cos\dfrac{3\theta}{2}\right)\end{Bmatrix} \tag{6-12}$$

由式(6-11)和式(6-12)可以得出，单个圆形颗粒相变导致的裂尖应力强度因子的改变量为

$$\Delta K_{\mathrm{I}}=\frac{\sqrt{\pi}Ee^{\mathrm{T}}R^2\cos\dfrac{3\theta}{2}}{2\sqrt{2}r^{\frac{3}{2}}},\quad \Delta K_{\mathrm{II}}=-\frac{\sqrt{\pi}Ee^{\mathrm{T}}R^2\sin\dfrac{3\theta}{2}}{2\sqrt{2}r^{\frac{3}{2}}} \tag{6-13}$$

将式(6-13)代入式(6-10)，即可得到基于权函数方法得到的裂尖 J 积分的改变量，即

$$\Delta J=\sqrt{\frac{\pi}{2}}e^{\mathrm{T}}R^2r^{-\frac{3}{2}}\left(\cos\frac{3\theta}{2}K_{\mathrm{I}}^{\infty}-\sin\frac{3\theta}{2}K_{\mathrm{II}}^{\infty}\right) \tag{6-14}$$

由式(6-9)可知，J 积分的改变量取决于相变应变 e^{T}、颗粒的位置(r_0, θ)、颗粒半径 R 和远场载荷(K_{I}, K_{II})。可以明显地看出，ΔJ 与参数(e^{T}, R)成正比，与距离 r_0 成反比。此外，参数 θ 和远场载荷(K_{I}, K_{II})对 ΔJ 影响规律的数值结果由图 6-4 给出，其中，具体分析了 5 种不同的载荷类型条件下，包括纯Ⅰ型($K_{\mathrm{II}}=0$)、复合型($K_{\mathrm{I}}/K_{\mathrm{II}}=\sqrt{3}$，$K_{\mathrm{I}}/K_{\mathrm{II}}=1$，$K_{\mathrm{I}}/K_{\mathrm{II}}=\sqrt{3}/3$)和纯Ⅱ型($K_{\mathrm{I}}=0$)，颗粒相变对裂纹屏蔽和反屏蔽区的影响规律。

图 6-4 中，纯Ⅰ型载荷下，ΔJ 数值经过了 $\sqrt{\pi}e^{\mathrm{T}}r_0^{-\frac{3}{2}}R^2K_{\mathrm{I}}$ 正则化因子处理；同样地，纯Ⅱ型载荷下，ΔJ 数值经过了 $\sqrt{\pi}e^{\mathrm{T}}r_0^{-\frac{3}{2}}R^2K_{\mathrm{II}}$ 正则化因子处理。由图 6-4 可以发现，ΔJ-θ 曲线与横轴有 3 个交点，存在特征临界角 θ_1、θ_2、θ_3 ($\theta_1<\theta_2<\theta_3$)，颗粒分布在该特征临界角时，$\Delta J$=0。也就是，在这些特征临界角处，相变颗粒对裂纹的影响从屏蔽效应过渡到反屏蔽效应，或者从反屏蔽效应过渡到屏蔽效应。图 6-5 给出了特征临界角(θ_1、θ_2、θ_3)的大小随复合型载荷 $K_{\mathrm{I}}/K_{\mathrm{II}}$ 的变化规律。

由图 6-5 可以看出，颗粒位置角在(−180°, θ_1)和(θ_2, θ_3)内时，颗粒相变对裂纹具有屏蔽效应；相反地，颗粒位置角在(θ_1, θ_2)和(θ_3, 180°)内时，颗粒相变对裂

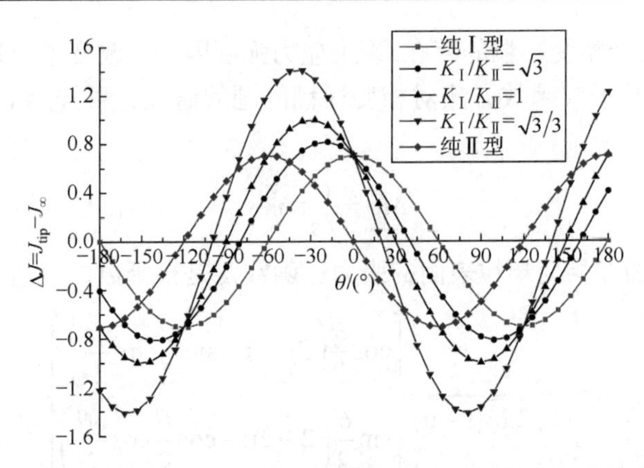

图 6-4　不同载荷类型下裂尖 J 积分的改变量随相变颗粒位置角的变化规律

纹具有反屏蔽效应。具体的特征临界角数值由复合型载荷 $K_Ⅰ/K_Ⅱ$确定。例如，纯Ⅰ型裂纹情况，裂尖屏蔽区域为(60°, 180°)和(−180°, −60°)，对于纯Ⅱ型裂纹来说，裂尖屏蔽区域为(0°, 120°)和(−180°, −120°)。本研究的发现有益于分析单颗粒相变对裂纹扩展行为的屏蔽和反屏蔽影响。本结论的内在机理可以从裂纹偏转问题得以解释，即裂纹在遇到大颗粒的夹杂时，通常会发生裂纹偏转现象，而裂纹偏转直接导致裂纹扩展一定长度所需要的能量更多，因此提高了材料的断裂韧性。

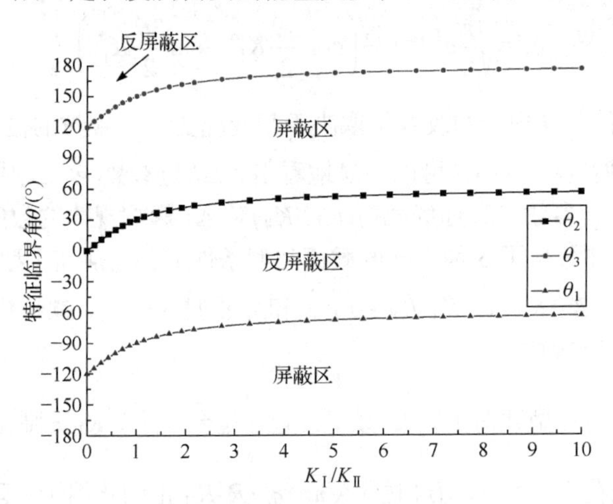

图 6-5　单颗粒相变对裂纹屏蔽/反屏蔽效应特征临界角随复合型载荷 $K_Ⅰ/K_Ⅱ$的变化规律(内部图表示裂尖的屏蔽区/反屏蔽区)

2. 纤维增韧

本小节分析单纤维相变对复合材料脆性基体的增韧效果。如图 6-6 所示，裂纹尖端区域有一条相变纤维，纤维的横截面为矩形，长度为 l，宽度为 w，且 $w\ll$

l，纤维宽度相对于纤维长度可以忽略不计。纤维中心的坐标为(r_0, β)；纤维和 x 轴方向的夹角为α，称为取向角；θ_1、θ_2为纤维两端点的极坐标角度，β为纤维的方位角，它们共同决定纤维相对裂尖的整体分布位置。因此，纤维相对于裂纹的位置可以由$(r_0, \alpha, \beta, \theta_1, \theta_2)$坐标唯一确定。同样地，单个纤维发生膨胀型相变对裂尖 J 积分的改变量为

$$\Delta J = G_1 = \sqrt{\frac{1}{2\pi}} e^{\mathrm{T}} r_0^{-\frac{1}{2}} w \left| \frac{1}{\sin(\alpha+\beta)} \right|^{1/2} \int_{\theta_1}^{\theta_2} \frac{K_{\mathrm{I}} \cos\frac{3\theta}{2} - K_{\mathrm{II}} \sin\frac{3\theta}{2}}{\left|\sin(\alpha+\theta)\right|^{1/2}} \mathrm{d}\theta \qquad (6\text{-}15)$$

从式(6-15)可以看出，ΔJ 和纤维的宽度 w、膨胀应变 e^{T} 成正比；ΔJ 和 r_0 成反比，即纤维中心越靠近裂纹尖端，干涉效应越明显。对于相应的屏蔽区、反屏蔽区，在接下来的研究中详细阐明。

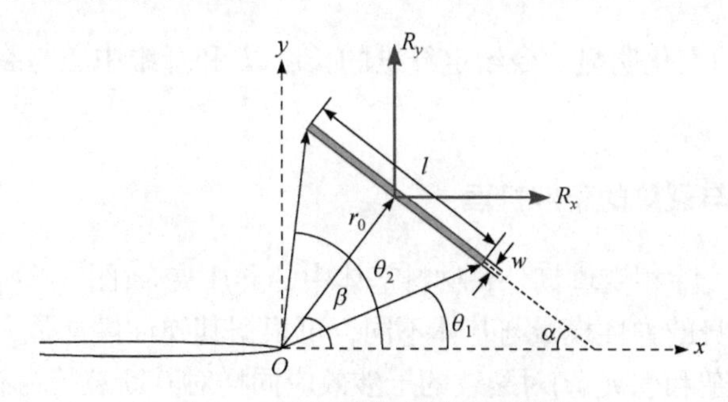

图 6-6　相变纤维-裂纹干涉模型

重点分析两种特殊的纤维分布形式(垂直型纤维和水平型纤维)对裂尖增韧参数 ΔJ 的影响。其中，垂直型纤维表示，纤维的取向角α=90°；水平型纤维表示，纤维的取向角α=0°。对裂尖增韧参数 ΔJ，利用正则化因子 $e^{\mathrm{T}} r_0^{-1/2} w / \sqrt{\pi}$ 进行处理，图 6-7 给出了不同加载下裂尖增韧参数 ΔJ 随纤维方位角β的变化规律，可以看出

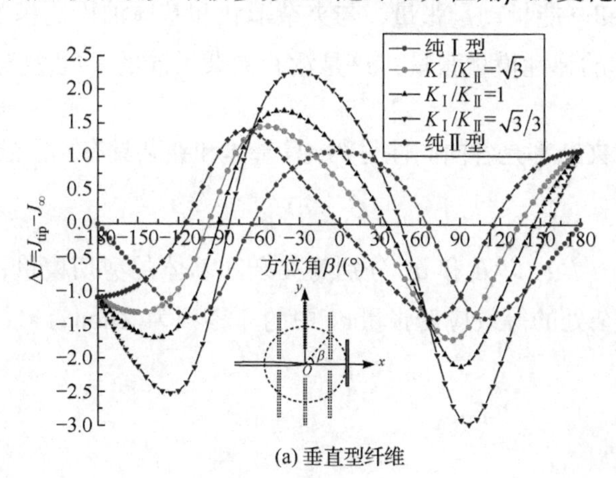

(a) 垂直型纤维

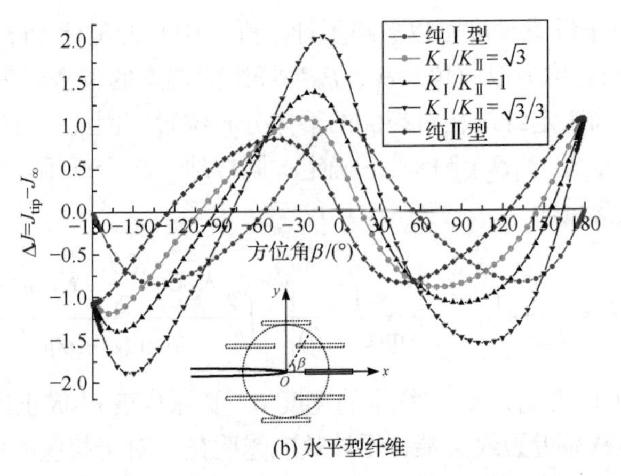

图 6-7　不同加载下裂尖增韧参数 ΔJ 随纤维方位角β的变化规律

ΔJ 随载荷类型的变化明显。令给定纤维的长度 l 和纤维中心与裂尖的距离 r_0 相等，即$l/r_0=1$。

6.1.3　异质夹杂与裂纹的干涉机理

工程材料中，除相变增韧外，材料基体中的异质夹杂(图 6-1 所示的夹杂不发生相变，但其本身的弹性模量与基体不同，可根据其弹性模量是大于基体还是小于基体分为硬夹杂和软夹杂)对裂纹的干涉效应同样对其断裂行为有显著影响。下面，针对裂纹-异质夹杂与平面Ⅰ/Ⅱ复合型裂纹的干涉问题，具体分析软夹杂、硬夹杂对裂纹起裂载荷的影响规律。基于 Eshelby 等效夹杂理论，异质夹杂对基体的等效应变为

$$\boldsymbol{e}^{\mathrm{T}}=\left[(\boldsymbol{C}_{\mathrm{i}}-\boldsymbol{C}_{\mathrm{m}})\boldsymbol{S}+\boldsymbol{C}_{\mathrm{m}}\right]^{-1}(\boldsymbol{C}_{\mathrm{m}}-\boldsymbol{C}_{\mathrm{i}})\boldsymbol{e}^{\mathrm{A}} \tag{6-16}$$

式中，$\boldsymbol{S}$ 是 Eshelby 能量动量张量，与夹杂形状和基体泊松比相关；$\boldsymbol{C}_{\mathrm{i}}$ 和 $\boldsymbol{C}_{\mathrm{m}}$ 分别是夹杂和基体的弹性模量张量；$\boldsymbol{e}^{\mathrm{A}}$ 是没有夹杂干涉的Ⅰ/Ⅱ复合型裂尖渐近应变场。

假设基体和夹杂都是各向同性材料，且基体和夹杂具有相同的泊松比ν，则有

$$\boldsymbol{C}_{\mathrm{i}}=\alpha\boldsymbol{C}_{\mathrm{m}} \tag{6-17}$$

式中，参数$\alpha=\mu_{\mathrm{i}}/\mu_{\mathrm{m}}$，$\mu_{\mathrm{i}}$ 和 μ_{m} 分别为夹杂和基体的剪切模量；在远场 K_{I}^{∞} 和 K_{II}^{∞} 作用下，夹杂处的等效应变张量 $\boldsymbol{e}^{\mathrm{T}}$ 中的非零项为(Zhou et al., 2011；Li et al., 2007)

$$\begin{cases} e_{11}^{\mathrm{T}} = \dfrac{K_{\mathrm{I}}^{\infty}}{\mu_{\mathrm{m}}\sqrt{2\pi r}}\left(C_1\cos\dfrac{\theta}{2} - 2C_2\sin\theta\sin\dfrac{3\theta}{2}\right) \\ \quad -\dfrac{2C_2K_{\mathrm{II}}^{\infty}}{\mu_{\mathrm{m}}\sqrt{2\pi r}}\left[3 + \dfrac{2\alpha(1-5\nu+4\nu^2)}{1+\alpha-2\nu} + \cos\theta + \cos2\theta\right]\sin\dfrac{\theta}{2} \\ e_{22}^{\mathrm{T}} = \dfrac{K_{\mathrm{I}}^{\infty}}{\mu_{\mathrm{m}}\sqrt{2\pi r}}\left(C_1\cos\dfrac{\theta}{2} + 2C_2\sin\theta\sin\dfrac{3\theta}{2}\right) \\ \quad -\dfrac{2C_2K_{\mathrm{II}}^{\infty}}{\mu_{\mathrm{m}}\sqrt{2\pi r}}\left[1 + \dfrac{\nu\alpha(10-8\nu)}{1+\alpha-2\nu} + \cos\theta + \cos2\theta\right]\sin\dfrac{\theta}{2} \\ e_{12}^{\mathrm{T}} = \dfrac{2C_2K_{\mathrm{I}}^{\infty}}{\mu_{\mathrm{m}}\sqrt{2\pi r}}\sin\theta\cos\dfrac{3\theta}{2} + \dfrac{2C_2K_{\mathrm{II}}^{\infty}}{\mu_{\mathrm{m}}\sqrt{2\pi r}}\left(2\cos\dfrac{\theta}{2} - \sin\theta\sin\dfrac{3\theta}{2}\right) \end{cases} \tag{6-18}$$

式中，

$$C_1 = \frac{(1-\alpha)(1-\nu)(1-2\nu)}{1+\alpha-2\nu}, \quad C_2 = \frac{(1-\alpha)(1-\nu)}{2(1+3\alpha-4\alpha\nu)} \tag{6-19}$$

将式(6-18)代入式(6-6)即可得到夹杂相对裂尖应变能的改变量 $\mathrm{d}W$，进一步代入式(6-7)即可得到由于夹杂相的存在裂尖参量 g_k 的改变量为

$$\begin{cases} \mathrm{d}g_1 = \dfrac{1}{\pi\mu_{\mathrm{m}}}\displaystyle\int_A \dfrac{1}{r^2}\Bigg[K_{\mathrm{I}}^{\infty2}\left(C_1\cos\dfrac{\theta}{2}\cos\dfrac{3\theta}{2} + 3C_2\sin^2\theta\cos\theta\right) \\ \quad -2K_{\mathrm{I}}^{\infty}K_{\mathrm{II}}^{\infty}(C_4\sin2\theta - C_2\sin3\theta - C_2\sin\theta\cos2\theta) \\ \quad -K_{\mathrm{II}}^{\infty2}(C_3\cos\theta + C_4\cos2\theta + 1.5C_2\sin\theta\sin2\theta - 1.5C_2\cos3\theta)\Bigg]\mathrm{d}A \\ \mathrm{d}g_2 = \dfrac{1}{\pi\mu_{\mathrm{m}}}\displaystyle\int_A \dfrac{1}{r^2}\Bigg[-\dfrac{K_{\mathrm{I}}^{\infty2}}{2}(C_1\sin\theta + C_1\sin2\theta - 3C_2\sin\theta - 5C_2\sin\theta\cos2\theta) \\ \quad +2K_{\mathrm{I}}^{\infty}K_{\mathrm{II}}^{\infty}(C_2\cos3\theta + C_2\cos\theta\cos2\theta - C_4\cos2\theta) \\ \quad +K_{\mathrm{II}}^{\infty2}(C_3\sin\theta + C_4\sin2\theta - 1.5C_2\sin3\theta - 1.5C_2\cos\theta\sin2\theta)\Bigg]\mathrm{d}A \end{cases} \tag{6-20}$$

式中，

$$\begin{cases} C_3 = \dfrac{(1-\alpha)(1-\nu)(-7-11\alpha+14\nu+20\nu\alpha-16\nu^2\alpha)}{4(1+\alpha-2\nu)(1+3\alpha-4\nu\alpha)} \\ C_4 = \dfrac{(1-\alpha)(1-\nu)(1+3\alpha-2\nu-10\nu\alpha+8\nu^2\alpha)}{2(1+\alpha-2\nu)(1+3\alpha-4\nu\alpha)} \end{cases} \tag{6-21}$$

图 6-8 给出了基于材料构型力理论的 $\Delta J/J_\infty$ 预测结果和有限元方法计算结果对比分析，结果表明，针对裂纹和异质夹杂干涉问题，当夹杂相对裂纹的位置角

$\theta\in(0°\sim80°)$时，硬夹杂($E_i/E_m=3$)对裂纹有屏蔽作用，使得裂纹不易扩展，对材料的断裂韧性有增强效果；当$\theta\in(80°\sim160°)$时，硬夹杂相对裂纹有反屏蔽作用，使得材料断裂韧性下降。软夹杂($E_i/E_m=1/3$)相对裂纹的分布位置角θ在0°～78°时，促进裂纹的扩展，降低了复合材料的断裂韧性，而θ在78°～160°时，阻碍裂纹的扩展，增强了复合材料的断裂韧性。本研究从理论上解释了实验观测到硬夹杂排斥裂纹扩展、软夹杂吸引裂纹扩展的现象。

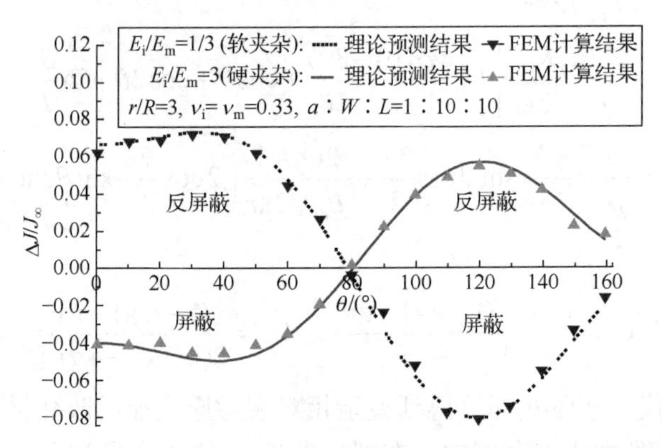

图 6-8　基于材料构型力理论的$\Delta J/J_\infty$预测结果和有限元计算结果对比分析

6.2　基于 M 积分的脆性体中微裂纹聚合

在传统的工程材料中，脆性、半脆性材料占据了半壁江山，如混凝土和有机玻璃等。在实际工程中，这些材料中不可避免地分布着微裂纹等缺陷，这些微缺陷形成材料的缺陷系统并在外载荷作用下发生演化，微裂纹聚合形成宏观裂纹，最终导致材料发生破坏。截至目前，对于大量任意分布的微缺陷组成的缺陷系统的详细演化过程，还没有出现一个完整的、令人信服的解释。当然，不可否认的是，在过去的 20 多年间，在此问题上依然涌现了诸多令人瞩目的理论，如内变量理论、有效弹模理论以及连续统损伤理论等，这些理论都曾产生过广泛的影响并受到了大量研究者的关注。对于上述诸多不可逆的损伤演化过程，从数学的观点来看，最困难的莫过于提出一个简洁有效的参数来描述这些过程。以其中较简单的一个为例：两个微裂纹在渐增单拉或循环载荷下聚合，对这一过程，引进一个能准确描述其变化细节的参数是至关重要的，同时也是困难的。对这些参数，有一种普遍接受的看法，即它们必须具有明确的物理意义，同时还必须便于测量。但是，当详细考虑这个问题时，困难马上就浮现了，如果只考虑最简单的两条微裂纹的情况：一般而言，在实际情况中两条任意分布的微裂纹之间的聚合路径是很难事先预料的。那么，对于更复杂的模型，其难度是可想而知的。

图 6-9 显示了多条表面微裂纹聚合的情况。在这些包含大量微缺陷的材料中，微缺陷之间的干涉/屏蔽效应以及其在损伤演化过程中的变化过程是极其复杂的，但是这一复杂的演化方式对于材料结构的完整度以及材料的承载能力而言又是非常重要的。因此，提出一个相对简便的评估参数将具有非凡的意义。

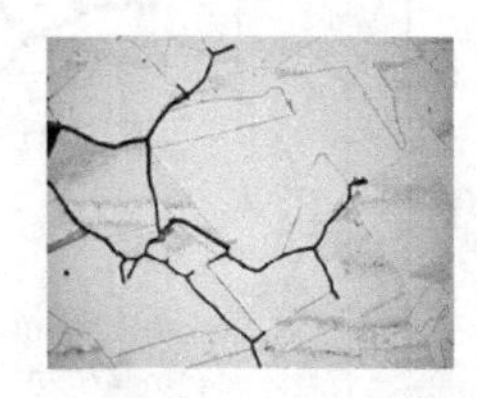

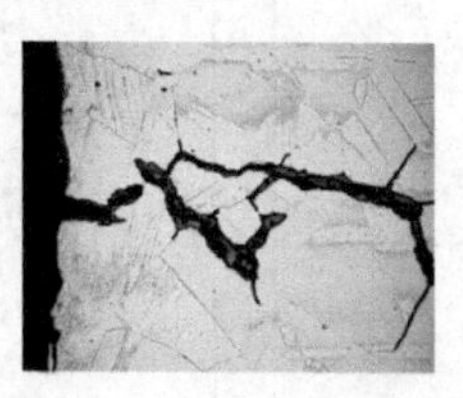

图 6-9　多条表面微裂纹的聚合照片

本节介绍基于 M 积分对两条裂纹聚合这一不可逆过程进行的研究，并通过此来阐明两条邻近微裂纹的聚合过程是否被单参数 M_c 所支配。为方便起见，在此引入“方位角”这一概念，用来表示裂纹与水平方向之间，或者孔洞、纳米孔洞的圆心连线与水平方向之间的夹角。由于不同的方位角会导致不同的裂纹之间的干涉/屏蔽效应，因此将给裂纹的聚合模式带来巨大差异。鉴于此，本节将研究具有不同方位角的两条裂纹的多种情况。本节将注意力集中在如下三个方面：一是 M 积分在裂纹聚合前后的变化情况；二是考虑两条裂纹之间不同的聚合路径，以及由此带来的对 M 积分在聚合前后变化情况的影响；三是两条裂纹聚合前后，材料有效弹性模量变化量与 M 积分之间的对应关系。

6.2.1　微裂纹聚合有限元计算模型及结果分析

本小节内容重点针对多裂纹的损伤演化过程，并考虑边界对裂纹的影响。考虑最基础的二维损伤演化过程，即在一个有限大的脆性材料平板中，两条微裂纹之间的聚合问题，讨论 M 积分在裂纹聚合前后所起的作用。图 6-10 给出了含两条未聚合微裂纹的脆性板示意图。通过方位角 ζ 的变化，可以得到不同裂纹与边界，以及裂纹之间的距离，由此可改变两条裂纹之间的位置关系。为了说明问题，同时为了缩减篇幅，这里方位角 ζ 的取值限于 11.25°、22.5°、33.75°和 45°这四种情况。

采用的脆性材料为有机玻璃，弹性模量 E=2.5665GPa，泊松比 ν=0.332，拉伸强度约为 40MPa。由图 6-10 可知，计算所用的平板尺寸为 27mm×100mm×3mm (宽度×高度×厚度)，同时，图中参数 w、h、d、l_1、l_2 和 ζ 分别表示板的宽度、高度、左边微裂纹右端与右边微裂纹中心之间的距离、左边微裂纹长度、右边微裂纹长度和右边裂纹的方位角。在本小节中，d 始终为 62.5μm，l_1 为 100μm，l_2 为 125μm。对应于图 6-10，图 6-11 显示了两条微裂纹聚合后的模型。本研究中，聚合模式为聚合路径始于右裂纹的左端，直线延伸到左裂纹上，其具体终止于左裂纹端部还是裂面上，则取决于参数θ。θ 表示聚合路径与右裂纹左端和左裂纹右端之间连线的夹角，当聚合路径取终止于左裂纹左端时，θ 取得最大值。

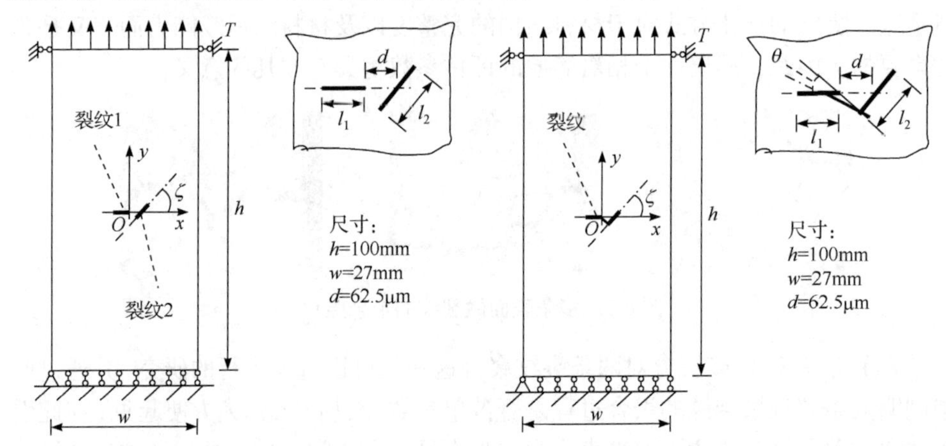

图 6-10　含两条未聚合微裂纹的脆性板示意图　　图 6-11　两条微裂纹聚合后的模型示意图

T 为拉伸载荷

对图 6-10 所示模型施加 1MPa 单拉载荷开展计算，图 6-12 给出了裂纹聚合前模型的 Mises 应力云图结果，图 6-12(a)中ζ=11.25°, (b)中ζ=22.5°, (c)中ζ=33.75°和(d)中ζ=45°。由图 6-12 可知，方位角ζ 不同时，两条裂纹之间的高应力区不同。

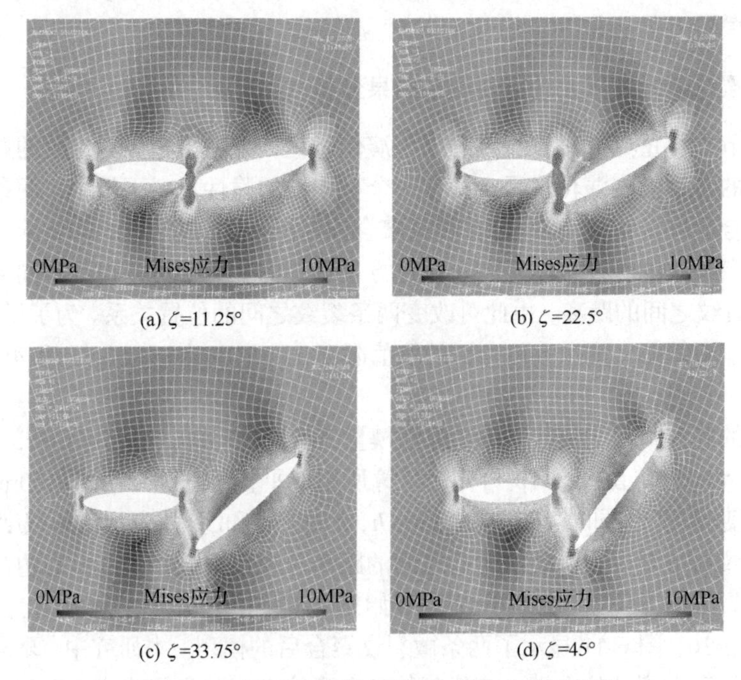

图 6-12　裂纹聚合前模型的 Mises 应力云图结果

对应地，对图 6-11 所示模型施加 1MPa 单拉载荷开展计算，图 6-13 给出了裂纹聚合后模型的 Mises 应力云图结果，图 6-13(a)中ζ=11.25°，(b)中ζ=22.5°，(c)中ζ=33.75°和(d)中ζ=45°。

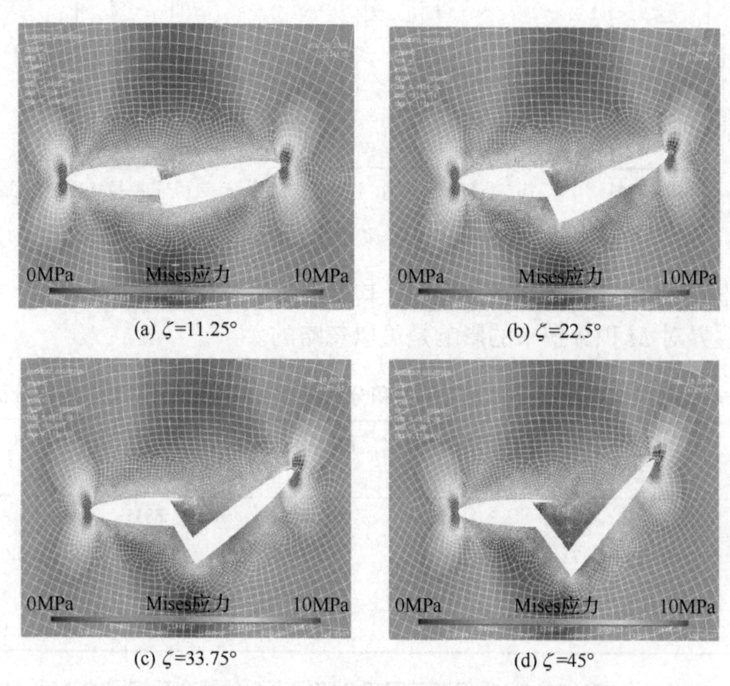

(a) ζ=11.25°　(b) ζ=22.5°　(c) ζ=33.75°　(d) ζ=45°

图 6-13　裂纹聚合后模型的 Mises 应力云图结果

鉴于计算中使用的模型具有有限尺寸的特性，研究边界对 M 积分的影响。特别地，对计算模型(图 6-10 和图 6-11)进行特殊处理：在板的两侧附加两块"虚材料"。"虚材料"就是弹性模量趋于零的辅助材料。由于这两块附加"虚材料"与模型中主体部分的材料相比非常软，因此对主体部分的应力应变场几乎没有影响。同时，由于附加部分与主体部分是紧密黏结在一起的，因此在穿过界面的时候，应力应变场是连续变化的。这里，附加部分虽然对于应力应变场的计算是没有意义的，但是为 M 积分的计算提供了穿过界面的积分路径，从而为阐明边界对 M 积分的影响提供了便利。图 6-14 显示了裂纹聚合前后计算 M 积分所使用的 4 条积分路径：(a)两种材料；(b)路径 1 和路径 2 在主体部分之内；(c)路径 3 和路径 4 包围主体部分。

表 6-1 列出了单拉载荷(3MPa)作用下不同积分路径上裂纹聚合前模型的 M 积分值，方位角取 11.25°、22.5°、33.75°和 45°。表 6-2 列出了单拉载荷(4.7MPa)作用下不同积分路径上裂纹聚合后模型的 M 积分值，方位角取 11.25°、22.5°、33.75°和 45°。从表 6-1 和表 6-2 可以看出，在裂纹聚合前后，在路径 1、2 和路径 3、4

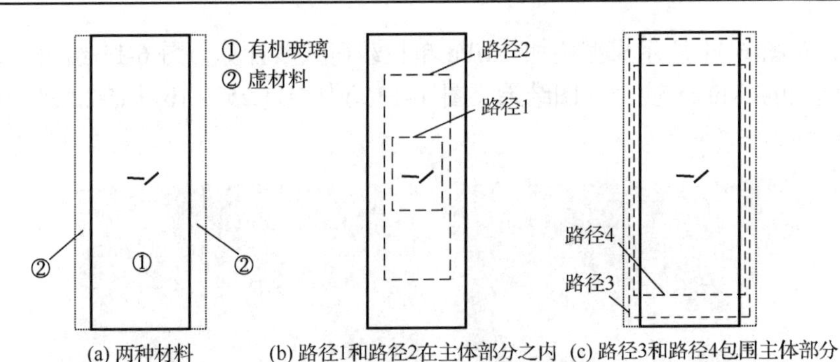

图 6-14 裂纹聚合前后计算 M 积分所使用的 4 条积分路径

上所计算出的 M 积分都是非常接近的，其误差可以忽略不计。这说明，在此计算模型中，边界对 M 积分带来的影响是可以忽略的。

表 6-1 单拉载荷(3MPa)作用下不同积分路径上裂纹聚合前模型的 M 积分值

方位角 ζ/(°)	沿路径 1 的 M 积分/(10^{-4}J/m)	沿路径 2 的 M 积分/(10^{-4}J/m)	沿路径 3 的 M 积分/(10^{-4}J/m)	沿路径 4 的 M 积分/(10^{-4}J/m)	M 积分均值 M_{avg}/(10^{-4}J/m)
11.25	1.8909	1.8825	1.8737	1.8835	1.8827
22.5	1.6472	1.6413	1.6456	1.6421	1.6441
33.75	1.3894	1.3900	1.3855	1.3861	1.3878
45	1.1494	1.1456	1.1443	1.1441	1.1459

表 6-2 单拉载荷(4.7MPa)作用下不同积分路径上裂纹聚合后模型的 M 积分值

方位角 ζ/(°)	沿路径 1 的 M 积分/(10^{-4}J/m)	沿路径 2 的 M 积分/(10^{-4}J/m)	沿路径 3 的 M 积分/(10^{-4}J/m)	沿路径 4 的 M 积分/(10^{-4}J/m)	M 积分均值 M_{avg}/(10^{-4}J/m)
11.25	4.9030	4.9171	4.8955	4.9110	4.9067
22.5	4.7619	4.7748	4.7538	4.7687	4.7648
33.75	4.5260	4.5375	4.5172	4.5312	4.5280
45	4.2282	4.2386	4.2190	4.2322	4.2295

分别对上述几种方位角模型在裂纹聚合前后的 M 积分随载荷大小变化进行对比，可以发现：对于同一模型，裂纹聚合前 M 积分随载荷增加而渐增的速度比裂纹聚合后 M 积分随载荷变化速度慢。定义一个 M 积分比例：

$$\Re = M_{ac} / M_{bc} \tag{6-22}$$

式中，M_{ac} 和 M_{bc} 分别为聚合前和聚合后的 M 积分值。由计算结果可知，式(6-22)中的$\Re$在对应于方位角 11.25°、22.5°、33.75°时分别为 6.8373/1.9131=3.5739、6.6420/1.6684=3.9811 和 6.3158/1.4168=4.4578。同时，考虑载荷的影响$(4.7/3)^2$=2.4544，可以看出所有的$\Re$大于 2.4544，这说明裂纹聚合后 M 积分对载荷更为敏

感。从物理的角度来看，出现该现象是因为缺陷的扩展导致能量的释放，或者是因为缺陷的构型从两条裂纹变成了一个复杂的大缺陷而导致能量的释放。

6.2.2　临界 *M* 积分与两条裂纹构型的相关性

本小节的目的是阐明 M_c (临界 M 积分)在一个包含多裂纹的脆性体中是否可以作为一个材料常数来看待。针对图 6-10 和图 6-11 所示的两条裂纹问题，分析其在单调增加载荷作用下临界 M 积分与裂纹方位角之间是否存在依赖关系。首先，需要确定临界状态。从传统材料强度理论出发，认为当裂尖(椭圆形)的最大周向应力达到材料的拉伸强度(40MPa)时，材料即处于临界状态；同时，当材料处于临界状态时，所承受的载荷即为临界载荷。表 6-3 列出了方位角ζ为 11.25°、22.5°、33.75°和 45°四种情况下临界拉伸载荷及相应的临界 M 积分。

表 6-3　裂纹聚合时的临界拉伸载荷和临界 *M* 积分

方位角ζ/(°)	11.25	22.5	33.75	45
临界拉伸载荷σ_{cr}/MPa	3.8367	4.4163	4.6304	4.7045
临界 M 积分/(10^{-4}J/m)	3.1291	3.6155	3.3754	2.8784
平均位移 $\overline{\Delta h}$ /(10^{-4}m)	1.4911	1.7164	1.7996	1.8284
有效弹性模量/GPa $E_{effect}=\overline{\sigma}/(\overline{\Delta h}/h)$	2.573068	2.573075	2.573082	2.573089

从表 6-3 中可以看出，对应于不同方位角的临界 M 积分和临界拉伸载荷之间都有很大的差距。例如，临界 M 积分的最小值在ζ=45°时取得，为 2.8784×10^{-4} J/m；临界拉伸载荷在ζ=11.25°时取得最小值 3.8367MPa，此时两条裂纹之间角度很小，几乎都与外载荷方向垂直。表 6-3 中结果表明：临界 M 积分值是随着两条裂纹之间相互位置的改变而变化的，这说明脆性材料体中两条裂纹聚合时临界 M 积分值与两条裂纹的构型是相关的。值得注意的是，随着方位角的变化，临界 M 积分与临界拉伸载荷之间也不存在对应关系。

表 6-4 列出了两条裂纹聚合后，在材料最终破坏时刻的临界 M 积分和临界拉伸载荷。可以看出，与表 6-3 类似，临界 M 积分与临界拉伸载荷同样随着方位角变化而变化。观察表 6-4 可知，临界 M 积分在裂纹聚合和材料最终破坏这两种情况之间总是有一个跳跃。对应于方位角ζ为 11.25°、22.5°、33.75°和 45°，跳跃的 M 积分值分别为 8.6577×10^{-4}J/m、6.0517×10^{-4}J/m、3.4567×10^{-4}J/m 和 2.9213×10^{-4}J/m，其中，最大值出现在ζ=11.25°时，最小值出现在ζ=45°时。

表 6-4 材料最终破坏时的临界拉伸载荷和临界 *M* 积分

方位角/(°)	11.25	22.5	33.75	45
临界拉伸载荷σ_{cr}/MPa	6.1710	5.6702	4.8884	4.6581
临界 M 积分/(10^{-4}J/m)	11.7868	9.6672	6.8321	5.7997
M 积分从开始聚合到最终失效的变化/(10^{-4}J/m)	8.6577	6.0517	3.4567	2.9213
平均位移 $\overline{\Delta h}$ /(10^{-4}m)	2.3983	2.2037	1.8998	1.8103
有效弹性模量/GPa $E_{\text{effect}} = \overline{\sigma} / (\overline{\Delta h} / h)$	2.573045	2.573047	2.573050	2.573055

综合表 6-3 和表 6-4 中的数据，可以得出这样的结论：无论是在两条裂纹聚合时，还是裂纹聚合后材料破坏的时候，其临界 M 积分都是构型相关的；同时，对于同一种构型来说，当它处于不同的损伤阶段时(裂纹聚合和材料最终破坏)，它的临界 M 积分也是不同的。换句话说，在包含多缺陷的脆性体中，材料的损伤演化过程以及断裂破坏过程是不可能通过单一的参数 M_c 来完整描述的，从而需要引入一个缺陷构型参数来修正它的构型相关性。

6.3 基于 *M* 积分的脆性体中孔洞聚合

6.2 节详细讨论了脆性体中两条微裂纹聚合前后的 M 积分变化，所得出的结论说明 M 积分不仅可以使用在断裂力学的领域，而且在损伤力学的范畴中也应受到足够的重视。这是因为：一方面 M 积分作为材料构型力的概念，可以对材料缺陷构型的变化做出描述；另一方面 M 积分所具有的能量表征的特点使得它可以反映出材料损伤演化过程中伴随的能量释放情况。孔洞作为一种常见的缺陷形式，对其进行深入研究是十分必要的。

本节旨在利用 M 积分对脆性体中两孔洞聚合的损伤演化过程进行研究。考虑两孔洞具有不同方位角的模型，主要讨论四点：第一，两孔洞聚合前后 M 积分的变化；第二，两孔洞之间不同的聚合路径对聚合后 M 积分的影响；第三，临界 M 积分与临界载荷之间的关系，即对方位角而言，临界 M 积分与临界载荷的最值之间是否存在对应关系；第四，两孔洞聚合前后 M 积分与有效弹性模量下降量之间的关系。

6.3.1 孔洞聚合有限元计算模型及结果分析

对于两孔洞聚合问题，首先需要考虑的问题就是两孔洞之间的聚合方式。本研究利用 MTS 试验机对含有两个孔洞的有机玻璃板进行单轴拉伸试验，试验实景如图 6-15(a)和(b)所示。

(a) MTS试验机　　(b) 有机玻璃板

图 6-15　MTS 试验机对有机玻璃板进行单轴拉伸

试验发现：两孔洞之间的聚合方式各不相同，其聚合路径并非简单的两孔洞中心的连线，折线、曲线聚合路径都有出现。通过对无缺陷有机玻璃板的拉伸试验，获取材料常数：弹性模量 E=2.5665GPa，泊松比 ν= 0.332，拉伸强度约为 40MPa。比照实验模型进行简化后得出的计算模型如图 6-16 和图 6-17 所示，分别为两孔洞聚合前和聚合后的模型示意图。其中，板高 h 为 100mm，板宽 w 为 27mm，孔洞直径 d 为 0.8mm，两孔边的间距 l 为 0.2mm，ζ为两孔洞的方位角。

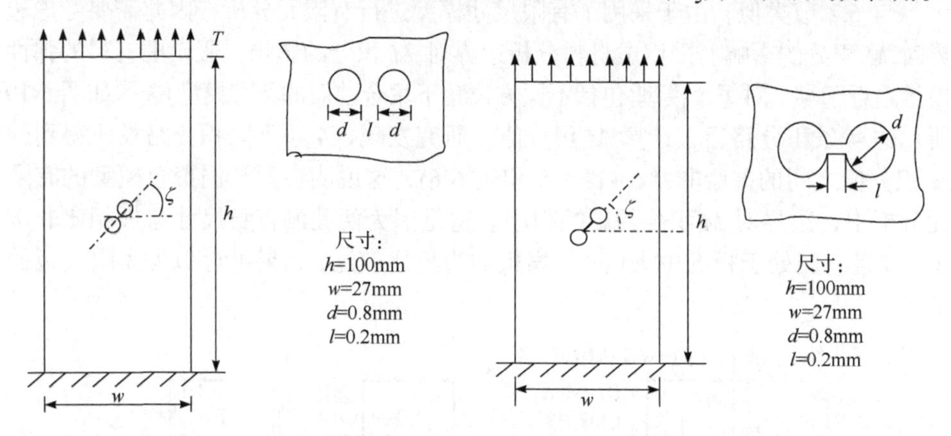

图 6-16　有机玻璃板中的两个孔洞(聚合前)　　图 6-17　有机玻璃板中的两个孔洞(聚合后)

针对图 6-16 和图 6-17 所示的聚合前后模型进行有限元分析，计算 M 积分。当外载荷大小为 1MPa 时，图 6-18 给出了方位角ζ分别为 11.25°、22.5°、33.75°和 45°四种情况下，两孔洞聚合前模型的孔边 Mises 应力分布云图。图 6-18 中，深色部分表示应力大的区域，可以发现，两孔洞之间的聚合路径明显受方位角的影响。本研究中仅考虑弹性变形，在构型变化之前，整个模型与载荷之间是线性关系，因此同一个模型在 1MPa 外载荷作用下和处于临界状态的时候，其应力状态的分布情况是相同的，只是数量上的区别，因而并不影响对路径的选取。

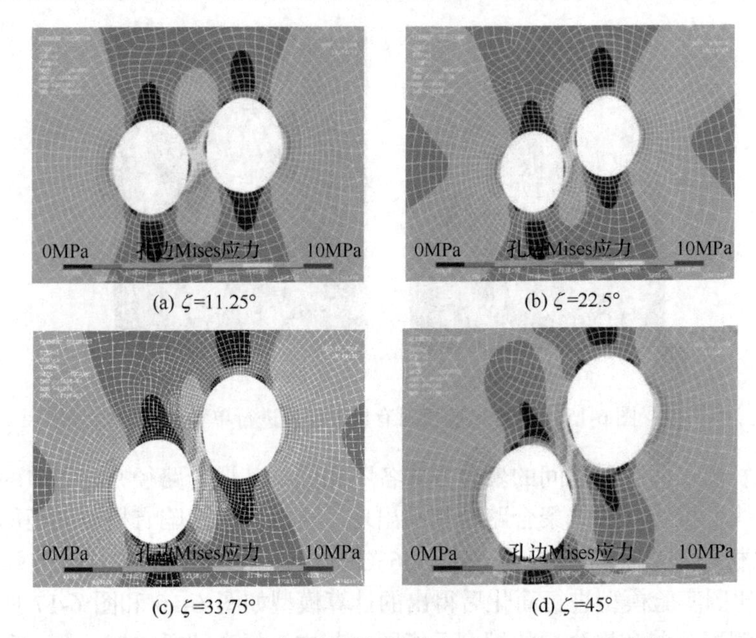

(a) ζ=11.25°　(b) ζ=22.5°　(c) ζ=33.75°　(d) ζ=45°

图 6-18　两孔洞聚合前模型的孔边 Mises 应力分布云图

与 6.2 节类似，由于采用了有限尺寸模型进行有限元分析，因此需要考虑边界对 M 积分的影响。采用虚材料分析边界对 M 积分的影响，假设虚材料的弹性模量趋近于零。对每个模型(包括不同方位角下聚合前后的所有模型)选取如图 6-19 所示的 4 条积分路径，计算 M 积分值。研究发现，4 条不同积分路径所得到的 M 积分值之间的差距非常小(表 6-5 和表 6-6)，这说明在两孔洞聚合模型的有限元分析中，边界对 M 积分的影响很小。这是因为两孔洞自身尺寸与板相比非常小，并且它们处于板的中央位置，离板的边界比较远，结果可近似为无限大板的情况。

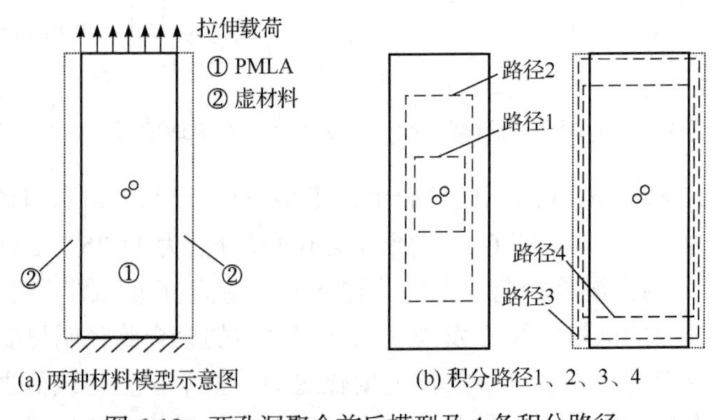

(a) 两种材料模型示意图　(b) 积分路径1、2、3、4

图 6-19　两孔洞聚合前后模型及 4 条积分路径

表 6-5　5MPa 单拉载荷下两孔洞聚合前模型的 M 积分值

方位角/(°)	沿路径 1 的 M 积分/(10^{-3}J/m)	沿路径 2 的 M 积分/(10^{-3}J/m)	沿路径 3 的 M 积分/(10^{-3}J/m)	沿路径 4 的 M 积分/(10^{-3}J/m)	M 积分均值/(10^{-3}J/m)
0	33.4882	33.6248	33.7611	33.6398	33.6285
11.25	34.4135	34.3878	34.4569	34.4610	34.4298
22.5	35.6081	35.6772	35.8170	35.7666	35.7172
33.75	36.4355	36.4525	36.4996	36.4824	36.4675
45	35.3665	35.5052	35.5210	35.5585	35.4878

表 6-6　9.9MPa 单拉载荷下两孔洞聚合后模型的 M 积分值

方位角/(°)	沿路径 1 的 M 积分/(10^{-3}J/m)	沿路径 2 的 M 积分/(10^{-3}J/m)	沿路径 3 的 M 积分/(10^{-3}J/m)	沿路径 4 的 M 积分/(10^{-3}J/m)	M 积分均值/(10^{-3}J/m)
0	0.246087	0.246338	0.247691	0.246659	0.246694
11.25	0.243691	0.242996	0.244060	0.244214	0.243740
22.5	0.232348	0.232242	0.233092	0.233133	0.232704
33.75	0.213078	0.212778	0.214681	0.213990	0.213632
45	0.186555	0.186485	0.186787	0.187173	0.186750

6.3.2　临界 M 积分与两孔洞方位角的相关性

为探究在包含孔洞的脆性材料中，M_c 是否可以作为材料处于临界状态时的材料常数使用，本小节将详细讨论在渐增拉伸载荷作用下，不同方位角模型的临界 M 积分的变化情况。根据传统材料强度理论，即最大应力准则，分别计算两孔洞之间方位角 ζ 为 0°、11.25°、22.5°、33.75°和 45°五种情况下孔洞聚合时的临界拉伸载荷和临界 M 积分。计算过程：对一方位角模型施加从 0 开始的渐增拉伸载荷，然后观察如图 6-18(a)、(b)、(c)和(d)所示应力最大点的周向应力，当这些地方的周向应力达到有机玻璃的拉伸强度(40MPa)时，所加的外载荷就是临界拉伸载荷，此时计算得到的 M 积分就是临界 M 积分，计算结果如表 6-7 所示。从中可以得出，最小的临界拉伸载荷出现在 ζ=30°左右，即位于 ζ=22.5°和 ζ=33.75°之间(临界拉伸载荷分别为 8.44MPa 和 8.49MPa)，而不是出现在 ζ=0°两孔洞与外载荷相垂直的时候。从表中第三行所列出的临界 M 积分容易看出，临界 M 积分是与方位角 ζ 相关的。有趣的是，与临界拉伸载荷一样，临界 M 积分的最小值也出现在 ζ=22.5°和 ζ=33.75°之间，其值分别为 0.1019J/m 和 0.1052J/m。考虑到临界拉伸载荷所表现材料承载能力的特点，可以看出，从物理意义上来说，临界 M 积分表现出了与传统材料强度理论(最大应力准则)相近似的结果。这说明，临界 M 积分作为一个外变量或者唯象学角度的参数，可以用来作为微小孔洞聚合的评判条件，不需要对该缺陷系统做详细的应力分析。很明显，在微孔洞聚合的过程中，作为一个外变量，M 积分比其他需要详细分析缺陷形状、尺寸等因素的变量更加容易测得。

表 6-7　五种情况下孔洞聚合时的临界拉伸载荷和对应的临界 M 积分

方位角/(°)	0	11.25	22.5	33.75	45
临界拉伸载荷 σ_{cr}/MPa	9.94	9.09	8.44	8.49	9.62
临界 M 积分/(J/m)	0.1332	0.1136	0.1019	0.1052	0.1313
平均位移 $\overline{\Delta h}$/(10^{-4}m)	3.8617	3.5346	3.2817	3.2296	3.7170
有效弹性模量/GPa $E_{effect}=\bar{\sigma}/(\overline{\Delta h}/h)$	2.573562	2.573501	2.573367	2.573292	2.573392

另外，表 6-8 列出了五种方位角的两孔洞聚合后模型的临界 M 积分和临界拉伸载荷，可以看出，临界 M 积分依然和两孔洞的方位角相关，即不是一个常数。

表 6-8　五种方位角的两孔洞聚合后模型的临界 M 积分和临界拉伸载荷

方位角/(°)	0	11.25	22.5	33.75	45
临界拉伸载荷 σ_{cr}/MPa	9.90	9.94	10.06	10.27	10.56
临界 M 积分/(J/m)	0.2461	0.2454	0.2407	0.2301	0.2124
M 积分从开始聚合到最终失效的变化/(J/m)	0.1129	0.1318	0.1388	0.1249	0.0811
平均位移 $\overline{\Delta h}$/(10^{-4}m)	3.8473	3.8672	3.9143	3.9936	4.1048
有效弹性模量/GPa $E_{effect}=\bar{\sigma}/(\overline{\Delta h}/h)$	2.570701	2.570783	2.571043	2.571521	2.572198

对比表 6-8 和表 6-7 中的临界 M 积分发现：临界 M 积分在聚合和最终破坏之间总是有一个跳跃。表 6-8 的第四行列出了 M 积分从开始聚合到最终失效的变化值，可以看出，当ζ=22.5°时，M 积分值变化最大。需要说明的是，当ζ=0°时，M 积分值并不存在这一跳跃。虽然表 6-8 列出了当ζ=0°时，M 积分变化值为 0.1129J/m，但是对比表 6-7 和表 6-8 中ζ=0°的模型在聚合和破坏时的临界拉伸载荷，可以看出：针对ζ=0°的模型，其两孔洞聚合时的临界拉伸载荷大于破坏时的临界拉伸载荷，这说明该模型在聚合之后就立即破坏了，不存在从聚合到破坏这一过程，因而也不存在与这一过程对应的 M 积分值的跳跃。与之相反的是，在方位角ζ分别为 11.25°、22.5°、33.75°和 45°四种情况下，材料最终破坏时的临界拉

伸载荷总是大于其中两孔洞聚合时的临界拉伸载荷。这说明孔洞的聚合提高了材料的承载能力，在孔洞聚合之后，材料所能承受的外载荷还可以继续增加，直到其构型发生进一步的改变——断裂。总之，无论对于两孔洞聚合前后的模型，即对于孔洞聚合，还是对于材料最终破坏，临界 M 积分都是构型相关的。这意味着单参数 M_c 不足以表征脆性材料在损伤演化过程中的全部力学机理，因而需要提出其他的“缺陷构型”参数来修正 M_c 的构型相关性。

6.4　M 积分与含夹杂/缺陷有效弹性模量的显式关系

对于含复杂缺陷的材料，包含所有缺陷的 J_k 积分满足守恒定律，即在均布载荷工况下，当闭合积分路径完全包含全部缺陷时，J_k 积分的两个分量将为零(Chen and Hasebe，1998)。这意味着，对于复杂缺陷问题，J_k 积分对缺陷演化的描述没有较大帮助。此时，M 积分可以代替 J_k 积分扮演更重要的角色。Chen(2001a)提出基于 M 积分描述来研究无限大脆性平面内的微观裂纹群，研究发现 M 积分与二维线性缺陷弹性体的总势能改变是相互联系的。Chang 及其合作者(2011，2002)将 M 积分用于描述多缺陷力学系统中的失效行为，将定义在以所有缺陷的几何中心为原点且包围所有缺陷的 M 积分作为一个问题无关变量。研究结果表明：M 积分适用于材料在大变形状态下的失效分析，可作为新的损伤参数来描述由不可逆的多缺陷扩展导致的材料强度和结构完整性降低。Hu 和 Chen(2009a, 2009b)针对含两个相邻裂纹的条形平板开展研究，结果显示两个缺陷聚合前后的 M 积分值有明显的跳跃。这些研究结果表明，M 积分所表征的缺陷材料外部变量特征，可以为描述复杂缺陷力学系统中的失效行为提供一种新思路。

已有研究中，传统损伤力学常用有效弹性模量下降量来描述材料强度的退化。为此，本节将通过解析和数值分析 M 积分与弹性模量下降量的显式关系，建立基于 M 积分的构型损伤理论与传统损伤力学的内在联系，进一步明确 M 积分的物理意义，并为 M 积分作为损伤参量预测复杂缺陷材料的失效提供理论支持。

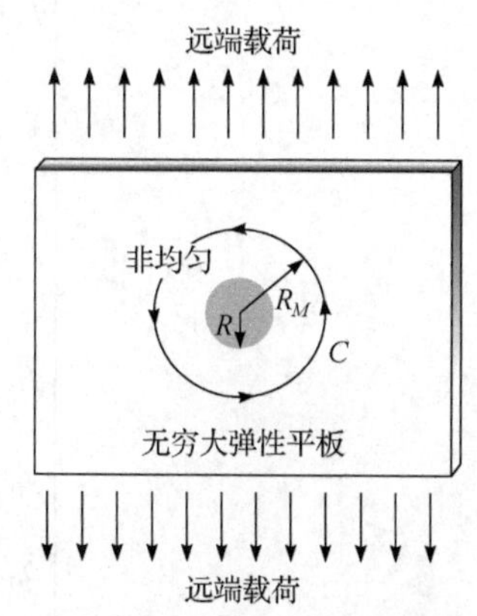

图 6-20　含圆形夹杂的无穷大弹性平面受远场单轴拉伸载荷的作用

6.4.1　单向加载下的含夹杂 M 积分

如图 6-20 所示，考虑一无穷大弹性平面内含圆形夹杂问题，该平面受远场单轴拉伸载荷 σ 的作用。弹性体中应力应变场可借助 Muskhelishvili 复势函数方法获得(Muskhelishvili 等, 1953)。平面问题的应力场 σ_{xx}、σ_{yy}、σ_{xy} 和位移场 u_x、u_y 可以分别用复势函数 $\varphi(z)$ 和 $\psi(z)$ 表示为

$$\begin{cases}\sigma_{xx}+\sigma_{yy}=4\operatorname{Re}[\varphi'(z)] \\ \sigma_{yy}-\sigma_{xx}+2\mathrm{i}\sigma_{xy}=2[\bar{z}\varphi''(z)+\psi'(z)] \\ 2\mu(u_x+\mathrm{i}u_y)=\kappa\varphi(z)-z\overline{\varphi'(z)}-\overline{\psi(z)}\end{cases} \tag{6-23}$$

式中，$\mu=E/(2+2\nu)$ 为剪切模量，E 为弹性模量，ν 为泊松比；对于平面应力问题，$\kappa=(3-\nu)/(1+\nu)$；对于平面应变问题，$\kappa=3-4\nu$；$z=x+\mathrm{i}y$，为复变量。

基体材料及夹杂内部的复势函数可以表示为(Li et al., 2002)

$$\begin{cases}\varphi(z)=\dfrac{\sigma}{4}\left(z+\dfrac{\beta R^2}{z}\right) \\ \psi(z)=-\dfrac{\sigma}{2}\left(z+\dfrac{\gamma R^2}{z}-\dfrac{\delta R^4}{z^3}\right) \\ \varphi_0(z)=\dfrac{\sigma}{4}\left(\beta_0 z+\dfrac{\gamma_0 z^3}{R^2}\right) \\ \psi_0(z)=-\dfrac{\sigma}{2}\delta_0 z\end{cases} \tag{6-24}$$

式中，σ 为单轴拉伸载荷；R 为圆形夹杂的半径；β、β_0、γ、γ_0、δ 和 δ_0 为与材料相关的常数，定义为

$$\begin{cases}\beta=-\dfrac{2(\mu_0-\mu)}{\mu+\mu_0\kappa} \\ \gamma=\dfrac{\mu(\kappa_0-1)-\mu_0(\kappa-1)}{2\mu_0+\mu(\kappa_0-1)} \\ \delta=-\dfrac{\beta}{2}=\dfrac{\mu_0-\mu}{\mu+\mu_0\kappa} \\ \beta_0=\dfrac{\mu_0(\kappa+1)}{2\mu_0+\mu_0(\kappa-1)} \\ \gamma_0=0 \\ \delta_0=\dfrac{\mu_0(\kappa+1)}{\mu+\mu_0\kappa}\end{cases} \tag{6-25}$$

式中，下标 0 代表夹杂的材料参数。此外，参数 β、δ 之间并不相互独立，存在 $\delta=-\beta/2$ 的关系。

利用复势函数可以求出解析的应力场和位移场分布。由复势函数式(6-24)和式(6-23)，将参数 β、γ 和 δ 代入式(6-23)，平面应力状态的位移场 u_x 和 u_y 则可以表示为

$$u_x = \frac{x\sigma}{8C_2^3\mu(\mu+\kappa\mu_0)}\Big(2R^4(x^2-3y^2)(\mu-\mu_0)+C_2^3(1+\kappa)(\mu+\kappa\mu_0) + \frac{2R^2C_2}{(-1+\kappa_0)\mu+2\mu_0}\Big\{y^2\Big[(-2+\kappa)(-1+\kappa_0)\mu^2+(-8+\kappa+3\kappa_0)\mu\mu_0-(-6+\kappa+\kappa^2)\mu_0^2\Big]+x^2\Big[(2+\kappa)(-1+\kappa_0)\mu^2+(4+\kappa-\kappa_0)\mu\mu_0-(2+\kappa+\kappa^2)\mu_0^2\Big]\Big\}\Big) \tag{6-26}$$

$$u_y = \frac{y\sigma}{8C_2^3\mu(\mu+\kappa\mu_0)}\Big[2R^4(3x^2-y^2)(\mu-\mu_0)-C_2^3(-3+\kappa)(\mu+\kappa\mu_0) - \frac{2R^2C_2}{(-1+\kappa_0)\mu+2\mu_0}\Big(x^2\Big[(-4+\kappa)(-1+\kappa_0)\mu^2+(-10+5\kappa+3\kappa_0-2\kappa\kappa_0)\mu\mu_0 + (6-3\kappa+\kappa^2)\mu_0^2\Big]+y^2\Big\{\kappa^2\mu_0^2-\mu_0(-2\mu+\kappa_0\mu+2\mu_0)+\kappa\Big[(-1+\kappa_0)\mu^2 + (5-2\kappa_0)\mu\mu_0-3\mu_0^2\Big]\Big\}\Big)\Big] \tag{6-27}$$

应力场的解析表达式为

$$\begin{cases}\sigma_{xx} = \dfrac{\sigma}{2C_2^4}\left\{\dfrac{R^2C_2^2(y^2-x^2)[(-1+\kappa_0)\mu+\mu_0-\kappa\mu_0]}{(-1+\kappa_0)\mu+2\mu_0}+\dfrac{2R^2C_2^2(x^2-y^2)(-\mu+\mu_0)}{\mu+\kappa\mu_0} + (2R^2C_2+3R^4)\dfrac{C_1(-\mu+\mu_0)}{\mu+\kappa\mu_0}+2C_2^4\right\} \\ \sigma_{yy} = \dfrac{R^2\sigma}{2C_2^4(-\mu+\mu\kappa_0+2\mu_0)(\mu+\kappa\mu_0)}\Big(3R^2C_1(\mu-\mu_0)[(-1+\kappa_0)\mu+2\mu_0] + C_2\Big\{-12x^2y^2(\mu-\mu_0)[(-1+\kappa_0)\mu+2\mu_0]+x^4[(-1+\kappa_0)\mu+\mu_0-\kappa\mu_0](\mu+\kappa\mu_0) + y^4\Big[3(-1+\kappa_0)\mu^2+(-8-\kappa+\kappa^2)\mu_0^2+(11+2\kappa-\kappa_0\kappa-4\kappa_0)\mu\mu_0\Big]\Big\}\Big) \\ \sigma_{xy} = \dfrac{R^2xy\sigma}{C_2^4}\left[\dfrac{6R^2(x^2-y^2)(\mu_0-\mu)}{\mu+\kappa\mu_0}+\dfrac{4C_2(x^2-y^2)(-\mu+\mu_0)}{\mu+\kappa\mu_0}+\dfrac{C_2^2(\mu-\mu\kappa_0-\mu_0+\kappa\mu_0)}{-\mu+\kappa_0\mu+2\mu_0}\right]\end{cases} \tag{6-28}$$

式中，系数 C_1、C_2 为只与坐标相关的函数，分别为

$$\begin{cases} C_1 = x^4 - 6x^2y^2 + y^4 \\ C_2 = x^2 + y^2 \end{cases} \tag{6-29}$$

特别是对于半径为 R 的圆形孔洞，可以认为其为完全失去刚度的夹杂，即取 $\mu_0=0$，则整个平面的应力场将简化为

$$\begin{cases} \sigma_{xx} = \sigma\left[1 - \dfrac{3R^4C_1}{2C_2^4} + \dfrac{R^2(-5x^6 + 7x^4y^2 + 13x^2y^4 + y^6)}{2C_2^4}\right] \\ \sigma_{yy} = R^2\sigma\dfrac{x^6 - 11x^4y^2 - 9x^2y^4 + 3y^6 + 3R^2C_1}{2C_2^4} \\ \sigma_{xy} = \dfrac{R^2\sigma xy}{C_2^4}\left[-5x^4 - 2x^2y^2 + 3y^4 - 6R^2(x^2 - y^2)\right] \end{cases} \tag{6-30}$$

位移场则简化为

$$u_x = \frac{x\sigma}{8C_2^3\mu}\left[2R^4(x^2 - 3y^2) + C_2^3(1+\kappa) + 2R^2C_2(-2y^2 + \kappa y^2 + 2x^2 + \kappa x^2)\right] \tag{6-31}$$

$$u_y = \frac{y\sigma}{8C_2^3\mu}\left[2R^4(3x^2 - y^2) + C_2^3(-3+\kappa) - 2R^2C_2(-4x^2 + \kappa x^2 + y^2\kappa)\right] \tag{6-32}$$

平面应力问题中 M 积分的复势函数表达式为

$$M = \frac{4}{E}\mathrm{Im}\oint_C z\varphi'(z)\psi'(z)\mathrm{d}z \tag{6-33}$$

对于平面应变问题，只需将式(6-33)中的 $1/E$ 替换为 $(1-\nu^2)/E$ 即可。

因而，对于圆形夹杂问题，将式(6-24)和式(6-25)代入式(6-33)中可得到：

$$M = -\frac{\sigma^2}{2E}\mathrm{Im}\oint_C\left(z - \frac{\gamma R^2}{z} + \frac{3\delta R^4}{z^3} - \frac{\beta R^2}{z} + \frac{\gamma\beta R^4}{z^3} - \frac{3\delta\beta R^6}{z^5}\right)\mathrm{d}z \tag{6-34}$$

在线弹性材料中，M 积分作为一个守恒积分，其满足路径守恒定律。为方便起见，选取如图 6-20 所示的包围缺陷区域、半径为 R_M 的圆形路径作为积分路径，可以得到：

$$\begin{cases} M = \dfrac{\pi\sigma^2R^2}{E}(\gamma+\beta) \quad (\text{平面应力}) \\ M = \dfrac{\pi\sigma^2R^2}{E}(\gamma+\beta)(1-\nu^2) \quad (\text{平面应变}) \end{cases} \tag{6-35}$$

需要指出的是，对于较复杂问题，如含单个椭圆夹杂或含单一界面层的三相圆柱夹杂，同样可以用类似方法获取 M 积分的显式表达式。

假如夹杂材料的弹性模量与基体的弹性模量之间存在 $E_0=(1-\alpha)E$ 的关系，其中α可以理解为夹杂相对于基体材料的弹性模量下降量。由式(6-25)可知，平面应力问题的参数β和γ可以表示为

$$\beta=-2\frac{E_0+E_0\nu-E-E\nu_0}{E+E\nu_0+3E_0-E_0\nu},\quad \gamma=\frac{E-E\nu_0-E_0+E_0\nu}{E_0+E_0\nu+E-E\nu_0} \tag{6-36}$$

将式(6-36)代入式(6-35)，含圆形夹杂的 M 积分可最终简化为

$$M=\frac{\pi R^2\sigma^2}{E}f(\alpha,\nu,\nu_0) \tag{6-37}$$

式中，

$$\begin{cases} f(\alpha,\nu,\nu_0)=\dfrac{\alpha(5\alpha-8)+3\nu_0^2+6(\alpha-1)\nu_0\nu+3(\alpha-1)^2\nu^2}{\left[4-3\alpha+\nu_0+(\alpha-1)\nu\right]\left[-2+\alpha+\nu_0+(\alpha-1)\nu\right]} \quad (\text{平面应力}) \\ f(\alpha,\nu,\nu_0)=(1-\nu^2)\left[\dfrac{2(\alpha-\nu+\alpha\nu+\nu_0)}{4+\nu_0-\nu-4\nu^2+\alpha(-3+\nu+4\nu^2)}\right. \\ \qquad\left.+\dfrac{\nu_0+2\nu_0^2-1+(\alpha-1)(-1+\nu+2\nu^2)}{-2+\alpha-\nu+\alpha\nu+\nu_0+2\nu_0^2}\right] \quad (\text{平面应变}) \end{cases} \tag{6-38}$$

由式(6-37)可以显式看出，M 积分与外载荷的平方 σ^2 及缺陷面积πR^2 成正比，与基体的弹性模量成反比；夹杂材料对 M 积分的影响主要取决于函数 $f(\alpha,\nu,\nu_0)$。

6.4.2　复杂加载下的含夹杂 *M* 积分

本小节研究含圆形夹杂的无穷大弹性平面受双向正应力和剪应力的情况，如图 6-21 所示。

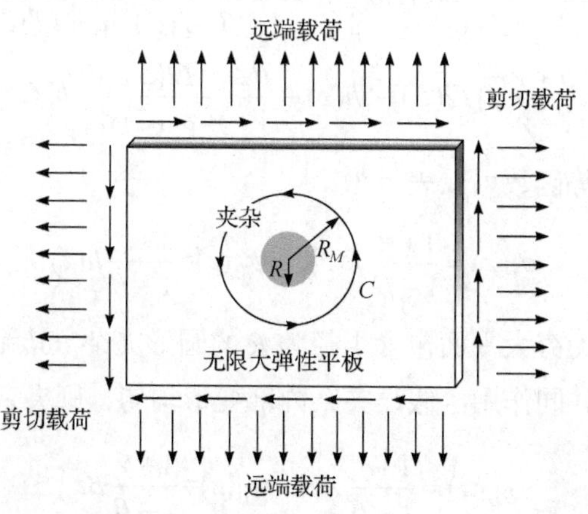

图 6-21　含圆形夹杂的无穷大弹性平面受双向正应力和剪应力的情况

对于平面问题，可以使用保角变换来解决复杂问题，其形式如下：

$$z=\omega(\zeta)=c\left(\zeta+\sum_{n=1}^{\infty}\lambda_n\zeta^{-n}\right) \tag{6-39}$$

该变换将 z 平面内的点映射至 ζ 平面上，并存在函数 $\Omega(\zeta)=\omega(1/\zeta)$；映射后极坐标位移场和应力场可以用复势函数分别表示为

$$\begin{cases}\sigma_{\rho\rho}+\sigma_{\theta\theta}=4\,\mathrm{Re}[\Phi(\zeta)]\\ \sigma_{\rho\rho}-\mathrm{i}\sigma_{\rho\theta}=\Phi(\zeta)+\overline{\Phi(\zeta)}-\dfrac{\zeta^2}{\rho^2\omega'(\zeta)}\left[\omega'(\zeta)\Psi(\zeta)+\overline{\omega'(\zeta)}\Phi'(\zeta)\right]\\ 2\mu(u_x+\mathrm{i}u_y)=\kappa\varphi(z)-z\overline{\varphi'(z)}-\overline{\psi(z)}\end{cases} \tag{6-40}$$

式中，

$$\Phi(\zeta)=\frac{\phi'(\zeta)}{\omega(\zeta)},\quad \Psi(\zeta)=\frac{\psi'(\zeta)}{\omega'(\zeta)} \tag{6-41}$$

对于线弹性基体包围单一夹杂，其边界用 T 来表示。对于没有预置变形的夹杂而言，在边界 T 上满足位移和载荷连续性条件，即

$$\begin{cases}u+\mathrm{i}v=u_0+\mathrm{i}v_0\\ \sigma_{\rho\rho}-\mathrm{i}\sigma_{\rho\theta}=\sigma_{\rho\rho0}-\mathrm{i}\sigma_{\rho\theta0}\end{cases} \tag{6-42}$$

因而，基体的复势函数 $\phi(\zeta)$ 和 $\psi(\zeta)$ 分别要满足式(6-42)的边界条件，存在：

$$\begin{cases}\phi(z)=\phi(\zeta)=f(z)-\dfrac{\beta-\gamma}{1-\beta}\dfrac{\omega(\zeta)}{\Omega'(\zeta)}\dfrac{\mathrm{d}}{\mathrm{d}\zeta}\bar{f}[\Omega(\zeta)]-\dfrac{\beta-\gamma}{1-\beta}\bar{h}[\Omega(\zeta)]\\ \psi(z)=\psi(\zeta)=\dfrac{2\beta}{1-\beta}\dfrac{\Omega(\zeta)}{\omega'(\zeta)}\dfrac{\mathrm{d}}{\mathrm{d}\zeta}f[\omega(\zeta)]+\dfrac{\beta-\gamma}{1-\beta}\dfrac{\Omega(\zeta)}{\omega'(\zeta)}\dfrac{\mathrm{d}}{\mathrm{d}\zeta}\left\{\dfrac{\omega(\zeta)}{\Omega'(\zeta)}\bar{f}[\Omega(\zeta)]\right\}\\ \qquad +\dfrac{\beta+\gamma}{1-\gamma}\bar{f}[\Omega(\zeta)]+h(z)+\dfrac{\beta-\gamma}{1+\gamma}\dfrac{\Omega(\zeta)}{\omega'(\zeta)}\dfrac{\mathrm{d}}{\mathrm{d}\zeta}\bar{h}[\Omega(\zeta)]\end{cases} \tag{6-43}$$

同时，夹杂内的复势函数可以表示为

$$\phi_0(z)=\frac{1+\gamma}{1-\beta}f(z),\quad \psi_0(z)=\frac{1+\gamma}{1+\beta}h(z) \tag{6-44}$$

如果存在一个无穷大平面包含半径为 R 的圆形夹杂，其无穷远处受到正应力 σ_{xx}^{∞}、σ_{yy}^{∞} 和 σ_{xy}^{∞} 的共同作用。假设夹杂内部变形均匀，则夹杂内部的复势函数为

$$\phi_0(z)=\frac{1+\gamma}{1-\beta}Az,\quad \psi_0(z)=\frac{1+\gamma}{1+\beta}Bz \tag{6-45}$$

式中，参数 A 和 B 分别为实常数和虚常数。

采用保角映射，表达式如下：

$$z = \omega(\zeta) = R\zeta \tag{6-46}$$

该映射将 z 平面上半径为 R 的圆域映射为 ζ 平面内的单位圆。

根据式(6-43)可以得到含有单位圆形夹杂的基体的复势函数为

$$\begin{cases} \phi_1(z) = \dfrac{A(1-2\beta+\gamma)z}{1-\beta} - \dfrac{\overline{B}(\beta-\gamma)R^2}{(1+\beta)z} \\ \psi_1(z) = Bz + \dfrac{4AR^2\beta}{z(1-\beta)} - \dfrac{\overline{B}R^4(\beta-\gamma)}{z^3(1+\beta)} \end{cases} \tag{6-47}$$

根据边界条件，即无穷远处该平面受到正应力和剪应力分别为 σ_{xx}^{∞}、σ_{yy}^{∞} 和 σ_{xy}^{∞} 的作用，利用正应力与复势函数之间的关系可以得到：

$$\sigma_{xx} + \sigma_{yy} = 4\,\mathrm{Re}[\phi'(z)] = 4\,\mathrm{Re}\left[\frac{A(1-2\beta+\gamma)}{1-\beta} + \frac{\overline{B}(\beta-\gamma)R^2}{(1+\beta)z^2}\right] \tag{6-48}$$

当 z 趋于无穷大时，存在：

$$A = \frac{(1-\beta)(\sigma_{xx}^{\infty} + \sigma_{yy}^{\infty})}{4(1-2\beta+\gamma)} \tag{6-49}$$

将式(6-49)代入式(6-47)第二式，并利用应力与复势函数的关系可得 B 的虚部为 σ_{xy}^{∞}，同理，可得 B 的实部为 $(\sigma_{yy}^{\infty} - \sigma_{xx}^{\infty})/2$，即

$$B = \frac{\sigma_{yy}^{\infty} - \sigma_{xx}^{\infty}}{2} + \mathrm{i}\sigma_{xy}^{\infty} \tag{6-50}$$

将 A 和 B 代入式(6-45)和式(6-47)，可得到含有圆形夹杂的无限大平面，当其受到无穷远正应力 σ_{xx}^{∞}、σ_{yy}^{∞} 和剪应力 σ_{xy}^{∞} 共同作用时，其基体上的复势函数分别为

$$\begin{cases} \varphi_1(z) = \dfrac{1}{4}z\left(\sigma_{xx}^{\infty} + \sigma_{yy}^{\infty}\right) - \dfrac{R^2(-\gamma+\beta)\left(-\sigma_{xx}^{\infty} + \sigma_{yy}^{\infty} - \mathrm{i}2\sigma_{xy}^{\infty}\right)}{2(1+\beta)z} \\ \psi_1(z) = \dfrac{R^2\beta\left(\sigma_{xx}^{\infty} + \sigma_{yy}^{\infty}\right)}{z(1+\gamma-2\beta)} + \dfrac{1}{2}z\left(-\sigma_{xx}^{\infty} + \sigma_{yy}^{\infty} + \mathrm{i}2\sigma_{xy}^{\infty}\right) \\ \qquad - \dfrac{R^4(-\gamma+\beta)\left(-\sigma_{xx}^{\infty} + \sigma_{yy}^{\infty} - \mathrm{i}2\sigma_{xy}^{\infty}\right)}{2(1+\beta)z^3} \end{cases} \tag{6-51}$$

夹杂内部的复势函数可以表示为

$$\begin{cases}\varphi_0(z)=\dfrac{z(1+\gamma)(\sigma_{xx}^{\infty}+\sigma_{yy}^{\infty})}{4(1+\gamma-2\beta)}\\ \psi_0(z)=\dfrac{z(1+\gamma)(-\sigma_{xx}^{\infty}+\sigma_{yy}^{\infty}+\mathrm{i}2\sigma_{xy}^{\infty})}{2(1+\beta)}\end{cases} \tag{6-52}$$

类似于求解单向受载的圆形夹杂问题，利用 M 积分的解析复势函数形式，引入基体与夹杂材料弹性模量之间的关系 $E_0=(1-\alpha)E$ ，可得到混合载荷下的圆形夹杂 M 积分表达式，即

$$\begin{aligned}M&=\frac{4}{E}\mathrm{Im}\oint_C z\varphi'(z)\psi'(z)\mathrm{d}z\\ &=\frac{\pi R^2}{E}\left[P_1\left(\sigma_{xx}^{\infty\,2}+\sigma_{yy}^{\infty\,2}\right)-P_2\sigma_{xx}^{\infty}\sigma_{yy}^{\infty}+P_3\sigma_{xy}^{\infty\,2}\right]\quad(\text{平面应力})\end{aligned} \tag{6-53}$$

式中，系数 P_1、P_2 和 P_3 分别为与材料相关的无量纲系数，即

$$\begin{cases}P_1=\dfrac{\alpha(5\alpha-8)+3\nu_0^2+6(\alpha-1)\nu_0\nu+3(\alpha-1)^2\nu^2}{[4-3\alpha+\nu_0+(\alpha-1)\nu][-2+\alpha+\nu_0+(\alpha-1)\nu]}\\ P_2=\dfrac{2\left[-\alpha^2+\nu_0^2+8(\alpha-1)^2\nu+(\alpha-1)^2\nu^2+2(\alpha-1)(4+\nu)\nu_0\right]}{[4-3\alpha+\nu_0+(\alpha-1)\nu][-2+\alpha+\nu_0+(\alpha-1)\nu]}\\ P_3=\dfrac{8\left[(\alpha-2)\alpha+\nu_0^2+2(\alpha-1)^2\nu+(\alpha-1)^2\nu^2+2(\alpha-1)(1+\nu)\nu_0\right]}{[4-3\alpha+\nu_0+(-1+\alpha)\nu][-2+\alpha+\nu_0+(-1+\alpha)\nu]}\end{cases} \tag{6-54}$$

通过解析表达式可以发现，M 积分可以看作由以下部分组成：无穷远正应力单独作用项，其系数为 P_1；两个方向无穷远正应力的耦合项，其系数为 P_2；剪应力单独作用项，其系数为 P_3。

引入应力三轴度概念，假设 $\sigma_{xx}^{\infty}=k\sigma_{yy}^{\infty}=k\sigma$ 和 $\sigma_{xy}^{\infty}=m\sigma_{yy}^{\infty}=m\sigma$ ，可得 M 积分及相关系数为

$$M=\frac{\pi R^2\sigma^2}{E}f(k,m,\nu,\nu_0,\alpha) \tag{6-55}$$

$$f(k,m,\nu,\nu_0,\alpha)=P_1(k^2+1)-P_2k+P_3m \tag{6-56}$$

由式(6-55)可见，与单轴拉伸的圆形夹杂的 M 积分形式类似，受到混合载荷作用的含有圆形夹杂的无限大平面，其 M 积分正比于夹杂面积和无穷远载荷的平方，反比于基体材料的弹性模量。

6.4.3　*M* 积分与含夹杂材料有效弹性模量的显式关系

对于单轴拉伸的夹杂问题，*M* 积分取决于系数 $f(\alpha,\nu,\nu_0)$，系数 $f(\alpha,\nu,\nu_0)$ 则由夹杂泊松比 ν_0 与基体的泊松比 ν，以及夹杂与基体的有效弹性模量下降系数 α 决定。取基体材料泊松比 $\nu=0.33$，图 6-22(a)为夹杂泊松比 ν_0 由 0 增至 0.5，有效弹性模量下降系数 α 由−1.0 增加至 1.0 时，函数 $f(\alpha,\nu,\nu_0)$ 随材料属性的变化趋势。

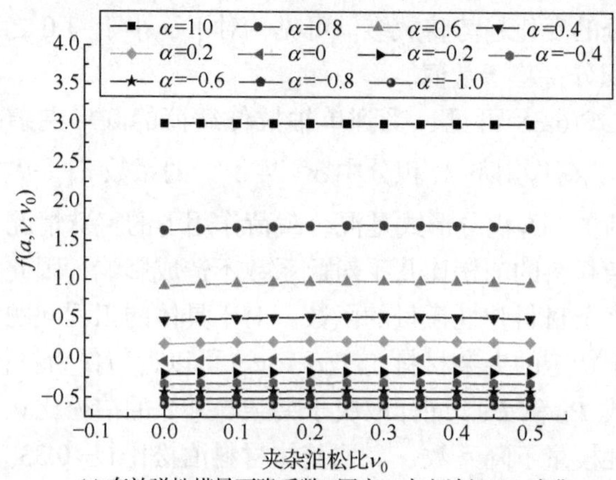

(a) 有效弹性模量下降系数 α 固定，夹杂泊松比 ν_0 变化

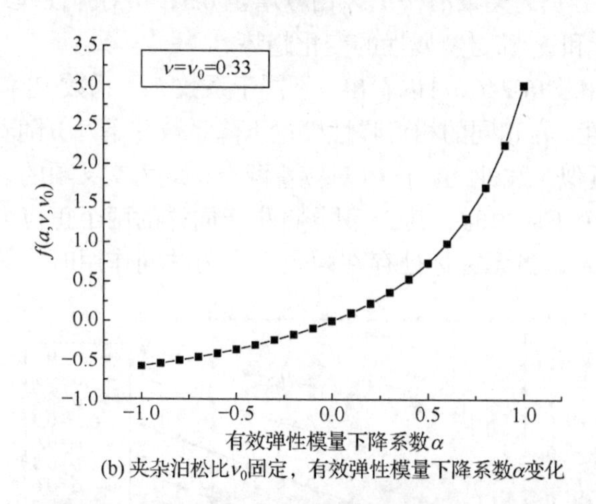

(b) 夹杂泊松比 ν_0 固定，有效弹性模量下降系数 α 变化

图 6-22　函数 $f(\alpha,\nu,\nu_0)$ 随材料属性的变化趋势

从图 6-22(a)可以得出，*M* 积分随夹杂泊松比 ν_0 的变化非常微小，可以认为夹杂泊松比对 *M* 积分影响甚微。*M* 积分随有效弹性模量下降系数 α 变化较为显著；为显式起见，取 $\nu_0=\nu=0.33$，图 6-22(b)给出函数 $f(\alpha,\nu,\nu_0)$ 随有效弹性模量下降系数 α 的变化趋势。当 α 处于 0 到 1.0 之间时，夹杂材料弹性模量小于基体材料，*M* 积分均为正值。这可理解为，对于弱夹杂问题，缺陷的自相似扩展将导致系统

总能量的释放。$\alpha=0$ 意味着夹杂材料与基体材料具有相同的材料属性，材料为一个没有缺陷的均质材料，材料(无缺陷)的自相似扩展系统总能量不会发生变化。在此情况下，守恒 M 积分自然为 0。需要特别注意的是，当 α 小于 0 时，M 积分将变为负值。对于 α 小于 0 的夹杂材料，其弹性模量高于基体材料，表现为强夹杂问题，M 积分为负值意味着强夹杂自相似扩展情况下，系统的总能量出现吸收现象，而非释放。此外，随着夹杂与基体之间的弹性模量差异变大，即 α 偏向数轴左侧时，M 积分的变化趋势将放缓。可见，对于 α 小于−1.0 之后的强夹杂或刚体夹杂问题，M 积分将趋于常值。

由式(6-53)及式(6-38)可见，受到单轴拉伸载荷的圆形夹杂的 M 积分系数 $f(\alpha,\nu,\nu_0)$ 与多轴载荷作用下 M 积分中 $\sigma_{xx}^{\infty 2}+\sigma_{yy}^{\infty 2}$ 的系数 P_1 一致。因此，不难理解，单轴拉伸载荷的 M 积分形式是混合载荷作用下的特殊情况。经过之前的讨论，已经发现夹杂材料的泊松比几乎对此系数不造成影响，因此该系数可以看作基体材料常数与夹杂材料弹性模量的函数。对于具体的工程问题，在基体材料一定的情况下，对于特定的夹杂材料，$f(\alpha,\nu,\nu_0)$ 可以近似作为材料常数。

另外两个系数 P_2 和 P_3，同样取决于夹杂与基体的泊松比 ν_0 和 ν，以及夹杂与基体的相对弹性模量下降系数 α。取基体材料泊松比 $\nu=0.33$，图 6-23(a)、(b)和图 6-24(a)、(b)分别为夹杂泊松比 ν_0 由 0 增至 0.5，相对弹性模量下降系数 α 由 0 增至 1.0 时，P_2 和 P_3 随材料属性的变化趋势。

由图 6-23(a)和图 6-24(a)可以看出，不同于系数 P_1，系数 P_2 和 P_3 表现出与夹杂泊松比的相关性。在相同的相对弹性模量下降系数 α 下，P_2 随着夹杂泊松比 ν_0 单调增加，趋势近似为线性。由于 P_2 对应着两个正应力交叉项的系数，可以推知，面内同时作用两个正应力时，其 M 积分将小于同样的两个正应力单独作用时 M 积分的叠加。同时，当无穷远处存在两个正应力共同作用时，具有相同面积和

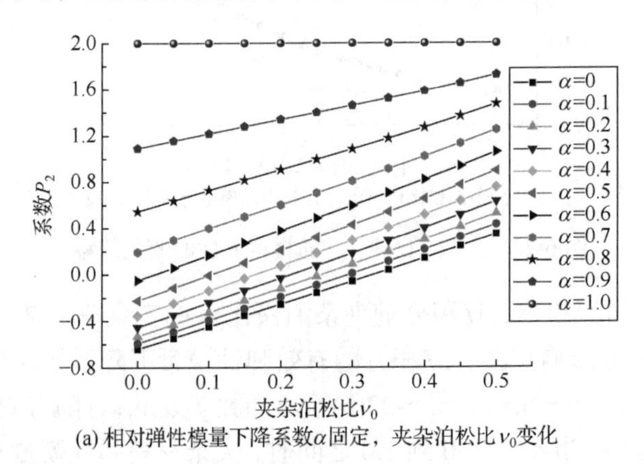

(a) 相对弹性模量下降系数α固定，夹杂泊松比ν_0变化

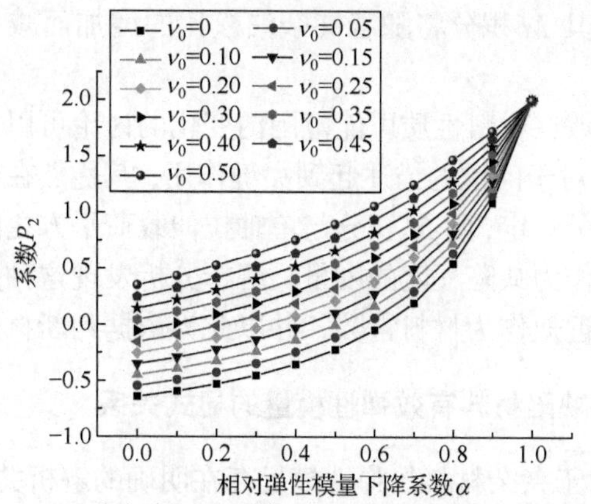

(b) 夹杂泊松比 ν_0固定，相对弹性模量下降系数α变化

图 6-23　系数 P_2 与材料属性之间的变化关系

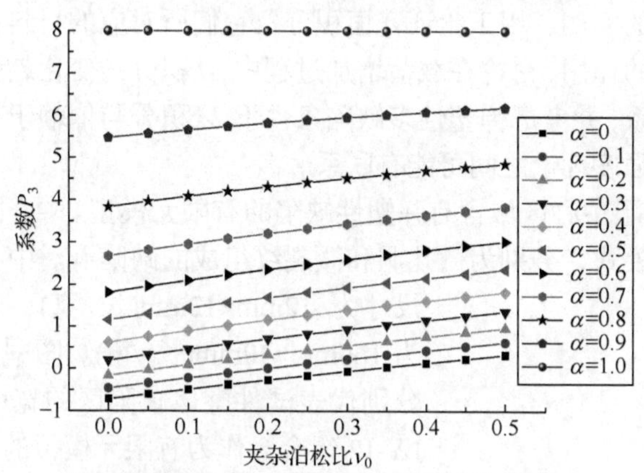

(a) 相对弹性模量下降系数α固定，夹杂泊松比 ν_0变化

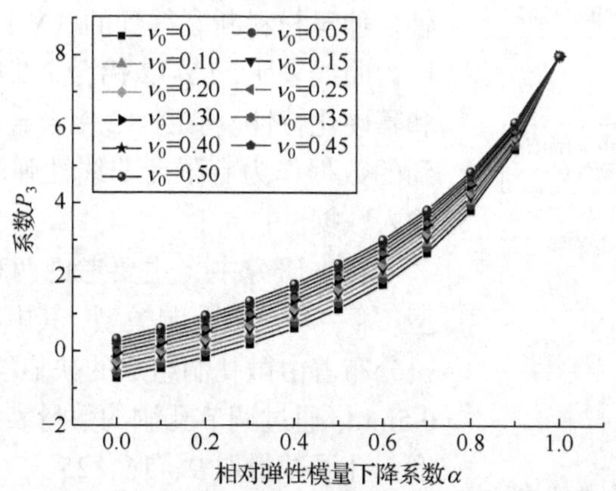

(b) 夹杂泊松比 ν_0固定，相对弹性模量下降系数α变化

图 6-24　系数 P_3 与材料属性之间的变化关系

弹性模量的圆形夹杂，其 M 积分将随着夹杂泊松比的增加而减小，增加趋势呈线性。

通过上述对几个系数在材料性质可能范围内变化的讨论可以发现，对于单轴拉伸载荷问题，系数 P_1 对于问题的描述起到关键作用，其优点在于只要缺陷的构型及基体材料的弹性模量一定，则 M 积分与单轴拉伸载荷平方之间的变化关系将被固定，这种关系可以作为缺陷程度的度量；解析分析发现这种关系只与材料自身属性相关，可以将其近似作为材料常数，并以此为依据判断材料的损伤程度。

6.4.4　*M* 积分与含多孔缺陷材料有效弹性模量的显式关系

研究发现 M 积分对于夹杂材料的弹性模量存在明确的解析关系，对于多缺陷材料而言，可将这种连续介质的解析关系进行等效，进而衡量多缺陷材料的损伤程度。为此，考虑弹塑性条件下的平面多缺陷问题，开展有限元分析。选取一系列不同缺陷构型的实例，用于验证守恒积分及它们所对应的材料构型力在描述二维弹塑性问题中的作用，讨论在载荷增加过程中 M 积分的变化趋势及其与有效弹性模量之间的关系，并考虑弹塑性多缺陷条件下 M 积分与依赖于有效弹性模量下降量的传统材料强度理论之间可能有联系。

图 6-25 显示了中心区域含有弹塑性缺陷的有限元模型。中心的矩形区域随机分布着不同缺陷模式，分别为微孔洞和微裂纹组成的缺陷群。中心矩形缺陷区的尺寸为 12mm×12mm(长×宽)，模型的整体尺寸为 160mm×40mm(长×宽)。图中 w_1、w_2 和 l_1、l_2 分别代表试件整体缺陷区的宽度和长度。选用 LY-12 铝合金作为有限元模拟的基体材料，其常温下弹性模量为 71GPa，泊松比为 0.33。通过单轴拉伸至材料断裂得到的 LY-12 铝合金的应变应力曲线表明，LY-12 铝合金具有典型的弹塑性和幂硬化特性。将 LY-12 铝合金材料拉伸试验得到的数据作为有限元非线性弹塑性本构方程的输入数据。

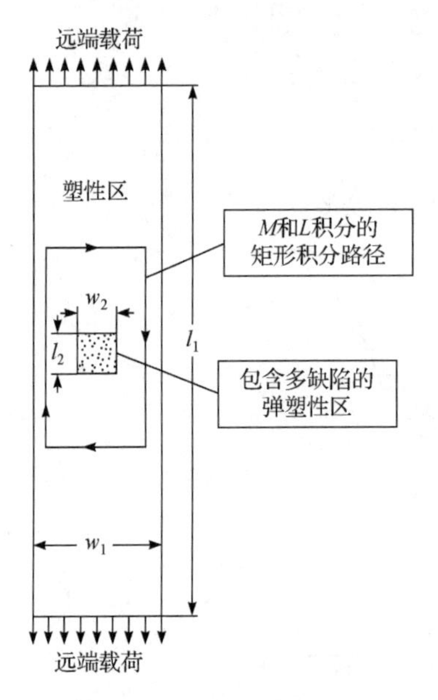

图 6-25　中心区域含有弹塑性缺陷的有限元模型

在本研究中，主要考虑两种不同的缺陷构型。第一种是微孔洞模型，其中心矩形范围内随机分布着由微孔洞组成的缺陷群。每个孔直径为 0.5mm。通过调节孔洞的数量表征不同的孔洞密度，孔洞数量取 9、16、25、36、49、64、81、100、121、144 和 169。第二种构型则由微裂纹填充缺陷区域，每个裂纹长 0.5mm，裂纹的位置和方向都随机分布于缺陷区，裂纹数量取 9、16、25、36、49、64、81、100、121、144 和 169。值得注意的是，在弹塑性条件下，M 和 L 积分的路径无关性需要重新考虑。对于弹塑性条件下的 M 和 L 积分，其积分路径不仅要包围所有缺陷区，而且要包含缺陷附近在载荷增加过程中产生的塑性区。因此，图 6-25 中的矩形积分路径将包围所有缺陷及塑性区以避免 M 和 L 积分的路径相关性。

图 6-26 显示了含不同缺陷构型试件的 M 积分随外载荷的变化：(a)多孔洞缺陷构型；(b)多裂纹缺陷构型。由图 6-26 可知，M 积分随着外载荷的增加呈现单调增加的趋势，并与外载荷呈现近似二次曲线关系。此外，M 积分与孔洞数和裂纹数，即缺陷密度呈现明显的相关性。也就是，缺陷越多，相同外载荷下的 M 积分值越大。特别是对于不含缺陷，只考虑材料弹塑性的中心区域的情况，图 6-26 显示，由于产生了塑性区，M 积分在某个外载荷之后会大幅跃升。这种情况不同于

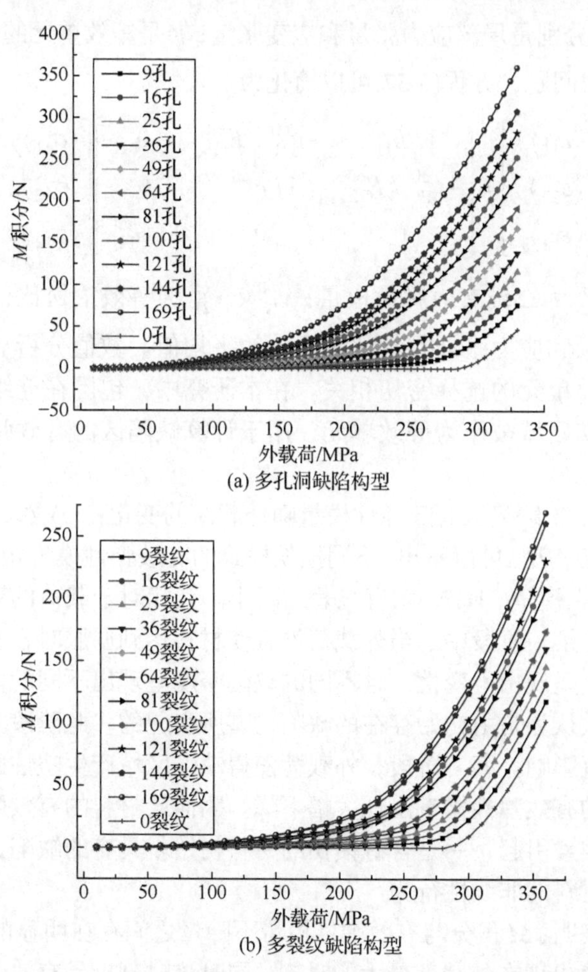

(a) 多孔洞缺陷构型

(b) 多裂纹缺陷构型

图 6-26　含不同缺陷构型试件的 M 积分随外载荷的变化

线弹性条件下，对于不含有缺陷的材料，其 M 积分为 0。这意味着在弹塑性条件下，被积分路径包围的非线性应变能将显著地影响 M 积分的值。换句话说，M 积分不但表征了材料构型上的不连续性，而且表征了材料的非线性弹塑性行为。远端载荷、材料行为和缺陷构型对 M 积分的影响表明，M 积分在描述含有微缺陷的材料的损伤中具有重要作用。通过对物理现象的分析发现，M 积分可以作为一种有效的参数用于描述多缺陷作用引起结构完整性退化的程度。

对于含有多缺陷的材料，可以计算其有效弹性模量等参数，具体可以通过引入在等效单元上的应力及应变分量来计算。含有损伤的材料，其有效刚度矩阵 C_{ijkl}^{eff} 往往通过下述本构方程来定义:

$$\int_V \sigma_{ij}\mathrm{d}V = C_{ijkl}^{\text{eff}}\int_V \varepsilon_{kl}\mathrm{d}V \tag{6-57}$$

式中，σ_{ij} 和 ε_{kl} 分别是局部应力张量和应变张量；V 是等效单元的体积。对于本研究中的平面应力问题，方程(6-57)可以简化为

$$\begin{bmatrix} \langle\varepsilon_{11}\rangle_V \\ \langle\varepsilon_{22}\rangle_V \\ \langle\varepsilon_{12}\rangle_V \end{bmatrix} = \begin{bmatrix} 1/E_{11}^{\text{eff}} & -\nu_{21}^{\text{eff}}/E_{11}^{\text{eff}} & 0 \\ -\nu_{12}^{\text{eff}}/E_{22}^{\text{eff}} & 1/E_{22}^{\text{eff}} & 0 \\ 0 & 0 & 1/G_{12}^{\text{eff}} \end{bmatrix} \begin{bmatrix} \langle\sigma_{11}\rangle_V \\ \langle\sigma_{22}\rangle_V \\ \langle\sigma_{12}\rangle_V \end{bmatrix} \tag{6-58}$$

式中，E_{11}^{eff}、E_{22}^{eff} 为二维有效弹性模量；ν_{12}^{eff}、ν_{21}^{eff} 为等效泊松比；$\langle\varepsilon_{ij}\rangle_V$ 和 $\langle\sigma_{kl}\rangle_V$ 分别为应变张量和应力张量在等效单元上的平均值。数值分析显示，有效弹性模量的值与等效单元的选择密切相关。在本研究中，包围在连续介质中的含有大量缺陷的损伤区域被作为等效单元，用于计算缺陷区的有效弹性模量随外载荷的变化。

图 6-27 显示了缺陷区有效弹性模量随外载荷的变化：(a)含多孔洞缺陷构型；(b)含多裂纹缺陷构型。可以看出，不同损伤模式的有效弹性模量相对于完整的 LY-12 铝合金的弹性模量(71GPa)均有显著的减小。其相对于载荷的变化趋势可以分为两个阶段。在第一阶段中，当外载荷没有使材料达到屈服时，有效弹性模量相对于外载荷变化呈现出不变性，且不同的缺陷密度呈现出不同的值。此时弹性模量的下降可以被认为是由初始存在的缺陷构型所引起的。此阶段材料的非线性对于材料性能没有影响。第二阶段，外载荷使得缺陷区域产生塑性区，随着塑性区的扩张，材料的有效弹性模量出现大幅下降。因而，材料的有效弹性模量下降可以看作由两个因素引起，一是含有损伤的材料初始就具有的缺陷，二是在持续的外载荷作用下材料的非线性行为。

上述结果表明，M 积分与有效弹性模量下降量之间存在明显的联系。事实上，M 积分的最大值出现在外载荷最大的时刻，同时该时刻也是有效弹性模量下降量

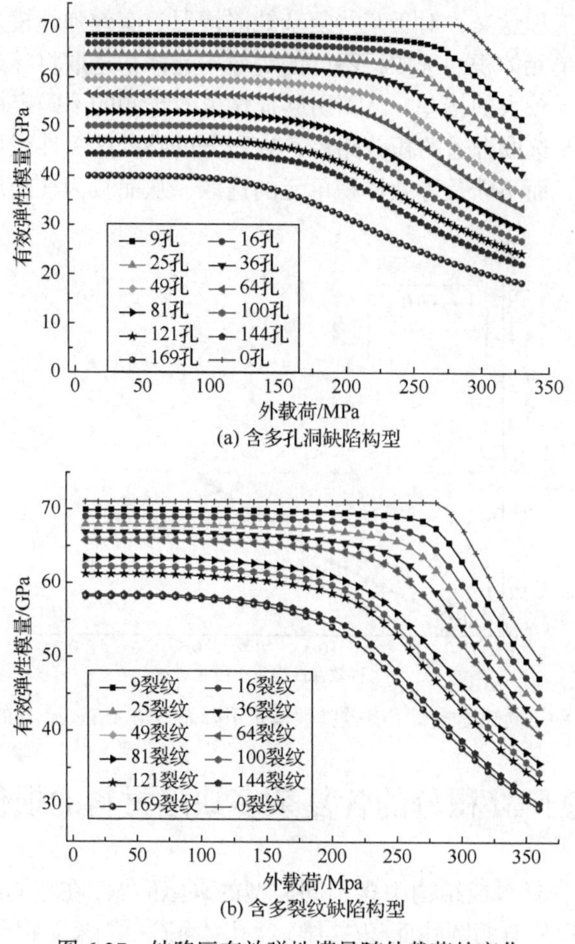

(a) 含多孔洞缺陷构型

(b) 含多裂纹缺陷构型

图 6-27　缺陷区有效弹性模量随外载荷的变化

最大的时刻。M 积分与有效弹性模量的变化均反映了多缺陷弹塑性材料的损伤进化过程。同时数值模拟还表明，含有局部损伤材料的 M 积分与有效弹性模量下降量的关系类似于式(6-37)中的显式关系。图 6-28 显示了三种不同缺陷构型下有效弹性模量下降系数与 $ME/(\sigma^2 A)$ 的固有关系，其中 $A=w_2^2$ 为缺陷区面积，可以看到，M 积分值与有效弹性模量下降系数呈现一定固有关系。这一特定关系，不依赖于缺陷的构型细节与外载荷变化。给定一个当前缺陷构型的有效弹性模量的退化阈值，将对应着唯一的外围 $ME/(\sigma^2 A)$ 参数值。对于缺陷的损伤水平，可以用经典损伤力学的弹性模量下降量来表征，本研究结果表明，材料的损伤同样可以利用外围 $ME/(\sigma^2 A)$ 参数值来唯一表征。换句话说，M 积分可以替代传统的弹性模量下降量，作为一种有效的参数描述多缺陷引起的结构完整性退化程度。这一结论有着重要的工程意义，对于某些复杂缺陷情况，有效弹性模量下降量的计算强烈依赖于等效单元体积的选取，不同的等效单元体积选取将导致计算的有效弹性模量下降量出现较大的偏差，从而引起损伤失效预测的不确定性。M积分则没有这一问题，只要选取合适的积分路径，M积分的路径无关性就可以保证其只与缺陷的构型相关，而不涉及等效体积单元的选取，从而较为准确地预测复杂缺陷材料的失效行为。

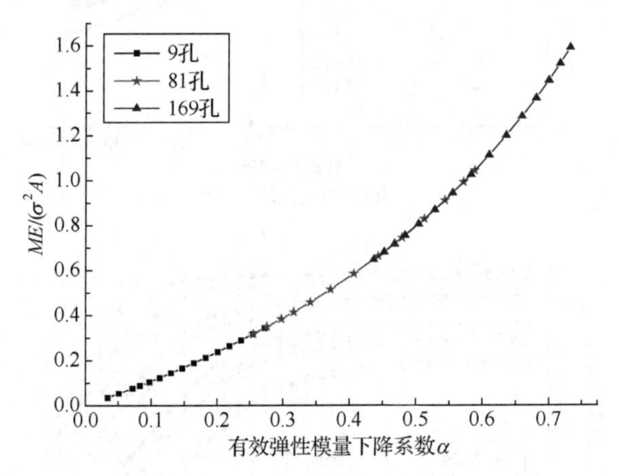

图 6-28　三种不同缺陷构型下有效弹性模量下降系数与 $ME/(\sigma^2 A)$ 的固有关系

6.5　基于M积分的含复杂多缺陷材料的损伤评估

本节针对工程材料或结构中含不同类型的缺陷问题，在相同载荷条件下，采用具有一致 M 积分值的圆孔面积(二维)/球孔体积(三维)来对损伤程度进行量化分析。

6.5.1　基于M积分等效的损伤评估方法

作为守恒积分，当 M 积分的积分路径为闭合曲线，且包围了所有材料微缺陷，则M积分值能体现出载荷条件、材料属性和缺陷构型对于材料损伤水平的影响。因此，针对复杂缺陷，只要计算相应的M积分，就能通过本书研究的办法等效计算具有相同M积分值的二维圆孔面积或三维球孔体积。

通过M积分等效方法，对于不同类型缺陷致材料的损伤水平，通过计算其贡献的M积分值来量化。图 6-29 给出了基于M积分等效的标定方法：(a)二维平面复杂多缺陷等效损伤面积；(b)三维体中复杂内缺陷等效损伤体积。针对含复杂缺陷的二维平面，M积分值相同时，认为材料具有相同的损伤水平。据此，将复杂缺陷导致的材料损伤面积，采用相同载荷条件下M积分值相同的等效弹性圆孔的面积来标定。这样，就可以采用 M 积分对含任意缺陷构型的材料损伤水平进行量化标定。需要指出的是，针对含圆孔二维平面受远场载荷作用问题，相应 M 积分的解析表达式记为 $M_{2D\text{-void}}$。同样地，对于图 6-29(b)所示的三维复杂缺陷构型，通过 M 积分等效，相应的损伤等效体积可以用相同载荷条件下，具有相同 M 积分值的球孔体积来标定和量化。其中，球孔受到远场载荷作用的问题，相应的 M 积分具有解析表达式(Seo et al., 2018)，记为 $M_{3D\text{-void}}$。

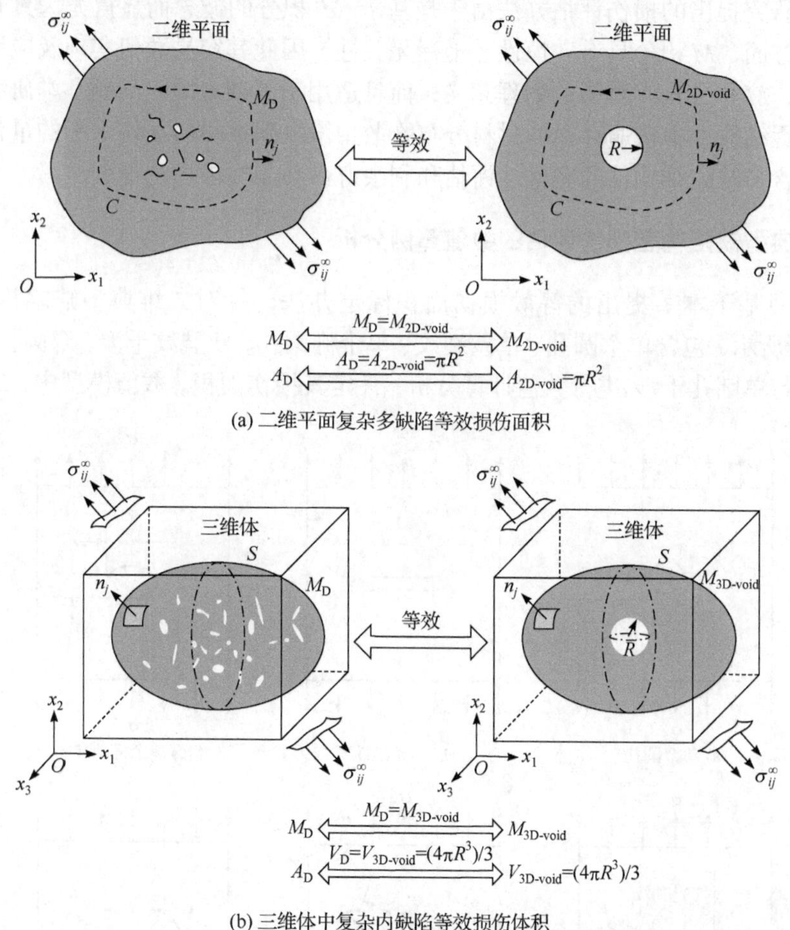

(a) 二维平面复杂多缺陷等效损伤面积

(b) 三维体中复杂内缺陷等效损伤体积

图 6-29　基于 M 积分等效的标定方法示意图

具体的损伤标定方法如下：

(1) 对损伤水平待评定的含复杂缺陷构型的二维平板或三维体进行有限元模拟(图 6-29)，在任意一条包围所有材料缺陷的路径上，基于域积分方法计算载荷 σ_{ij}^{∞}作用下的守恒 M 积分值，在此统一记为 M_D；

(2) 二维问题中，将(1)中得到的载荷 σ_{ij}^{∞}作用下的守恒 M 积分值($M_{\rm D}$)，代入等效损伤面积定义式 $A_{\rm D}=\pi R^2 M_{\rm D}/M_{\rm 2D\text{-}void}$，这样计算得到的 $A_{\rm D}$ 即含复杂缺陷的二维材料的等效损伤面积；

(3) 三维问题中，将(1)中得到的加载下含复杂缺陷材料的三维 M 积分值($M_{\rm D}$)，代入等效损伤体积定义式 $V_{\rm D}=4\pi R^3 M_{\rm D}/(3M_{\rm 3D\text{-}void})$，以此方法计算的 $V_{\rm D}$ 即含复杂缺陷的三维材料的等效损伤体积。

本研究提出的损伤评估办法由于是基于 M 积分的概念而显得尤为具有吸引力。一方面，M 积分具有守恒性、坐标无关性，因此其容易数值实现及应用；另一方面，M 积分具有鲜明的物理意义，而且适用于复杂多缺陷问题。本研究将有益于工程结构件中普遍存在的材料分布弥散型微缺陷致材料损伤水平的量化，进一步为含多缺陷结构件的完整性评估和剩余寿命预测提供理论参考。

6.5.2 典型缺陷构型损伤评估的数值算例分析

下面基于本节提出的等效损伤面积标定办法，针对二维典型缺陷构型(如图 6-30 所示，包含单个圆孔、单条裂纹、单个椭圆孔、双裂纹干涉、双圆孔干涉、单裂纹与单圆孔干涉)进行数值计算分析，评定其损伤面积。数值模型中，二维板

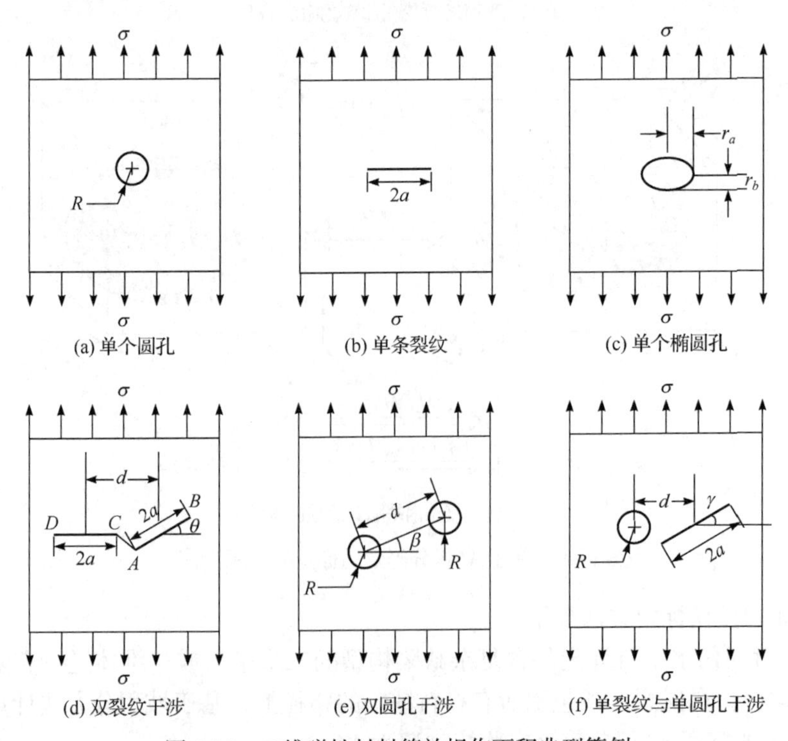

图 6-30　二维弹性材料等效损伤面积典型算例

的弹性模量 E=71GPa，材料泊松比 ν=0.33，单轴拉伸载荷 σ=90MPa。基于等效域积分法计算 M 积分(Moran et al., 1987；Nikishkov et al., 1987)，相应的 M 积分和等效损伤面积在表 6-9 中列出。

表 6-9　含缺陷 LY-12 铝合金平板的 M 积分和等效损伤面积计算结果

缺陷构型		M 积分/(10^{-4}N) (σ=90MPa)		等效损伤面积/mm^2
单个圆孔		$(3\pi R^2\sigma^2)/E$		πR^2
单条裂纹		$(2\pi a^2\sigma^2)/E$		$2\pi a^2/3$
单个椭圆孔		$\pi(2r_a^2+r_ar_b)\sigma^2/E$		$\pi(2r_a^2+r_ar_b)/3$
双裂纹干涉 a=0.4mm，d=1.5mm	倾斜角 θ	0°	2467.366	0.721
		30°	2156.883	0.630
		60°	1497.938	0.438
		90°	1167.154	0.341
双圆孔干涉 R=0.2mm，d=1mm	倾斜角 β	0°	858.803	0.251
		30°	903.555	0.264
		60°	875.003	0.256
		90°	797.648	0.233
单裂纹与单圆孔干涉 a=0.4mm，R=0.2mm，d=1mm	倾斜角 γ	0°	1645.313	0.481
		30°	1329.818	0.389
		60°	703.890	0.206
		90°	417.150	0.122

经典缺陷构型(圆孔、单裂纹、椭圆孔)的 M 积分已有解析解，其等效损伤面积很容易求出，对于复杂的缺陷构型，则需要借助等效域积分法计算 M 积分。由表 6-9 可得，单个椭圆孔的等效损伤面积为 $\pi(2r_a^2+r_ar_b)/3$(其中，r_a 为椭圆长半轴长度，r_b 为椭圆短半轴长度)。特别地，对相同面积的椭圆孔与圆孔($R^2=r_ar_b$，R 为圆孔半径)，可以发现 $\pi(2r_a^2+r_ar_b)/3>\pi r_ar_b=\pi R^2$，即几何面积一样的圆孔和椭圆孔，基于 M 积分等效的损伤水平不一样，其中椭圆孔的等效损伤面积大于圆孔，且椭圆孔的损伤水平随 r_a/r_b 值增大而升高。

接下来，针对双裂纹干涉、双圆孔干涉、单裂纹与单圆孔干涉对材料损伤水平的影响进行分析。

缺陷构型为双裂纹干涉(裂纹“AB”和“CD”，如图 6-30(d)所示)时，在两条裂纹的中心距离 d 确定时，裂纹构型处于垂直于载荷的方向时，所导致的等效损伤面积最大，即损伤水平最高。在倾斜角 θ=0°时，如果两裂纹相距足够远，等效于两条独立的裂纹，彼此之间不干涉，相应的等效损伤面积 $A_D^0=4\pi a^2/3=0.670\text{mm}^2$。本研究取两裂纹中心相距 d=1.5mm 时，数值计算得等效损伤面积为

$0.721mm^2$=107.6% A_D^0，表明由于 A、C 两裂尖应力场的干涉，产生“放大效应”，导致等效损伤面积增大，即提高材料的真实损伤水平，促进缺陷进一步演化。特别地，在 d=0mm 时，即两条裂纹发生聚合形成了半长 a=0.8mm 的一条长裂纹，相应的等效损伤面积为 $2\pi a^2/3=1.340mm^2$，表明缺陷的聚合会导致材料损伤水平显著增高。在倾斜角θ=90°时，如果两裂纹相距足够远，相应的等效损伤面积即为单裂纹的损伤面积，有 $A_D^{90}=2\pi a^2/3=0.335mm^2$，$d$=1.5mm 时，数值计算得等效损伤面积为 $0.341mm^2=101.76\%A_D^{90}$，表明倾斜角$\theta$是影响等效损伤面积大小和放大效应的主要因素，损伤水平随倾斜角θ从 0°～90°逐渐增大，两裂纹内裂尖 A、C 距离 l_{AC} 增大，损伤水平的“放大效应”减弱。

针对双圆孔干涉问题，由表 6-9 可以看出，等效损伤面积随着倾斜角β增大而先增大再减小，揭示了材料中含多孔洞的损伤问题，损伤水平与孔洞之间的分布位置紧密相关。基于目前计算的数据，倾斜角β=30°时，等效损伤面积最大；倾斜角β=90°时，等效损伤面积最小，但变化不是很明显。β=0°时，在两圆孔间距 d 足够大时(孔洞之间的干涉效应可以忽略)，双圆孔的等效损伤面积 A_D 等于单孔损伤面积的 2 倍，即 $A_D^0=2\pi R^2=0.2513mm^2$。本研究中，给定的两圆孔的间距 d=1mm，相应的等效损伤面积数值结果为 $0.251mm^2=99.84\%A_D^0$，进一步表明，相对于双裂纹干涉情况，圆孔之间的干涉对损伤水平影响甚微。

针对单裂纹与单圆孔干涉问题，给定裂纹中心与圆孔中心的距离 d，裂纹方向与圆孔中心连线的方向垂直于载荷方向时，材料的等效损伤面积最大(损伤水平最高)。相对倾斜角 $\gamma=0°$ 时，当裂纹和圆孔之间相距足够远时(圆孔与裂纹之间的干涉效应可以忽略)，等效损伤面积 $A_D^0=2\pi a^2/3+\pi R^2=0.461mm^2$。本研究中裂纹和圆孔的中心距离 d=1mm，相对倾斜角 $\gamma=0°$ 时，等效损伤面积的数值结果为 $0.481mm^2=104.34\%A_D^0$，表明由于圆孔和裂纹之间的干涉，板的损伤水平提高。相对倾斜角 $\gamma=90°$，d 足够大时，等效损伤面积记为 $A_D^{90}=\pi R^2=0.1257mm^2$。本研究所取的裂纹和圆孔中心距离 d=1mm，等效损伤面积的数值计算结果为 $0.122mm^2=97.06\%A_D^{90}$，表明当裂纹和载荷方向平行时，圆孔和裂纹之间的干涉并不会对材料的损伤水平有显著影响。总的来说，裂纹和圆孔之间发生干涉，可能会增大或者减小损伤面积，具体是增大还是减小由裂纹和圆孔的实际构型决定。事实上，对于线弹性问题，给定材料缺陷构型，相应的等效损伤面积独立于载荷水平，是材料损伤固有的一种属性，符合实际情况。

更进一步地，在外载荷相对较大时，缺陷附近发生较大范围的塑性变形，并且塑性变形区随着外载荷增大而逐渐增大，导致材料损伤水平进一步提高。接下来，阐述弹塑性材料中，缺陷附近塑性变形损伤对 M 积分的贡献。由于裂纹尖端的应力集中系数最大，为了方便问题的分析，以双裂纹干涉作为示例(图 6-30(d))。在弹塑性有限元计算过程中，材料选取 LY-12 铝合金，其具有典型的非线性应力-应变关系，在应变达到一定值时，材料有明显的强化特征，可认为材料发生明显的塑性变形。其中，材料弹性模量 E=71GPa，泊松比 ν =0.33，屈服强度设置为 300MPa。缺陷构型参数 a=0.4mm，d=1.5mm。有限元计算过程中，保证积分路径包围两条裂纹以及相应的塑性区。通过设置不同远场均布拉伸载荷大小 (本研究选取三组载荷 σ =90MPa、110MPa、130MPa)，改变塑性区大小，进而改变材料塑性损伤对 M 积分的贡献。图 6-31 给出了倾斜角为 0°的双裂纹干涉问题中裂尖塑性区随载荷增大的变化过程。相应的 M 积分和等效损伤面积有限元计算结果如图 6-32 所示。

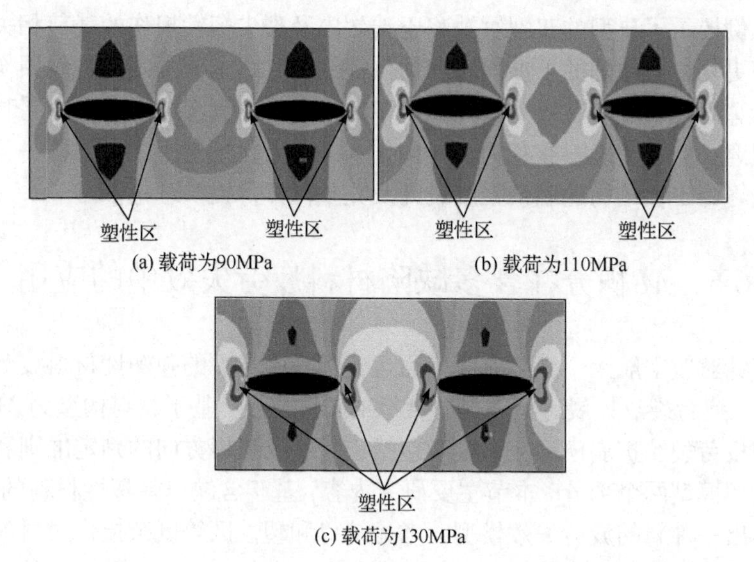

(a) 载荷为90MPa　(b) 载荷为110MPa

(c) 载荷为130MPa

图 6-31　LY-12 铝合金二维平板倾斜角为 0°双裂纹干涉中裂尖塑性区随载荷变化云图

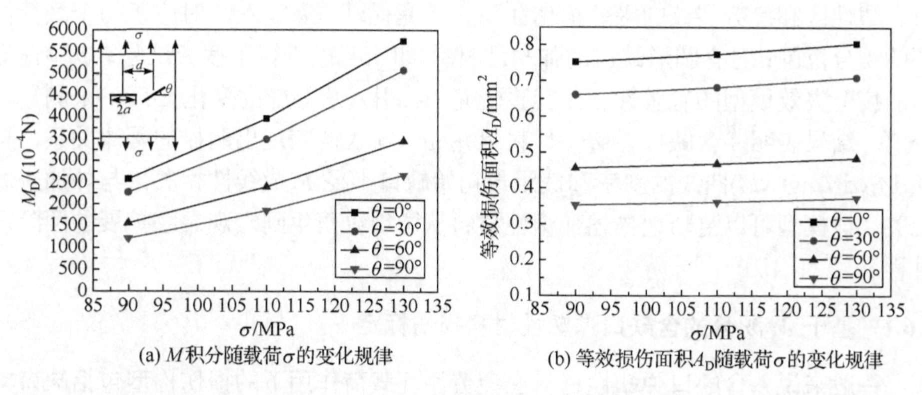

(a) M积分随载荷σ的变化规律　(b) 等效损伤面积A_D随载荷σ的变化规律

图 6-32　LY-12 铝合金二维平板在双裂纹不同倾斜角 θ下 M积分和 A_D随载荷σ的变化曲线

由图 6-32(a)中可以看出，对于双裂纹干涉模型，相应的 M 积分随载荷增长而增长，并且增长率也随载荷增长而增长。这是因为在单调递增载荷作用下，积分区域内产生的塑性变形引起的非线性应变能，裂尖塑性区面积如图 6-31 所示呈现明显增长模式。在图 6-32(b)中可以看出，等效损伤面积 A_D 随载荷线性增长，增长速率随着两裂纹间的相对倾斜角 θ 增大而减小。当两裂纹相对倾斜角 $\theta=0°$，载荷从 90MPa 增大到 130MPa 时，相应的等效损伤面积从 0.752mm^2 增大到 0.804mm^2；当两裂纹相对倾斜角 $\theta=90°$ 时，相应的等效损伤面积从 0.353mm^2 增大到 0.373mm^2。另外，从图 6-32(b)中可以看出，在确定载荷水平条件下，两裂纹相对倾斜角从 0°增大到 90°时，等效损伤面积的增长率减小。相比于纯弹性问题，材料的等效损伤面积与载荷具有相关性是弹塑性材料的典型特征。

本算例揭示了典型的双裂纹缺陷干涉效应及裂尖塑性损伤的载荷相关性，有利于理解更复杂微缺陷的干涉问题和损伤评估研究。本节提出的材料损伤水平标定方法计算简便，能够有效反映含复杂多缺陷材料的真实损伤水平。同时，M 积分的物理意义十分明确，有望为材料损伤水平的量化标定提供一种统一且普适的途径，最终为工程结构的剩余强度设计及完整性评价提供理论依据。

6.6　M 积分在含多缺陷材料疲劳失效中的应用

本节针对航空航天、核工程和交通运输领域中常见的弹塑性材料疲劳裂纹扩展问题，从疲劳裂纹扩展过程中能量耗散的角度出发，基于材料构型力 M 积分建立对应的疲劳裂纹扩展模型。该模型包括疲劳裂纹扩展方向的判定准则和疲劳裂纹扩展速率模型两个部分。本节主要研究内容：基于含缺口弹塑性材料的 M 积分概念，提出一种新的疲劳失效模型，考虑缺口和塑性区等复杂损伤对材料寿命的贡献；提出疲劳损伤演化速率(dA_D/dN)和疲劳驱动力(ΔM)的新形式，其中包括缺口、塑性区和疲劳裂纹的等效损伤面积，N 是循环次数，ΔM 对应于每个载荷循环的积分范围；对有圆形缺口的弹塑性材料(如 45#钢)进行了疲劳试验，以验证提出的疲劳失效模型的有效性，在实验研究中，引入总势能的变化(CTPE)来测量积分值。结果表明，含缺口弹塑性材料 dA_D/dN 与 ΔM 表现出明显的幂律关系，且 $\lg(dA_D/dN)$-$\lg(\Delta M)$ 曲线的斜率和截距与初始缺口半径 R 成线性相关，与外加应力无关。该模型可以清晰地描述弹塑性材料从微裂纹萌生到宏观裂纹扩展的两阶段过程。

6.6.1　基于 M 积分的含缺口弹塑性材料损伤标定

一般来说，含缺口弹塑性材料在疲劳循环载荷作用下的损伤构型包括缺口本身、塑性区和缺口附近的宏观裂纹，其在疲劳循环载荷作用下的疲劳破坏过程可分为两个阶段：阶段Ⅰ，伴随微裂纹萌生的塑性区形成和扩展阶段；阶段Ⅱ，宏观裂纹扩展并最终突然断裂阶段，如图 6-33 显示的含缺口弹塑性材料的疲劳过程。然而，如图 6-33 所示，很难使用统一的方法来评估缺口材料的整体复杂损伤水平。

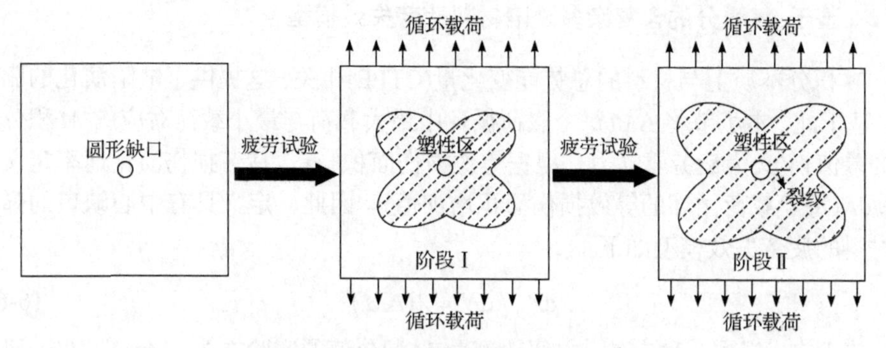

图 6-33　含缺口弹塑性材料的疲劳过程

如 6.5 节所述，由等效损伤面积 A_D 定义统一损伤水平，含缺口弹塑性材料等效损伤面积 A_D 如图 6-34 所示。二维情况下，相同的 M 积分值代表相同的损伤水平。在相同疲劳循环载荷下，将复杂缺陷引起的损伤区域标定为具有相同 M 积分值的等效弹性圆孔面积，从而判断缺陷损伤水平，实现缺陷的损伤面积标定。含复杂微缺陷构型的材料系统的等效损伤面积标定的具体方法如下所述。

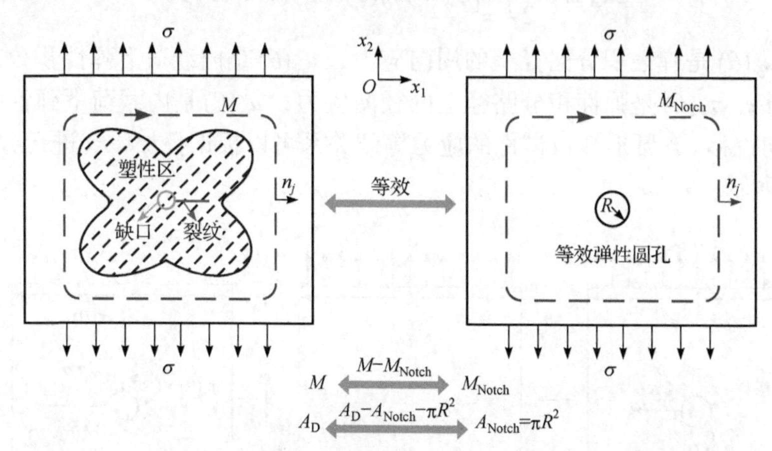

图 6-34　含缺口弹塑性材料等效损伤面积 A_D 示意图

(1) 对含复杂多缺陷构型，如缺口、塑性区和裂纹等的弹塑性材料试件进行实验或数值计算，得到其 M 积分值。

(2) 在具有二维中心圆形缺口的弹性材料中，M 积分值可以通过解析获得

$$M_{\text{Notch}} = 3\pi R^2\sigma^2 / E \tag{6-59}$$

式中，R、σ 和 E 分别是中心圆形缺口的半径、远端载荷和材料弹性模量。

(3) $M=M_{\text{Notch}}$，因此 A_D 满足如下关系式：

$$A_{\text{D}} = \pi R^2 = M_{\text{Notch}} E / 3\sigma^2 = ME / 3\sigma^2 \tag{6-60}$$

6.6.2 基于 *M* 积分的含复杂多缺陷材料疲劳失效模型

M 积分本质上与材料的总势能变化量(CTPE)相关，这提供了缺陷演化的驱动力。基于此，本小节将 ΔM(每个载荷循环中最大载荷与最小载荷对应的 M 积分之间的差值)定义为疲劳驱动力。根据等效损伤面积 A_D，疲劳损伤演化速率定义为 dA_D/dN(每个载荷循环的等效损伤面积增加值)。因此，定义具有中心缺口的弹塑性材料的疲劳失效模型如下：

$$\text{d}A_{\text{D}} / \text{d}N = \lambda(\Delta M)^n \tag{6-61}$$

接下来，提出一种有效、方便地测量 M 积分值的实验方法。Ma 等(2001)研究了 M 积分和 CTPE 之间的关系，可以表示为

$$M = 2\text{CTPE} \tag{6-62}$$

式(6-62)为测量 M 积分提供了理论依据，寻找一种测量 CTPE 的方法是测量 M 积分的关键。对于承受远端均匀载荷 σ 的圆形缺口试件，总势能变化量如下：

$$\text{CTPE} = \frac{1}{2}\int_{-\pi}^{\pi}\left[\sigma_\theta(\theta)u_\theta(\theta) + \sigma_r(\theta)u_r(\theta)\right]\text{d}\theta \tag{6-63}$$

式中，$\sigma_\theta(\theta)$ 是弹性积分路径上的周向应力；$u_\theta(\theta)$ 是内载荷下弹性积分路径的周向位移；$\sigma_r(\theta)$ 是弹性积分路径上的径向应力；$u_r(\theta)$ 是内载荷下弹性积分路径的径向位移。含圆形缺口试件的应力等效关系可以根据叠加原理进行分解，如图 6-35 所示。

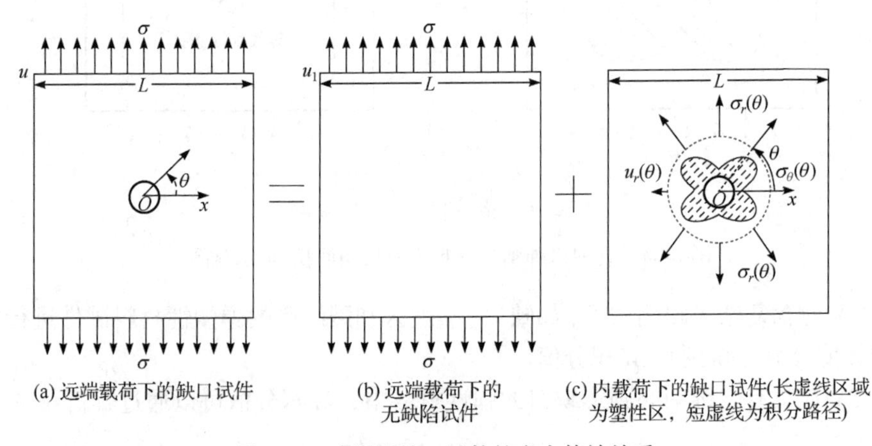

图 6-35 含圆形缺口试件的应力等效关系

由于在远离塑性区的弹性区叠加原理成立，并且 M 积分通过包围所有塑性区的弹性积分路径计算，可以证明，具有圆形缺口的平板可以等效为，受到相同载荷的无缺陷连续介质和相同大小内载荷作用在弹性积分路径上的具有圆形缺口的平板的组合。因此，含有多缺陷的单位厚度试件的全部外力功为

$$\frac{1}{2}\sigma Lu=\frac{1}{2}\sigma Lu_1+\frac{1}{2}\int_{-\pi}^{\pi}\left[\sigma_\theta(\theta)u_\theta(\theta)+\sigma_r(\theta)u_r(\theta)\right]\mathrm{d}\theta \tag{6-64}$$

式中，L 是含缺口试件的宽度；u 是含缺口试件在远端载荷下的远端位移，如图 6-35(a)所示；u_1 是相同远端载荷下无缺陷试件的远端位移，如图 6-35(b)所示。

比较式(6-63)和式(6-64)可以发现，CTPE 即式(6-64)右侧第二项，即含缺口试件和相同尺寸无缺陷试件之间的外力功之差。因此，M 积分如下所示：

$$M=2\text{CTPE}=\sigma L(u-u_1) \tag{6-65}$$

CTPE 和ΔCTPE 的测量结果如图 6-36 所示。首先，对于与缺陷试件材料、尺寸相同的无缺陷试件，施加单调递增载荷 p，命名该曲线为 L_0。含缺口试件承受 N 个循环周期的疲劳载荷后($p_{\max}$ 为最大疲劳载荷)，再实施相同的步骤，进行拉伸试验，得到 N 个循环周期后的载荷-位移曲线 L_N。根据 CTPE 的物理意义，由曲线 L_0、L_N、$p=p_{\max}$ (图 6-36 中的斜线阴影)包围的区域为 CTPE。考虑到 $p_{\max}$ 和 $p_{\min}$ 对疲劳驱动力有影响，曲线 L_0、L_N、$p=p_{\max}$、$p=p_{\min}$ (图 6-36 中的十字格阴影)所包围的区域被命名为ΔCTPE。重复该测量过程，直到试件失效和断裂。因此，可根据式(6-65)计算 N 次疲劳循环后试件的 M 积分。同样，N 次疲劳循环后含缺口试件的 ΔM 满足关系式：

$$\Delta M=2\Delta\text{CTPE} \tag{6-66}$$

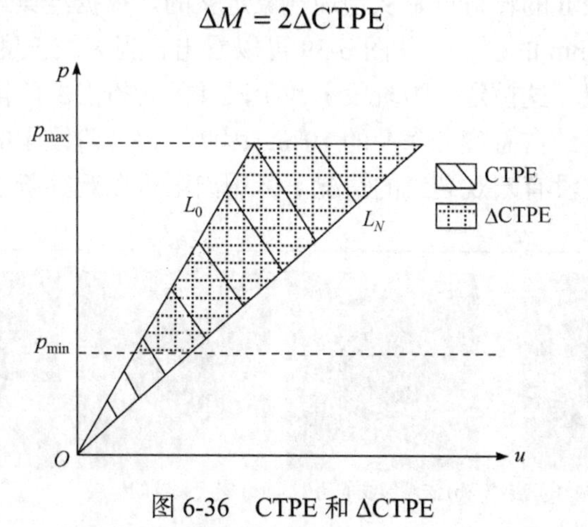

图 6-36　CTPE 和 ΔCTPE

6.6.3　含多缺陷材料疲劳失效实验验证及结果分析

对 45#钢试件进行疲劳试验，验证本节提出的基于 M 积分的缺口试件疲劳失效模型。单轴拉伸试验测定 45#钢的力学性能为典型的非线性弹塑性关系，弹性模量为 195.6GPa，屈服强度为 344.4MPa。在试件中心，预制不同半径(0.5mm、1.0mm、1.5mm、2.0mm 和 2.5mm)的圆形缺口作为初始缺口，试件几何尺寸如图 6-37 所示。试验采用西安交通大学机械结构强度与振动国家重点实验室 MTS 880/25T 电液伺服万能试验机。试验在力控制模式下进行，最大载荷分别为 22kN、24kN、26kN、28kN、30kN 和 32kN，载荷比为 0.1，频率为 20Hz 的正弦波形。所有试验均在室温下进行。

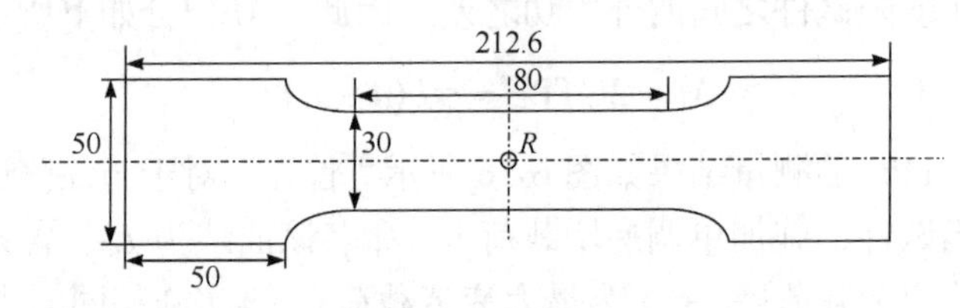

图 6-37　试件几何尺寸(单位：mm)

本小节对不同的外加应力(244MPa、267MPa、289MPa、311MPa、333MPa 和 356MPa)和不同的孔半径(0.5mm、1.0mm、1.5mm、2.0mm 和 2.5mm)进行试验。每个试验重复两次，最后总共进行了 60 组疲劳试验。在试验中，使用高清摄像机对试件进行观察，如图 6-38 所示，发现疲劳过程可分为两个阶段：阶段Ⅰ，伴随微裂纹萌生的塑性区形成和扩展阶段；阶段Ⅱ，宏观裂纹扩展并最终突然断裂阶段。阶段Ⅰ和阶段Ⅱ的转折点是从物理现象定义的。根据经典理论，宏观裂纹定义为长度大于 1.0mm 的裂纹。从图 6-39 可以看出，当裂纹长度达到 1.0mm 时，宏观裂纹开始扩展，这被定义为阶段Ⅰ和阶段Ⅱ的转折点。阶段Ⅰ约占总疲劳寿命的 90%，阶段Ⅱ约占总疲劳寿命的 10%，因此，评估阶段Ⅰ的损伤程度在工程中非常重要，但在没有宏观裂纹的情况下，用肉眼难以观察阶段Ⅰ的损伤演化。

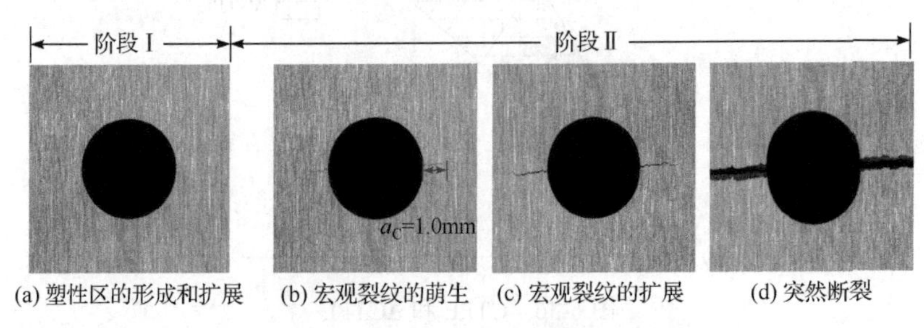

图 6-38　含中心缺口弹塑性材料的疲劳过程

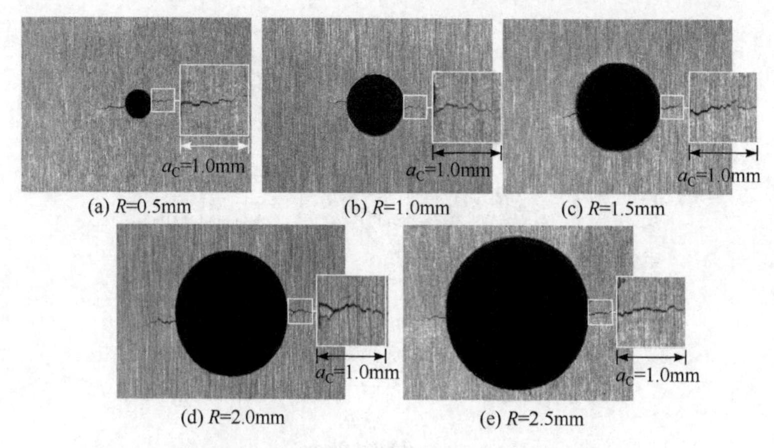

(a) R=0.5mm (b) R=1.0mm (c) R=1.5mm (d) R=2.0mm (e) R=2.5mm

图 6-39 宏观裂纹萌生照片(此时裂纹长度为临界长度 1.0mm)

如上文所述，在通过试验获得 M 积分后，可以计算等效损伤面积 A_D，然后可以给出 A_D 和 N 之间的关系，疲劳损伤演化速率 dA_D/dN 和相应的疲劳驱动力 ΔM 可通过七点递增多项式法计算，其对数关系如图 6-40 所示。本研究将 dA_D/dN 和 ΔM 划分为两个阶段：第一阶段 $N < N_C$，即无宏观裂纹时(裂纹长度<1.0mm)；第二阶段 $N \geqslant N_C$，即宏观裂纹出现后。将对应于 N_C 的 dA_D/dN 定义为$(dA_D/dN)_C$，这是第一阶段和第二阶段之间损伤演化速率的转折点。

从图 6-40 可以看出，dA_D/dN 与 ΔM 具有以下三个特点。

(1) dA_D/dN 与 ΔM 呈现两段对数线性关系，如式(6-67)所示，表示疲劳损伤演化率 dA_D/dN 与疲劳驱动力 ΔM 之间存在统一关系。与阶段 Ⅰ 相比，阶段 Ⅱ 中的对数线性模型具有较低的斜率和较小的截距。

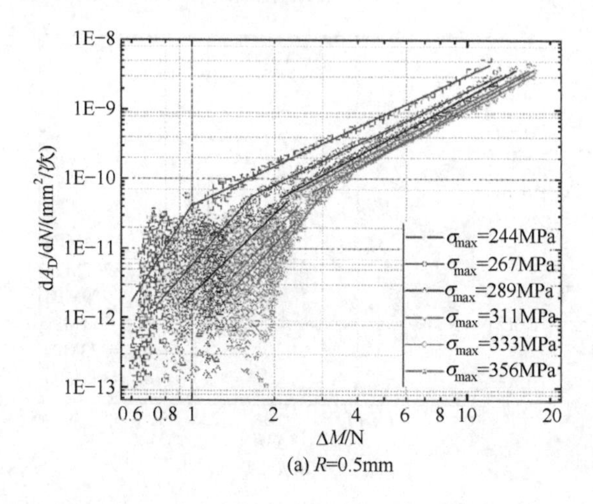

(a) R=0.5mm

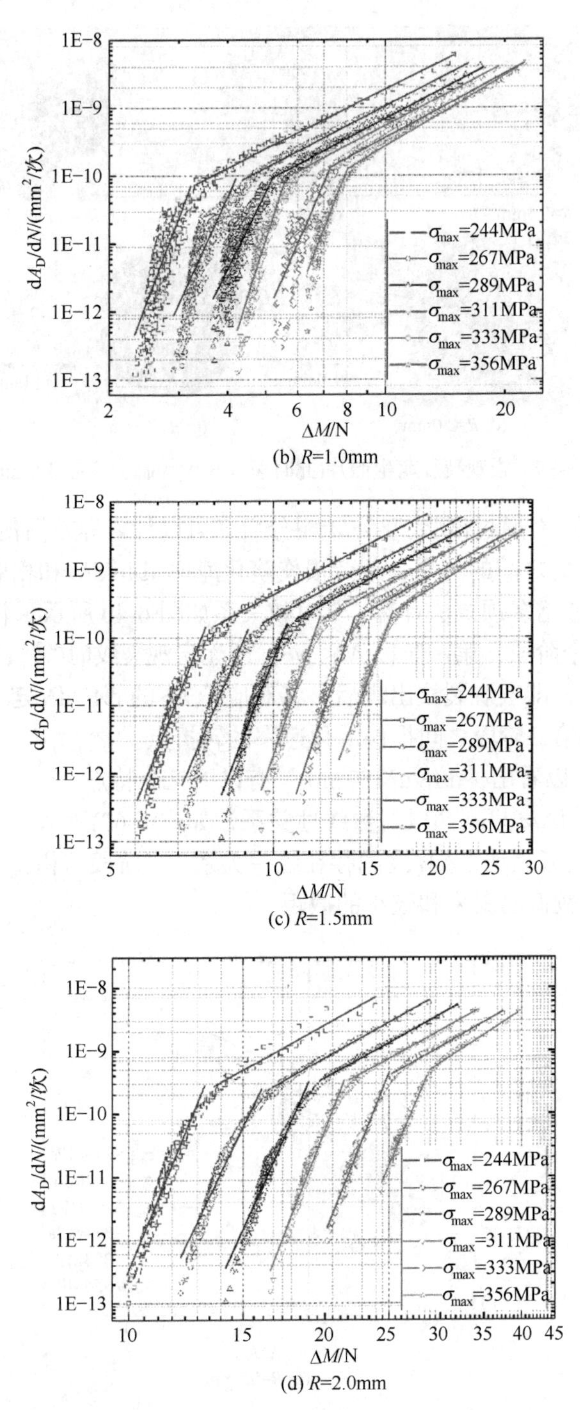

(b) R=1.0mm

(c) R=1.5mm

(d) R=2.0mm

图 6-40　不同初始缺口大小的弹塑性试件的 dA_D/dN 与 ΔM 的对数关系

$$\begin{cases} \lg(\mathrm{d}A_{\mathrm{D}}/\mathrm{d}N) = \lambda_1 + n_1 \lg(\Delta M)\ (\text{阶段 I}, \mathrm{d}A_{\mathrm{D}}/\mathrm{d}N < (\mathrm{d}A_{\mathrm{D}}/\mathrm{d}N)_{\mathrm{C}}) \\ \lg(\mathrm{d}A_{\mathrm{D}}/\mathrm{d}N) = \lambda_2 + n_2 \lg(\Delta M)\ (\text{阶段 II}, \mathrm{d}A_{\mathrm{D}}/\mathrm{d}N \geqslant (\mathrm{d}A_{\mathrm{D}}/\mathrm{d}N)_{\mathrm{C}}) \end{cases} \tag{6-67}$$

(2) $\mathrm{d}A_{\mathrm{D}}/\mathrm{d}N$ 和ΔM的拟合线随初始缺口和外加应力的大小而变化。阶段Ⅰ的数据点比阶段Ⅱ的数据点更分散。这可能是因为阶段Ⅰ的 A_{D} 非常小，导致实验测量的系统误差较大；在阶段Ⅱ，宏观裂纹的扩展导致 A_{D} 快速增加，因此实验测量的 A_{D} 系统误差变小，从而该阶段的相关系数较大。图 6-41 显示了不同初始缺口大小的弹塑性试件的 $\lg(\mathrm{d}A_{\mathrm{D}}/\mathrm{d}N)$-$\lg(\Delta M)$曲线的斜率 n 和截距 λ 随应力 σ 变化的相关曲线，不同应力下 $\lg(\mathrm{d}A_{\mathrm{D}}/\mathrm{d}N)$-$\lg(\Delta M)$曲线的斜率 n 和截距 λ 与初始孔半径 R 的关系曲线如图 6-42 所示。可以发现，在阶段Ⅰ和阶段Ⅱ，n 和 λ 均不随 σ 的增加而显著变化，但与初始孔半径 R 成线性相关。因此，可以认为 n 和 λ 仅与 R 相关，

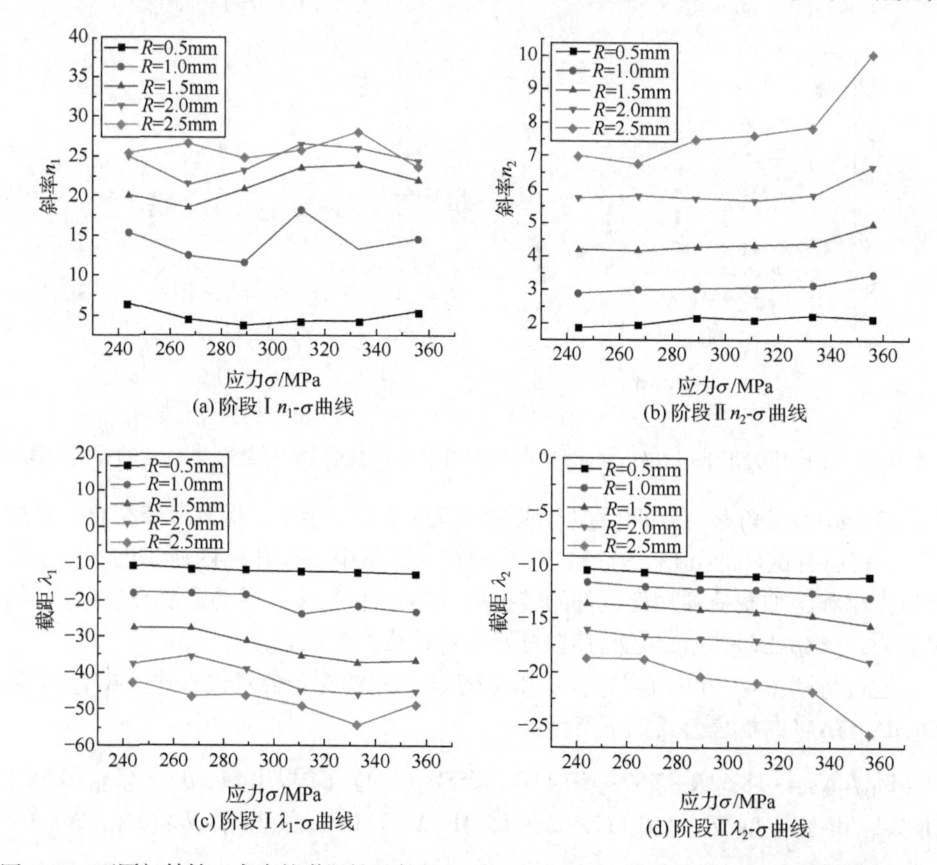

图 6-41　不同初始缺口大小的弹塑性试件的 $\lg(\mathrm{d}A_{\mathrm{D}}/\mathrm{d}N)$-$\lg(\Delta M)$曲线的斜率 n 和截距 λ 随应力 σ 变化曲线

而与 σ 无关。拟合函数的线性系数以及相关系数如图 6-42 所示。

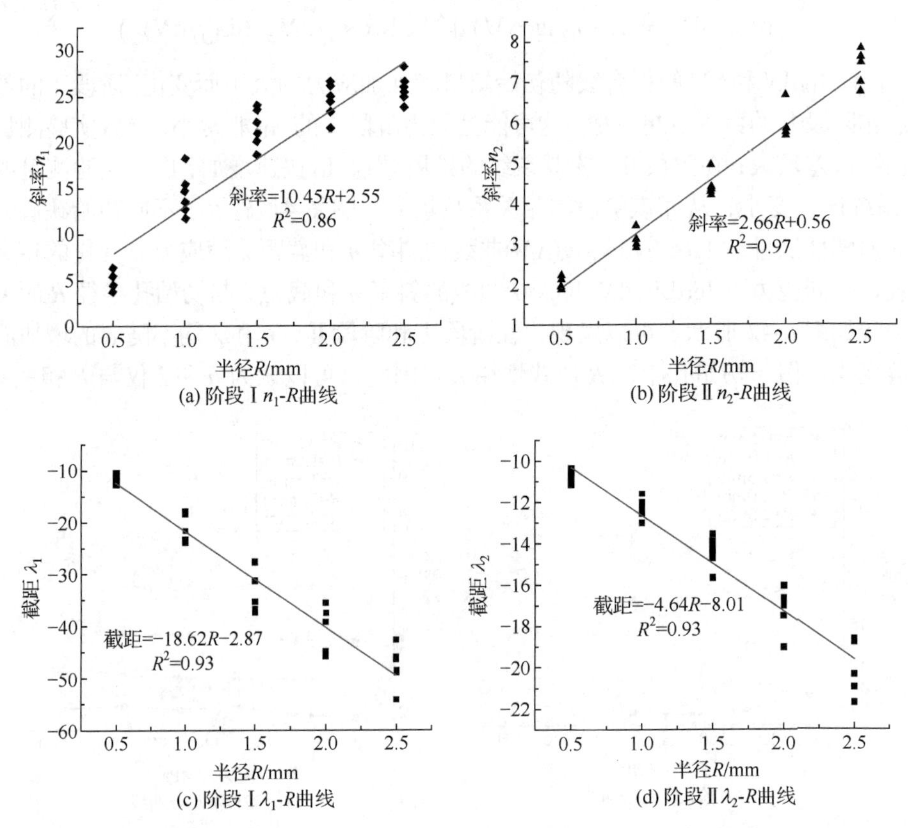

图 6-42　不同应力下 $\lg(\mathrm{d}A_\mathrm{D}/\mathrm{d}N)$-$\lg(\Delta M)$曲线的斜率 n 和截距 λ 与初始孔半径 R 的关系曲线

(3) $\lg(\mathrm{d}A_\mathrm{D}/\mathrm{d}N)$-$\lg(\Delta M)$两段拟合线的转折点不是固定值，但其分布符合一定的规律。将所有试件的$(\mathrm{d}A_\mathrm{D}/\mathrm{d}N)_\mathrm{C}$和$\Delta M$绘制在一张图中，即图 6-43 所示的不同初始缺口大小和施加载荷弹塑性试件的转折点$(\mathrm{d}A_\mathrm{D}/\mathrm{d}N)_\mathrm{C}$与疲劳驱动力$\Delta M$的关系。结果表明，$(\mathrm{d}A_\mathrm{D}/\mathrm{d}N)_\mathrm{C}$与$\Delta M$之间存在良好的对数线性关系。

通过将图 6-41 和图 6-42 中 n 和 λ 随 R 变化的拟合公式代入式(6-67)，得到 $\mathrm{d}A_\mathrm{D}/\mathrm{d}N$ 与ΔM的拟合公式如下所示：

$$\begin{cases}\lg(\mathrm{d}A_\mathrm{D}/\mathrm{d}N)=-18.62R-2.87+(10.45R+2.55)\lg(\Delta M) & (\text{阶段 I},\mathrm{d}A_\mathrm{D}/\mathrm{d}N<(\mathrm{d}A_\mathrm{D}/\mathrm{d}N)_\mathrm{C})\\ \lg(\mathrm{d}A_\mathrm{D}/\mathrm{d}N)=-4.64R-8.01+(2.66R+0.56)\lg(\Delta M) & (\text{阶段 II},\mathrm{d}A_\mathrm{D}/\mathrm{d}N\geqslant(\mathrm{d}A_\mathrm{D}/\mathrm{d}N)_\mathrm{C})\end{cases} \tag{6-68}$$

式中，$\lg(\mathrm{d}A_\mathrm{D}/\mathrm{d}N)_\mathrm{C}=0.86\lg(\Delta M)-10.64$。

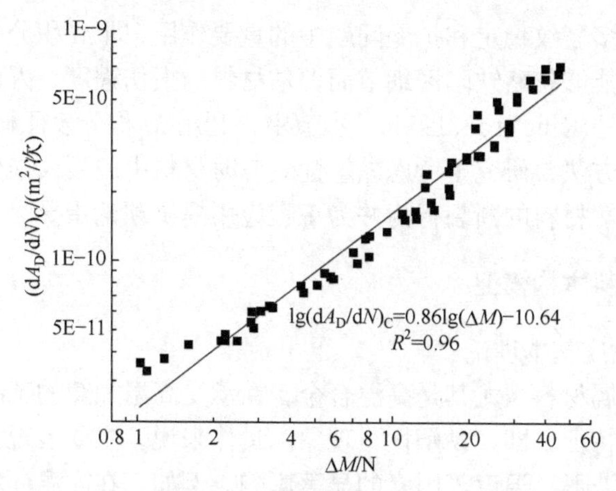

图 6-43 不同初始缺口大小和施加载荷弹塑性试件的转折点$(dA_D/dN)_C$与疲劳驱动力ΔM的关系

6.7 基于 M 积分的黏塑性多裂纹问题研究

材料的机械性能很大程度上受到存在的缺陷，如裂纹、孔洞、夹杂和位错等的影响。对于有黏塑性变形或与时间相关的非弹性材料，研究发现材料的黏塑性效应在裂尖应力场中扮演十分重要的角色。现有研究中，通常采用先进本构模型来描述这类材料的力学行为，以分析裂尖变形和预测材料中的裂纹扩展。例如，Lee 等(2013)建立了一种新的黏塑性模型来预测材料的断裂行为，分析了奥氏体不锈钢在任意载荷下发生马氏体相变的问题，该研究将这种新的黏塑性模型通过用户自定义的子程序应用于有限元模拟计算中，有效表征了奥氏体不锈钢板中的裂纹扩展特点。Chen 等(2015)引入了一种黏塑性模型来分析稳态裂纹扩展引起的近尖区域的力学状态和温度提高，该模型的预测结果与实验结果具有很好的一致性。其中，作为经典黏塑性模型之一，Chaboche(1989)提出的黏塑性模型被大量应用于模拟镍基超耐热不锈钢材料的时间相关变形问题中。模型中的相关参数可通过对材料承受单调加载、循环加载和发生蠕变的实验数据进行优化获得。同时，该模型也可用于研究近尖的应力-应变场，能够有效表征材料疲劳时的近尖应变累积。该累积应变量可作为一个判定准则来预测疲劳加载下镍基合金中的时间相关裂纹扩展率(Zhao et al., 2010)。Farukh 等(2015)基于扩展有限元方法，利用 Chaboche 黏塑性模型对镍基超耐热合金材料在承受疲劳载荷过程中的裂纹扩展行为进行了预测分析。

多年来，为了解工程材料中的损伤演化机理，诸多学者从不同角度进行了研究。其中，能量参数由于其在描述材料复杂断裂状态中的独特优势得到了极大关注。例如，基于诺特(Noether)定理，得到的著名能量守恒积分——M 积分。M 积分由于其在预测多裂纹稳定和扩展问题中的重要作用，即 M 积分与总势能改变量存在内在联系，能够忽略缺陷区细节而评估材料的损伤程度，因此逐渐得到了越来越多人们的关注(King et al., 1981)。本节中，利用 M 积分表征材料的损伤程度，结合扩展有限元方法，研究了考虑黏塑性效应时材料中的裂纹损伤演化行为，以期更加深入地理解材料的断裂行为并为工程应用提供理论指导。

6.7.1 黏塑性材料本构模型

1) 黏塑性效应基本理论

大多数的金属材料，尤其是高温合金，在承受高温加载的工况下会出现一些特殊的材料变形特征，即“黏塑性”现象。具体来说，主要表现为材料变形受到加载速率、载荷波形、温度等因素的显著影响。例如，在高温环境下材料的热恢复效应伴随时间的延长而逐渐明显，并与材料的硬化耦合在一起。由于这种工况下材料变形的复杂性，经典的塑性理论已经不再适用，甚至会有较大误差。随着研究的不断深入，学者建立了一系列利用一个或多个内变量表征材料非弹性行为的黏塑性本构理论，用于描述材料承受热机械载荷时所体现出来的非弹性，与时间、加载率、温度等相关的材料特性。

尽管各种理论的方程形式不尽相同，但它们有一些共同的基本特点。例如，都认为材料的变形是由弹性和非弹性两部分组成；将影响材料变形性质的内变量分为两种，一种用于描述材料与方向无关的各向同性硬化，另一种则描述与方向性相关的运动硬化。概括来说，考虑黏塑性特性材料本构理论的建立主要基于以下三个条件：流动法则、运动方程和内变量的演化方程。常见的一种分类手段是根据建立的本构模型中是否存在屈服条件，将黏塑性材料本构理论分为两类，第一类是黏塑性本构关系，非线性流动法则与一定的屈服条件相关联，基于塑性流动曲面、过应力或运动硬化等条件，建立了大量黏塑性本构模型用于分析研究。第二类是黏塑性本构模型，不考虑屈服条件的影响，通过直接将内变量引入非弹性应变率张量方程，表征材料中对抗非弹性的性能。本小节研究中采用的黏塑性本构模型基于第一类经典的黏塑性本构关系，是考虑了屈服条件的本构模型。该黏塑性本构关系最初是由 Chaboche(1989)建立的，模型中利用动态硬化变量($\boldsymbol{\alpha}$)和各向同性硬化变量(R)来描述循环应力响应的全部阶段。对于小应变系统，应变率张量可以分解为两个部分，即弹性应变率张量部分 $\dot{\boldsymbol{\varepsilon}}_{\mathrm{e}}$ 和非弹性应变率张量部分 $\dot{\boldsymbol{\varepsilon}}_{\mathrm{p}}$：

$$\dot{\boldsymbol{\varepsilon}} = \dot{\boldsymbol{\varepsilon}}_{\mathrm{e}} + \dot{\boldsymbol{\varepsilon}}_{\mathrm{p}} \tag{6-69}$$

式中，弹性部分的应变率张量 $\dot{\boldsymbol{\varepsilon}}_{\mathrm{e}}$ 遵循胡克(Hook)定律，即

$$\dot{\boldsymbol{\varepsilon}}_{\mathrm{e}} = \frac{1+\nu}{E}\dot{\boldsymbol{\sigma}} - \frac{\nu}{E}(\mathrm{tr}\dot{\boldsymbol{\sigma}})\boldsymbol{I} \tag{6-70}$$

式中，$\boldsymbol{\sigma}$ 和 $\boldsymbol{I}$ 分别是应力张量和二阶单位张量；tr 是张量的迹；E 和 ν 分别是弹性模量和泊松比。非弹性部分的应变率张量 $\dot{\boldsymbol{\varepsilon}}_{\mathrm{p}}$ 由塑性变形和蠕变变形两部分构成，具体表达式如下：

$$\dot{\boldsymbol{\varepsilon}}_{\mathrm{p}}=\left\langle\frac{f}{Z}\right\rangle^{m}\frac{\partial f}{\partial\boldsymbol{\sigma}} \tag{6-71}$$

式中，m 和 Z 为黏性常数；f 为屈服函数；括号函数定义为

$$\langle x\rangle=\begin{cases}x & (x\geqslant 0)\\ 0 & (x<0)\end{cases} \tag{6-72}$$

在 Chaboche 黏塑性本构模型中，流动法则与 von-Mises 屈服准则相关。具体来说，与应力、温度和内变量有关的屈服函数 f 满足以下条件：

$$f(\boldsymbol{\sigma},\boldsymbol{\alpha},R,k)=\varLambda_2(\boldsymbol{\sigma}-\boldsymbol{\alpha})-R-k\leqslant 0 \tag{6-73}$$

式中，$\boldsymbol{\alpha}$ 和 R 为硬化变量；k 为屈服表面的初始半径；有效应力偏量的第二不变量 $\varLambda_2$ 的表达式如下：

$$\varLambda_2(\boldsymbol{\sigma}-\boldsymbol{\alpha})=\sqrt{\frac{3}{2}(\boldsymbol{\sigma}'-\boldsymbol{\alpha}'):(\boldsymbol{\sigma}'-\boldsymbol{\alpha}')} \tag{6-74}$$

式中，$\boldsymbol{\sigma}'$ 和 $\boldsymbol{\alpha}'$ 分别代表张量 $\boldsymbol{\sigma}$ 和 $\boldsymbol{\alpha}$ 的偏分；“:”代表张量积运算。仅当 f=0 且满足 $\frac{\partial f}{\partial\boldsymbol{\sigma}}:\boldsymbol{\sigma}'>0$ 时，产生塑性变形。动态参数($\boldsymbol{\alpha}$)和各向同性硬化变量(R)可以表述为

$$\begin{cases}\dot{\boldsymbol{\alpha}}=\dot{\boldsymbol{\alpha}}_1+\dot{\boldsymbol{\alpha}}_2\\ \dot{\boldsymbol{\alpha}}_1=C_1(a_1\dot{\boldsymbol{\varepsilon}}_{\mathrm{p}}-\dot{\boldsymbol{\alpha}}_1\dot{p}),\quad \dot{R}=b(Q-R)\dot{p}\\ \dot{\boldsymbol{\alpha}}_2=C_2(a_2\dot{\boldsymbol{\varepsilon}}_{\mathrm{p}}-\dot{\boldsymbol{\alpha}}_2\dot{p})\end{cases} \tag{6-75}$$

式中，C_1、C_2、a_1、a_2、b 和 Q 是决定循环加载过程中应力-应变环的材料常数；累积非线性应变率 $\dot{p}$ 可表示为

$$\dot{p}=\left\langle\frac{f}{Z}\right\rangle^{n}=\sqrt{\frac{3}{2}\mathrm{d}\dot{\boldsymbol{\varepsilon}}_{\mathrm{p}}:\mathrm{d}\dot{\boldsymbol{\varepsilon}}_{\mathrm{p}}} \tag{6-76}$$

利用方程(6-75)第 2 行中 R 增加时累积非弹性应变表现出的不同变化趋势，即增加或减少(取决于 b 的正负)，可以描述材料在循环加载过程中的硬化或软化现象。

2) 模型参数

拥有非均质特征(如界面、颗粒夹杂等)的高温镍基合金，由于其优秀的综合属性，如耐高温、耐腐蚀、抗蠕变性和良好的疲劳性能、断裂韧性等，被广泛应

用于高温作业燃气轮机的叶片和垫片上。这些叶片和垫片在服役过程中受到高温环境、变化的离心力和热应力的同时作用，会引起材料产生疲劳、蠕变和损伤，严重的甚至导致结构件的最终破坏失效。因此，了解高温环境下这些镍基合金材料中的裂纹扩展机理，分析由裂纹扩展引起的材料损伤演化，对于确保燃气轮机的结构完整性和材料优化设计具有重要作用。

本研究中材料参数取自镍基高温合金 LSHR，该材料拥有低溶解度和高耐火性的材料特性。当温度提高时，该材料在持续加载和保压疲劳载荷下会发生黏塑性变形。根据 LSHR 合金在 725℃下的单轴拉伸实验结果，Farukh 等(2015)对该黏塑性本构模型的参数进行了优化处理，结果如表 6-10 所示。本研究中，通过用户自定义子程序(UMAT)编程实现上述黏塑性本构模型在 ABAQUS 中的材料定义。

表 6-10　黏塑性本构模型的优化材料参数(Farukh et al., 2015)

参数	优化值
E / GPa	178.77
k / MPa	126.23
b	6.37
Q / MPa	171.49
a_1 / MPa	272.45
C_1	2123.61
a_2 / MPa	306.78
C_2	2587.69
Z	2018.32
m	5.17

3) 表征裂纹扩展损伤的基本理论与数值实现

本小节建立数值模型，计算获取黏塑性材料中含有多裂纹问题的 M 积分值。计算过程：①采用有限元模拟软件 ABAQUS 获得所需的各分量值，即对应点上的应力变量和位移变量。这里，应力变量、应变变量和应变能密度对应的是高斯点上的值，位移变量对应的是节点上的值。②通过数值积分可获得指定路径上的 M 积分值。

图 6-44 给出了中心损伤区含多条随机裂纹的几何模型。为避免产生路径相关问题，如图 6-44 所示，本研究假设非线性变形限定在位于平板中心的损伤区(黏塑性区)内，且外部区域为弹性模量无限小的线弹性材料。本研究中，引入扩展有限元方法用于实现裂纹扩展的数值模拟。

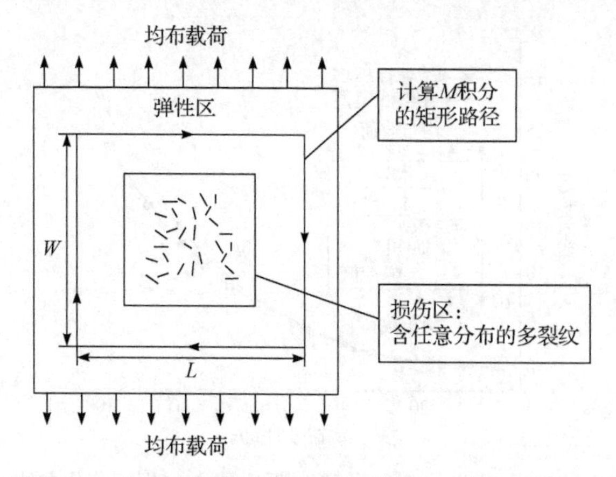

图 6-44　中心损伤区含多条随机裂纹的几何模型示意图

6.7.2　基于 *M* 积分的黏塑性材料裂纹扩展分析

1) *M* 积分表征的材料黏塑性影响

计算模型为平面应变条件下含有中心裂纹的平板，且顶端承受均布拉伸载荷 σ，有限元网格由四节点平面应变单元构成。二维平板的几何尺寸为 45mm×45mm(长度×宽度)，损伤区面积为 20mm×20mm(长度×宽度)。中心裂纹长度为 3mm。在本小节中，均布拉伸载荷 σ 为 500MPa，加载周期为 100s。扩展有限元中控制裂纹扩展的准则为最大主应力准则，根据单轴拉伸实验结果取临界值为 800MPa。首先，对纯弹性模型和考虑黏塑性的材料模型分别进行模拟计算。参照黏塑性模型，定义弹性模型的弹性模量和泊松比分别为 178GPa 和 0.285。黏塑性本构模型的具体材料参数见表 6-10。

如图 6-45 所示，方形符号线代表弹性材料中 *M* 积分的演化规律，三角形符号线代表考虑材料的黏塑性效应时得到的 *M* 积分结果。观察可知，两种不同材料模型中，随着载荷步时间的延长，*M* 积分均表现出单调增长的趋势。但是，两条 *M* 积分曲线又体现出一些不同的特征。例如，相比纯弹性模型中的 *M* 积分结果，考虑黏塑性效应模型中的 *M* 积分值略高。*M* 积分是一个表征含缺陷材料损伤程度的断裂参数。对于纯弹性材料，本研究中的主要材料破坏来自裂纹的扩展损伤；对黏塑性材料，*M* 积分的结果受到两部分的影响：一部分依然是裂纹扩展产生的材料损伤；另一部分则是材料中的黏塑性变形，如蠕变等产生的塑性损伤。因此，与不含塑性应变的纯弹性模型相比，黏塑性模型中积分曲线内的塑性变形使得 *M* 积分值较高。如图 6-45 所示，从加载时间点 66.7s 开始，两种模型之间的 *M* 积分差异开始变得显著。在加载结束时间点 100s 时，纯弹性模型中的损伤参数 *M* 积分值等于 25.33J/m，此时黏塑性模型中的 *M* 积分值达到 29.12J/m，相对前者将近高出 15%。

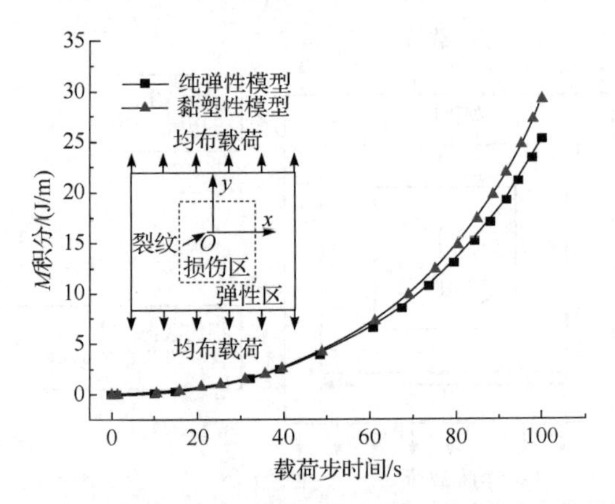

图 6-45　纯弹性模型和黏塑性模型中的 M 积分演化曲线

本研究采用 XFEM 模拟裂纹的扩展行为，可以捕捉到加载过程中裂纹的扩展状态。提取裂纹扩展结果可知，裂纹从加载时间点 39s 开始扩展。如图 6-46 所示，两种材料模型中，M 积分的增加都与裂纹的扩展量直接相关。也就是说，裂纹长度越长，M 积分的值越大，表示裂纹引起的材料中的损伤越大。本研究考虑标准Ⅰ型断裂问题，因此裂纹的扩展方向主要沿着几何模型中的裂纹面方向。加载结束时，裂纹在两端裂尖分别产生了 1.2mm 的扩展长度。综上，本小节所得结果验证了 M 积分在评估考虑黏塑性变形材料中裂纹扩展问题的有效性。

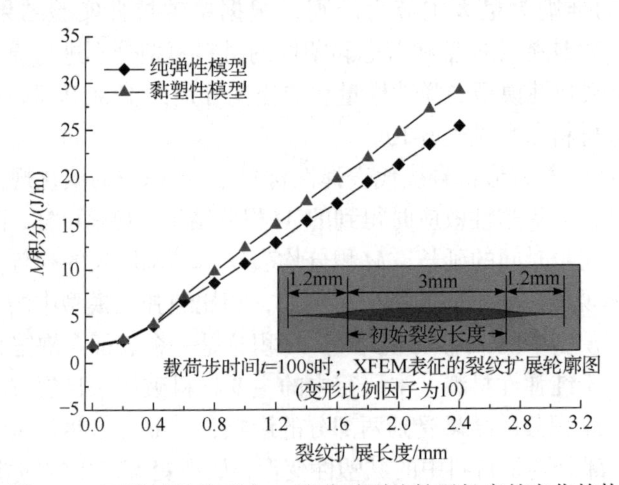

图 6-46　两种材料模型中 M 积分随裂纹扩展长度的变化趋势

2) M 积分表征的材料黏塑性的时间相关性

本小节主要分析黏塑性材料中，材料的时间相关性影响下的 M 积分变化趋势，研究不同加载率对 M 积分的影响。模拟所用的几何模型与 1)小节相同。

通过数值模拟，分析三种加载率(5MPa/s、50MPa/s 和 5000MPa/s)影响下的 M

积分变化趋势。应力最大值取 500MPa，以上三种加载率对应的加载时间分别为 100s、10s 和 0.1s。图 6-47 中给出了三种加载率下 M 积分随正则化处理后加载时间的变化趋势。观察可知，M 积分表征的损伤程度随着加载率的增加而不断降低，这是由材料承受高加载率时产生的低应变决定的。具体来说，在加载结束时刻，不同加载率(5MPa/s、50MPa/s 和 5000MPa/s)计算得到的 M 积分值分别为 29J/m、27.7J/m 和 25.13J/m，这是在载荷控制加载下的有效结果。反之，当模型处在位移控制加载条件下，随着提高加载率导致的高应力，损伤程度也会增加。如图 6-47 所示，当正则化时间大于 0.4 时，加载率为 5MPa/s 对应的 M 积分值明显高于其他两个加载率 50MPa/s 和 5000MPa/s 对应的 M 积分结果，对应的高出比率分别为 4.7%和 15.4%。该结果表明，M 积分可有效表征加载率影响下考虑黏塑性变形材料中的损伤程度。

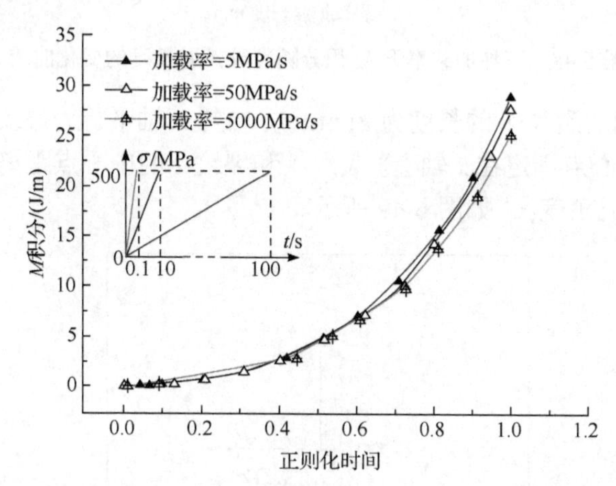

图 6-47　三种加载率下 M 积分随正则化处理后加载时间的变化趋势

图 6-48 中给出了三种加载率下 M 积分随裂纹扩展长度的变化曲线。由图可知，首先，裂纹扩展相同长度时，低加载率引起高损伤能，即表现为高 M 积分值。例如，加载结束时，不同加载率(5MPa/s、50MPa/s 和 5000MPa/s)下两侧裂尖扩展的长度相等(1.2mm)，此时 M 积分值从大到小对应排序为 29J/m > 27.7J/m > 25.13J/m。其次，三种不同加载率下，不同长度的裂纹扩展可能导致相同的 M 积分结果。例如，在 5000MPa/s 的加载率下，裂纹扩展长度达到 0.9mm 时 M 积分值为 18.94J/m。在加载率为 5MPa/s 和 50MPa/s 时，M 积分值为 18.94J/m 时相应的裂纹扩展长度分别为 0.78mm 和 0.82mm。但是，在三种不同加载结束时，参照裂纹的初始位置，三个模型中裂纹在两端裂尖扩展的长度相同，为 1.2mm。

3) M 积分表征的裂纹干涉行为

本小节研究了平面内存在两条相互作用裂纹的干涉问题，模型尺寸和加载条

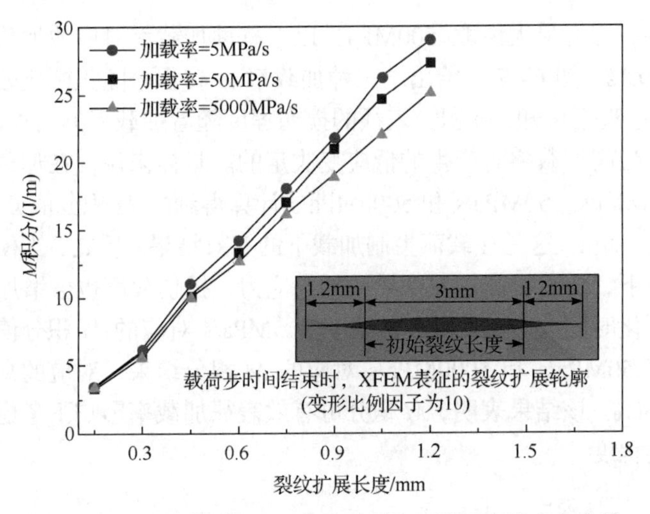

图 6-48　三种加载率下 M 积分随裂纹扩展长度的变化曲线

件与 1)小节相同。裂纹 1 的长度为 3mm，方向与 x 轴平行。裂纹 2 的长度也为 3mm，将它的中心点固定在 x 轴上。裂纹 1 和裂纹 2 的中心点距离为 3mm，裂纹 2 的方向与 x 轴成角度 α，如图 6-49 所示。

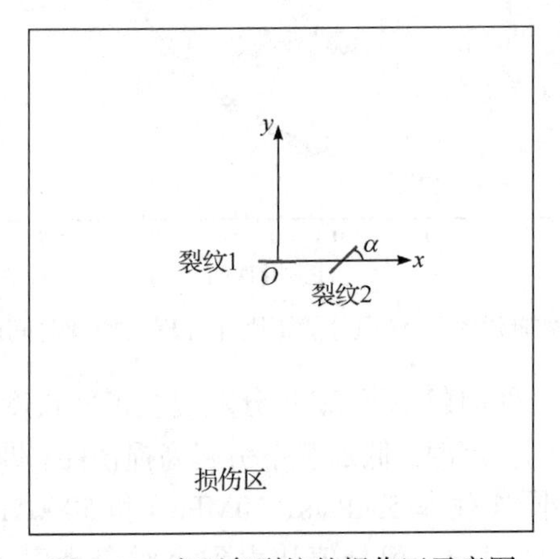

图 6-49　含两条裂纹的损伤区示意图

图 6-50 为裂纹 2 的位置角 α 变化时 M 积分随时间的变化趋势。由图 6-50 可知，当两条裂纹共线时($\alpha=0°$)，产生的 M 积分值最大(115.54J/m)，对应此时的损伤也最大。值得注意的是，$\alpha=30°$ 和 $\alpha=150°$ 时，M 积分的变化曲线几乎相同。其中，$\alpha=30°$ 和 $\alpha=150°$ 两个角度下加载结束时间点(100s)的 M 积分值(39.09J/m 和 38.96J/m)相互间差值小于 0.5%。这个规律同样适用于 $\alpha=60°$ 和 $\alpha=120°$ 时的 M 积分变化曲线(38.37J/m 和 38.30J/m)，该规律很好地验证了材料模型的对称性。

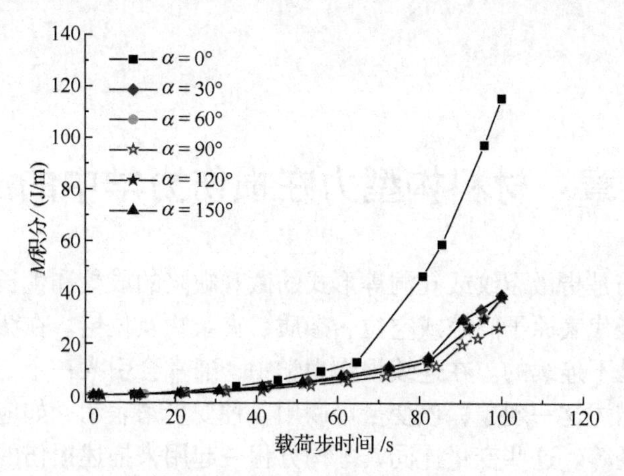

图 6-50　裂纹 2 的位置角α变化时 M 积分随时间的变化趋势

第 7 章　材料构型力在损伤力学中的应用

材料的损伤是指微裂纹或孔洞等形式的微观缺陷的成核和生长过程。在物理上这些缺陷可能代表原子间隙或空位、杂质、夹杂物及位错。在微观尺度下，包含缺陷的材料是不连续的。在连续损伤力学中，通常会引入一个与此类缺陷相关的连续变量来描述这一现象，该变量可以用各种变量来表示，如应力、应变、孔隙率和孔洞半径等。这些变量连同其本构方程一起用来描述损伤的演化过程，可用于结构计算以预测损伤的分布或损伤容限。这些缺陷的位置和形态也会因损伤的演化或微裂纹的扩展而改变。这种微观结构重排对宏观结构整体损伤行为有较大影响(Hu et al., 2012a, 2012b)。

材料构型力已成功应用于各种材料的损伤失效分析和裂纹扩展研究。当损伤演化过程发生时，真实材料表现出宏观的不连续特性。从物理观点来看，这种空间上的不连续会导致当材料处于某应力状态时，两个连续的材料物理空间点的势能会发生相当大的变化。因此，认为质点的势能梯度改变量，即材料构型力可以作为材料损伤演化的驱动力，选用材料构型力作为一个损伤内变量，可以很好地描述材料的损伤力学特性。

7.1　损 伤 模 型

7.1.1　基于材料构型力的损伤模型

1. 材料构型力损伤变量

以材料构型力作为内变量来建立损伤模型，首先给出任意质点处势能梯度的显式表达式。这里考虑如图 7-1 所示材料体中两个相邻的材料空间无限小单元 B 和 B^*。这两个单元足够小，可以认为是数学意义上的点，且由应力场 σ_{ij}、位移场 u_i 和拉格朗日能量密度函数 L 表征。域内任意两个相邻的物质材料点 B 和 B^* 在物理空间上的相对位置差为 Δx。为了简化问题，便于原理的说明，以二维为例，但它同样适用于三维问题。

对于二维平面问题，不考虑惯性项，材料的控制方程可以写成：

$$\sigma_{ij,j}+f_i=0 \tag{7-1}$$

式中，f_i是体力。

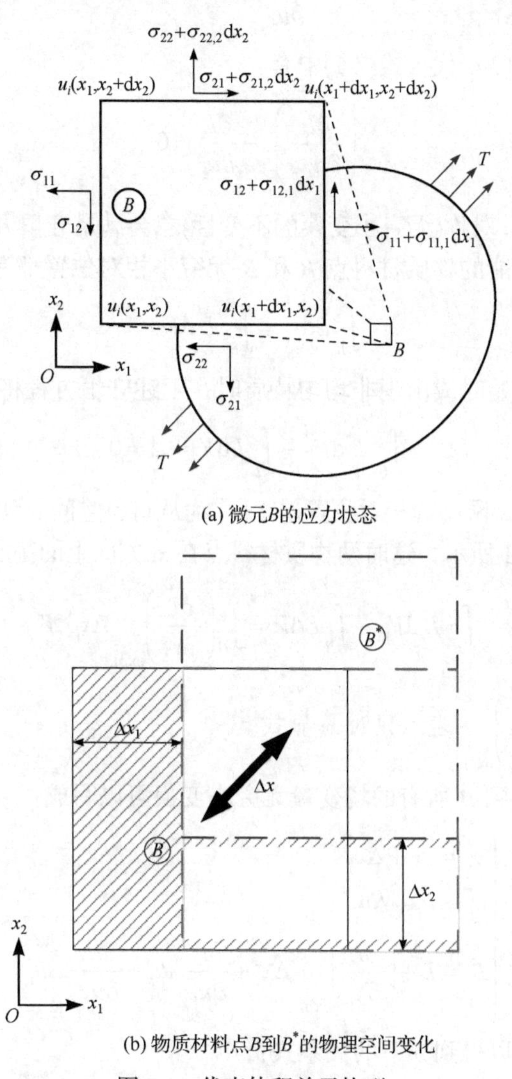

(a) 微元B的应力状态

(b) 物质材料点B到B^*的物理空间变化

图 7-1　代表体积单元构型

拉格朗日能量密度函数可以写成：

$$L = L(x_k, u_i, u_{i,j}) = -W(x_k, u_{i,j}) - V(x_k, u_i) \tag{7-2}$$

式中，W是应变能密度，是关于坐标和位移梯度的函数；V是外力功，是坐标和位移的函数。因此，有如下关系：

$$\frac{\partial L}{\partial u_{i,j}} = \sigma_{ij} \tag{7-3}$$

$$\frac{\partial L}{\partial u_i} = -f_i \tag{7-4}$$

将式(7-3)和式(7-4)代入式(7-1)中有

$$\left(\frac{\partial L}{\partial u_{i,j}}\right)_j - \frac{\partial L}{\partial u_i} = 0 \tag{7-5}$$

根据诺特定理，对称(无穷小变换的不变性)总会满足守恒方程(Yu et al., 2017)。因此，对于所有可能的物质材料点 B 和 B^*无穷小相对位置都有

$$\int_B L\mathrm{d}V = \int_{B^*} L^* \mathrm{d}V^* \tag{7-6}$$

当损伤演化开始时或出现非均匀特质时，上述守恒方程将变成：

$$\int_{B^*} L^* \mathrm{d}V^* - \int_B L\mathrm{d}V = \varDelta \neq 0 \tag{7-7}$$

现在考虑一个无限小的相对位置差 $\Delta\boldsymbol{x}$ 作为从材料空间 B 到 B^*在物理空间的无穷小变换，如图 7-1 所示，这时两物质材料点在 x_k 方向上的势能密度差可以写成：

$$\int_{B^*} L^* \mathrm{d}V^* - \int_B L\mathrm{d}V = \int_B \left(\frac{\partial L}{\partial x_k}\right)_{\text{expl.}} \Delta x_k \mathrm{d}V \tag{7-8}$$

这里的偏导数$\left(\frac{\partial L}{\partial x_k}\right)_{\text{expl.}}$表示只对 x_k 显式。

从材料空间 B 到 B^*所有的场变量无穷小变换可以写成：

$$\begin{cases} x_k^* = x_k + \Delta x_k \\ u_i^* = u_i + \Delta u_i \\ L^* = L + \left(\dfrac{\partial L}{\partial x_i}\right)_{\text{expl.}} \Delta x_i + \dfrac{\partial L}{\partial u_i}\Delta u_i + \dfrac{\partial L}{\partial u_{i,j}}\Delta u_{i,j} \end{cases} \tag{7-9}$$

再根据变分原理可以得到如下的关系式：

$$\begin{aligned} \Delta u_{i,j} &= \frac{\partial u_i^*}{\partial x_j^*} - \frac{\partial u_i}{\partial x_j} = \frac{\partial u_i^*}{\partial x_\alpha}\frac{\partial x_\alpha}{\partial x_j^*} - \frac{\partial u_i}{\partial x_j} = \frac{\partial (u_i + \Delta u_i)}{\partial x_\alpha}\left(\delta_{\alpha j} - \frac{\partial \Delta x_\alpha}{\partial x_j}\right) - \frac{\partial u_i}{\partial x_j} \\ &= \frac{\partial \Delta u_i}{\partial x_j} - \frac{\partial u_i}{\partial x_\alpha}\frac{\partial \Delta x_\alpha}{\partial x_j} \end{aligned} \tag{7-10}$$

$$\mathrm{d}V^* = \mathrm{d}(x_1 + \Delta x_1)\mathrm{d}(x_2 + \Delta x_2)\mathrm{d}(x_3 + \Delta x_3) \approx \left(1 + \frac{\partial \Delta x_i}{\partial x_i}\right)\mathrm{d}V \tag{7-11}$$

式中，δ 是克罗内克函数；α、i、j、$k = 1, 2, 3$。

由式(7-9)和式(7-11)可以得到：

$$\int_{B^*} L^* \mathrm{d}V^* = \int_B \left[\left(L + \left(\frac{\partial L}{\partial x_\alpha} \right)_{\text{expl.}} \Delta x_\alpha + \frac{\partial L}{\partial u_i} \Delta u_i + \frac{\partial L}{\partial u_{i,\alpha}} \Delta u_{i,\alpha} \right) \left(1 + \frac{\partial \Delta x_i}{\partial x_i} \right) \right] \mathrm{d}V \tag{7-12}$$

再由式(7-12)和式(7-8)可以进一步得到：

$$\int_{B^*} L^* \mathrm{d}V^* - \int_B L \mathrm{d}V = \int_B \left[\left(L + \left(\frac{\partial L}{\partial x_\alpha} \right)_{\text{expl.}} \Delta x_\alpha + \frac{\partial L}{\partial u_i} \Delta u_i + \frac{\partial L}{\partial u_{i,\alpha}} \Delta u_{i,\alpha} \right) \left(1 + \frac{\partial \Delta x_i}{\partial x_i} \right) - L \right] \mathrm{d}V \tag{7-13}$$

将式(7-10)代入式(7-13)，整理后得

$$\begin{aligned} \int_{B^*} L^* \mathrm{d}V^* - \int_B L \mathrm{d}V = \int_B \bigg[& L \frac{\partial \Delta x_\alpha}{\partial x_\alpha} + \left(\frac{\partial L}{\partial x_\alpha} \right)_{\text{expl.}} \Delta x_\alpha + \frac{\partial L}{\partial u_i} \Delta u_i \\ & + \frac{\partial L}{\partial u_{i,\alpha}} \frac{\partial \Delta u_i}{\partial x_\alpha} - \frac{\partial L}{\partial u_{i,\alpha}} \frac{\partial u_i}{\partial x_\beta} \frac{\partial \Delta x_\beta}{\partial x_\alpha} \bigg] \mathrm{d}V \end{aligned} \tag{7-14}$$

进一步，在式(7-14)中，积分内的表达式可以写成如下形式：

$$\begin{aligned} & L \frac{\partial \Delta x_\alpha}{\partial x_\alpha} + \left(\frac{\partial L}{\partial x_\alpha} \right)_{\text{expl.}} \Delta x_\alpha + \frac{\partial L}{\partial u_i} \Delta u_i + \frac{\partial L}{\partial u_{i,\alpha}} \frac{\partial \Delta u_i}{\partial x_\alpha} - \frac{\partial L}{\partial u_{i,\alpha}} \frac{\partial u_i}{\partial x_\beta} \frac{\partial \Delta x_\beta}{\partial x_\alpha} \\ & = \left(L \Delta x_\alpha \right)_{,\alpha} + \left(\frac{\partial L}{\partial u_{i,\alpha}} \Delta u_i \right)_{,\alpha} - \left(\frac{\partial L}{\partial u_{i,\alpha}} \frac{\partial u_i}{\partial x_\beta} \Delta x_\beta \right)_{,\alpha} \\ & \quad + \frac{\partial}{\partial x_\alpha} \left(\frac{\partial L}{\partial u_{i,\alpha}} \right) \frac{\partial u_i}{\partial x_\beta} \Delta x_\beta - \frac{\partial L}{\partial u_\beta} \frac{\partial u_\beta}{\partial x_\alpha} \Delta x_\alpha \\ & \quad + \frac{\partial L}{\partial u_i} \Delta u_i - \frac{\partial}{\partial x_\alpha} \left(\frac{\partial L}{\partial u_{i,\alpha}} \right) \Delta u_i \\ & \quad + \frac{\partial L}{\partial u_{i,\alpha}} \frac{\partial}{\partial x_\alpha} \left(\frac{\partial u_i}{\partial x_\beta} \right) \Delta x_\beta - \frac{\partial L}{\partial u_{i,\beta}} \frac{\partial u_{i,\beta}}{\partial x_\alpha} \Delta x_\alpha \end{aligned} \tag{7-15}$$

这时式(7-14)写成：

$$\begin{aligned} \int_{B^*} L^* \mathrm{d}V^* - \int_B L \mathrm{d}V & = \int_B \left(L \Delta x_\alpha + \frac{\partial L}{\partial u_{i,\alpha}} \Delta u_i - \frac{\partial L}{\partial u_{i,\alpha}} \frac{\partial u_i}{\partial x_\beta} \Delta x_\beta \right)_{,\alpha} \mathrm{d}V \\ & = \int_B \left[\frac{\partial L}{\partial u_{i,\alpha}} \Delta u_i + \left(L \delta_{\alpha\beta} - \frac{\partial L}{\partial u_{i,\alpha}} \frac{\partial u_i}{\partial x_\beta} \right) \Delta x_\beta \right]_{,\alpha} \mathrm{d}V \end{aligned}$$

$$=\int_B\left(\frac{\partial L}{\partial x_k}\right)_{\text{expl.}}\Delta x_k \mathrm{d}V \tag{7-16}$$

最后将式(7-3)～式(7-5)代入式(7-16)，这时式(7-8)写成如下形式：

$$\int_B\left(\frac{\partial L}{\partial x_k}\right)_{\text{expl.}}\Delta x_k \mathrm{d}V=\int_B\left[\sigma_{ij}\Delta u_i+(L\delta_{ik}-\sigma_{ij}u_{i,k})\Delta x_k\right]_{,j}\mathrm{d}V \tag{7-17}$$

此积分为在材料体 B 上的体积分，边界是面 Ω_B。其中，指标 α 和 β 被替换成 j 和 k。再根据高斯散度定理，式(7-17)进一步写成：

$$\int_B\left(\frac{\partial L}{\partial x_k}\right)_{\text{expl.}}\Delta x_k \mathrm{d}V=\int_{\Omega_B}(\sigma_{ij}\Delta u_i)n_j\mathrm{d}A+\int_{\Omega_B}\left[(L\delta_{jk}-\sigma_{ij}u_{i,k})\Delta x_k\right]n_j\mathrm{d}A \tag{7-18}$$

无穷小变换仅是物质材料点在笛卡儿坐标系中的位置变换，即

$$\Delta u_i=0,\quad \Delta x_k=\text{const} \tag{7-19}$$

将式(7-19)中的关系代入式(7-18)并整理可得

$$\int_B\left(\frac{\partial L}{\partial x_k}\right)_{\text{expl.}}\mathrm{d}V=\int_{\Omega_B}(L\delta_{jk}-\sigma_{ij}u_{i,k})n_j\mathrm{d}A \tag{7-20}$$

引入 C_k 将式(7-20)等号左端定义成：

$$C_k=\int_B\left(\frac{\partial L}{\partial x_k}\right)_{\text{expl.}}\mathrm{d}V \tag{7-21}$$

至此，从物理意义出发通过计算两无穷小相对位置的势能差，推导出了材料构型力损伤内变量的表达式。式(7-20)左端为定义式，代表势能密度的梯度；右端为材料构型力表达式。由于积分域被认为是无穷小材料空间上的点，故材料上任意点能量梯度值可由局部位移梯度和弹性能密度决定。材料构型力是作用在缺陷上的力，为损伤演化的驱动力。其物理意义明确，能有效表征材料点的连续度和奇异性。同时，由于其矢量特性，在处理各向异性损伤问题时具有明显的优势。

2. 材料构型力损伤模型

在连续损伤力学的框架下，根据应变等效假设，有效面积会在损伤的发展过程中，随着损伤变量值的增加而退化。此时考虑损伤的材料应力-应变关系可由无损伤材料的本构关系得出，只需将应力替换成有效应力。根据胡克定律，应力-应变关系式可以写成：

$$\underline{\sigma}=(1-\omega)\underline{\sigma}^*=(1-\omega)\underline{E}:\underline{\varepsilon} \tag{7-22}$$

式中，ω 和 $\underline{\sigma}^*$ 分别为损伤变量和有效应力张量；$\underline{E}$ 为弹性刚度张量。

在损伤力学中，建立一套新的损伤模型的第一步就是定义可以将损伤量化的损伤变量，然后建立含有损伤内变量的损伤本构方程(Yuan and Li，2019)。相对于传统的损伤变量，如应力、应变、孔隙率等，材料构型力在描述损伤方面具有明显的优势。它从能量的概念出发，不仅形式简单，而且物理意义明确。在本小节中，将构造含有材料构型力损伤内变量的损伤演化方程，尤其是针对各向异性损伤。

在本模型中，认为损伤变量 ω 是材料构型力 C 的函数。通常损伤变量 $\omega=0$ 时，材料无损伤；$\omega=1$ 时，材料完全损伤失效，并出现初始裂纹。为了满足上述条件，一个直接的方法就是假设 ω 由 $C-C_s$ 和 C/C_e 两部分的乘积构成，这里 C_s 和 C_e 两个参数值由材料的固有属性决定。C_s 是损伤阈值，代表损伤演化的开始；C_e 是断裂阈值，代表材料损伤阶段的终了和材料断裂失效的开始。这些损伤参数一定程度上与能量释放率有关，可通过标准实验测得。综上所述，线性单调载荷下的损伤变量关于材料构型力的函数可以定义为

$$\omega=\alpha\left(\frac{C}{C_e}\right)^{S_1}\left(\frac{C-C_s}{C_e-C_s}\right)^{S_2} \tag{7-23}$$

显然式(7-23)自动满足在 C 大于 C_s 且小于 C_e 时，ω 处于 0 到 1 之间。S_1、S_2 与材料本身的宏观损伤状态有关，可由实验数据拟合得到。α 是模型修正系数。至此，材料的损伤失效过程自然地被分为三个状态：①无损状态，满足线弹性本构；②损伤演化过程，满足损伤演化率；③最终的断裂失效，裂纹扩展的开始。上述三个状态可以总结并写成如下的数学表达式：

$$\omega=\begin{cases}0 & (C\leqslant C_s)\\ \alpha\left(\dfrac{C}{C_e}\right)^{S_1}\left(\dfrac{C-C_s}{C_e-C_s}\right)^{S_2} & (C<C_k<C_e)\\ 1 & (C\geqslant C_e)\end{cases} \tag{7-24}$$

对于式(7-24)，显然当 $S_1=0$ 时为线性损伤演化；当 $S_1=\pm1$, $S_2=1$ 时为二次损伤演化。总之，当选取不同的 S_1 和 S_2 时，损伤演化曲线可以有多种表达形式，见图 7-2。通常在实际材料中，即使对于初始各向同性材料，随着损伤演化的发生，在应力集中处损伤也趋于各向异性。因此，为了更加精细地描述材料损伤演化，开发一种考虑各向异性损伤的损伤演化模型是十分必要的。

仅考虑各向同性损伤时，各个方向上的损伤演化是相同且独立的，损伤变量是一个标量。在考虑各向异性损伤时，单一的标量损伤变量显然不再适用。这时就需要在模型中引入一个矢量或者更高阶的损伤变量来描述不同方向上的损伤。为了给出类似式(7-22)的各向异性损伤的有效应力表达式，需要引入一个损伤影响

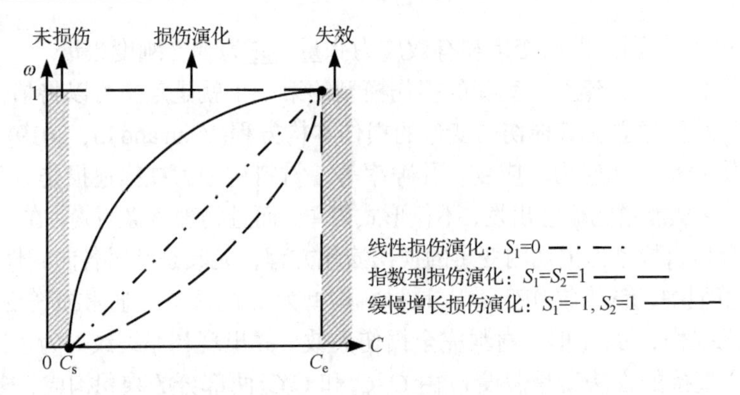

图 7-2　损伤演化曲线

矩阵 $\underline{\boldsymbol{M}}$ 。对于各向异性损伤，式(7-22)可以改写成：

$$\underline{\boldsymbol{\sigma}}^{*}=\underline{\boldsymbol{M}}\left(\underline{\omega}\right):\underline{\boldsymbol{\sigma}} \tag{7-25}$$

式中，$\underline{\boldsymbol{M}}$ 可以写成 6×6 的矩阵形式。根据材料劣化形式的不同，损伤影响矩阵 $\underline{\boldsymbol{M}}$ 可以有不同的表达形式。构造这一矩阵时只需满足在任何坐标系下，当损伤被认为是各向同性时，即损伤变量相同，该矩阵可以缩减成标量形式(Noether，2011)。本章采用最通用的形式，在笛卡儿坐标系中损伤影响矩阵 $\underline{\boldsymbol{M}}$ 可以写成：

$$\underline{\boldsymbol{M}}=\begin{bmatrix}\dfrac{1}{1-\omega_1} & 0 & 0 & 0 & 0 & 0\\ & \dfrac{1}{1-\omega_2} & 0 & 0 & 0 & 0\\ & & \dfrac{1}{1-\omega_3} & 0 & 0 & 0\\ & & & \dfrac{1}{\sqrt{(1-\omega_2)(1-\omega_3)}} & 0 & 0\\ & \text{Sym.} & & & \dfrac{1}{\sqrt{(1-\omega_3)(1-\omega_1)}} & 0\\ & & & & & \dfrac{1}{\sqrt{(1-\omega_1)(1-\omega_2)}}\end{bmatrix} \tag{7-26}$$

式中，$\omega_k\,(k=1,2,3)$代表三个正交方向上的损伤变量。在式(7-21)中，C_k 物理意义清晰明确，是各方向材料构型力的合矢量，代表沿 x_k 方向的能量梯度，也就是不连续程度。材料构型力矢量作为各向异性损伤变量，有天然的优势。损伤变量 ω_k 可以由相对应的三个方向上的材料构型力 C_k 表示，故损伤影响矩阵可由三个主方向的一维损伤演化率表示。当ω_k (k=1, 2, 3) = ω时，式(7-26)可以缩减成各向同性损伤矩阵。

然而，若直接将损伤影响矩阵代入本构方程通常会导致刚度矩阵的不对称(Sidoroff，1981；Chow and Wang，1987)。为克服这一问题，引入弹性能量不变假设，假定对于各向异性损伤，弹性能和有效弹性能是相同的。这时，各向异性损伤的应力-应变关系可以写成：

$$\underline{\boldsymbol{\varepsilon}} = \left[\underline{\boldsymbol{M}}^{\mathrm{T}}(\boldsymbol{\omega}):\underline{\boldsymbol{S}}:\underline{\boldsymbol{M}}(\boldsymbol{\omega})\right]:\underline{\boldsymbol{\sigma}} = \underline{\boldsymbol{E}}^{*-1}:\underline{\boldsymbol{\sigma}} \tag{7-27}$$

式中，$\boldsymbol{E}^*$ 是有效刚度矩阵；$\boldsymbol{E}^{*-1}$ 是有效柔度矩阵。需要注意的是，能量梯度方向和刚度劣化方向是相互垂直的。

综上研究，可提出一个针对弹脆性材料的各向异性损伤本构方程。以材料构型力为损伤内变量的损伤本构模型主要包含以下两个部分。

(1) 关于损伤内变量的损伤演化律：式(7-24)；

(2) 基于胡克定律的各向异性损伤本构方程：式(7-27)。

基于此损伤本构模型的数值实现和应用会通过一系列数值算例和物理实验在7.1.2 小节给出。

7.1.2　材料构型力损伤模型的数值实现与算例分析

本小节基于有限元方法，采用平面四节点等参元，对二维材料构型力损伤模型进行有限元实现。依据第 3 章介绍的材料构型力的数值计算方法计算离散节点的材料构型力 C_k。

图 7-3 显示了材料构型力损伤模型的有限元实现流程。接下来详细介绍更新和返回当前损伤变量值的方法策略。在进行模拟时，通过式(7-27)，采用广泛使用的牛顿迭代法，更新应力和刚度矩阵 $\underline{\boldsymbol{D}}$。节点材料构型力值的计算被视为每一个载荷步的前处理，由用户自定义子程序计算。中间场变量在子程序和主程序间传递。在每一个 $n \rightarrow n+1$ 的载荷步之间，旧的场变量和节点材料构型力值都会被读取和储存。在载荷步开始前，首先进行损伤初始测试判断，只有在 $C_k > C_{ks}$ 的情况下损伤变量ω_k的值才会由式(7-23)给出。当 C_k 达到损伤阈值 C_{ke} 时，计算则会被中断，材料失效。最终新的全局损伤状态会被更新，它的响应也返回给主程序。最后将每一步的损伤分

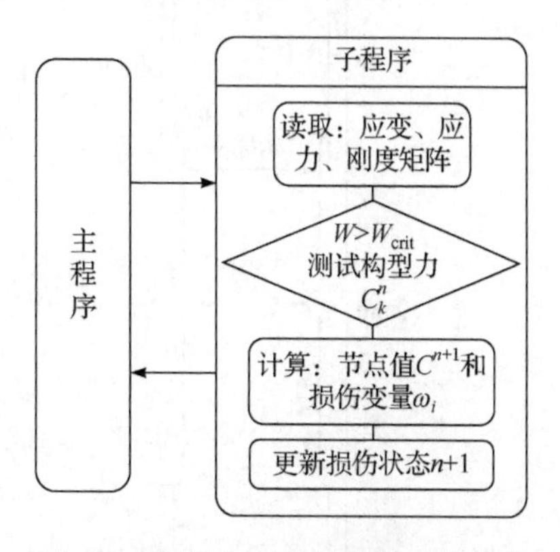

图 7-3　材料构型力损伤模型的有限元实现流程

W 为应变能；W_{crit} 为应变能临界值

布值导出，进行可视化后处理。这样，整个演化行为就会被展现出来。

接下来，通过几个实例展示材料构型力损伤模型的主要特点和优势，证明其在预测各向异性损伤问题时的有效性。

1. 单轴拉伸中的各向异性劣化

通过单轴拉伸实验，对试件材料的各向异性劣化情况进行测量，其中各向异性状态由有效弹性模量和有效泊松比表征。试件材料为有机玻璃(PMMA)，试件的几何尺寸如图 7-4 所示。为了产生初始应力集中，在试件中段预设了弧形缺口。标准单轴拉伸实验中拉伸速率为 0.1mm/min。准脆性材料(PMMA)的单轴拉伸实验如图 7-5 所示。纵向和横向的应变信号由动态信号采集系统 MGCplus 记录，单轴拉伸方向应力由力学测试系统 MTS 858 采集。实验过程中持续加载，中间不停机。实验中，材料的应力-应变曲线如图 7-6 所示，实时的有效弹性模量和有效泊松比如图 7-7 所示，分别定义为

$$\tilde{E}=\left|\frac{\Delta T}{\Delta\varepsilon_1 A}\right| \tag{7-28}$$

$$\tilde{\nu}=\left|\frac{\Delta\varepsilon_1}{\Delta\varepsilon_2}\right| \tag{7-29}$$

式中，T 是拉力；A 是横截面积；Δ 是相邻两数据点间隔符号。

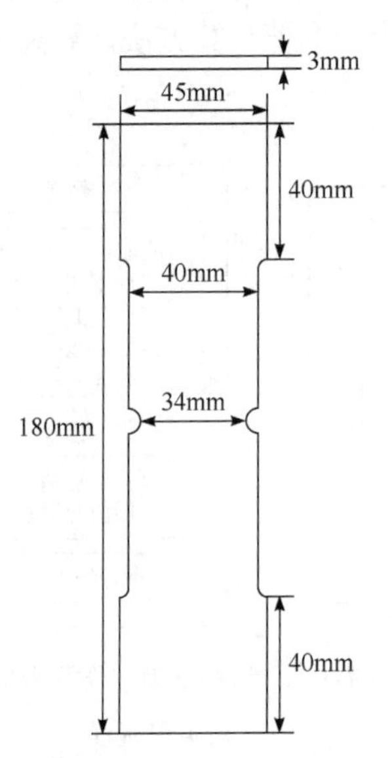

图 7-4　单轴拉伸试件尺寸

图 7-5　准脆性材料(PMMA)的单轴拉伸实验示意图

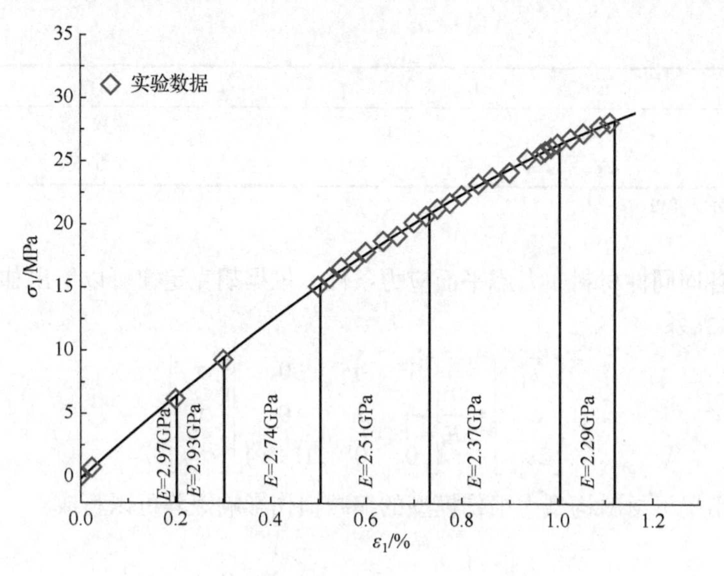

图 7-6　实验中材料的应力-应变曲线

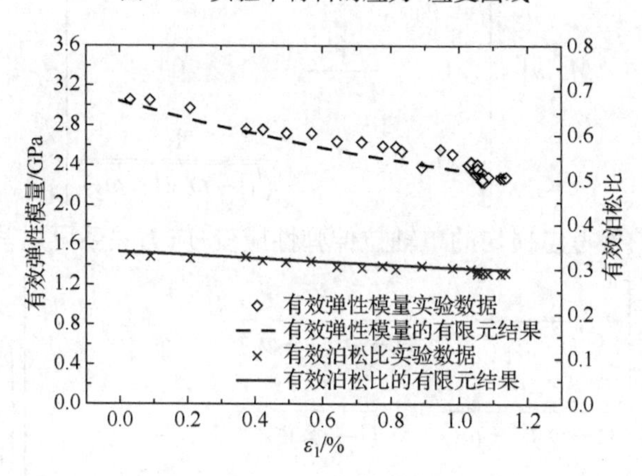

图 7-7　有效弹性模量和有效泊松比

在采用材料构型力损伤数值模型进行有限元计算的过程中，PMMA 的材料参数设置如表 7-1 所示。

表 7-1　PMMA 的材料参数设置

符号	值	单位	名称
E	3.01	GPa	弹性模量(在 0 MPa 时)
ν	0.33	[-]	泊松比
C_e	128.6	N/m	损伤极限值
C_s	8.2	N/m	损伤最小值
α	1	[-]	修正系数

续表

符号	值	单位	名称
S_1	−1.00	[-]	系数 S_1
S_2	1.82	[-]	系数 S_2

注：[-]表示无单位。

对于各向同性材料，考虑平面应力条件，依据胡克定律可以给出如下形式的应变-应力关系：

$$\begin{bmatrix} \varepsilon_1 \\ \varepsilon_2 \\ 2\varepsilon_{12} \end{bmatrix} = \frac{1}{E}\begin{bmatrix} 1 & -\nu & 0 \\ -\nu & 1 & 0 \\ 0 & 0 & 2(1+\nu) \end{bmatrix}\begin{bmatrix} \sigma_1 \\ \sigma_2 \\ \sigma_{12} \end{bmatrix} \tag{7-30}$$

二维情况下材料构型力损伤模型的缩减损伤影响矩阵可以写成：

$$\boldsymbol{M}[\omega] = \begin{bmatrix} \dfrac{1}{1-\omega_1} & 0 & 0 \\ 0 & \dfrac{1}{1-\omega_2} & 0 \\ 0 & 0 & \dfrac{1}{\sqrt{(1-\omega_1)(1-\omega_2)}} \end{bmatrix} \tag{7-31}$$

根据式(7-27)，考虑损伤的单轴拉伸弹性应变-应力关系可以写成如下形式：

$$\begin{Bmatrix} \varepsilon_1 \\ \varepsilon_2 \\ 2\varepsilon_{12} \end{Bmatrix} = \frac{1}{E}\begin{bmatrix} \dfrac{1}{(1-\omega_1)^2} & \dfrac{-\nu}{(1-\omega_1)(1-\omega_2)} & 0 \\ \dfrac{-\nu}{(1-\omega_1)(1-\omega_2)} & \dfrac{1}{(1-\omega_2)^2} & 0 \\ 0 & 0 & \dfrac{2(1+\nu)}{(1-\omega_1)(1-\omega_2)} \end{bmatrix}\begin{Bmatrix} \sigma_1 \\ \sigma_2 \\ \sigma_{12} \end{Bmatrix} \tag{7-32}$$

此外，ω_1 和 ω_2 是正交的，它们在方向上互相垂直，平面应力条件下各向异性材料的柔度矩阵可以写成：

$$\begin{bmatrix} \dfrac{1}{E_1} & -\dfrac{\nu_{21}}{E_2} & 0 \\ -\dfrac{\nu_{12}}{E_1} & \dfrac{1}{E_2} & 0 \\ 0 & 0 & \dfrac{1}{G_{12}} \end{bmatrix} \tag{7-33}$$

式中，G_{12}为剪切模量。

对于单轴拉伸载荷条件，存在关系$\sigma_2 = \sigma_{12} = 0$。因此，得到用于描述各向异性损伤演化的有效弹性模量和有效泊松比：

$$\begin{cases} \tilde{E}_1 = E_1(1-\omega_1)^2 \\ \tilde{\nu}_{12} = \nu_{12}\dfrac{1-\omega_1}{1-\omega_2} \end{cases} \tag{7-34}$$

根据式(7-34)可得，对于各向同性材料显然存在关系 $\omega_1 = \omega_2$，此时有效泊松比为常数，不会随着载荷的增加和损伤的演化而变化。

图 7-7 所示为实验测得和数值模拟获得的有效弹性模量和有效泊松比。随着拉伸的进行，有效泊松比缓慢下降，这显现出沿着不同方向的各向异性损伤劣化，即 ω_1 和 ω_2 大小不同。通过对比可得，实验采集的数据和数值模拟结果较为一致，表明材料构型力损伤模型在描述各向异性损伤时的有效性。其次，结果确认了随着应力逐渐增加，初始各向同性材料会在应力集中处出现各向异性损伤。在图 7-7 中可观察到，有效泊松比呈缓慢的线性下降趋势，即 $\omega_1 > \omega_2$，表明损伤在沿着载荷的方向上更加显著。

2. 平面各向异性损伤的演化和分布

通过计算带孔平板受力状态下不同方向上的损伤演化和分布，进一步证明了材料构型力损伤模型在描述各向异性损伤演化和分布问题时的有效性。数值实例(Li and Chen，2008)为一个在位移约束下的各向同性的中心单孔平板，试件的几何尺寸和载荷边界条件如图 7-8 所示。通过成功地绘制平面各点处的微损伤方向，实例证明了材料构型力损伤模型在描绘各向异性损伤时的独特优势。

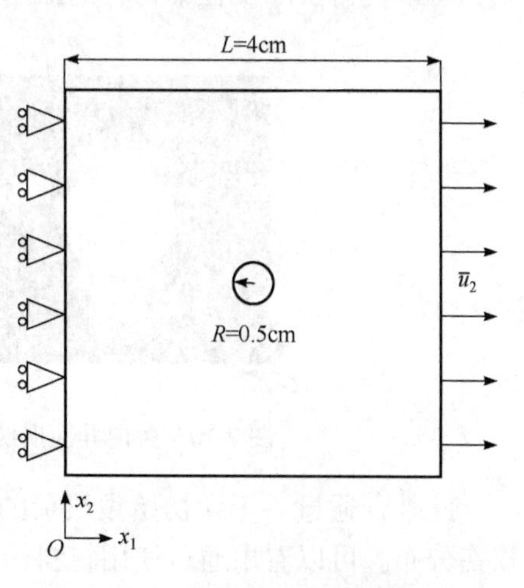

图 7-8　中心单孔平板试件

如图 7-9 所示，金属单孔板损伤分布的实验结果由 DIC 系统测出。试件的材料参数：弹性模量 E=210GPa，泊松比 ν= 0.3。DIC 是一种全场实验技术，可以有效地评估出已损伤的物体表面的位移梯度分布。在实验前，首先需要用模具在材料表面喷涂一系列像素点作为未变形的参考图像。实验时，通过追踪像素点的位置变化计算出各点的位移梯度，位移梯度在某种意义上与材料劣化相关，位移梯度方向可预示劣化方向。

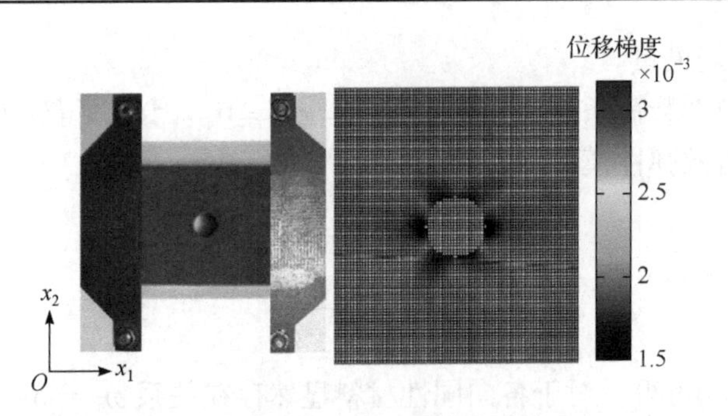

图 7-9　金属单孔板损伤分布的实验结果(Yu et al., 2012)

在本例中，通过引入材料构型力损伤本构的数值模型，用有限元方法模拟了单孔板拉伸的各向异性损伤演化过程，得到了各载荷步下的各向异性损伤分布。模型单元采用四节点等参元，包含 128 个单元和 112 个节点。图 7-10 所示为两个不同载荷步下的各向异性损伤分布云图和微损伤方向，揭示了损伤演化的过程。通过损伤分布云图，可以清晰地看到损伤首先集中且对称出现在中心孔的上下部位，垂直于载荷方向。随着损伤的演化，沿着斜 45°方向进一步加深。数值模拟结果和实验结果较为一致。此外，还对各向异性损伤的方向进行了可视化处理。在图 7-10 中，采用箭头表示材料劣化的发展方向。矢量箭头代表节点材料构型合力 C_k 的方向，是 C_1 和 C_2 的矢量和。损伤的发展方向倾向于势能梯度方向。该模型成功地揭示了孔周微损伤的分布，给出了材料的各向异性劣化方向。采用这种方式，可以使得实际工程中材料的损伤演化过程得到更加细节的表征。

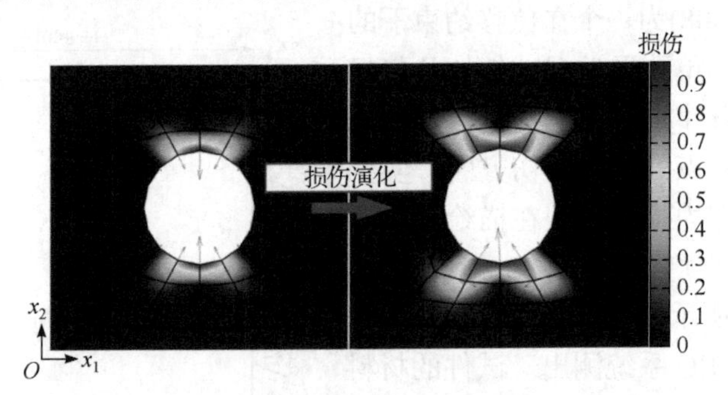

图 7-10　各向异性损伤分布云图和微损伤方向示意图

此外，通过一个含初始裂纹板的例子给出了应力集中处(裂尖)不同方向上的损伤分布。可以看出通过使用材料构型力损伤模型，各向异性的损伤分量可以很好地被识别和表征。底部裂纹金属板试件如图 7-11 所示，其中初始裂纹长度 l = 1cm。在本例中，同样采用 DIC 技术绘制了裂纹尖端处试件材料沿 x_1 方向和 x_2 方向上的损伤分布，分别如图 7-12(b)和(c)所示。将底部裂纹金属板材料构型力损伤模型的数值模拟结果与之进行了对比，如图 7-13 所示，对比发现材料在两个主方向上的损伤分布和损伤程度均有不小的差异。同时可以看到，一定程度上材料构型力损伤模型的预测结果与实验结果是一致的。

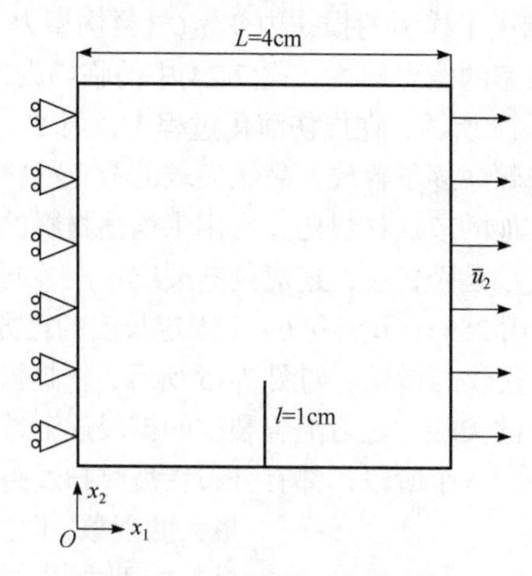

图 7-11　底部裂纹金属板试件

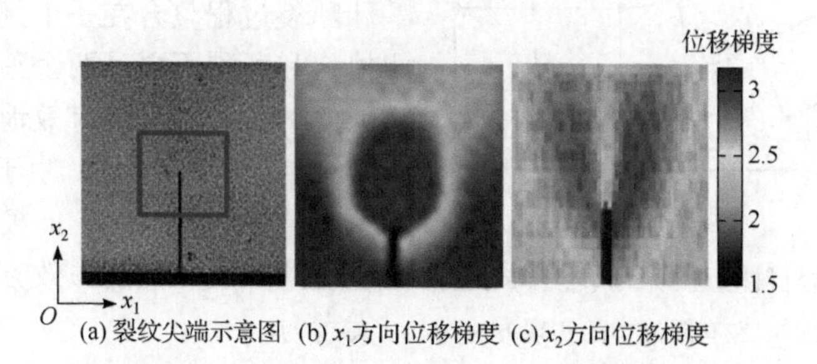

图 7-12　底部裂纹金属板的 DIC 实验结果

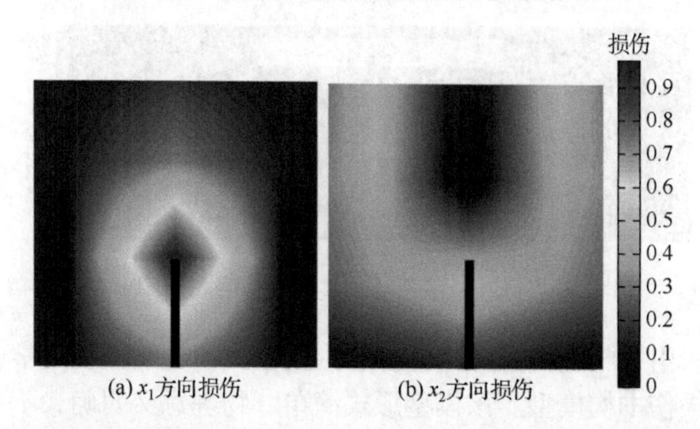

图 7-13　底部裂纹金属板材料构型力损伤模型数值模拟结果

3. 含损伤的 I 型裂纹扩展

考虑一个平面应力条件下含损伤的 I 型裂纹扩展问题。此数值算例的模型材料和几何尺寸与图 7-11 相同。通过一个简单的二维裂纹扩展模拟展示材料构型力损伤模型在分析考虑损伤的裂纹扩展问题中的优势。

在之前的讨论中阐述了模型的损伤内变量(材料构型力 C)具有明确的物理意义，其概念与能量释放率的概念相关。式(7-24)中的临界失效条件 C_e 可认为是材料的断裂韧性。如图 7-14 所示，在损伤演化过程中，当 C 达到临界失效条件 C_e，有限单元节点分开，按顺序逐步释放。裂纹尖端的节点材料构型力被用来估算裂纹是扩展还是止裂，其他的节点材料构型力用来描述材料的损伤行为。采用这种方法，不仅可以判断裂纹是否扩展，还能判断裂纹走向，同时可以描述损伤的分布。本例中模型网格采用 256 个节点和 64 个固定长度的正方形单元。初始载荷被设置成足够大，以确保裂纹的增长。如图 7-15 所示，根据模拟结果发现，损伤区域首先出现在初始裂纹的尖端，之后随着裂纹的扩展逐渐扩大。图中黑色线代表裂纹位置。在裂纹扩展的各个阶段，都有分布在裂纹扫过路径两侧的损伤值达到最大的现象，即损伤值 =1。通过引入材料构型力损伤模型，成功地将损伤和断裂过程整合在一个判断体系中，损伤和断裂不再是两个独立的问题。因此，此模型可以有效地描述损伤和裂纹扩展行为。此外，由于模型中损伤内变量的矢量特性，此模型在处理复合裂纹扩展和预测失效方向上具有极大潜力。

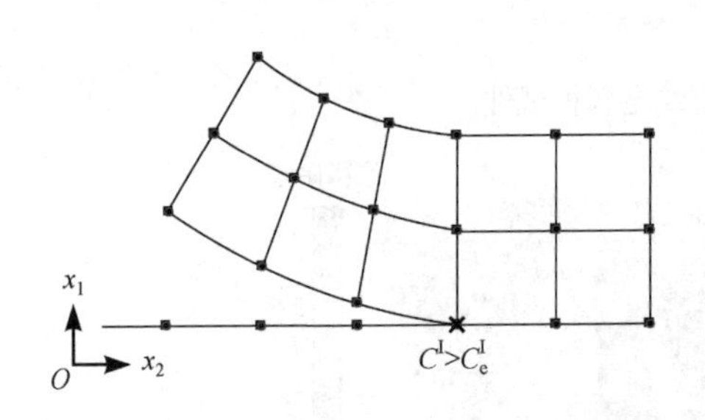

图 7-14　通过材料构型力采用节点释放的方法预测裂纹扩展在有限元中的实现方法

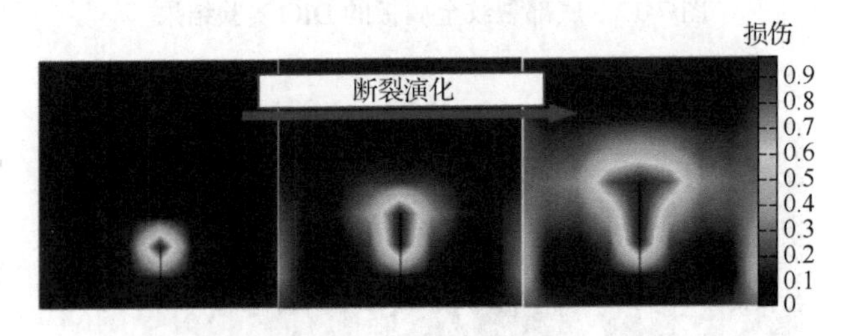

图 7-15　考虑裂纹扩展的损伤分布云图

本研究中，引入材料构型力作为损伤内变量，在连续损伤力学的框架下开发了一个全新的损伤本构模型。该模型形式简单、物理意义明确，不仅可以描述初始各向同性材料的各向异性损伤，还在考虑损伤的裂纹扩展问题中具有很大的潜力。首先从物理意义出发，经过严格的数学推导，通过计算无限小距离内相邻两物质材料点的势能梯度给出了材料构型力损伤内变量 C_k 的解析表达式。接着构造了损伤演化律方程，引入损伤影响矩阵，给出了各向异性材料构型力损伤本构模型。编写了二次开发的材料构型力损伤模型子程序，对该损伤模型进行了数值实现。通过一系列实验和数值算例证明了材料构型力损伤模型的有效性。该模型是对现有损伤本构模型的补充，具有极大的潜力。

7.2　腐蚀损伤模型

材料腐蚀现象是材料损伤的一类典型形式。下面以作为生物植入体的可降解支架为例，讨论其损伤及演化。针对医学支架与骨组织生长过程中的耦合问题，将可降解材料作为支架结构材料的复合部分进行研究。生物可降解支架作为组织工程中广泛应用的关键人工设备，其目的是提供一个理想的微环境，使新生组织能够正常生成，用于修复和替换受损组织或器官。近年来，生物可降解植入物作为一种智能植入物，越来越受到人们的关注，发展生物可降解植入物的主要驱动力是其在生理环境中的降解性能。生物可降解材料支架和传统的金属材料支架一样，可用于打开塌陷或阻塞的组织以恢复组织功能。然而，和金属材料支架不同的是，生物可降解材料支架是用一种特殊的生物材料制成的，可以随着时间降解，且不会在病人的身体里留下金属支架残留物，能够使病人恢复较多的自身功能和运动能力。因此，支架降解并使组织恢复到更自然的状态所带来的长期好处是十分重要的。

骨质疏松引起的椎体压缩骨折(vertebral bone compression fracture，VBCF)是世界各国影响健康的一种日益严重的疾病。常规情况下采用经皮椎体成形术(percutaneous vertebroplasty，PVP)和经皮后凸成形术(percutaneous kyphoplasty，PKP)治疗VBCF。后来，一种名为椎体支架的新设备被测试并且用于支撑骨折的椎体。由于从患者的硬组织中获得的成骨组织细胞可以在支架上得到扩展和覆盖，并逐渐与新的骨组织融合(Hutmacher，2000)，因此多孔支架替代骨组织工程的应用越来越受到人们的关注。近年来，生物可降解材料因其可用于临床而受到广泛关注，如生物可降解镁合金。镁的密度和皮质骨的密度相近，与聚合物相比，它具有良好的生物相容性和优异的力学性能。这些特性使多孔镁合金支架成为骨组织再生的理想支架。此外，镁还具有促进骨重建的作用。

影响镁基支架在使用条件下腐蚀行为的机理(Gastaldi et al., 2011)可以是①内部电偶腐蚀，即微电偶腐蚀；②局部腐蚀，有点蚀和丝状腐蚀两种不同的形式；③应力腐蚀(stress corrosion，SC)；④疲劳腐蚀。本节主要以镁合金的应力腐蚀损伤为例研究镁合金的降解行为，对所有电化学和力学现象的不同腐蚀损伤机理进行建模是一项艰巨的挑战。由于材料的损伤必然会引起势能梯度的变化，因此本节从势能角度提出了另一种腐蚀损伤模型，即材料构型力损伤模型。当材料中缺陷(夹杂物、位错、裂纹或局部塑性变形区)的形态(尺寸、形状和位置)发生变化时，会引起自由能的变化。因此，材料构型力在描述含缺陷材料的破坏行为方面具有一定的优势。支架的降解也可以认为是一种损伤，可以采用材料构型力来描述支架降解过程中的损伤演化问题。

本节在连续热力学的框架下，利用材料构型力作为内变量描述局部损伤的发展和演化，提出了生物可降解材料的材料构型力损伤机制，并与有限元方法相关联，从势能的角度构建了材料构型力损伤模型，在三维几何模型中模拟了材料降解损伤过程，探讨了生物可降解镁合金支架的细观和宏观损伤力学行为，最重要的是将可降解支架的可变刚度与骨组织的重建过程相耦合，支架可以在伴随骨组织功能的不断恢复过程中被降解，支架在降解过程中可以补偿骨组织缺失的刚度，同时消除其生长过程中的应力遮挡问题。

7.2.1　基于材料构型力的腐蚀损伤模型

在临床治疗 VBCF 时，由于支架的径向支撑力(radial resistive force，RRF)导致椎体高度的恢复是一种临床表现，因此为了评价生物可降解支架在椎体中的具体力学行为，采用 RRF 这个宏观参数来表征支架的刚度变化。RRF 是由椎体支架产生的，以抵抗椎体受压变形而产生的力。通过定义量化损伤分布场，引入连续损伤模型来描述可降解材料由几何不连续造成的机械强度损失。

通常，标量场损伤变量 D 用来描述损伤，本模型考虑了均匀损伤和构型损伤机制协同描述损伤变量 D，因此采用两种不同的方法来描述损伤行为：表面腐蚀损伤和应力腐蚀损伤。当结构暴露在腐蚀环境中时，表面腐蚀用均匀损伤 D_U 来描述(Gastaldi et al., 2011； Wu et al., 2011)；另一种损伤机制下，构型损伤 D_G 用于描述应力腐蚀过程中产生的损伤，反映了镁合金暴露在刺激环境中自由能的变化。损伤变量 D 可以表示为

$$D = D_U + D_G \tag{7-35}$$

式中，$D = 0$ 时表示材料处于未损伤状态，$D = 1$ 时表示材料处于完全损伤状态。

均匀损伤机制是暴露在腐蚀环境中的微电偶腐蚀，微电偶腐蚀的均匀损伤演化规律可以表示为(Hutmacher，2000)

$$\dot{D}_U = \frac{\delta_U}{L_e} k_U \tag{7-36}$$

式中，$\dot{D}_U$ 为时间导数；δ_U 为特征尺寸；L_e 为单元长度；k_U 为动力参数。

为估计损伤程度，从势能的角度引入材料构型力作为内部损伤变量，而不是使用柯西应力。材料构型力是作用在缺陷上的力，与应力、应变、孔隙率等传统

损伤变量相比，材料构型力具有形式简单、物理意义明确等特点。势能梯度可以看作一个反映任何物质点上不连续或奇点的有效量。该方法在处理损坏演化和裂缝扩展问题时具有很大的优势。

损伤可以表示为

$$G=\sqrt{\left(\int_B\left(\frac{\partial L}{\partial x_k}\right)\mathrm{d}V\right)\left(\int_B\left(\frac{\partial L}{\partial x_k}\right)\mathrm{d}V\right)} \tag{7-37}$$

式中，L 为拉格朗日能量密度函数；k 为哑指标。材料构型力 $\int_B\left(\frac{\partial L}{\partial x_k}\right)\mathrm{d}V$ 的计算结果可由 7.1.2 小节中的算法获得。基于各向同性材料损伤力学，等效应力可以表示为

$$\tilde{\boldsymbol{\sigma}}=\tilde{\boldsymbol{E}}:\boldsymbol{\varepsilon}=(1-D)\boldsymbol{E}:\boldsymbol{\varepsilon} \tag{7-38}$$

式中，$\boldsymbol{E}$ 为材料的初始弹性模量；$\boldsymbol{\varepsilon}$ 为应变张量。

在本模型中，构型损伤 D_{G} 可以表示为

$$D_{\mathrm{G}}=g(|G|)=\left[\frac{G_{\mathrm{a}}\left(|G|-G_{\mathrm{b}}\right)}{|G|\left(G_{\mathrm{a}}-G_{\mathrm{b}}\right)}\right]^S \tag{7-39}$$

式中，材料损伤参数 S 与特定材料的宏观损伤现象相关；G_{b} 表示材料的损伤起始阈值，G_{a} 表示材料的损伤极限阈值，与材料的应力强度因子 K_{I} 和 K_{II} 相关(Prasad et al., 1994)。

通过引入构型损伤模型，材料在静载作用下损伤累积的整个过程只依赖于材料损伤的增加。在此假设中，考虑了三个阶段：理想弹性阶段、损伤阶段和断裂阶段。在理想的条件下，完美的材料是没有任何缺陷的。随着荷载的增大，材料构型力 G 增大，当达到损伤起始阈值 G_{b} 时，理想材料将进入损伤阶段，开始产生损伤，材料退化。本书假设构型损伤过程中材料损伤 D_{G} 的演化规律为

$$D_{\mathrm{G}}=\begin{cases}0 & \left(|G|<G_{\mathrm{b}}\right)\\ \left[\dfrac{G_{\mathrm{a}}\left(|G|-G_{\mathrm{b}}\right)}{|G|\left(G_{\mathrm{a}}-G_{\mathrm{b}}\right)}\right]^S & \left(G_{\mathrm{b}}\leqslant|G|<G_{\mathrm{b}}\right)\\ 1 & \left(G_{\mathrm{a}}\leqslant|G|\right)\end{cases} \tag{7-40}$$

为计算显式时间积分格式下的损伤增量，建立了基于可生物降解材料模型的用户子程序，并更新应力状态演化规律。其中，完成损伤变量的计算和损伤过程中的应力应变更新为主要任务。首先读取损伤模型，得到初始分析步骤中各单元

的材料参数和场变量。根据构型应力展开计算程序，计算单元节点的材料构型力 G。设置加载和分析步骤后，计算并存储损伤变量 D。通过损伤演化方程，迭代计算材料的损伤演化。在每个分析步骤中，根据当前步骤的材料构型力计算损伤变量，通过修改材料单元的特性实现材料损伤退化的数值模拟。

7.2.2　材料构型力腐蚀损伤模型的数值算例分析

在数值模拟中，一般将椎体支架简化为支架环和支架支撑，多个支架环依次连接形成一个支架，支架结构为优化后的串并联结构。图 7-16 为串联-平行椎体支架压缩示意图。为了模拟实验过程的实际边界条件，在支架的上、下表面分别附着两个刚性平面，并假定其与支架结构具有无限刚性。在刚性平面和柔性支架之间，接触面设置为无摩擦。在本模拟中，只施加单调加载。

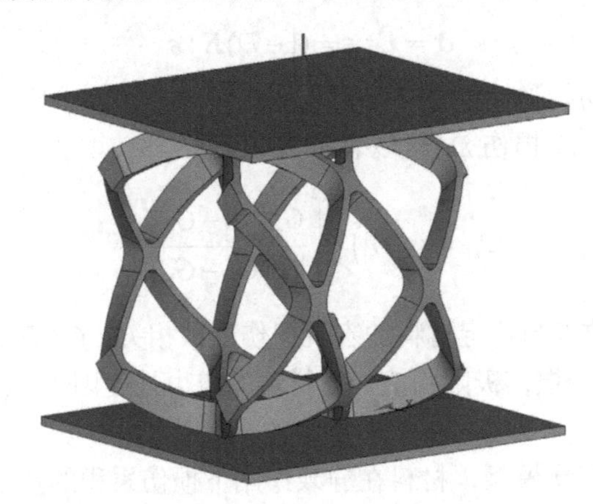

图 7-16　串联-平行椎体支架压缩示意图

图 7-17 给出镁合金的典型应力-应变曲线，其材料非线性是由弹性模量的退化而不是达到屈服应力引起的。式(7-36)中所描述的均匀损伤为表面腐蚀。考虑均匀损伤对带有缺陷的简单方模型表面退化的影响，通过模拟有限元分析中的均匀损伤，可以得到缺陷附近表面的损伤过程。如图 7-18 所示含缺口裂纹的均匀损伤演化过程，各元素从缺陷的外表面一层一层地“消失”。支架的生物降解过程受椎体压缩的影响，因此假设支架的边界条件是为了保证它与真实的压缩载荷情况一致。支架结构的损伤随加载时间的演化如图 7-19 所示。在有限元分析中，当单元的构型损伤达到损伤极限阈值 G_a 时，则删除单元，实现支架材料降解并断裂。损伤场主要集中在支架连接处，连接处也存在应力集中场。由于有限元分析是基于连续介质力学的，因此在连续介质力学中需要研究的对象是连续的，即材料域在空间上是连续的。在这样的理论框架中，降低单元的刚度和弹性模量是主要的方法。“删除” 实际上只体现其无效性，单元依然存在。

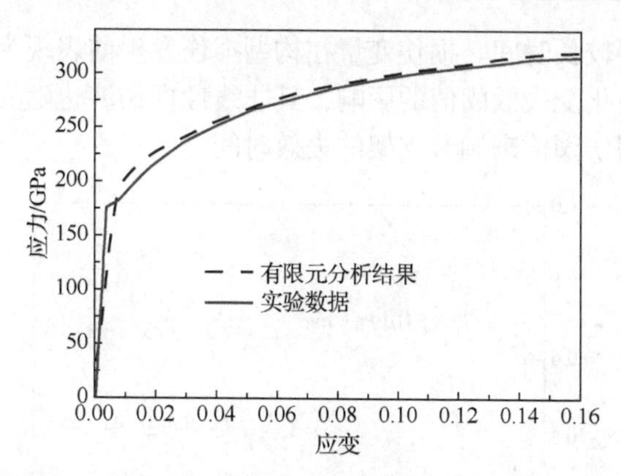

图 7-17　镁合金的典型应力–应变曲线(Wu et al., 2011)

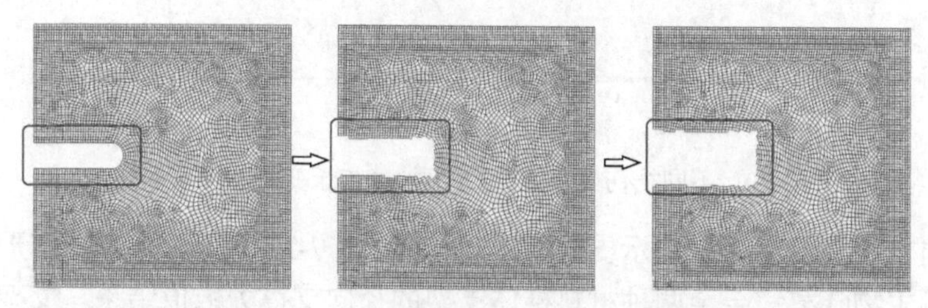

图 7-18　含缺口裂纹的均匀损伤演化过程

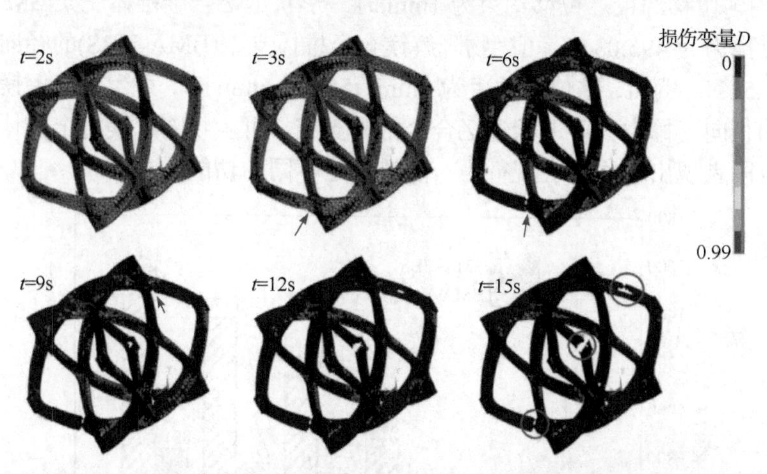

图 7-19　支架结构的损伤随加载时间 t 的演化(图例为配置损伤变量 D)

采用不同的阈值来观察支架支撑单元的损伤演化。损伤极限阈值 G_a 影响支架的性能，决定支架对骨折区域的支撑程度。图 7-20 显示了不同损伤极限阈值 G_a 下加载步长变化的损伤演化。随着损伤极限阈值 G_a 的下降，模型更容易发生断裂。当损伤极限阈值 G_a 为 9.5×10^6 Pa · mm 时，均匀损伤和构型损伤同时发生。当损伤极限阈值 G_a 为 9.5×10^8 Pa · mm 时，构型损伤出现较晚，断裂判据的值相对高，支架完全降解需要较长时间。损伤变量在构型损伤发生前表现为稳定演化。结果表明，支架损伤演化受失效阈值的影响，其非线性损伤演化随失效阈值增大而增大，且可以通过损伤阈值来调节支架的失效时间。

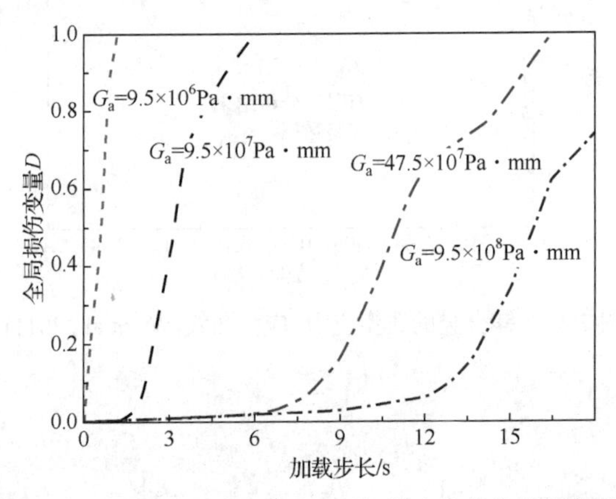

图 7-20　不同损伤极限阈值 G_a 下加载步长变化的损伤演化

径向支撑力可以用来表示支架的宏观行为。图 7-21 为不可生物降解形状记忆合金和可生物降解镁合金两种材料椎体支架的径向支撑力数值结果。支架受 1～6mm 的均匀位移约束。位移约束为 1mm 时，形状记忆合金椎体支架(SMA-VBS)的径向支撑力为 495.03 N，可生物降解镁合金椎体支架(BMA-VBS)的径向支撑力仅为 304.52 N。然而，在位移约束为 4mm、5mm、6mm 时，可生物降解镁合金椎体支架的径向支撑力大于形状记忆合金椎体支架。可生物降解镁合金椎体支架在不同的阶段表现出不同的宏观行为，能够满足不同的功能需求。

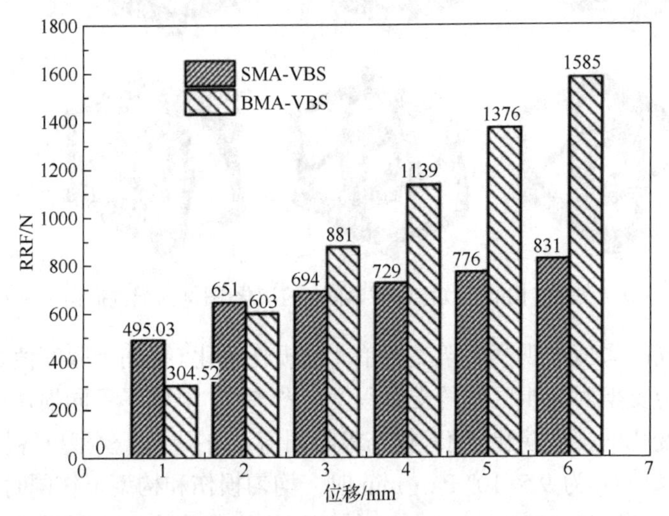

图 7-21　不可生物降解形状记忆合金和可生物降解镁合金两种材料椎体支架的径向支撑力

将压缩位移约束设置为 6mm，约为原始椎体高度的三分之一，用于模拟急性骨质疏松引起的椎体压缩骨折，图 7-22 给出了位移约束为 6mm 时可生物降解镁合金椎体支架的径向支撑力。从图中可以看到，在加载后期，由于应力刺激变得非常强，径向支撑力迅速降低，开始发生全面损伤。同时，损伤场逐渐增大，损伤单元数也在增加。之后，损伤的单元失效，这些单元的刚度减小，甚至变为零。失效单元不再产生径向支撑力，使得可生物降解镁合金椎体支架的径向支撑力下降。

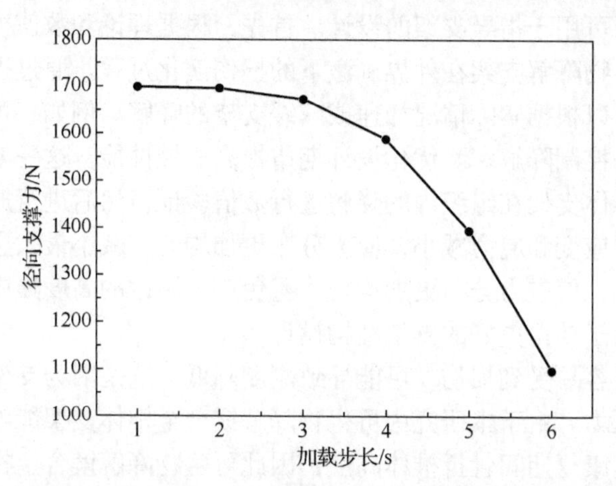

图 7-22　位移约束为 6mm 时可生物降解镁合金椎体支架的径向支撑力

采用唯象学方法和数值建模方法，通过连续损伤模型来描述镁合金椎体支架的损伤，用于研究椎体支架等医疗器械的复杂几何形状。连续损伤机制方法的主要特点是不局限于单一的损伤机制，可以解释不同的损伤机制。基于连续损伤力学，实现了均匀损伤和构型损伤的过程。构型损伤模型将传统的连续损伤力学扩展到定向损伤而非标量损伤。损伤可以直接由物质空间点上的不连续或奇点来定义。该方法是对现有损伤理论的补充，为各向异性损伤演化的应力集中分析和计算提供了一个新框架。

在其他模型中，描述了与应力腐蚀过程相关的损伤，即腐蚀局部化发生在应力相对集中的材料区域，腐蚀现象具有应力依赖性的演化。例如，采用最大应力和等效 Mises 应力，且假设拉应力区腐蚀速率较高。然而，针对大的应力集中问题，现有的模型基于柯西应力，难以处理高度的应力集中问题。当损伤演化过程发生时，真实材料呈现不连续的特征。从物理的角度来看，当材料处于一定的应力状态时，这种空间上的不连续会导致材料物理空间点的势能发生相当大的变化。因此，势能梯度可作为损伤演化的驱动力，作用在缺陷上的材料构型力可以评估损伤。

在以上的例子中，可生物降解镁合金椎体支架的结构存在于一个相对惰性的环境中，仅由于施加应力而发生腐蚀。然而，传统基于主应力的应力腐蚀规律很难检测到高应力集中。本书提出的构型损伤公式用于估计在一定稳定生化环境(P依赖)下的应力集中。支架因应力集中而逐渐恶化和损坏的过程是一个腐蚀过程。为了方便起见，将与腐蚀有关的参数作为损伤变量，以材料构型力作为一个内部损伤变量是合理的。

虽然构型损伤理论建立在简化模型的基础上，但它仍然有助于对可降解过程的认识，其结果可用于指导支架的设计。首先，根据理论和数值模拟结果，可以清楚地了解可生物降解支架在外界刺激下的损伤演化过程。通过得到的构型损伤等相关结果，可以根据实际情况加速或减缓支架的降解。例如，可以通过增加或减少支架支撑来控制降解率。优化设计期望提高机械性能。这一期望自然需要通过模拟镁合金椎体支架在组织内的降解进行数值验证，然后进行原型测试。优化后支架的最大主应变和应力减小，应力分布更加均匀。减小最大主应力可以保持应力腐蚀的演化，使应力分布更加均匀，避免应力腐蚀的高度集中。因此，预测其降解规律有助于获得更好的支架结构设计。

支架关节更容易受到损伤，可能导致刚度降低，这是因为支架关节承受着来自椎骨的更大压力。由于本研究中可生物降解镁合金椎体支架能够提供可变的径向支撑力来恢复康复期间骨折椎体高度，因此可生物降解镁合金椎体支架优于形状记忆合金椎体支架。在此损伤模型中，理论模型和有限元模型都允许不同的降解率存在于不同的表面或不同的单个单元中。结果表明，材料构型力损伤模型是一种通用工具和方法，可以用于研究复杂的载荷、几何条件和不同的合金成分，甚至可以用于评估由损伤行为导致的表面改性的效果。对于可变刚度支架的设计，这些参数都具有很大的作用。

材料构型力腐蚀损伤模型采用连续体热力学唯象学方法，通过建立内变量来表征材料局部损伤的发展演化过程,重点研究了损伤对材料宏观力学性能的影响。采用均匀损伤和构型损伤两种方法描述可生物降解材料的降解响应。从能量的概念上看，构型损伤模型形式简单，物理意义明确。该模型通过用户子程序在有限元框架下实现，模拟镁合金椎体支架的退化行为，可以为模拟提供更多的细节，为可生物降解镁合金椎体支架的探索和设计提供更好的依据。本损伤模型为镁合金椎体支架设计和材料损伤行为提供了新的见解，并论证了应力腐蚀对镁合金椎体支架降解和性能的影响。

7.3 疲劳损伤累积模型

在工程领域，大多数在役构件和结构都要承受疲劳载荷。例如，高温燃气轮机和风力齿轮叶片在使用期间经常承受疲劳载荷。因此，材料中累积的疲劳损伤成为工程结构失效的一个无处不在的风险。结构材料的疲劳损伤一旦达到临界阈值，就会发生失效。因此，研究材料的疲劳损伤演化和疲劳寿命预测问题具有十分重要的意义。

为了提高疲劳损伤累积模型的准确性，本研究引入表征与材料构型相关的势能变化的材料构型力作为损伤变量。在之前的研究中，材料构型力已被应用于疲劳和失效问题。例如，Liu 等(2020)提出了一种描述弹塑性材料裂纹扩展速率和预测裂纹扩展路径的疲劳模型，该模型中引入了材料构型力作为疲劳裂纹扩展驱动力。Mohammadipour 和 Willam(2018)采用材料构型力学方法确定高周疲劳载荷下的疲劳裂纹扩展路径和方向。结果表明，具有清晰物理解释的材料构型力概念在疲劳损伤演化和累积分析中具有很大的潜力。

7.3.1　基于材料构型力的疲劳损伤累积模型

在循环载荷条件下，材料的疲劳损伤演化过程可以看作一个损伤不断发展和累积的连续过程。当疲劳损伤达到一定值时，材料即失效。对于大多数高周疲劳问题，由于循环载荷通常不大，只发生弹性变形，采用基于应力的模型。因此，在疲劳损伤累积模式中采用弹性假设。参考 Chaboche 和 Lesne(1998)提出的非线性累积疲劳损伤模型，损伤率 $\dfrac{\mathrm{d}D}{\mathrm{d}N}$ 表示材料在循环加载条件下的非线性损伤累积，依赖于应力状态 σ 和当前损伤状态 D：

$$\frac{\mathrm{d}D}{\mathrm{d}N}=f(\sigma_{\mathrm{M}},\sigma,D) \tag{7-41}$$

式中，N 为疲劳加载循环次数；σ_{M} 为最大应力幅值。

在此基础上，引入式(7-21)中材料构型力作为描述疲劳损伤累积的变量。非线性疲劳损伤累积模型的疲劳损伤演化规律可定义为

$$\frac{\mathrm{d}D}{\mathrm{d}N}=\frac{1}{S}\left[1-(1-D)^{\beta+1}\right]^{\alpha}\left[\frac{C-C_{\mathrm{s}}}{(C_{\mathrm{e}}-C_{\mathrm{s}})(1-D)}\right]^{\beta} \tag{7-42}$$

式中，α、β 和 S 为材料参数；C 为材料构型力；C_{s} 和 C_{e} 分别为材料构型力开始损伤阶段的阈值和疲劳失效开始阶段的阈值。C_{s} 和 C_{e} 都是材料性能参数，其值由材料的固有力学性能决定。它们是由材料的能量释放率决定的，可以通过力学实验得到。由式(7-42)可以看出，每个加载周期($\mathrm{d}D/\mathrm{d}N$)损伤的增加和演化不仅与材料构型力有关，而且与当前损伤状态 $D\in(0,1)$有关，这使得损伤模型具有非线性。

假设材料构型力是恒定的，在这种条件下，对式(7-42)求积分可以得到：

$$N_{\mathrm{f}}=\frac{S}{1-\alpha}\frac{1}{1+\beta}\left(\frac{C-C_{\mathrm{s}}}{C_{\mathrm{e}}-C_{\mathrm{s}}}\right)^{-\beta} \tag{7-43}$$

$$D=1-\left[1-\left(\frac{N}{N}\right)^{\frac{1}{1-\alpha}}\right]^{\frac{1}{1+\beta}} \tag{7-44}$$

式中，损伤准则为 $D=1$，此时对应的加载循环次数 N 为疲劳寿命 N_{f}。

采用材料构型力建立了非线性疲劳损伤累积模型。该模型建立在连续损伤力学框架下，采用材料构型力作为内变量(Chen et al., 2022)。材料构型力具有明确的物理意义，表示与材料构型相关的势能变化。这一优点可被充分利用在疲劳损伤模式中，以描述疲劳损伤演化过程。

此疲劳损伤累积模型的主要数值计算步骤如下所述。

(1) 建立结构的几何模型，并初始化所有参数，设置材料参数和边界条件。

(2) 计算循环次数 $N=i$ 时的应力应变场、对应的材料构型力和损伤率 $D^{(i)}$，公式为

$$\Delta D^{(i)}=\frac{\mathrm{d}D^{(i)}}{\mathrm{d}N}=\frac{1}{S}\left[1-\left(1-D^{(i)}\right)^{\beta+1}\right]^{\alpha}\left[\frac{C-C_{\mathrm{s}}}{(C_{\mathrm{e}}-C_{\mathrm{s}})(1-D^{(i)})}\right]^{\beta} \tag{7-45}$$

(3) 对于载荷循环次数 $N=i+1$，更新疲劳累积损伤值 $D^{(i+1)}$：

$$D^{(i+1)}=D^{(i)}+\Delta D^{(i+1)} \tag{7-46}$$

(4) 对应循环次数 $i+1$ 下，有效弹性模量 $E^{(i+1)}$可以由循环次数 i 时的有效弹性模量 $E^{(i)}$表示：

$$E^{(i+1)}=E^{(i)}\left(1-D^{(i+1)}\right) \tag{7-47}$$

(5) 重复步骤(2)～(4)，直到疲劳累积损伤值 D 达到临界值，材料最终失效。

7.3.2 材料构型力疲劳损伤累积模型的数值实现

本小节基于非线性疲劳损伤累积模型对两个数值算例进行模拟计算。试件材料为 2024-T3 铝合金，是一种可热处理的 Al-Cu 合金，广泛应用于航空航天工业。根据疲劳试验结果，2024-T3 铝合金的最大应力与其疲劳寿命的关系曲线如图 7-23 所示。拟合 S-N 曲线表示在给定应力范围或幅值 S 的反复加载条件下，材料发生破坏的循环次数 N。由图 7-23 可知，最佳拟合 S-N 曲线为

$$\lg N_{\mathrm{f}} = 11.1 - 3.97\lg\left[\frac{\sigma_{\mathrm{M}}}{6.895}(1-R)^{0.56} - 15.8\right] \tag{7-48}$$

式中，R 为应力比，即最小应力值与最大应力值之比。此处，$R = 0.02$。

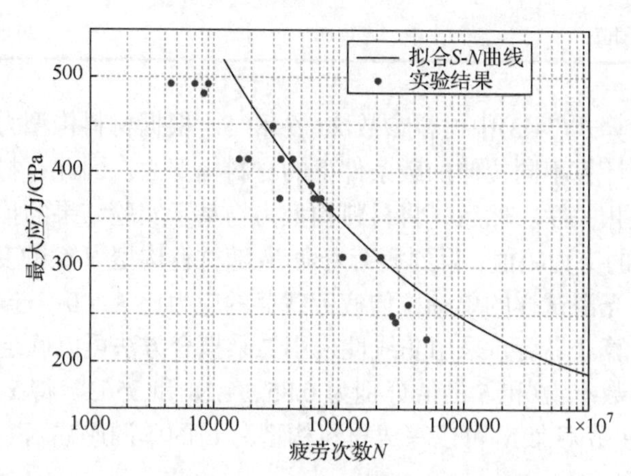

图 7-23　2024-T3 铝合金的最大应力与其疲劳寿命的关系曲线(MIL-HDBK-5H，1998)

在对所提出的非线性疲劳损伤累积模型进行数值计算之前，需要确定该模型所需的相关参数。首先，根据上述定义，与材料构型力密切相关的参数，即阈值 C_{s} 和 C_{e} 可以通过表 7-2 所列的疲劳极限应力 σ_{f} 和极限拉伸应力 σ_{u} 来计算。C_{s} 代表损伤起始阈值。当材料处于拉伸载荷等于疲劳极限应力 σ_{f} 的条件下，就可以计算出该条件下对应的材料构型力。疲劳极限是材料在最大应力保持在临界值 σ_{f} 以下时，疲劳寿命本质上是无限的疲劳极限条件。此后，当材料构型力大于 C_{s} 时，材料在疲劳载荷下发生损伤，不能达到疲劳极限的循环次数。C_{e} 是完全损伤且失效开始的阈值。当材料处于极限拉伸应力 σ_{u} 加载条件下，相应的材料构型力计算结果为 C_{e}。结果表明，当材料构型力大于 C_{e} 临界值时，损伤过程结束，材料失效。考虑应力集中效应，C_{s} 值为 0.49 N/m，C_{e} 值为 39.00 N/m。假设当 $C \leqslant C_{\mathrm{s}}$ 时，材料是完美的，不会发生损伤；如果 $C \geqslant C_{\mathrm{e}}$，则发生材料失效。

表 7-2　2024-T3 铝合金的力学参数(MIL-HDBK-5H，1998)

参数	符号	数值
弹性模量	E	7.37×10^{4}MPa
泊松比	ν	0.33
疲劳极限应力	σ_{f}	120MPa
极限拉伸应力	σ_{u}	440MPa

续表

参数	符号	数值
损伤初始阈值	C_s	0.49N/m
损伤结束阈值	C_e	39.00N/m

接下来，计算式(7-43)中材料参数α、β 和 S。根据材料构型力与应力状态的关系，可以数值计算不同拉伸加载条件下的材料构型力。因此，材料构型力可以与基于应力的量相关联。然后，将材料构型力与基于实验结果的拟合 S-N 曲线相结合，参考对应的应力幅值，得到疲劳寿命 N_f随材料构型力 C 的变化，如图 7-24 所示。实验中，光滑试样的单轴拉伸疲劳载荷的应力比 $R = 0$，选取 22 个样本的实验结果进行计算。最后，采用非线性最小二乘拟合方法可以确定α、β、和 S 的值。经计算，参数α、β和 S 的值分别为 0.85、1.18 和 3563。将α、β和 S 的值代入式(7-43)中，疲劳寿命 N_f可以写成材料构型力 C 的单调递减函数。

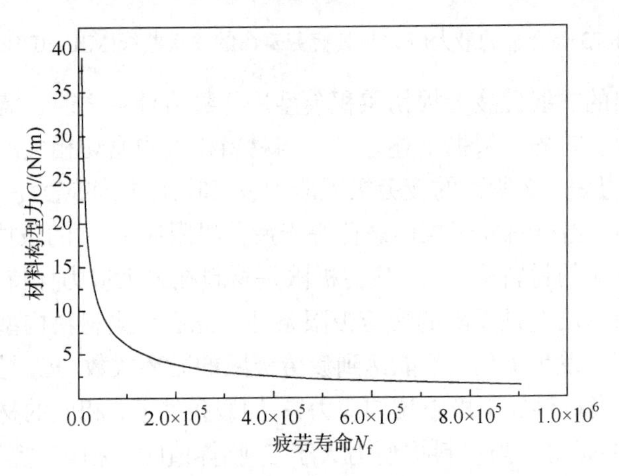

图 7-24 疲劳寿命 N_f随材料构型力 C 的参数拟合曲线

恒应力幅值循环加载下，疲劳损伤变量 D 随循环次数 N 与疲劳寿命 N_f之比的变化如图 7-25 所示。结果表明，疲劳损伤是一个不可逆的能量耗散过程，损伤变量随循环次数的增加而单调增加；当 $D = 1.0$ 时，材料完全失效。

第一个计算模型是带中心孔的 2024-T3 铝合金板材结构，如图 7-26(a)所示。这种铝合金板的尺寸是 10mm×10mm，在中心有一个半径为 2mm 的穿透孔。采用四节点单元的二维模型，仅构建一个四分之一比例的网格模型，如图 7-26(b)所示，与图 7-26(a)中阴影部分对应。由于缺口板的结构是对称的，在对称线中考虑了对称边界条件。对于加载边界条件，在板右侧施加循环载荷。在数值模拟中，将应力比 R 设为 0.01，与实验结果相似，以便将有限元预测的数值结果与实验数据进行比较。

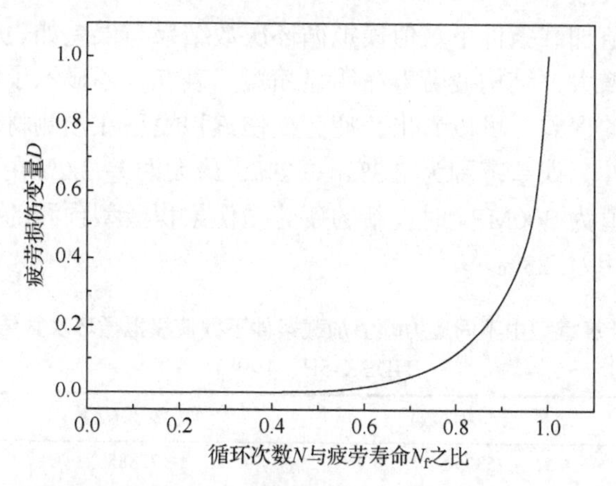

图 7-25　疲劳损伤变量 D 随循环次数 N 与疲劳寿命 N_f 之比的变化

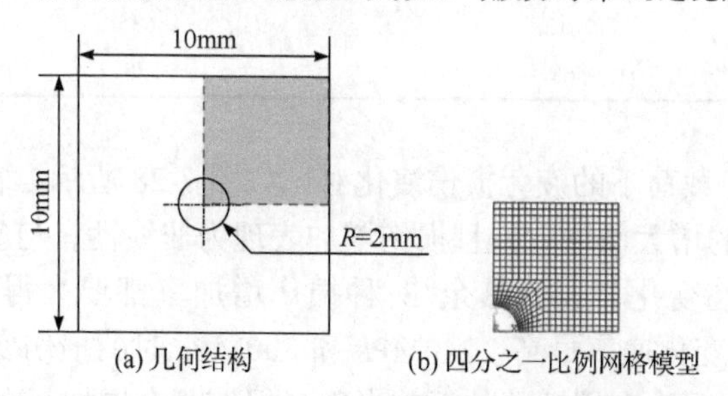

图 7-26　带中心孔的 2024-T3 铝合金板材结构模型

通过对该模型的数值模拟程序的实现，计算了缺口板在不同应力幅值加载条件下的疲劳寿命，得到了相应的疲劳损伤演化规律。300MPa 循环加载下的疲劳损伤累积云图如图 7-27 所示。可以看出，$D=1$ 区位于中圆孔的边缘，表明结构

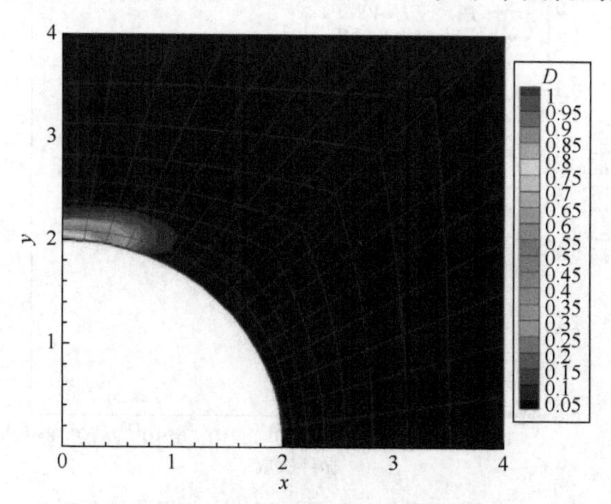

图 7-27　300MPa 循环加载下的疲劳损伤累积云图

在此条件下最终失效。

不同应力幅值加载条件下数值模拟循环次数结果与误差如表 7-3 所示。可见，随着应力幅值的增大，结构疲劳寿命明显缩短。表 7-3 还显示了预测疲劳周期数与实验结果之间的误差。可以看出，疲劳损伤累积模型在预测材料疲劳寿命方面具有较高的准确性。误差范围为 2.3%～3.2%，最大误差 3.2%在可接受的误差范围内。在应力幅值为 300MPa 时，新的疲劳损伤累积模型预测的疲劳寿命与以往实验记录的数据相差 2.3%。

表 7-3　第一个计算模型中不同应力幅值加载条件下数值模拟循环次数结果与误差(MIL-HDBK-5H，1998)

应力/MPa	模型预测(次数)	实验结果(次数)	误差/%
180	75375	77885	3.2
240	26564	25635	2.6
300	17012	16635	2.3
360	9368	9588	2.3

不同最大应力载荷下的疲劳损伤演化对比如图 7-28 所示。结果表明，疲劳损伤 D 随应力幅值的增大而增大，且损伤增加表现为非线性；与应力幅值 360MPa 加载条件下的损伤变化相比，其余 3 种损伤增加率都要大得多。应力幅值为 180MPa 时的损伤变化速率最高，240MPa 和 300MPa 时的损伤变化速率较低。总体上，损伤变化表现为在周期数的近前半部分损伤略有增加，在近后半部分损伤显著增加。这意味着疲劳损伤在开始阶段积累缓慢，在疲劳寿命后期积累较快，进而导致结构失效。

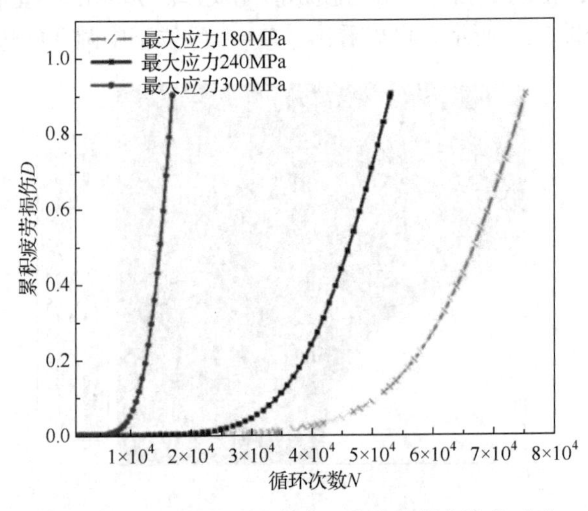

图 7-28　不同最大应力载荷下的疲劳损伤演化对比

在第二个计算模型中，几何模型是一个两侧有缺口的模型，如图 7-29(a)所示。与第一个计算模型相似，采用 1/4 比例模型，其几何有限元网格如图 7-29(b)所示，对应于图 7-29(a)的阴影部分。材料性能参数和网格单元与第一个计算模型相同，即 2024-T3 铝合金和二维四节点单元。在板模型的底部施加循环载荷。在数值模拟中将应力比 R 设为 0.02，与实验中的应力比 R 相同，以便将预测的数值结果与实验数据进行比较。

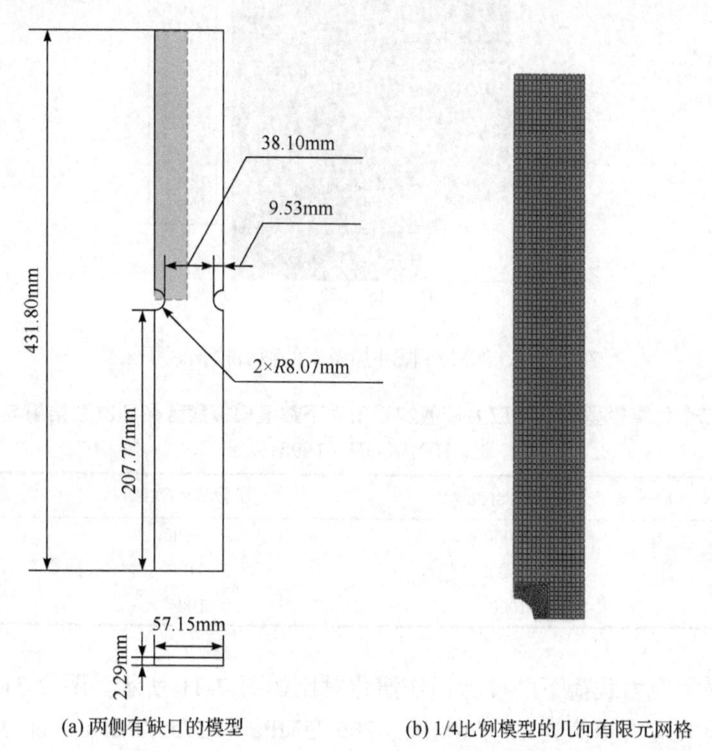

(a) 两侧有缺口的模型　　(b) 1/4比例模型的几何有限元网格

图 7-29　两侧有缺口的几何模型示意图

对缺口结构在不同应力幅值加载条件下的疲劳循环次数进行预测，得到了相应的疲劳损伤演化行为。275.80MPa 循环加载下的疲劳损伤累积云图如图 7-30 所示。给出了缺口结构累积损伤的局部细节，表明 $D=1$ 区出现在中心圆孔边缘。

不同应力幅值加载条件下数值模拟疲劳循环次数结果与误差如表 7-4 所示。缺口结构的预测疲劳周期数随着应力幅值的增大而显著减小。误差范围为 0.4%～5.7%，最大误差 5.7%在可接受的误差范围内。特别是在 275.80MPa 的循环载荷下，新的疲劳损伤累积模型预测的疲劳寿命与已有实验结果的误差仅为 0.4%，表明模型具有较好的准确性。

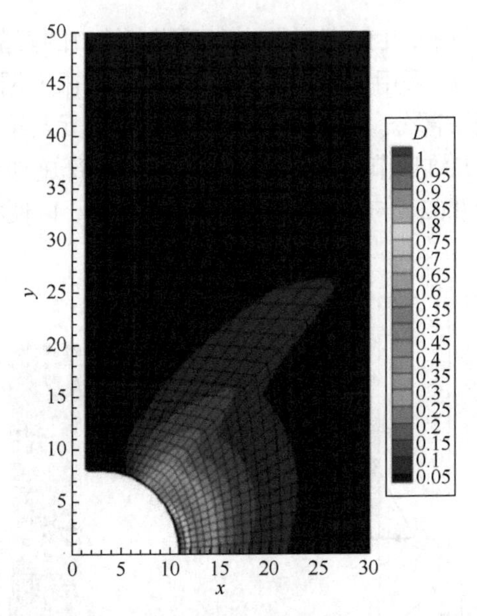

图 7-30　275.80MPa 循环加载下的疲劳损伤累积云图

表 7-4　第二个计算模型中不同应力幅值加载条件下数值模拟疲劳循环次数结果与误差(MIL-HDBK-5H，1998)

应力/MPa	寿命预测(次数)	实验结果(次数)	误差/%
137.90	74000	70000	5.7
206.85	7000	7100	1.4
275.80	1000	1004	0.4

不同最大应力载荷下的疲劳损伤演化对比如图 7-31 所示。图 7-31(a)～(c)分别描述了最大应力幅值为 137.90MPa、206.85MPa 和 275.80MPa 的加载条件下，疲劳损伤随循环次数的变化曲线。结果表明，疲劳损伤 D 随循环次数的增大而增大，且疲劳损伤增加表现为非线性。在图 7-31 中，可以明显观察到，疲劳损伤 D

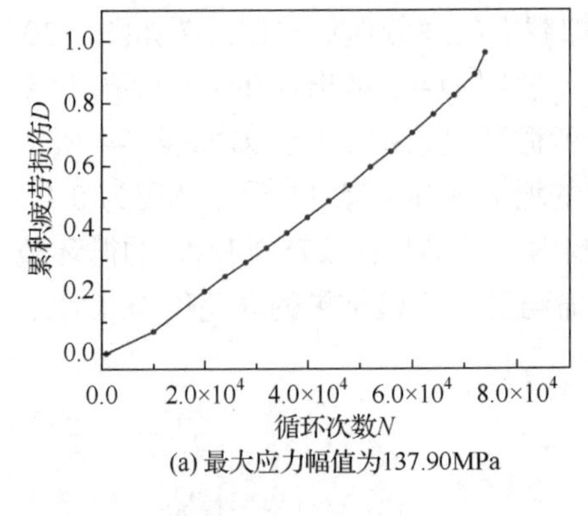

(a) 最大应力幅值为137.90MPa

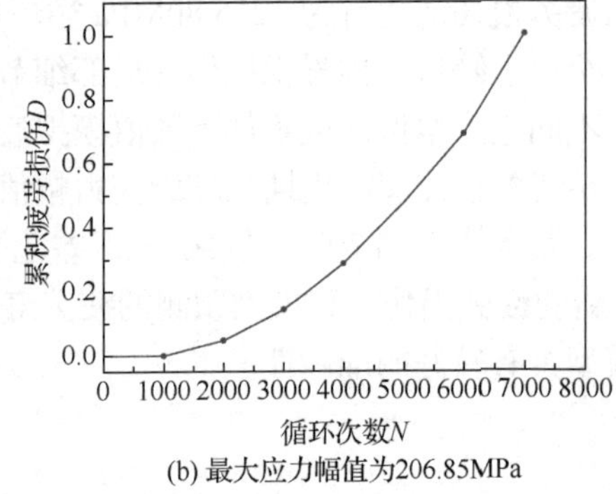

(b) 最大应力幅值为206.85MPa

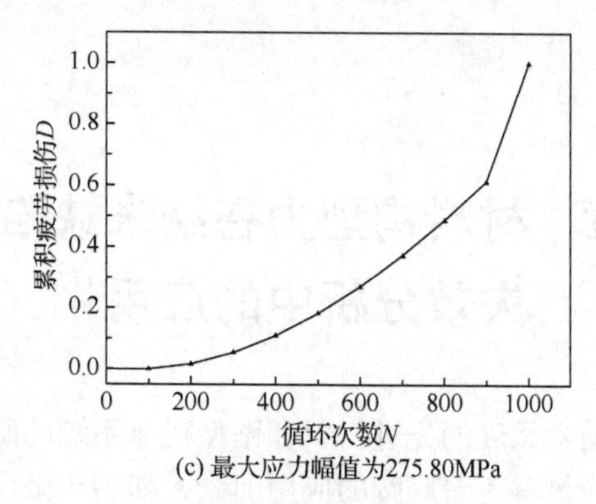

(c) 最大应力幅值为275.80MPa

图 7-31　不同最大应力载荷下的疲劳损伤演化对比

在疲劳循环加载开始阶段积累缓慢，但在接下来的阶段疲劳损伤增加速率增大，进而导致结构发生疲劳破坏。

基于连续损伤力学框架，采用材料构型力作为内变量描述疲劳损伤的产生和发展。材料构型力将材料构型相关的能量变化与疲劳损伤变量联系起来。在本章中，从材料构型力理论出发，建立了疲劳损伤累积模型；推导了由材料构型力定义的损伤变量，并考虑了不同应力单轴加载条件的影响。通过数值实现方法，该疲劳损伤累积模型可用于损伤结构的疲劳损伤累积分析和疲劳寿命预测。通过两种不同缺口结构的疲劳损伤累积模型，数值模拟预测的疲劳寿命与实验数据的比较结果表明，该疲劳损伤累积模型具有较好的准确性。结果表明，引入材料构型力的非线性疲劳损伤累积模型为损伤演化问题的求解提供了一种新的方法。

第 8 章　材料构型力在纳米缺陷材料失效分析中的应用

近二十年，有关纳米尺度的先进材料和微型机电系统的研究越来越受到学者的关注。这是因为这些材料有着广阔的应用前景，如用于微尺度部件和高效存储体等。其中比较常见的纳米尺度材料有纳米管、纳米线等。这些材料在工程中的广泛应用催生了纳米力学，并促使其不断取得进展。然而，纳米力学作为一门新兴学科，其研究对象的很多特性现在都还没有被完全认识清楚，如纳米孔洞的增长和融合等。因此，对纳米材料进行进一步的研究显得很有必要。

在纳米表面/界面中，表面自由能引起表面应力，表面应力则引起基体弹性场的改变。表面应力是尺度相关的，这使得纳米尺度材料的弹性场也出现了尺寸相关性。在经典弹性(宏观尺度)的情况下，材料的弹性场完全由外场所控制。在纳米材料中，纳米夹杂和纳米孔洞的存在，使材料的表面积/体积比非常大，从而表面效应对材料弹性场有着重要的影响。

从 Noether 理论出发在平面弹性范畴内得到的材料构型力理论，如 J_k 积分、M 积分和 L 积分，在过去的几十年中，这些路径无关积分的研究一直是断裂力学中的热点问题(Herrmann et al., 1981；Bueckner，1972，1973；Budiansky et al., 1973；Knowles et al., 1972；Rice，1968；Cherepanov，1967)。在弹性体中，取包围所有不连续点的逆时针闭合积分路径，J_k 积分、M 积分和 L 积分分别表征这些不连续点的移动、扩展和旋转所引起的能量变化。结果表明，M 积分在断裂力学和损伤力学之中都有着独特的优势和广阔的应用前景。研究发现，作为材料构型力概念之一的 M 积分，在纳米力学中可以起到重要的作用。使用 M 积分分析的方法来研究多纳米孔问题是可行的，并且有着重要的科学意义，将为纳米材料的损伤物理特性研究提供帮助(Hu et al., 2012a，2012b)。例如，Li 等(2008)应用 M 积分对纳米孔洞进行了研究，Hui 等(2010a)研究了纳米夹杂问题的 M 积分描述。

本章介绍含纳米缺陷材料的 M 积分和双态 M 积分，包含对多纳米孔洞干涉问题的 M 积分和多纳米孔洞的双态 M 积分的研究分析。

8.1　M积分在含纳米缺陷材料失效分析中的应用

8.1.1　多纳米孔洞弹性场

Gurtin 等(1975)完整地考虑了表面/界面的初始应力(表面应力)和弹性界面薄膜的特性，从连续介质力学出发提出了 Gurtin-Mordoch 二维表面/界面方程。

(1) 位移连续方程：

$$\boldsymbol{u}^{\text{inh}} = \boldsymbol{u}^{\text{mat}} = \boldsymbol{u} \tag{8-1}$$

式中，上标 inh 和 mat 分别表示纳米夹杂和基体的量。

(2) 表面平衡方程：

$$\Delta\boldsymbol{\sigma}\boldsymbol{n} = \text{div}_{\Sigma}\boldsymbol{S} \tag{8-2}$$

式中，$\boldsymbol{n}$ 为指向远离夹杂方向的单位法向量；$\Delta\boldsymbol{\sigma} = \boldsymbol{\sigma}^{\text{inh}} - \boldsymbol{\sigma}^{\text{mat}}$，$\boldsymbol{\sigma}$为基体中的应力张量；$\boldsymbol{S}$ 为 Piola-Kirchhoff 应力张量；div_{Σ} 为原构型Σ上的表面散度(原构型就是在外载作用导致变形之前的构型)。

(3) 表面本构方程：

$$\boldsymbol{S} = \sigma_0\boldsymbol{I}_l + (\lambda_0 + \sigma_0)(\text{tr}\varepsilon^{\text{sur}})\boldsymbol{I}_l + 2(\mu_0 - \sigma_0)\varepsilon^{\text{sur}} + \sigma_0\nabla_{\Sigma}\boldsymbol{u} \tag{8-3}$$

式中，σ_0是初始各向同性应力张量的值(表面张力)；$\boldsymbol{I}_l$是单位切向张量；μ_0 和 λ_0 是表面弹性常数，分别为表面剪切模量和表面拉梅常数；ε^{sur} 是表面应变张量；$\text{tr}\varepsilon^{\text{sur}}$ 是表面应力张量的迹；$\nabla_{\Sigma}\boldsymbol{u}$ 是表示变形的表面位移的梯度。

Mogilevskaya 等(2008)应用这组表面/界面方程详细分析了多圆形纳米缺陷问题，如图 8-1 所示。Mogilevskaya 和 Crouch(2007，2004，2002，2001)针对不同边界条件复势函数方程组进行了求解，完整地求解了多种含有多个圆形纳米缺陷问题的复势函数解。根据 Mogilevskaya 等(2008，2007，2004，2002，2001)的研究结果，可以得到由表面应力参数表示的含有多个纳米夹杂的无限大平板材料在平面应变情况下的复势函数解，有如下形式：

$$\begin{cases} \varphi(z) = \dfrac{2}{\kappa+1}\displaystyle\sum_{j=1}^{N}\left[F_1^{(j)}(z) + \eta_j^2 F_2^{(j)}(z)\right] + \varphi^{\infty}(z) \\ \psi(z) = \dfrac{2}{\kappa+1}\displaystyle\sum_{j=1}^{N}\left[2F_3^{(j)}(z) + F_4^{(j)}(z) + F_5^{(j)}(z)\right] + \psi^{\infty}(z) \end{cases} \tag{8-4}$$

式中，

$$\begin{cases} \varphi^{\infty}(z)=\dfrac{\sigma_{xx}^{\infty}+\sigma_{yy}^{\infty}}{4}z \\ \psi^{\infty}(z)=\dfrac{\sigma_{yy}^{\infty}-\sigma_{xx}^{\infty}+2\mathrm{i}\sigma_{xy}^{\infty}}{2}z \end{cases} \tag{8-5}$$

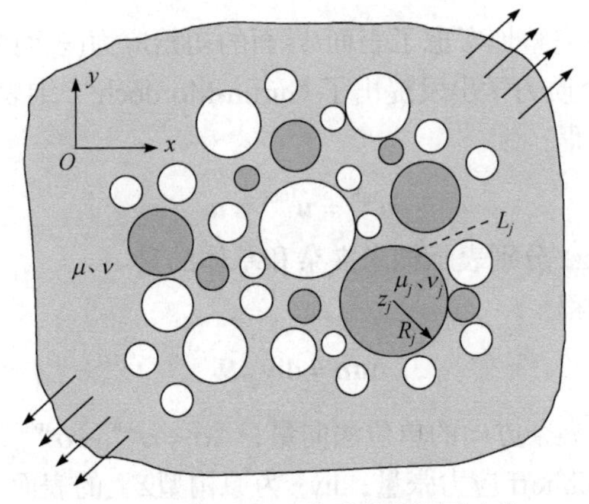

图 8-1　无限大平面中多纳米圆形夹杂

在式(8-4)和式(8-5)中，变量σ_{xx}^{∞}、σ_{yy}^{∞}、σ_{xy}^{∞}都是外部载荷应力分量。$F^{(j)}(z)$是求解第j个纳米夹杂时的函数：

$$\begin{cases} F_1^{(j)}(z)=\sum\limits_{m=1}^{M_j-1}\left(\mu-\mu_j-m\eta_j^{(1)}\right)A_{-mj}g_j^{\ m}(z) \\ F_2^{(j)}(z)=\sum\limits_{m=2}^{M_j}(m+1)\overline{A}_{(m+1)j}g_j^{\ (m-1)}(z) \\ F_3^{(j)}(z)=\left\{\left[\mu_j\dfrac{\kappa-1}{\kappa_j-1}-\mu+(\kappa-1)\eta_j\right]\mathrm{Re}\,A_{1j}+\dfrac{\kappa-1}{4}\sigma_{j0}\right\}g_j(z) \\ F_4^{(j)}(z)=\sum\limits_{m=2}^{M_j}(m-1)\left\{\left[\dfrac{\overline{z}_j}{R_j}+g_j(z)\right]\left[\mu-\mu_j-(m-1)\eta_j^{(1)}\right]-\kappa\eta_j^{(2)}g_j(z)\right\}A_{-(m-1)j}g_j^{\ m}(z) \\ F_5^{(j)}(z)=\sum\limits_{m=1}^{M_j}\left\{\eta_j^{(2)}\left[\dfrac{\overline{z}_j}{R_j}+g_j(z)\right](m^2-1)+g_j(z)\left[\mu_j\dfrac{\kappa}{\kappa_j}+(m+1)\kappa\eta_j^{(1)}-\mu\right]\right\}\overline{A}_{(m+1)j}g_j^{\ m}(z) \end{cases} \tag{8-6}$$

式(8-6)中，

$$\eta_j=\frac{2\mu_{j0}+\lambda_{j0}}{4R_j},\quad \eta_j^{(1)}=\eta_j+\frac{\sigma_{j0}}{4R_j},\quad \eta_j^{(2)}=\eta_j-\frac{\sigma_{j0}}{4R_j}\quad (j=1,2,\cdots,N) \tag{8-7}$$

$$g_j(z)=\frac{R_j}{z-z_j} \tag{8-8}$$

上面公式中，上标 j 表示第 j 个纳米夹杂；z_j、R_j 和μ_j 分别表示第 j 个纳米圆形夹杂的圆心、半径和剪切模量；μ_{j0}、λ_{j0} 和σ_{j0} 则表示第 j 个纳米夹杂的表面参数；κ=3−4ν，λ和ν 分别表示材料的拉梅常数和泊松比；$A_{-mj}(m=1, 2,\cdots,M_j-1)$ 和 $A_{mj}(m=1, 2,\cdots, M_j)$ 表示复数形式的系数；M_j 表示对应于第 j 个纳米夹杂边界上位移的傅里叶级数展开式的阶次，增大 M_j 的值可以提高最终解的精度。

针对各向同性无限大板中包含 N 个任意分布的各向同性纳米圆形夹杂情况，整体笛卡儿坐标系(xOy)如图 8-1 所示。板的材料常数μ、ν 分别为剪切模量和泊松比。第 j 个纳米夹杂的弹性常数为μ_j、ν_j。一般情况下，每个夹杂的材料都是不一样的。L_j 为第 j 个纳米夹杂的边界圆，其方向以逆时针为正。夹杂与基体之间的界面假设为一个没有厚度的特殊材料面，其与基体材料紧密结合在一起，不发生任何滑移。该面上的弹性常数μ_{0j}、λ_{0j} 分别为剪切模量和拉梅常数，σ_{0j} 则为该面上的残余应力。整个板和纳米夹杂系统受无限远处载荷(σ_{xx}^{∞}、σ_{yy}^{∞}、σ_{xy}^{∞})作用。

对于图 8-1 所示的问题，假设基体和夹杂内部为线弹性材料。远场载荷作用于无限大板的 Kelvin 解，著名的 Somigliana 积分方程可表示如下：

$$\begin{cases}\boldsymbol{u}(\xi)=\int_L \boldsymbol{G}(\xi,\boldsymbol{x})\boldsymbol{t}(\boldsymbol{x})\mathrm{d}L(\boldsymbol{x})-\int_L \boldsymbol{T}(\xi,\boldsymbol{x})\boldsymbol{u}(\boldsymbol{x})\mathrm{d}L(\boldsymbol{x})\\ \boldsymbol{\sigma}(\xi)=\int_L \boldsymbol{Q}(\xi,\boldsymbol{x})\boldsymbol{t}(\boldsymbol{x})\mathrm{d}L(\boldsymbol{x})-\int_L \boldsymbol{H}(\xi,\boldsymbol{x})\boldsymbol{u}(\boldsymbol{x})\mathrm{d}L(\boldsymbol{x})\\ \boldsymbol{t}(\xi)=\boldsymbol{\sigma}(\xi)\boldsymbol{n}(\xi)\end{cases} \tag{8-9}$$

式中，$\boldsymbol{u}(\xi)$为弹性体区域内一点 ξ 上的位移向量；$\boldsymbol{t}(\boldsymbol{x})$和 $\boldsymbol{u}(\boldsymbol{x})$分别为该弹性区域边界 L 上一点 $\boldsymbol{x}$ 处的作用力向量和位移向量；区域内一点$\boldsymbol{\xi}$上的集中力分别通过张量 $\boldsymbol{G}$ 和置换张量 $\boldsymbol{T}$ 映射到该区域边界 L 上的位移向量和作用力向量，这里张量 $\boldsymbol{G}$ 和 $\boldsymbol{T}$ 是和 Kelvin 解相关的；$\boldsymbol{\sigma}(\xi)$为弹性体区域内一点$\boldsymbol{\xi}$上的应力张量；$\boldsymbol{Q}(\xi,\boldsymbol{x})$和 $\boldsymbol{H}(\xi,\boldsymbol{x})$为三阶张量，分别从 $\boldsymbol{G}(\xi,\boldsymbol{x})$和 $\boldsymbol{T}(\xi,\boldsymbol{x})$得到；$\boldsymbol{t}(\xi)$为弹性体区域内由单位法向量 $\boldsymbol{n}(\xi)$所确定的截面上一点$\boldsymbol{\xi}$上的作用力向量。

考虑平面应变情况，局部坐标定义为法向量 $\boldsymbol{n}$ 指向远离夹杂的方向，切向量 $\boldsymbol{l}$ 指向远离夹杂左手方向，则

$$\nabla_{\Sigma}\boldsymbol{u}=\varepsilon^{\mathrm{sur}}\boldsymbol{l}\otimes\boldsymbol{l}+\omega^{\mathrm{sur}}\boldsymbol{n}\otimes\boldsymbol{l} \tag{8-10}$$

$$\varepsilon^{\mathrm{sur}}=\frac{\partial u_l}{\partial s}+\frac{u_n}{R},\quad \omega^{\mathrm{sur}}=-\frac{u_l}{R}+\frac{\partial u_n}{\partial s} \tag{8-11}$$

式中，$\boldsymbol{l}$ 是表面上的单位切向量；s 是弧长；R 是曲率半径，则可得

$$\boldsymbol{S}=\sigma^{\text{sur}}\boldsymbol{l}\otimes\boldsymbol{l}+\sigma_0\omega^{\text{sur}}\boldsymbol{n}\otimes\boldsymbol{l} \tag{8-12}$$

$$\sigma^{\text{sur}}=\sigma_0+(\lambda_0+\sigma_0)\varepsilon^{\text{sur}}+2(\mu_0-\sigma_0)\varepsilon^{\text{sur}}+\sigma_0\varepsilon^{\text{sur}} \tag{8-13}$$

$$\text{div}_{\Sigma}\boldsymbol{S}=\left(\frac{\partial\sigma^{\text{sur}}}{\partial s}+\frac{\sigma_0\omega^{\text{sur}}}{R}\right)\boldsymbol{l}-\left(\frac{\sigma^{\text{sur}}}{R}+\frac{\sigma_0\partial\omega^{\text{sur}}}{\partial s}\right)\boldsymbol{n} \tag{8-14}$$

因此，在二维平面应变弹性体中第 k 个表面的方程可以进行以下重写。

(1) 位移连续方程：

$$u_{kx}^{\text{inh}}=u_{kx}^{\text{mat}}=u_{kx},\ u_{ky}^{\text{inh}}=u_{ky}^{\text{mat}}=u_{ky} \tag{8-15}$$

式中，u_{kx}、u_{ky} 是边界 $L_k(k=1,2,\cdots,N)$上位移向量 $\boldsymbol{u}_k$ 的分量。

(2) 表面平衡方程：

$$\begin{cases}\sigma_{kl}^{\text{inh}}-\sigma_{kl}^{\text{mat}}=\dfrac{\partial\sigma_k^{\text{sur}}}{\partial s}+\dfrac{\sigma_{k0}\omega_k^{\text{sur}}}{R_k}\\[2ex]\sigma_{kn}^{\text{inh}}-\sigma_{kn}^{\text{mat}}=-\dfrac{\sigma_k^{\text{sur}}}{R_k}+\dfrac{\sigma_{k0}\partial\omega_k^{\text{sur}}}{\partial s}\end{cases} \tag{8-16}$$

式中，σ_{kl} 和σ_{kn} 分别是边界 $L_k(k=1,2,\cdots,N)$上的切向应力和法向应力；σ_k^{sur} 是表面上的一维应力分量。

(3) 表面本构方程：

$$\sigma_k^{\text{sur}}=\sigma_{k0}+(2\mu_{k0}+\lambda_{k0})\varepsilon_k^{\text{sur}} \tag{8-17}$$

式中，$\varepsilon_k^{\text{sur}}$ 是表面上的一维应变分量。

Somigliana积分方程(8-9)用复势函数可以表示如下(Mogilevskaya et al., 1998)。

(1) 夹杂内：

$$\begin{aligned}2\pi\text{i}\frac{\kappa_k+1}{4\mu_k}\sigma_k^{\text{inh}}(t)=&2\int_{L_k}\frac{u_k^{\text{inh}}(\tau)}{(\tau-t)^2}\text{d}\tau-\int_{L_k}u_k^{\text{inh}}(\tau)\frac{\partial}{\partial t}\text{d}K_1(\tau,t)\\&-\int_{L_k}\overline{u_k^{\text{inh}}(\tau)}\frac{\partial}{\partial t}\text{d}K_2(\tau,t)+\frac{1-\kappa_k}{2\mu_k}\int_{L_k}\frac{\sigma_k^{\text{inh}}(\tau)}{\tau-t}\text{d}\tau\\&-\frac{\kappa_k}{2\mu_k}\int_{L_k}\sigma_k^{\text{inh}}(\tau)\frac{\partial}{\partial t}\text{d}K_1(\tau,t)\text{d}\tau+\frac{1}{2\mu_k}\int_{L_k}\overline{\sigma_k^{\text{inh}}(\tau)}\frac{\partial}{\partial t}\text{d}K\ (\tau,t)\text{d}\overline{\tau}\end{aligned} \tag{8-18}$$

式中，$t=x+\text{i}y$，为夹杂边界 L_k 上一点的复坐标，$\text{i}=\sqrt{-1}$；$\sigma_k^{\text{inh}}(\tau)=\sigma_{kn}^{\text{inh}}(\tau)+\text{i}\sigma_{kl}^{\text{inh}}(\tau)$ 和 $u_k^{\text{inh}}(\tau)=u_{kx}^{\text{inh}}(\tau)+\text{i}u_{ky}^{\text{inh}}(\tau)$，分别为全局坐标系下一点$\tau$处的复应力和复位移；$\kappa_k=3-4\nu_k$。另外，有

$$K_1(\tau,t)=\ln\frac{\tau-t}{\overline{\tau}-\overline{t}},\quad K_2(\tau,t)=\frac{\tau-t}{\overline{\tau}-\overline{t}} \tag{8-19}$$

(2) 在基体中：

$$\begin{aligned}2\pi\mathrm{i}\frac{\kappa+1}{4\mu}\left[\sigma_k^{\mathrm{mat}}(t)+\sigma^{\infty}(t)\right]=\sum_{j=1}^{N}\Bigg[&2\int_{L_j}\frac{u_k^{\mathrm{mat}}(\tau)}{(\tau-t)^2}\mathrm{d}\tau-\int_{L_j}u_j^{\mathrm{mat}}(\tau)\frac{\partial}{\partial t}\mathrm{d}K_1(\tau,t)\\&-\int_{L_j}\overline{u_j^{\mathrm{mat}}(\tau)}\frac{\partial}{\partial t}\mathrm{d}K_2(\tau,t)+\frac{1-\kappa}{2\mu}\int_{L_j}\frac{\sigma_j^{\mathrm{mat}}(\tau)}{\tau-t}\mathrm{d}\tau\\&-\frac{\kappa}{2\mu}\int_{L_j}\sigma_j^{\mathrm{mat}}(\tau)\frac{\partial}{\partial t}\mathrm{d}K_1(\tau,t)\mathrm{d}\tau+\frac{1}{2\mu}\int_{L_j}\overline{\sigma_j^{\mathrm{mat}}(\tau)}\frac{\partial}{\partial t}\mathrm{d}K_2(\tau,t)\mathrm{d}\overline{\tau}\Bigg]\end{aligned} \tag{8-20}$$

式中，$u_j^{\mathrm{mat}}(\tau)=u_{jx}^{\mathrm{mat}}(\tau)+\mathrm{i}u_{jy}^{\mathrm{mat}}(\tau)$，为基体内复位移；另外，有

$$\sigma^{\infty}(t)=-\left[\sigma_{xx}^{\infty}+\sigma_{yy}^{\infty}+\frac{\mathrm{d}\overline{t}}{\mathrm{d}t}\left(\sigma_{yy}^{\infty}-\sigma_{xx}^{\infty}-2\mathrm{i}\sigma_{xy}^{\infty}\right)\right] \tag{8-21}$$

同时，把式(8-16)改写为

$$\begin{cases}\sigma_{kn}^{\mathrm{inh}}(\tau)-\sigma_{kn}^{\mathrm{mat}}(\tau)=\dfrac{1}{R_k}\left[\sigma_{k0}+(2\mu_{k0}+\lambda_{k0})\mathrm{Re}\dfrac{\partial u_k(\tau)}{\partial\tau}\right]-\sigma_{k0}\,\mathrm{Re}\left[\dfrac{\partial^2u_k(\tau)}{\partial\tau^2}g_k^{-1}(\tau)\right]\\[2ex]\sigma_{kl}^{\mathrm{inh}}(\tau)-\sigma_{kl}^{\mathrm{mat}}(\tau)=-(2\mu_{k0}+\lambda_{k0})\mathrm{Im}\left[\dfrac{\partial^2u_k(\tau)}{\partial\tau^2}g_k^{-1}(\tau)\right]-\dfrac{\sigma_{k0}}{R_k}\mathrm{Im}\dfrac{\partial u_k(\tau)}{\partial\tau}\end{cases} \tag{8-22}$$

式中，

$$g_k(\tau)=\frac{R_k}{\tau-z_k} \tag{8-23}$$

式(8-15)的复势函数表达式为

$$u_k^{\mathrm{inh}}=u_k^{\mathrm{mat}}=u_k \tag{8-24}$$

至此，式(8-18)、式(8-20)、式(8-22)和式(8-24)形成一个求解未知边界参数的完整复势函数方程组。为求解该方程组，首先将积分方程离散化。对于夹杂，将第 k 个夹杂(k=1,2,⋯,N)边界上的未知作用力 $\sigma_k^{\mathrm{inh}}(\tau)$ 和未知位移 $u_k^{\mathrm{inh}}(\tau)$ 展开为复傅里叶级数：

$$\sigma_k^{\mathrm{inh}}(\tau)=\sum_{m=1}^{\infty}B_{-mk}^{\mathrm{inh}}g_k^m(\tau)+\sum_{m=1}^{\infty}B_{mk}^{\mathrm{inh}}g_k^{-m}(\tau)\quad(\tau\in L_k) \tag{8-25}$$

$$u_k^{\text{inh}}(\tau) = u_k(\tau) = \sum_{m=1}^{\infty} A_{-mk} g_k^m(\tau) + \sum_{m=1}^{\infty} A_{mk} g_k^{-m}(\tau) \quad (\tau \in L_k) \tag{8-26}$$

对于基体，将第 j 个夹杂所对应基体的边界上未知作用力 $\sigma_j^{\text{mat}}(\tau)$ 展开为复傅里叶级数：

$$\sigma_j^{\text{mat}}(\tau) = \sum_{m=1}^{\infty} B_{-mj}^{\text{mat}} g_j^m(\tau) + \sum_{m=1}^{\infty} B_{mj}^{\text{mat}} g_j^{-m}(\tau) \quad (\tau \in L_j) \tag{8-27}$$

基体中第 j 个夹杂所对应基体的边界上未知位移 $u_j(\tau)$展开为复傅里叶级数后与式(8-26)的形式一样，只需要将 k 换成 j。

(3) 在界面上，将式(8-26)代入式(8-22)，可以得到：

$$\begin{aligned}\sigma_k^{\text{inh}}(\tau) - \sigma_k^{\text{mat}}(\tau) = &-\frac{\sigma_{k0}}{R_k} \\ &+ \frac{2}{R_k}\Big\{-2\eta_k \operatorname{Re} A_{1k} + \sum_{m=2}^{\infty}(m-1)\Big[(m+1)\eta_k^{(2)}\overline{A}_{(m+1)k} \\ &-(m-1)\eta_k^{(1)}A_{-(m-1)k}\Big]g_k^m(\tau) \\ &+\sum_{m=1}^{\infty}(m+1)\Big[-(m+1)\eta_k^{(1)}A_{(m+1)k} + (m-1)\eta_k^{(2)}\overline{A}_{-(m-1)k}\Big]g_k^{-m}(\tau)\Big\}\end{aligned} \tag{8-28}$$

式中，

$$\begin{cases}\eta_k = (2\mu_{k0} + \lambda_{k0})/(4R_k) \\ \eta_k^{(1)} = \eta_k + 0.25\sigma_{k0}/R_k \\ \eta_k^{(2)} = \eta_k - 0.25\sigma_{k0}/R_k\end{cases} \tag{8-29}$$

由傅里叶级数的性质和式(8-25)、式(8-27)，可以把复级数展开项中的系数 B 全部由系数 A 来表示。又由 Kolosov-Muschelishvili 势函数与应力、位移关系得出夹杂和基体势函数由表面应力表达的积分方程。

第 k 个夹杂的势函数为

$$\begin{cases}\varphi(z) = -\dfrac{1}{2\pi \mathrm{i}(\kappa_k+1)}\displaystyle\int_{L_k}\sigma_k^{\text{inh}}(\tau)\ln(\tau-z)\mathrm{d}\tau + \dfrac{\mu_k}{\pi \mathrm{i}(\kappa_k+1)}\displaystyle\int_{L_k}\dfrac{u_k(\tau)}{\tau-z}\mathrm{d}\tau \\ \psi(z) = -\dfrac{1}{2\pi \mathrm{i}(\kappa_k+1)}\left[\displaystyle\int_{L_k}\sigma_k^{\text{inh}}(\tau)\dfrac{\overline{\tau}}{\tau-z}\mathrm{d}\tau + \kappa_k\displaystyle\int_{L_k}\overline{\sigma}_k^{\text{inh}}(\tau)\ln(\tau-z)\mathrm{d}\overline{\tau}\right] \\ \quad + \dfrac{\mu_k}{\pi \mathrm{i}(\kappa_k+1)}\left[\displaystyle\int_{L_k}u_k(\tau)\mathrm{d}\dfrac{\overline{\tau}}{\tau-z} - \displaystyle\int_{L_k}\dfrac{\overline{u}_k(\tau)}{\tau-z}\mathrm{d}\tau\right]\end{cases} \tag{8-30}$$

基体势函数为

$$\begin{cases}\varphi(z)=-\dfrac{1}{2\pi\mathrm{i}(\kappa_k+1)}\displaystyle\sum_{k=1}^{N}\int_{L_k}\sigma_k^{\mathrm{mat}}(\tau)\ln(\tau-z)\mathrm{d}\tau\\ \qquad+\dfrac{\mu_k}{\pi\mathrm{i}(\kappa_k+1)}\displaystyle\sum_{k=1}^{N}\int_{L_k}\dfrac{u_k(\tau)}{\tau-z}\mathrm{d}\tau+\varphi^{\infty}(z)\\ \psi(z)=-\dfrac{1}{2\pi\mathrm{i}(\kappa_k+1)}\displaystyle\sum_{k=1}^{N}\left[\int_{L_k}\sigma_k^{\mathrm{mat}}(\tau)\dfrac{\overline{\tau}}{\tau-z}\mathrm{d}\tau\right.\\ \qquad\left.+\kappa_k\displaystyle\int_{L_k}\overline{\sigma_k^{\mathrm{mat}}}(\tau)\ln(\tau-z)\mathrm{d}\overline{\tau}\right]\\ \qquad+\dfrac{\mu_k}{\pi\mathrm{i}(\kappa_k+1)}\displaystyle\sum_{k=1}^{N}\left[\int_{L_k}u_k(\tau)\mathrm{d}\dfrac{\overline{\tau}}{\tau-z}-\int_{L_k}\dfrac{\overline{u_k(\tau)}}{\tau-z}\mathrm{d}\tau\right]+\psi^{\infty}(z)\end{cases} \tag{8-31}$$

式中，

$$\begin{cases}\varphi^{\infty}(z)=\dfrac{\sigma_{xx}^{\infty}+\sigma_{yy}^{\infty}}{4}z\\ \psi^{\infty}(z)=\dfrac{\sigma_{yy}^{\infty}-\sigma_{xx}^{\infty}+2\mathrm{i}\sigma_{xy}^{\infty}}{2}z\end{cases} \tag{8-32}$$

由式(8-20)、式(8-26)和式(8-27)通过列变换，将积分方程组最终化为 $\sum_{k=1}^{N}(4M_k-1)$ 维的线性方程组，即可解出每个夹杂和基体的势函数。

对上述多纳米夹杂问题进行简化后就可以得到针对多孔洞的情况。表面方程在多纳米孔洞的情况下自然满足式(8-1)所示位移连续条件，表面本构方程形式和式(8-3)的一样，表面平衡方程变为

$$\boldsymbol{\sigma}^{\mathrm{bulk}}\boldsymbol{n}=-\mathrm{div}_{\Sigma}\boldsymbol{S} \tag{8-33}$$

平面应变情况下的表面方程为

$$\begin{cases}\sigma_{kl}^{\mathrm{bulk}}=-\dfrac{\partial\sigma_k^{\mathrm{sur}}}{\partial s}-\dfrac{\sigma_{k0}\omega_k^{\mathrm{sur}}}{R_k}\\ \sigma_{kn}^{\mathrm{bulk}}=\dfrac{1}{R_k}\sigma_k^{\mathrm{sur}}-\dfrac{\sigma_{k0}\partial\omega_k^{\mathrm{sur}}}{\partial s}\end{cases} \tag{8-34}$$

$$\sigma_k^{\mathrm{sur}}=\sigma_{k0}+(2\mu_{k0}+\lambda_{k0})\varepsilon_k^{\mathrm{sur}} \tag{8-35}$$

最终得到包括多圆形纳米孔洞的无限大平面在平面应变情况下的势函数为

$$
\begin{cases}
\varphi(z)=\dfrac{2}{\kappa+1}\sum\limits_{j=1}^{N}\left[\sum\limits_{m=1}^{M_j-1}\left(\mu-m\eta_j^{(1)}\right)A_{-mj}g_j^{\ m}(z)+\eta_j^{(2)}\sum\limits_{m=2}^{M_j}(m+1)\overline{A}_{(m+1)j}g_j^{\ (m-1)}(z)\right]+\varphi^{\infty}(z)\\
\psi(z)=\dfrac{1}{\kappa+1}\sum\limits_{j=1}^{N}\left(4\left\{\left[-\mu+(\kappa-1)\eta_j\right]\mathrm{Re}\,A_{1j}+\dfrac{\kappa-1}{4}\sigma_{j0}\right\}g_j(z)\right.\\
\quad+2\sum\limits_{m=2}^{M_j}(m-1)\left\{\left(\dfrac{\overline{z}_j}{R_j}+g_j(z)\right)\left[\mu-(m-1)\eta_j^{(1)}\right]-\kappa\eta_j^{(2)}g_j(z)\right\}A_{-(m-1)j}g_j^{\ m}(z)\\
\quad\left.+2\sum\limits_{m=1}^{M_j}\left\{\eta_j^{(2)}\left(\dfrac{\overline{z}_j}{R_j}+g_j(z)\right)(m^2-1)+g_j(z)\left[(m+1)\kappa\eta_j^{(1)}-\mu\right]\right\}\overline{A}_{(m+1)j}g_j^{\ m}(z)\right)+\psi^{\infty}(z)
\end{cases}
\tag{8-36}
$$

式中，M_j为对应于第j个孔洞上复级数展开的阶次，可以通过增大M_j的值来提高最终解的精度。

至此，得到了含多个圆形纳米孔洞的任意阶精度的通解。需要强调的是，这里使用了完整的 Gurtin-Mordoch 模型，没有任何的简化，因而使用式(8-36)所示势函数应该可以完整反映M积分与表面效应之间的关系。

考虑M积分的计算，为方便起见，将M积分表达式化成极坐标(ρ,θ)形式：

$$
M=\oint_C\left[w-T_\rho\varepsilon_{\rho\rho}-T_\theta\left(2\varepsilon_{\rho\theta}+\frac{u_\theta}{\rho}-\frac{1}{\rho}\frac{\partial u_\theta}{\partial\theta}\right)\right]\rho\mathrm{d}s \tag{8-37}
$$

由于M积分的路径无关性，采用如图 8-2 所示的圆形积分路径C，在此路径上有

$$
T_\rho=\sigma_{\rho\rho},\qquad T_\theta=\sigma_{\rho\theta},\qquad \mathrm{d}s=\rho\mathrm{d}\theta \tag{8-38}
$$

如式(8-37)和式(8-38)所示的极坐标表达式和圆形积分路径，可以为M积分表达式的推导及其值的计算带来很大方便。

已知弹性体中任何一点上位移和应力的值可以表示为如下的复势函数形式：

$$
\begin{cases}
2\mu\left[u_x(z)+\mathrm{i}u_y(z)\right]=\kappa\varphi(z)-z\overline{\varphi'(z)}-\overline{\psi(z)}\\
\sigma_{xx}+\sigma_{yy}=4\mathrm{Re}\varphi'(z)\\
\sigma_{yy}-\sigma_{xx}+2\mathrm{i}\sigma_{xy}=2\left[\overline{z}\varphi''(z)+\psi'(z)\right]
\end{cases}
\tag{8-39}
$$

综合式(8-36)、式(8-37)和式(8-39)，可以得到M积分的表达式并计算出M积分的值。

8.1.2　多纳米孔洞干涉问题的 *M* 积分

接下来将详细分析在多纳米孔洞干涉问题中，表面参数对M积分的影响，或

者说 M 积分将如何表征表面参数。不同于 Li 和 Chen(2008)、Hui 和 Chen(2010a)之前将注意力集中在讨论单个纳米孔洞和单个纳米夹杂问题上，本章要讨论的是考虑干涉效应的多纳米孔洞问题。本章使用的表面参数为μ_0=−5.4251N/m、λ_0=3.4939N/m 和σ_0=0.5689N/m，分别表示表面剪切模量、表面拉梅常数和表面残余应力(表面张力)，板的材料常数为剪切模量μ=32.9GPa、拉梅常数λ=64.43GPa。首先，考虑一个无限大平板，其中包含两个一样尺寸的圆形孔洞，如图 8-2 所示。孔洞半径 r=5nm，间隔 d=4nm。整个系统承受无限远处竖向(y 轴)均布单增拉伸载荷。在对其进行 M 积分分析之前，先看表面参数对孔边应力的影响。

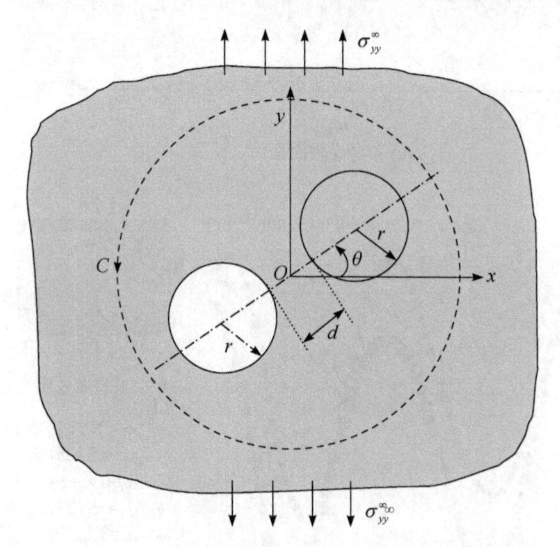

图 8-2　包含两纳米孔洞的无限大板受单轴拉伸载荷

图 8-3(a)和(b)为 45°模型在 σ_{yy}^{∞}=100MPa 的情况下，不同表面参数的组合对孔边周向应力的影响。由于 45°模型是点对称模型，因此图中给出了整个孔边的周向应力。从图 8-3(a)中同样可以看出，表面张力σ_0=0N/m 时，表面效应对孔边周向应力的影响非常小，可以忽略不计。虽然图 8-3(a)中曲线几乎重合，但是依然可以看出μ_0 = −5.4251N/m 的两条曲线中最大值大于宏观孔曲线中最大值，μ_0 = 0N/m 曲线上最大值小于宏观孔曲线上最大值。从图 8-3(b)中一样可以看出，表面参数之中，表面张力是影响孔边周向应力的主导因素，表面剪切模量和表面拉梅常数所带来的贡献非常小。下面讨论随着外载的增加，表面参数对 M 积分的影响。

接下来详细讨论表面拉梅常数(λ_0)和表面剪切模量(μ_0)对 M 积分的影响。从式(8-29)可以看出，表面参数λ_0 和μ_0 在应力函数中以 $2\mu_0+\lambda_0$ 的形式共同出现。因此，为方便起见，定义参数 $K^s = 2\mu_0+\lambda_0$。从图 8-4(a)可以看出，当载荷一定时，

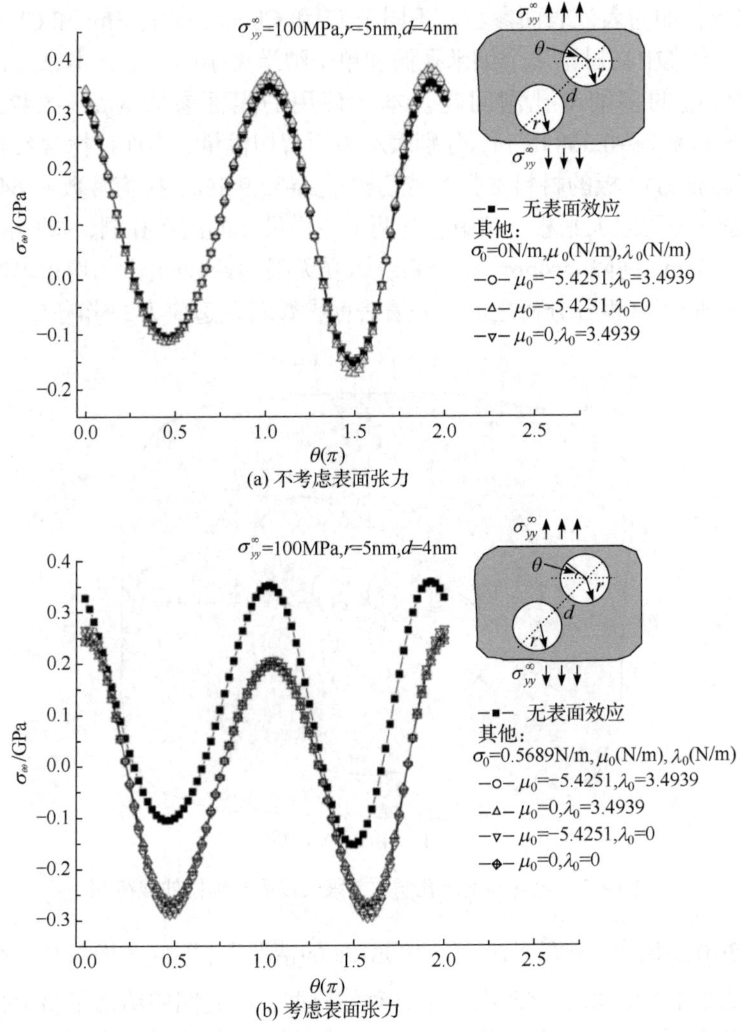

图 8-3　45°两纳米孔孔边周向应力(外载为 100MPa 单轴拉伸)

不考虑表面张力时，M 积分始终为正，且 K^s 和 M 积分的这种关系在方位角 θ=45°时同样成立。通过以上讨论总结出：虽然 K^s 变化确实对 M 积分有影响，但是这个影响非常小，是可以忽略的。

然而，当表面张力(σ_0)被考虑进来后，M 积分的变化趋势就有很大的不同。如图 8-4(b)所示，包括四条不同表面参数组合(表面张力不变)的 M 积分随外载变化曲线和一条宏观孔曲线，宏观孔曲线主要是用来比较的。从图中可以看出，相对于宏观孔曲线，表面效应对 M 积分有很大的影响。

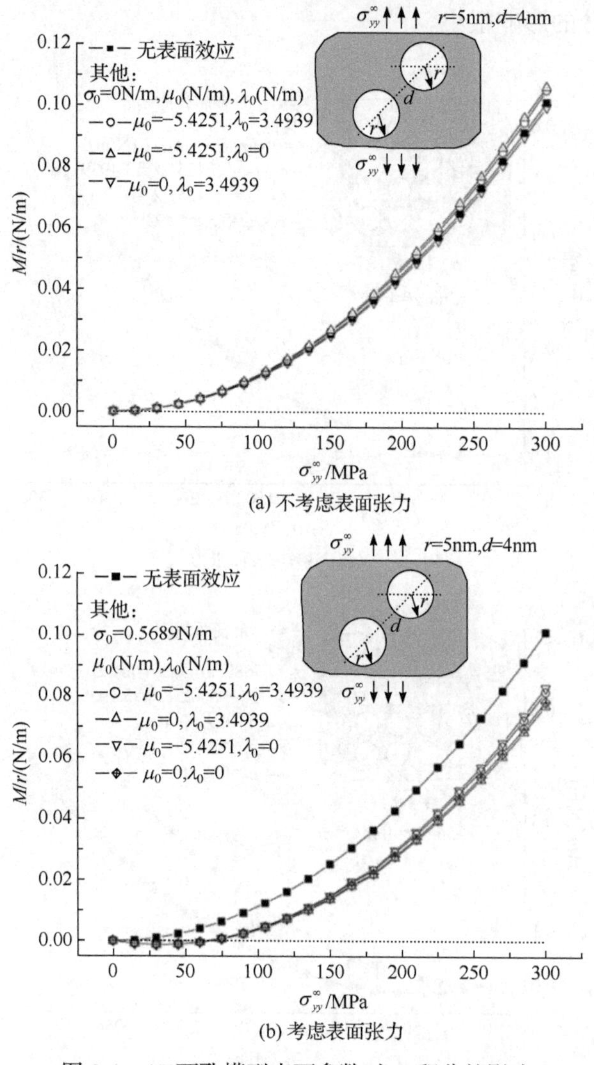

(a) 不考虑表面张力

(b) 考虑表面张力

图 8-4　45°两孔模型表面参数对 M 积分的影响

接下来，考虑多孔(大于 2)的情况。在此，分析 1 种多孔模型：4(行)×4(个)整齐排列的纳米孔洞矩阵，行列距离相等。计算结果如图 8-5 所示。从图 8-5(a)可以看出，表面拉梅常数λ_0和表面剪切模量μ_0对 M 积分影响很小，这与两纳米孔洞的分析结果吻合。同样，从图 8-5(b)中可以看出：表面张力σ_0给 M 积分带来了显著的变化，并导致了负 M 积分的出现，从而产生了“中性载荷”。这些结果再次支持了前文中对两纳米孔洞模型计算结果的分析结论，即在多纳米孔洞干涉问题中，表面效应是由表面张力主导的，这给 M 积分带来了不能忽视的巨大影响，并且使得 M 积分随着外载荷变化既可以为正值，也可以为负值；表面拉梅常数和表面剪

切模量对 M 积分的影响很小。

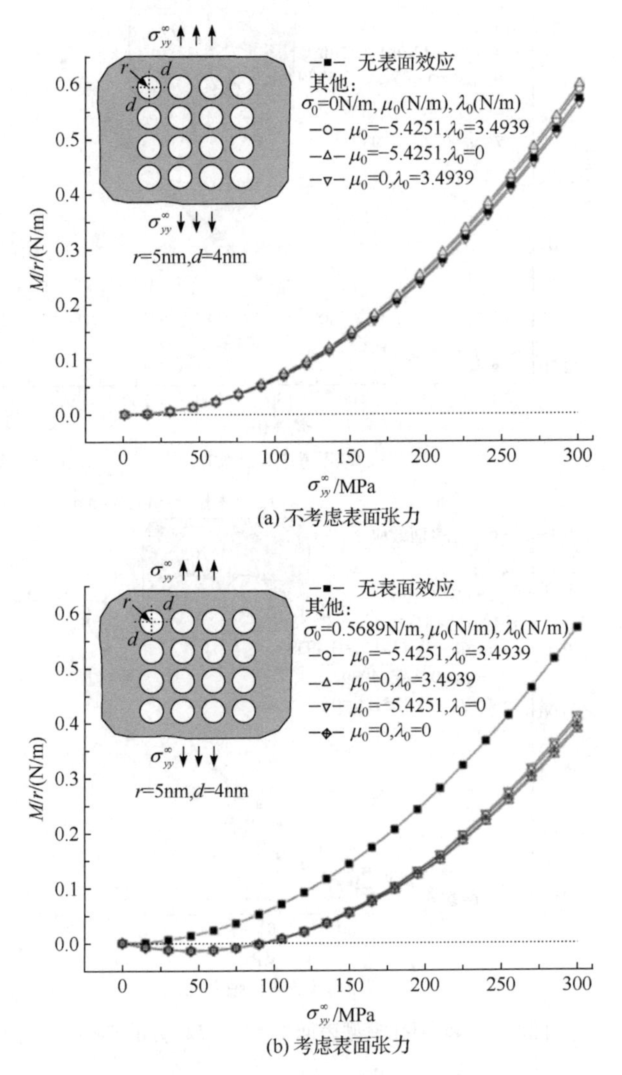

(a) 不考虑表面张力

(b) 考虑表面张力

图 8-5　4(行)×4(个)纳米孔洞矩阵模型中表面参数对 M 积分的影响

另外，不可忽视的是，在前文中分析了不同表面参数作用下孔边的周向应力情况，并得出结论：表面拉梅常数和表面剪切模量对孔边周向应力的影响很小，表面张力对孔边周向应力的影响很大。这说明：①无论从应力角度还是能量角度来说，表面效应的主导因素都是表面张力，表面拉梅常数和表面剪切模量所作的贡献非常小；②M 积分分析的结果与应力分析的结果非常吻合。这意味着采用一种简化的表面参数模型，即只考虑表面张力而忽略表面拉梅常数和表面剪切模量将是可行的，这将大大减小多纳米孔洞问题的建模及分析的困难。这也说明，在多纳米孔洞干涉问题中，M积分确实扮演着一个很重要的角色；同时，由于路径无关积分的特点，不需要对构型进行细致的应力分析，这将为研究多纳米孔洞问题提供一条简便有效的途径。

根据图 8-4 和图 8-5 的结果，并且考虑到在单轴载荷作用下 M积分为外载的二次多项式，可以看到 M积分随外载变化的曲线都交于(0,0)点，因此假设：

$$M = A\left(\sigma_{yy}^{\infty}\right)^2 + B\sigma_{yy}^{\infty} \tag{8-40}$$

式中，σ_{yy}^{∞} 表示无穷远处单轴拉应力；系数 A 和 B 表示孔洞的构型与它们之间的干涉效应和表面效应。从图 8-4 和图 8-5 中可以看出，随着载荷增加，每一幅图中的曲线都是发散的，即在整个载荷作用过程中各曲线不会出现交点。这说明，在特定构型中，不同表面参数的曲线表达式中系数 A 是相等的，否则将会出现不异于(0,0)点的交点。因而，表面参数就只出现在式(8-40)里的系数 B 中。换句话说，对于一个特定构型，表面效应对 M积分的影响是线性的。

8.2　双态 M积分在含纳米缺陷材料失效分析中的应用

8.2.1　纳米尺度下双态 M积分基本理论

用材料构型力积分内核沿着包含所有缺陷的闭合路径积分，即可得到 M积分的表达式：

$$M = \oint_{\Gamma}\left(Wx_i n_i - \sigma_{jk} u_{k,i} x_i n_j\right)\mathrm{d}s \tag{8-41}$$

式中，W 是应变能密度；x_i 是积分路径上一点的坐标分量；n_i 是积分路径上一点的方向分量；σ_{jk} 是积分路径上一点的作用力；$u_{k,i}$ 是积分路径上一点的位移分量；$\mathrm{d}s$ 是积分路径上的弧长微元；$\varGamma$是一条闭合积分路径，它包围了所有缺陷，逆时针为正，如图 8-6 所示，$\overline{ABCA}$ 和 $\overline{DEFD}$ 就是这样的闭合路径。

根据 Budiansky 等(1973)得到的平面弹性材料 M 积分的复势函数表达式，平面应变状态下的 M积分表达式为

$$M = \frac{4(1-\nu^2)}{E}\mathrm{Im}\oint_{C} z\varphi'(z)\psi'(z)\mathrm{d}z \tag{8-42}$$

Mogilevskaya 等(2008)详细分析了多圆形纳米夹杂问题，将式(8-4)代入式(8-42)可以得到多个圆形纳米夹杂材料的 M积分显式表达式：

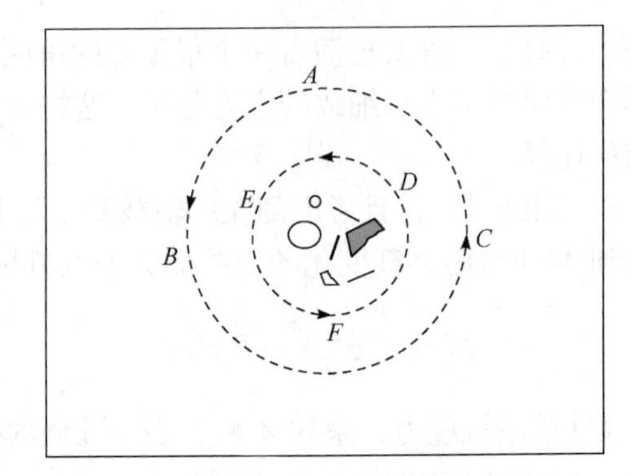

图 8-6　守恒 M 积分积分路径示意图

$$\begin{aligned}M=&\frac{8(1-\nu^2)}{E(\kappa+1)}\mathrm{Im}\oint_C z\left\{\psi_0\sum_{j=1}^{N}\left(F_1^{(j)'}(z)+\eta_j^2F_2^{(j)'}(z)\right)\right.\\&+\varphi_0\sum_{j=1}^{N}\left(2F_3^{(j)'}(z)+F_4^{(j)'}(z)+F_5^{(j)'}(z)\right)\\&+2\sum_{j=1}^{N}\sum_{k=1}^{N}\left[\left(F_1^{(j)'}(z)+\eta_j^2F_2^{(j)'}(z)\right)\left(2F_3^{(j)'}(z)+F_4^{(j)'}(z)+F_5^{(j)'}(z)\right)\right]\\&\left.+\varphi_0\psi_0\right\}\mathrm{d}z\end{aligned}\tag{8-43}$$

式中，

$$\begin{cases}\varphi_0=\dfrac{\kappa+1}{8}\left(\sigma_{xx}^{\infty}+\sigma_{yy}^{\infty}\right)\\\psi_0=\dfrac{\kappa+1}{8}\left(\sigma_{yy}^{\infty}-\sigma_{xx}^{\infty}+2\mathrm{i}\sigma_{xy}^{\infty}\right)\end{cases}\tag{8-44}$$

由于在固定的外部载荷作用下沿着任何积分路径上的φ_0和ψ_0都是常数，因此沿着闭合路径积分时，式(8-43)中的最后一项被积函数积分后为零，进而 M 积分的表达式可改写成如下形式：

$$M=\frac{1}{\mu}\mathrm{Im}\oint_C z\left[\psi_0G_1(z)+\varphi_0G_2(z)+2G_1(z)G_2(z)\right]\mathrm{d}z\tag{8-45}$$

式中，

$$\begin{cases}G_1(z)=\displaystyle\sum_{j=1}^{N}\left(F_1^{(j)'}(z)+\eta_j^2F_2^{(j)'}(z)\right)\\G_2(z)=\displaystyle\sum_{j=1}^{N}\left(2F_3^{(j)'}(z)+F_4^{(j)'}(z)+F_5^{(j)'}(z)\right)\end{cases}\tag{8-46}$$

如果将材料常数和各个纳米夹杂的表面参数设为零，如$\mu_j=\lambda_j=\mu_{j0}=\lambda_{j0}=\sigma_{j0}=0\,(j=1,2,\cdots,N)$，可以得到含有多个孔洞的纳米材料的 M 积分，对应于纳米多孔材料，有

$$\begin{cases} G_1(z)=\mu\sum\limits_{j=1}^{N}g_j'(z)\left(\sum\limits_{m=1}^{M_j-1}mA_{-mj}g_j^{m-1}(z)\right) \\ G_2(z)=\mu\sum\limits_{j=1}^{N}g_j'(z)\sum\left(\sum\limits_{m=2}^{M_j}\left\{(m+1)g_j^m(z)\left[(m-1)A_{-(m-1)j}-\overline{A}_{(m-1)j}\right]\right\}\right. \\ \qquad\left.-2\left(\overline{A}_{2j}g_j(z)+\mathrm{Re}\,A_{1j}\right)\right) \end{cases} \tag{8-47}$$

式(8-47)是式(8-46)的一种退化形式。根据式(8-45)和式(8-47)，纳米多夹杂材料和纳米多孔洞材料的 M 积分可被数值求解。

为了研究表面效应对材料构型力的具体影响，引入双态 M 积分理论(Chen et al., 1977)。在双态 M 积分的纳米尺度应用中，将 M 积分分解为三项之和：

$$M=M^{(1)}+M^{(2)}+M^{(1,2)} \tag{8-48}$$

式中，$M^{(1)}$、$M^{(2)}$分别对应只有远场载荷、只有表面效应作用下的 M 积分值；$M^{(1,2)}$对应远场载荷和表面效应作用下的 M 积分耦合项。

将式(8-45)中的三个表面参数设置为 0，可以直接计算得到 $M^{(1)}$的表达式；同样地，将式(8-45)中的远场载荷设置为 0，可以得到表面效应作用下的 M 积分表达式，即 $M^{(2)}$。通过这样的处理，Chen 和 Shield(1977)在工作中得到 $M^{(2)}$恒为 0，即 $M^{(2)}\equiv 0$。

因此，需要考虑的关键因素是 $M^{(1,2)}$这一项，即对应于外加远场载荷和表面效应作用的 M 积分耦合项。通过简单的推导，得到 $M^{(1,2)}$的表达式如下：

$$M^{(1,2)}=\oint_C\left[\omega^{(1,2)}(x_1n_1+x_2n_2)-x_1\left(T_k^{(1)}u_{k,1}^{(2)}+T_k^{(2)}u_{k,1}^{(1)}\right)-x_2\left(T_k^{(1)}u_{k,2}^{(2)}+T_k^{(2)}u_{k,2}^{(1)}\right)\right]\mathrm{d}s \tag{8-49}$$

式中，

$$\omega^{(1,2)}=\frac{1}{2}\left[\left(\sigma_{11}^{(1)}\varepsilon_{11}^{(2)}+\sigma_{11}^{(2)}\varepsilon_{11}^{(1)}\right)+\left(\sigma_{22}^{(1)}\varepsilon_{22}^{(2)}+\sigma_{22}^{(2)}\varepsilon_{22}^{(1)}\right)+2\left(\sigma_{12}^{(1)}\varepsilon_{12}^{(2)}+\sigma_{12}^{(2)}\varepsilon_{12}^{(1)}\right)\right] \tag{8-50}$$

从式(8-49)和式(8-50)可以看出，对于一组固定的表面参数，$M^{(1,2)}$是关于σ_{yy}^{∞}的线性函数，即有

$$M^{(1,2)}=B\sigma_{yy}^{\infty} \tag{8-51}$$

式中，B 是单轴拉伸载荷和表面效应共同作用下得到的 M 积分曲线关于 σ_{yy}^{∞} 变量

的系数。类似地，可以看出在受单轴拉伸载荷情况下，$M^{(1)}$是关于σ_{yy}^{∞}的二次函数，因此$M^{(1)}$可以表示为

$$M^{(1)} = A\left(\sigma_{yy}^{\infty}\right)^{2} \tag{8-52}$$

式中，A 是不计入表面效应而只考虑外加远场载荷作用时的 M 积分曲线关于$(\sigma_{yy}^{\infty})^2$的系数。根据式(8-48)、式(8-51)和式(8-52)，可以得到单轴拉伸载荷下纳米夹杂材料的双态 M 积分的表达式为

$$M = M^{(1)} + M^{(1,2)} = A\left(\sigma_{yy}^{\infty}\right)^{2} + B\sigma_{yy}^{\infty} \tag{8-53}$$

实际计算时，可以先求出总的 M 积分值和只受外加远场载荷而不考虑表面效应时的$M^{(1)}$值，则相应的$M^{(1,2)}$值可以很容易求得。

8.2.2　多纳米孔洞的双态 *M* 积分分析

本小节中，将应用双态 M 积分到多纳米孔洞问题中。首先考虑如图 8-2 所示的无限大板中两个纳米孔洞问题，孔洞半径 r=5nm，孔间距 d=4nm。材料在无穷远处受 y 轴单轴拉伸作用。表面参数：表面剪切模量μ_0=−5.4251N/m，表面拉梅常数λ_0=3.4939N/m，表面张力σ_0=0.5689N/m。当两孔洞方位角θ分别为 0°和 45°时，M、$M^{(1)}$和 $M^{(1,2)}$随载荷变化曲线分别见图 8-7 和图 8-8。从图 8-7 和图 8-8 中可以看出：①$M^{(1)}$总是为正值，$M^{(1,2)}$总是为负值；②随着载荷的增大，$M^{(1)}$增加而 $M^{(1,2)}$减小；③$M^{(1)}$与载荷成二次关系，$M^{(1,2)}$与载荷之间为线性关系。其中第①点解释了在纳米尺度下 M 积分可以为负值的原因。在中性载荷点上，$M^{(1)}= - M^{(1,2)}$；在外载荷小于中性载荷时，$M^{(1)}+ M^{(1,2)}<0$；在外载荷大于中性载荷时，$M^{(1)}+ M^{(1,2)}>0$。这就是 M 积分在外载荷小于中性载荷时为负值，等于中性载荷时为 0，大于中性载荷时为正值的原因。

另外，从能量的角度来说，为正值的$M^{(1)}$代表能量的释放，为负值的$M^{(1,2)}$代表能量的吸收。在载荷较小($\sigma_{yy}^{\infty} < \sigma_{\text{neutral}}$)时，载荷与表面效应的耦合项所带来的能量吸收大于纯载荷所引起的能量释放，从而导致纳米孔洞吸能；在载荷较大($\sigma_{yy}^{\infty} > \sigma_{\text{neutral}}$)时，纯载荷所带来的能量释放超过了耦合项所吸收的能量，从而使得孔洞释放能量。同时，$M^{(1)}$和 $M^{(1,2)}$异号也说明了考虑表面效应的 M 积分值总是小于不考虑表面效应的 M 积分值的原因。也就是，随着载荷的增大，$M^{(1)}$增加而$M^{(1,2)}$减小，则说明表面效应对 M 积分所带来的影响也会随着载荷的增大而增加。这说明在拉伸过程中，无论施加多大的载荷，M 曲线和 $M^{(1)}$曲线都不会重合，即它们之间的差值随着载荷的增大而增大。此外，$M^{(1)}$与载荷成二次关系而 $M^{(1,2)}$与载荷之间为线性关系则说明了以下两点：首先，随着载荷的增大，耦合项 $M^{(1,2)}$相

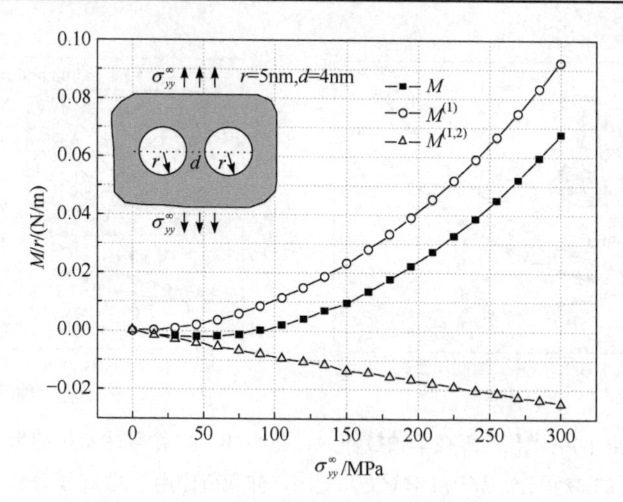

图 8-7　θ=0°时 M 积分、$M^{(1)}$和 $M^{(1,2)}$的变化

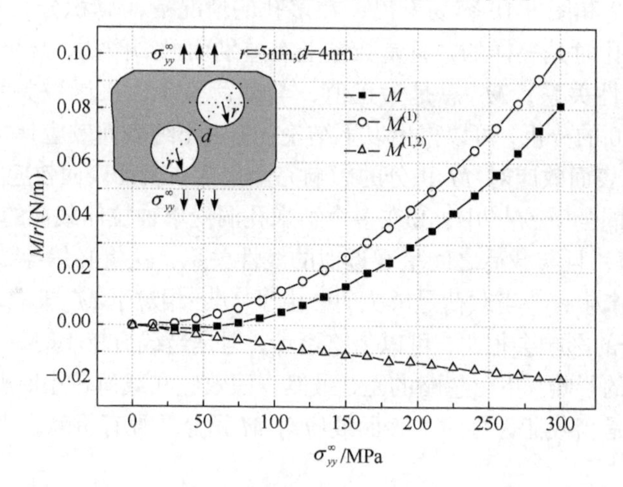

图 8-8　θ=45°时 M 积分、$M^{(1)}$和 $M^{(1,2)}$的变化

对于纯载荷项 $M^{(1)}$逐渐减小。因此，当载荷增大到一定程度的时候，$M^{(1,2)}$对 M 积分的贡献就可以忽略不计了。也就是说，虽然前面提到 $M^{(1,2)}$绝对值随着载荷的增大而增大，但是当载荷足够大时，$M^{(1,2)}$相对于 $M^{(1)}$就非常小了。其次，$M^{(1)}$与载荷二次相关而 $M^{(1,2)}$与载荷线性相关，说明了中性载荷存在的必然性。无论表面参数的取值如何，只要其值不全为零，那么当载荷足够小时，$M^{(1)}+M^{(1,2)}$总是可以为负值；同样，当载荷足够大时，M 积分总是可以取到正值。

下面讨论多孔(多于两孔)的情况。考虑两种多孔模型：无限大板包含①4(行)×4(个)纳米孔矩阵，孔半径 r=5nm，行列间距 d=4nm；②41 个等距密排纳米孔洞，孔半径 r=5nm，相邻孔间距 d=4nm。这两个模型在单轴拉伸载荷作用下，M 积分、$M^{(1)}$和 $M^{(1,2)}$随载荷变化曲线如图 8-9 和图 8-10 所示。

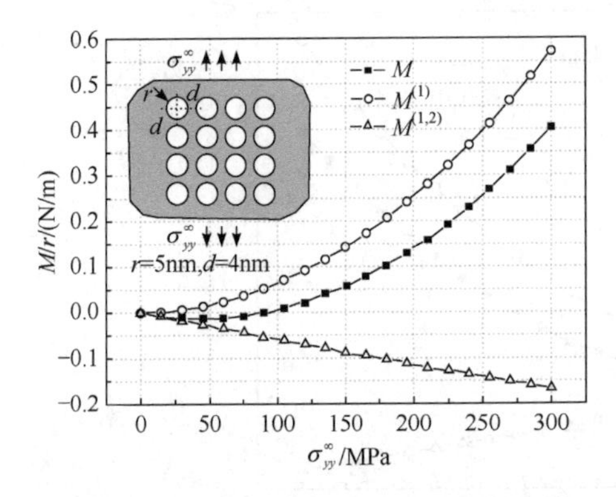

图 8-9　4(行)×4(个)纳米孔矩阵在单轴拉伸载荷作用下的 M 积分、$M^{(1)}$和 $M^{(1,2)}$

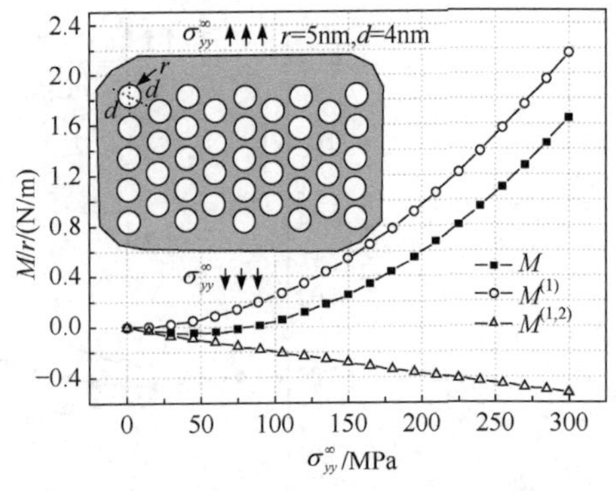

图 8-10　41 个等距密排纳米孔洞在单轴拉伸载荷作用下的 M 积分、$M^{(1)}$和 $M^{(1,2)}$

对比图 8-9 和图 8-10 容易看出，在多孔的情况下，M 积分、$M^{(1)}$和 $M^{(1,2)}$之间的关系与两孔时是一样的，只是数量上有差别而已。例如，$M^{(1,2)}$总是为负值，与载荷呈现线性关系；$M^{(1)}$总是为正值，与载荷呈现二次函数关系等。通过对图 8-7～图 8-10 的分析，可以得出以下结论：①由于纯表面效应弹性场中的 M 积分($M^{(2)}$)为零，表面效应对 M 积分的影响完全包括在表征表面效应与外加远场载荷相互作用的耦合项 $M^{(1,2)}$中；②在多个纳米孔洞受单轴拉伸载荷的问题中，耦合项 $M^{(1,2)}$为负值，且与载荷之间呈现近似的线性关系，这将必然导致负的 M 积分和中性载荷的产生；③当载荷足够大时，由于 $M^{(1,2)}$相对于 $M^{(1)}$非常小，因而表面效应对 M 积分的影响会很小，可以忽略不计；但是当载荷较小时，表面效应对 M 积分有着巨大的影响。不可忽略的是，虽然表面效应在载荷较小时对 M 积分有很大的影响，但是当载荷为零时，表面效应对 M 积分并没有贡献，因为此时 M 积分为零。

以上讨论了 $M^{(1,2)}$随载荷变化的情况，下面将讨论 $M^{(1,2)}$随构型变化的情况。首先，考虑如图 8-2 所示的无限大板中包含两个纳米孔洞的问题，纳米孔半径 r=5nm，两孔间距 d=4nm，两孔方位角 θ从 0°增加到 90°。在外载 σ_{yy}^{∞} 分别为 30MPa、75MPa、120MPa 和 300MPa 时，M 积分、$M^{(1)}$、$M^{(1,2)}$随方位角 θ的变化曲线如图 8-11(a)～(d)所示。从图 8-11(a)中可以看出，$M^{(1)}$随着方位角 θ增加的变化幅度和数量都远远小于 $M^{(1,2)}$。这使得 M 曲线与 $M^{(1,2)}$曲线的变化趋势几乎一样，如在 θ=25°处的奇异点。这说明在载荷较小的时候，包含表面效应的耦合项对 M 积分起主导作用，即此时 M 积分处于表面效应主导的阶段。此时无论方位角如何变化，孔洞都处于吸收能量的状态。在图 8-11(b)中，可以看出这时 $M^{(1)}$和 $M^{(1,2)}$在随方位角增加的变化幅度和数量上都呈现出大体相当的情况，这致使总的 M 积分在 0 附近变化。特别在 θ=35°和 67.5°附近，$M^{(1)}$和 $M^{(1,2)}$相互抵消，即此时这两个构型处于中性载荷作用的状态。此时，在 σ_{yy}^{∞} =75MPa 的载荷作用下，随着方位角的变化，孔洞既有吸收能量的($\theta < 35°$或$\theta > 67.5°$)，也有释放能量的($35° < \theta < 67.5°$)，还有处于外加远场载荷和表面效应相抵消的平衡状态的(θ=35°和 67.5°)。随着载荷的增大，如 σ_{yy}^{∞} = 120MPa 时(图 8-11(c))，$M^{(1,2)}$的变化幅度明显小于 $M^{(1)}$的变化幅度，从而总 M 积分曲线表现出和 $M^{(1)}$曲线相类似的变化趋势。这时 M 积分值在方位角的变化过程中都为正值，说明在此载荷作用下，不同方位角的孔洞都是释放能量的。当载荷 σ_{yy}^{∞} = 300MPa 时，如图 8-11(d)所示，$M^{(1,2)}$的变化幅度很小，其值随方位角的变化几乎不变。总 M 积分与 $M^{(1)}$的变化趋势几乎完全一致。总之，通过对图 8-11(a)～(d)的分析，可以得出以下结论：与 $M^{(1)}$相比，$M^{(1,2)}$在小的载荷(30MPa)作用下对 M 积分起主导作用，且对孔旋转的构型变化非常敏感；当载荷较大时(300MPa)，$M^{(1,2)}$对 M 积分的贡献很小且孔旋转的构型变化对它的影响也很小。$M^{(1,2)}$这一特性是引发前述表面效应对 M 积分产生载荷相关性影响现象的主要根源。

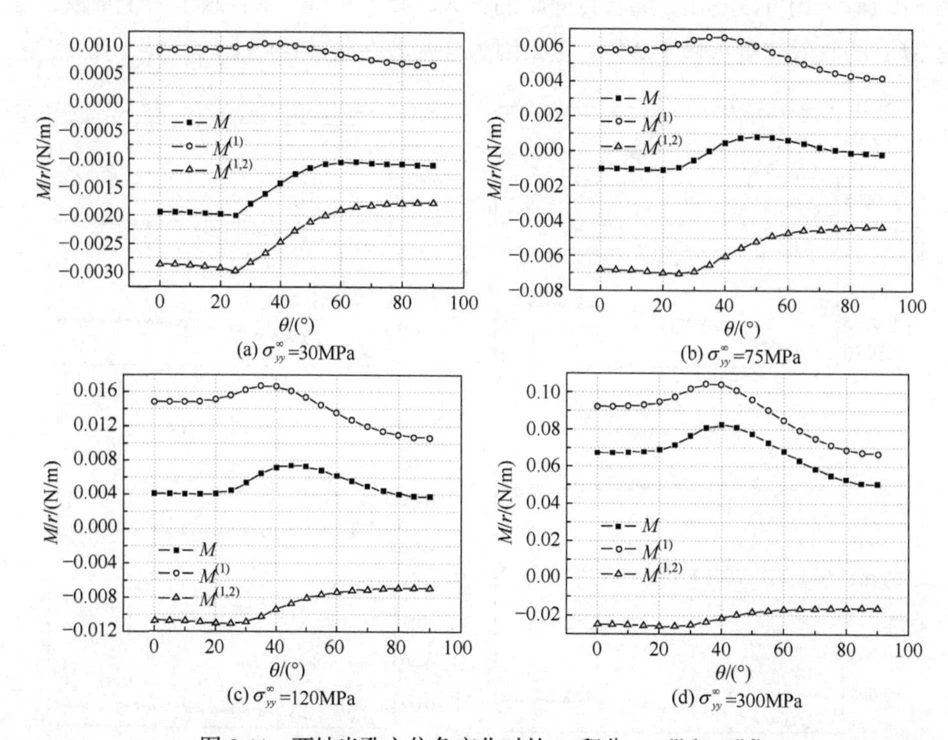

图 8-11　两纳米孔方位角变化时的 M 积分、$M^{(1)}$和 $M^{(1,2)}$

其次，讨论 $M^{(1,2)}$随两孔间距变化的情况。模型如图 8-2 所示，一个无限大板中包含两个纳米孔洞，孔半径 r=5nm，孔间距 d 从 2nm 增加到 100nm。在外载

σ_{yy}^{∞} 分别为 30MPa、75MPa、120MPa 和 300MPa 时，M 积分、$M^{(1)}$和 $M^{(1,2)}$随孔间距 d 的变化曲线如图 8-12(a)～(d)所示。在图 8-12(a)中，$M^{(1,2)}$与 $M^{(1)}$相比随孔间距增加的变化幅度和数量都很大，这导致 M 积分呈现出与 $M^{(1,2)}$类似的变化趋势，如在孔间距 $d\in(5.3\text{nm},6.5\text{nm})$时急剧增加。此时 M 积分全部为负值，意味着在 30MPa 的单轴拉伸载荷作用下，在孔间距 d 从 2nm 增加到 100nm 的过程中，孔洞都是吸收能量的。在图 8-12(b)中，$M^{(1,2)}$曲线与图 8-12(a)中的相比变得光滑，且在孔间距增大的过程中其变化幅度相对 $M^{(1)}$有所减小，从而使得 $M^{(1,2)}$对 M 积分的贡献被削弱。此时，M 积分的变化趋势依然在大体上与 $M^{(1,2)}$保持一致，且都为负值。在图 8-12(c)中，$M^{(1,2)}$在数量上被 $M^{(1)}$超过，M 积分也表现出了与 $M^{(1)}$类似的变化趋势，且都为正值，说明在 120MPa 的单轴拉伸载荷作用下，外载引起孔释放的能量超过了表面效应/外载耦合项所引起孔吸收的能量。当载荷达到 300MPa 时，如图 8-12(d)所示，随着孔间距的变化，$M^{(1,2)}$无论是值的变化幅度还是其数量都远小于 $M^{(1)}$，这使得 M 积分表现出和 $M^{(1)}$基本一致的变化趋势。综合图 8-12(a)～(d)可以看出，随着孔间距的增大，$M^{(1,2)}$和 $M^{(1)}$都收敛于一个常数，但是 $M^{(1,2)}$的收敛速度远慢于 $M^{(1)}$。正是因为这两者在收敛速度上的差异，在 $\sigma_{yy}^{\infty}=$

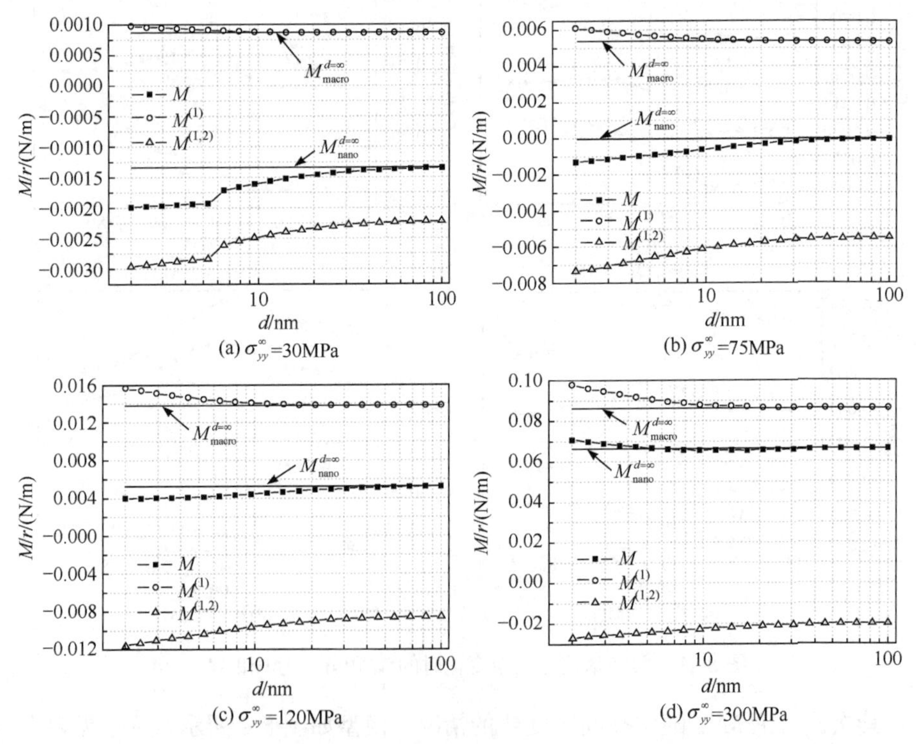

图 8-12　水平两纳米孔间距变化时的 M 积分、$M^{(1)}$和 $M^{(1,2)}$

300MPa 时，在 d=5.3nm 处出现了 $M = M_{\text{nano}}^{d=\infty}$ 这样两孔洞之间既不干涉也不屏蔽的现象，即“转换点”的概念。综上可以看出，$M^{(1,2)}$总是为负值表示耦合场的作用使得孔洞吸收能量，或者说少释放能量，这意味着在耦合场中两孔洞之间是相互屏蔽的关系。这也就是说，表面效应的引入削弱了两孔洞之间的干涉效应，更进一步来说，这将提高孔洞的承载能力。

最后，分析孔洞尺寸的变化对 $M^{(1,2)}$的影响。考虑如图 8-2 所示的无限大板包含两个水平分布的纳米孔洞，y 轴单轴拉伸载荷为 100MPa，孔间距 d 等于孔半径 r，孔半径 r 从 1nm 增加到 50nm。M 积分、$M^{(1)}$和 $M^{(1,2)}$各自的 M/r^2(M 代表以上三种 M 积分值)随孔半径变化的曲线如图 8-13 所示。由于孔间距与孔半径相同，因此这个孔半径增大的过程就是两纳米孔洞的放大过程。在宏观力学中，这种无限大板中缺陷的放大过程并不改变孔边的应力分布。从 $M^{(1)}$的定义可以看出，$M^{(1)}$与 r^2 成正比。这一点从图 8-13 中同样可以看出，$M^{(1)}/r^2$ 是常数。然而，外加远场载荷和表面效应的耦合项在这种放大过程中却并非如此简单，$M^{(1,2)}/r^2$ 随着孔半径的增大迅速变化并最终趋于 0。这是表面效应对 M 积分的影响具有尺度相关性的原因，也说明了耦合场是纳米尺度问题中弹性场展现出尺寸相关性的根本原因。

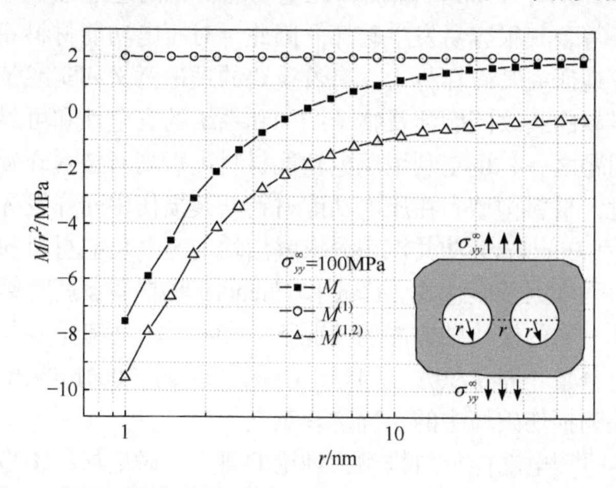

图 8-13　M 积分、$M^{(1)}$和 $M^{(1,2)}$各自的 M/r^2(M 代表以上三种 M 积分值)随孔半径变化的曲线

第 9 章　材料构型力在力电耦合材料失效分析中的应用

9.1　压电功能材料中的材料构型力理论及应用

近年来，随着功能材料研制的不断兴起，压电功能材料在现代高科技产业中发挥的作用越来越重要。1880 年，居里兄弟(J.Curie 和 P.Curie)在研究热电现象和晶体对称性时，在α石英晶体上最先发现了压电现象。由于压电功能材料集弹性、介电性、热释电性、铁电性和光学特性于一体，经过一个多世纪的研究与发展，现已广泛应用于电子、激光、超声、水声、红外、导航和生物等众多高科技领域的机敏结构中(Herbert，1982)。然而，压电功能材料制造过程中产生缺陷，如裂纹、孔洞和夹杂等，其很容易发生破坏。因此，对压电功能材料建立正确的力学分析模型，更好地研究其破坏行为，有着重要的理论意义和实践价值。

压电功能材料的裂纹问题涉及整个结构和系统的安全性和可靠性，是相关领域研究的热点问题之一，也是利用压电功能材料进行高新技术开发过程中亟待解决的难题。同时，材料构型力在压电功能材料断裂损伤中同样发挥着重要作用。Ma 等(2001)利用 Bueckner 功共轭积分求解出均匀压电功能材料和双压电功能材料中的广义应力强度因子表达式。Han 和 Chen(1999)在假设所有裂纹互相平行且垂直于压电功能材料的极化轴方向的情况下，求解了压电陶瓷多裂纹问题中 J_k 积分向量的第一个分量，即 J 积分。同时，Chen(2001a，2001b)给出了 M 积分在压电功能材料多缺陷损伤破坏中的明确物理意义。

本章旨在通过压电功能材料构型力理论的研究，讨论材料构型力在压电功能材料失效分析中的应用，特别给出材料构型力理论在三维非线性多晶体和裂纹–电畴干涉问题中的应用。

9.1.1　压电功能材料中的材料构型力概念

本小节将系统推导压电功能材料中的守恒 J_k、M、L 积分。在压电体中，基于最小势能原理，可得

$$\delta\int_V(-H)\mathrm{d}V+\int_S(T_i\delta u_i-q\delta\phi)\mathrm{d}S=0 \tag{9-1}$$

式中，H 为电焓密度函数；T_i 为积分围面路径 S 上的面力矢量；u_i 为位移场；q 为

外加表面电荷；ϕ为电势。变分公式(9-1)定义在静态线弹性压电固体 V 上，相应的外围面路径用 S 表示。电焓密度函数 H 如下：

$$H(\varepsilon_{ij},E_j)=\frac{1}{2}C_{ijkl}\varepsilon_{ij}\varepsilon_{kl}-\frac{1}{2}\kappa_{ij}E_iE_j-e_{kij}E_k\varepsilon_{ij} \tag{9-2}$$

式中，等号右边第一项为压电功能材料机械变形过程的能量贡献量；第二项为电场能量贡献量；最后一项为机械场和电场的耦合项。在式(9-2)中，C_{ijkl}、e_{kij}和κ_{ij}分别为压电功能材料的弹性常数、压电常数和介电常数，且满足：

$$\begin{cases}C_{ijkl}=C_{jikl}=C_{ijlk}=C_{klij}\\ e_{kij}=e_{kji}\\ \kappa_{ij}=\kappa_{ji}\end{cases} \tag{9-3}$$

对于脆性压电基体，满足小应变条件，应变张量ε_{ij}和电场矢量 E_i 可以由位移矢量 u_i 和电势ϕ通过偏微分得到，即

$$\begin{cases}\varepsilon_{ij}=\dfrac{1}{2}(u_{i,j}+u_{j,i})\\ E_i=-\phi_{,i}\end{cases} \tag{9-4}$$

另外，基于柯西应力张量σ_{ij}和电位移 D_i 的定义及其对称性，采用电焓密度函数可以得到：

$$\begin{cases}\sigma_{ij}=\dfrac{\partial H}{\partial\varepsilon_{ij}}=\dfrac{\partial H}{\partial u_{i,j}}=C_{ijkl}\varepsilon_{kl}-e_{kij}E_k\\ D_i=-\dfrac{\partial H}{\partial E_i}=\dfrac{\partial H}{\partial\phi_{,i}}=e_{ikl}\varepsilon_{kl}+\kappa_{ik}E_k\end{cases} \tag{9-5}$$

不考虑压电体内的惯性项和体力项作用时，电焓密度函数 H 可以看作一个势能函数，压电体中的应力σ_{ij}和电位移 D_i 满足以下平衡方程：

$$\begin{cases}\sigma_{ij,j}=0\\ D_{i,i}=0\end{cases} \tag{9-6}$$

此外，在材料空间，可以基于 Noether 定理和相应的能量、能量动量定理系统推导材料构型力、材料构型应力和相应的平衡方程。不考虑惯性项和体力项的作用，压电功能材料中的拉格朗日能量密度函数 Λ 在数值上等于负的电焓密度函数 H，且拉格朗日能量密度函数由独立变量 x_i、ε_{kj} 和 E_j 确定，即有

$$\Lambda=-H(x_l,\varepsilon_{kj},E_j) \tag{9-7}$$

接下来，将通过对压电功能材料中的拉格朗日能量/能量动量密度函数分别进

行梯度、散度、旋度操作，得到守恒 J_k、M、L 积分。

针对拉格朗日能量密度函数进行梯度操作，即

$$\nabla(\Lambda)=-(H)_{,i}=-\left(\frac{\partial H}{\partial x_i}\right)_{\text{expl.}}-\frac{\partial H}{\partial \varepsilon_{kj}}\varepsilon_{kj,i}-\frac{\partial H}{\partial E_j}E_{j,i} \tag{9-8}$$

式中，$(\partial H/\partial x_i)_{\text{expl.}}$表示电焓密度函数 H 关于质点坐标 x_i 的显式偏导数。

将式(9-4)和式(9-5)代入式(9-8)，可得

$$(H)_{,i}=\left(\frac{\partial H}{\partial x_i}\right)_{\text{expl.}}+\sigma_{jk}u_{k,ji}+D_j\phi_{,ij} \tag{9-9}$$

利用式(9-6)所示应力和电位移平衡方程，式(9-9)中的后两项可以表示为

$$\begin{cases}\sigma_{jk}u_{k,ji}=(\sigma_{jk}u_{k,i})_{,j}-\sigma_{jk,j}u_{k,i}=(\sigma_{jk}u_{k,i})_{,j}\\ D_j\phi_{,ij}=(D_j\phi_{,i})_{,j}-D_{j,j}\phi_{,ij}=(D_j\phi_{,i})_{,j}\end{cases} \tag{9-10}$$

故式(9-9)可以写为

$$(H\delta_{ji}-\sigma_{jk}u_{k,i}-D_j\phi_{,i})_{,j}=\left(\frac{\partial H}{\partial x_i}\right)_{\text{expl.}} \tag{9-11}$$

由式(9-11)即可引入压电功能材料中守恒 J_k 积分相对应的材料构型应力和材料构型力。因此，可以定义一个二阶张量 b_{ji}，即压电体中材料质点构型由于平移而导致的材料构型应力：

$$b_{ji}=H\delta_{ji}-\sigma_{jk}u_{k,i}-D_j\phi_{,i} \tag{9-12}$$

相应的材料构型力可以表示为 R_i，其来源于材料的非均质性(如外加电场或机械载荷作用下，电畴偏转导致的压电体呈现的强非均质性)：

$$R_i=-\left(\frac{\partial H}{\partial x_i}\right)_{\text{expl.}} \tag{9-13}$$

由式(9-11)可知，材料构型应力和材料构型力之间满足平衡方程，即

$$b_{ji,j}+R_i=0 \tag{9-14}$$

式(9-14)表明，材料空间中的材料构型力和材料构型应力张量之间，满足类似于经典弹性力学中的柯西应力 σ_{ij} 平衡方程。

对材料构型应力张量 b_{ji} 在压电功能材料中某积分路径 Γ 上进行积分计算，可得相应的压电功能材料系统中的守恒 J_k 积分，公式如下：

$$J_k=\int_\Gamma b_{kj}n_j\mathrm{d}s=\int_\Gamma(H\delta_{kj}-\sigma_{ij}u_{i,k}-D_j\phi_{,k})n_j\mathrm{d}s \tag{9-15}$$

式中，Γ 为始于压电体中裂纹下表面，终止于裂纹上表面的任意积分路径。

接着，对拉格朗日能量动量密度函数 Λx 进行散度操作，即可得到压电功能材料中的守恒 M 积分。拉格朗日能量动量密度函数的散度操作可表示为

$$\nabla \cdot (\Lambda \boldsymbol{x}) = -(Hx_i)_{,i} = -mH - \left(\frac{\partial H}{\partial x_i}\right)_{\text{expl.}} x_i - \frac{\partial H}{\partial \varepsilon_{kj}} \varepsilon_{kj,i} x_i - \frac{\partial H}{\partial E_j} E_{j,i} x_i \tag{9-16}$$

式中，参数 $m=x_{i,i}$，对于三维问题其数值为 3，对于二维问题其数值为 2。

由式(9-4)和式(9-5)可知，式(9-16)可以写为

$$(Hx_i)_{,i} = mH + \left(\frac{\partial H}{\partial x_i}\right)_{\text{expl.}} x_i + \sigma_{jk} u_{k,ji} x_i + D_j \phi_{,ij} x_i \tag{9-17}$$

基于式(9-6)所示的平衡方程，式(9-17)中的后两项可以写为

$$\begin{cases} \sigma_{jk} u_{k,ji} x_i = (\sigma_{jk} u_{k,i} x_i)_{,j} - \sigma_{jk,j} u_{k,i} x_i - \sigma_{jk} u_{k,i} x_{i,j} = (\sigma_{jk} u_{k,i} x_i)_{,j} - \sigma_{jk} u_{k,j} \\ D_j \phi_{,ij} x_i = (D_j \phi_{,i} x_i)_{,j} - D_{j,j} \phi_{,i} x_i - D_j \phi_{,i} x_{i,j} = (D_j \phi_{,i} x_i)_{,j} - D_j \phi_{,j} \end{cases} \tag{9-18}$$

将式(9-18)代入式(9-17)，有

$$\left(Hx_i \delta_{ij} - \sigma_{jk} u_{k,i} x_i - D_j \phi_{,i} x_i\right)_{,j} = mH - \sigma_{jk} u_{k,j} - D_j \phi_{,j} + \left(\frac{\partial H}{\partial x_i}\right)_{\text{expl.}} x_i \tag{9-19}$$

故与守恒 M 积分相对应的压电功能材料构型应力 M_j 为

$$M_j = Hx_i \delta_{ij} - \sigma_{jk} u_{k,i} x_i - D_j \phi_{,i} x_i \tag{9-20}$$

相应的材料构型力为

$$R = -\left(\frac{\partial H}{\partial x_i}\right)_{\text{expl.}} x_i - (mH - \sigma_{jk} u_{k,j} - D_j \phi_{,j}) \tag{9-21}$$

将式(9-20)和式(9-21)代入式(9-19)中，即可得到压电功能材料中相应的平衡方程：

$$M_{j,j} + R = 0 \tag{9-22}$$

对材料构型应力 M_j 在压电功能材料中某积分路径 Γ 上进行积分计算，可得相应的压电功能材料系统中的守恒 M 积分，公式如下：

$$M = \oint_{\Gamma} M_j n_j \mathrm{d}\Gamma = \oint_{\Gamma} \left(Hx_i n_i - \sigma_{jk} u_{k,i} x_i n_j - D_j \phi_{,i} x_i n_j\right) \mathrm{d}s \tag{9-23}$$

需要指出的是，针对守恒 M 积分的积分路径 Γ，一般应用于包围单个缺陷或者复杂多缺陷问题进行研究，区别于守恒 J_k 积分仅包围单个裂尖的情况。

最后，对拉格朗日能量动量密度函数 Λx 进行旋度操作，即可得到压电功能材料中的守恒 L 积分。拉格朗日能量动量密度函数的旋度操作可表示为

$$\nabla \times (\Lambda \boldsymbol{x}) = -e_{mij}(Hx_j)_{,i} = -e_{mij}\left[\left(\frac{\partial H}{\partial x_i}\right)_{\text{expl.}} x_j + \frac{\partial H}{\partial \varepsilon_{kl}}\varepsilon_{kl,i}x_j + \frac{\partial H}{\partial E_l}E_{l,i}x_j\right] \tag{9-24}$$

式中，e_{mij} 为置换张量，当任意下标 m、i 和 j 相等时，$e_{mij}=0$；当下标的排列为奇序时，$e_{mij}=-1$；当下标的排列为偶序时，$e_{mij}=1$。

由式(9-4)和式(9-5)可知，式(9-24)可以写为

$$e_{mij}(Hx_j)_{,i} = e_{mij}\left[\left(\frac{\partial H}{\partial x_i}\right)_{\text{expl.}} x_j + \sigma_{kl}u_{k,li}x_j + D_l\phi_{,li}x_j\right] \tag{9-25}$$

基于式(9-6)所示的平衡方程，式(9-25)中的后两项可以写为

$$\begin{cases} e_{mij}\sigma_{kl}u_{k,li}x_j = e_{mij}(\sigma_{kl}u_{k,i}x_j)_{,l} - e_{mij}\sigma_{kj}u_{k,i} \\ e_{mij}D_l\phi_{,li}x_j = e_{mij}(D_l\phi_{,i}x_j)_{,l} - e_{mij}D_j\phi_{,i} \end{cases} \tag{9-26}$$

将式(9-26)代入式(9-25)，存在：

$$e_{mij}(Hx_j\delta_{il} - \sigma_{kl}u_{k,i}x_j - D_l\phi_{,i}x_j)_{,l} = e_{mij}\left(\frac{\partial H}{\partial x_i}\right)_{\text{expl.}} x_j - e_{mij}\sigma_{kj}u_{k,i} - e_{mij}D_j\phi_{,i} \tag{9-27}$$

进一步地，式(9-27)等号右边后两项可以基于应力和电位移平衡方程写为如下形式：

$$\begin{cases} e_{mij}\sigma_{kj}u_{k,i} = e_{mij}\left[\left(\sigma_{kj}u_{k,i} - \sigma_{ik}u_{j,k}\right) + (\sigma_{il}u_j)_{,l}\right] \\ e_{mij}D_j\phi_{,i} = e_{mij}\left[-D_{j,i}\phi + (D_j\phi)_{,i}\right] \end{cases} \tag{9-28}$$

将式(9-28)代入式(9-27)，可得

$$\begin{aligned} & e_{mij}(Hx_j\delta_{il} + \sigma_{il}u_j + D_j\phi\delta_{li} - \sigma_{kl}u_{k,i}x_j - D_l\phi_{,i}x_j)_{,l} \\ & = e_{mij}\left[\left(\frac{\partial H}{\partial x_i}\right)_{\text{expl.}} x_j + \left(\sigma_{ik}u_{j,k} - \sigma_{kj}u_{k,i}\right) + D_{j,i}\phi\right] \end{aligned} \tag{9-29}$$

由式(9-29)可得守恒 L 积分相对应的压电功能材料构型应力 L_{ml}：

$$L_{ml} = e_{mij}(Hx_j\delta_{il} + \sigma_{il}u_j + D_j\phi\delta_{li} - \sigma_{kl}u_{k,i}x_j - D_l\phi_{,i}x_j) \tag{9-30}$$

相应的材料构型力为

$$R_m = -e_{mij}\left[\left(\frac{\partial H}{\partial x_i}\right)_{\text{expl.}} x_j + \left(\sigma_{ik}u_{j,k} - \sigma_{kj}u_{k,i}\right) + D_{j,i}\phi\right] \tag{9-31}$$

将式(9-30)和式(9-31)代入式(9-29)，即可得到相应的材料构型应力和材料构型力之间的平衡方程：

$$L_{ml,l} + R_m = 0 \tag{9-32}$$

对材料构型应力 L_{ml} 在压电功能材料中某积分路径Γ上进行积分计算，可得相应的压电功能材料系统中的守恒 L 积分，公式如下：

$$L_m = \int_\Gamma L_{ml} n_l \mathrm{d}s = \int_\Gamma e_{mij}(Hx_j\delta_{il} + \sigma_{il}u_j + D_j\phi\delta_{li} - \sigma_{kl}u_{k,i}x_j - D_l\phi_{,i}x_j)n_l \mathrm{d}s \tag{9-33}$$

针对 x_1-x_2 平面的二维问题，著名的守恒 L 积分作为 L_m 积分的 L_3 分量，其表达式为

$$L = L_3 = \int_\Gamma e_{3ij}(Hx_j\delta_{il} + \sigma_{il}u_j + D_j\phi\delta_{li} - \sigma_{kl}u_{k,i}x_j - D_l\phi_{,i}x_j)n_l \mathrm{d}s \tag{9-34}$$

为了阐明守恒 J_k 积分在压电体中的物理意义，首先针对相应的材料构型应力分量 b_{ji} 进行研究，通过单位厚度的二维无限小单元 $\mathrm{d}x_1\mathrm{d}x_2$ 的构型演化过程中的单元势能改变量来进行阐述，如图 9-1 所示，灰色区域表示原单元位置，斜线阴影区域表示单元构型演化之后的位置。相应地，针对单元面在单元构型演化过程中，计算外加应力和电载荷作用下电焓能、势能等参量的改变。需要提到的是，在单元构型改变(平移、自相似扩展、旋转)过程中，单元面上的应力和电载荷被认为是不变量。

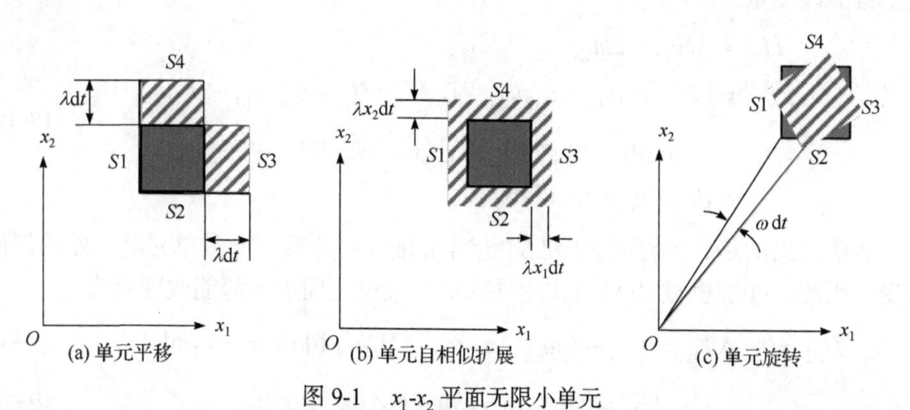

图 9-1　x_1-x_2 平面无限小单元

首先，考虑式(9-12)所示的材料构型应力 b_{ji}。如图 9-1(a)所示，假设无限小单元沿着 x_1 轴方向产生$\lambda\mathrm{d}t$ 的虚位移，其中λ表示单元正移动速率，$\mathrm{d}t$ 表示单元平移持续的时间。能量方面，重点考虑单元电焓能改变和 $S1$、$S2$、$S3$、$S4$ 单元面上应力和电位移的做功情况。单元面 $S1$ 上，单元沿着 x_1 轴方向从 x_1 平移到 $x_1+\lambda\mathrm{d}t$ 过程中单元电焓能改变量满足关系式：

$$\Delta H_{S1} = -H\lambda \mathrm{d}t\mathrm{d}x_2 \tag{9-35}$$

根据式(9-36)所示的导数关系：

$$\begin{cases} u_{1,1} = \dfrac{u_1(x_1+\lambda \mathrm{d}t, x_2) - u_1(x_1, x_2)}{\lambda \mathrm{d}t} \\ u_{2,1} = \dfrac{u_2(x_1+\lambda \mathrm{d}t, x_2) - u_2(x_1, x_2)}{\lambda \mathrm{d}t} \\ \phi_{,1} = \dfrac{\phi(x_1+\lambda \mathrm{d}t, x_2) - \phi(x_1, x_2)}{\lambda \mathrm{d}t} \end{cases} \tag{9-36}$$

相应的单元面 $S1$ 上应力和电位移做功量为

$$\begin{aligned} \Delta A_{S1} &= -\sigma_{11}\mathrm{d}x_2\left[u_1(x_1+\lambda\mathrm{d}t, x_2) - u_1(x_1,x_2)\right] \\ &\quad - \sigma_{12}\mathrm{d}x_2\left[u_2(x_1+\lambda\mathrm{d}t, x_2) - u_2(x_1,x_2)\right] \\ &\quad - D_1\mathrm{d}x_2\left[\phi(x_1+\lambda\mathrm{d}t, x_2) - \phi(x_1,x_2)\right] \\ &= -\left(\sigma_{11}u_{1,1} + \sigma_{12}u_{2,1} + D_1\phi_{,1}\right)\lambda\mathrm{d}t\mathrm{d}x_2 \end{aligned} \tag{9-37}$$

因此，利用式(9-12)所示材料构型应力 b_{ji} 的表达式，单元面 $S1$ 沿 x_1 轴方向平移的势能改变量为

$$\varPi_{S1} = \Delta H_{S1} - \Delta A_{S1} = -\left(H - \sigma_{11}u_{1,1} - \sigma_{12}u_{2,1} - D_1\phi_{,1}\right)\lambda\mathrm{d}t\mathrm{d}x_2 = -b_{11}\lambda\mathrm{d}t\mathrm{d}x_2 \tag{9-38}$$

针对单元面 $S3$，单元从 $x_1+\mathrm{d}x_1$ 平移到 $x_1+\mathrm{d}x_1+\lambda\mathrm{d}t$ 的位置，相应的 $S3$ 单元面上势能改变量为

$$\begin{aligned} \varPi_{S3} &= \Delta H_{S3} - \Delta A_{S3} \\ &= \Big[H - \sigma_{11}u_{1,1} - \sigma_{12}u_{2,1} - D_1\phi_{,1} + (H_{,1} - \sigma_{11,1}u_{1,1} - \sigma_{11}u_{1,11} \\ &\quad - \sigma_{12,1}u_{2,1} - \sigma_{12}u_{2,11} - D_{1,1}\phi_{,1} - D_1\phi_{,11})\mathrm{d}x_1\Big]\lambda\mathrm{d}t\mathrm{d}x_2 \\ &= (b_{11} + b_{11,1}\mathrm{d}x_1)\lambda\mathrm{d}t\mathrm{d}x_2 \end{aligned} \tag{9-39}$$

需要指出的是，单元面 $S2$ 和 $S4$ 沿着 x_1 轴方向并没有导致单元电焓能的任何改变。因此，外加机械/电载荷作用导致的相应单元面上的势能改变量为

$$\varPi_{S2} = 0 - \Delta A_{S2} = 0 - \left(-\sigma_{21}u_{1,1} - \sigma_{22}u_{2,1} - D_2\phi_{,1}\right)\lambda\mathrm{d}t\mathrm{d}x_1 = -b_{21}\lambda\mathrm{d}t\mathrm{d}x_1 \tag{9-40}$$

$$\varPi_{S4} = 0 - \Delta A_{S4} = \left(b_{21} + b_{21,2}\mathrm{d}x_2\right)\lambda\mathrm{d}t\mathrm{d}x_1 \tag{9-41}$$

针对各单元面沿 x_2 轴方向平移虚位移 $\lambda\mathrm{d}t$ 的情况，相应的 $S2$、$S4$、$S1$ 和 $S3$ 单元面上的势能改变量分别为

$$\varPi_{S2} = \Delta H_{S2} - \Delta A_{S2} = -\left(H - \sigma_{21}u_{1,2} - \sigma_{22}u_{2,2} - D_2\phi_{,2}\right)\lambda\mathrm{d}t\mathrm{d}x_1 = -b_{22}\lambda\mathrm{d}t\mathrm{d}x_1 \tag{9-42}$$

$$\begin{aligned} \varPi_{S4} &= \Delta H_{S4} - \Delta A_{S4} \\ &= \Big[H - \sigma_{21}u_{1,2} - \sigma_{22}u_{2,2} - D_2\phi_{,2} + (H_{,2} - \sigma_{21,2}u_{1,2} - \sigma_{21}u_{1,22} \end{aligned}$$

$$
\begin{aligned}
&-\sigma_{22,2}u_{2,2}-\sigma_{22}u_{2,22}-D_{2,2}\phi_{,2}-D_2\phi_{,22})\mathrm{d}x_2\Big]\lambda\mathrm{d}t\mathrm{d}x_1 \\
&=(b_{22}+b_{22,2}\mathrm{d}x_2)\lambda\mathrm{d}t\mathrm{d}x_1
\end{aligned} \tag{9-43}
$$

$$
\Pi_{S1}=0-\Delta A_{S1}=0-\left(-\sigma_{11}u_{1,2}-\sigma_{12}u_{2,2}-D_1\phi_{,2}\right)\lambda\mathrm{d}t\mathrm{d}x_2=-b_{12}\lambda\mathrm{d}t\mathrm{d}x_2 \tag{9-44}
$$

$$
\Pi_{S3}=0-\Delta A_{S3}=\left(b_{12}+b_{12,1}\mathrm{d}x_1\right)\lambda\mathrm{d}t\mathrm{d}x_2 \tag{9-45}
$$

基于式(9-38)～式(9-45)所示的单元势能改变量显示表达式，可以发现材料构型应力分量 b_{j1} 的物理意义表示由材料单元沿 x_1 轴方向发生单位平移导致的势能改变量；b_{j2} 的物理意义表示由材料单元沿 x_2 轴方向发生单位平移导致的势能改变量。因此，相应的守恒 J_k 积分在含缺陷压电功能材料中，表征积分路径内单位厚度的连续质点沿 x_1 轴、x_2 轴两个方向的平移运动引起的能量释放率。针对线弹性压电功能材料中的裂纹问题来说，围绕某裂尖的 J_1 积分(J 积分)数值上等于该裂尖沿 x_1 轴方向扩展的能量释放率；J_2 积分数值上等于裂尖沿 x_2 轴方向扩展的能量释放率。

为了阐明守恒 M 积分在压电体中的物理意义，首先针对式(9-20)所示的材料构型应力 M_j 进行研究。如图 9-1(b)所示，点(x_1,x_2)位置处的自相似扩展单元，且单元分别沿 x_1 和 x_2 轴方向自相似扩展 $\lambda x_1\mathrm{d}t$ 和 $\lambda x_2\mathrm{d}t$ 的距离。对于图 9-1(b)所示的单元面 $S1$，在单元由 x_1 自相似扩展到 $x_1-\lambda x_1\mathrm{d}t$ 的过程中，单元内的电焓能改变量为

$$
\Delta H_{S1}=Hx_1\lambda\mathrm{d}t\mathrm{d}x_2 \tag{9-46}
$$

相应的单元面上应力 σ_{11}、σ_{12} 和电位移载荷 D_1 的做功量为

$$
\begin{aligned}
\Delta A_{S1}&=\sigma_{11}x_1\mathrm{d}x_2\left[u_1(x_1+\lambda\mathrm{d}t,x_2)-u_1(x_1,x_2)\right]+\sigma_{12}x_1\mathrm{d}x_2\left[u_2(x_1+\lambda\mathrm{d}t,x_2)-u_2(x_1,x_2)\right] \\
&\quad+D_1x_1\mathrm{d}x_2\left[\phi(x_1+\lambda\mathrm{d}t,x_2)-\phi(x_1,x_2)\right] \\
&=\left(\sigma_{11}u_{1,1}+\sigma_{12}u_{2,1}+D_1\phi_{,1}\right)x_1\lambda\mathrm{d}t\mathrm{d}x_2
\end{aligned} \tag{9-47}
$$

因此，单元面 $S1$ 沿 x_1 轴方向自相似扩展 $\lambda x_1\mathrm{d}t$ 的距离，单元势能改变量为

$$
\Pi_{S1}=\Delta H_{S1}-\Delta A_{S1}=\left(H-\sigma_{11}u_{1,1}-\sigma_{12}u_{2,1}-D_1\phi_{,1}\right)x_1\lambda\mathrm{d}t\mathrm{d}x_2=M_1\lambda\mathrm{d}t\mathrm{d}x_2 \tag{9-48}
$$

式中，M_1 为压电功能材料单元扩展材料构型应力分量式(9-20)的第一项。

类似地，单元面 $S3$ 从 $x_1+\mathrm{d}x_1$ 扩展到 $(x_1+\mathrm{d}x_1)(1+\lambda\mathrm{d}t)$ 的位置，单元势能改变量为

$$
\begin{aligned}
\Pi_{S3}&=\Delta H_{S3}-\Delta A_{S3} \\
&=\Big[Hx_1-\sigma_{11}u_{1,1}x_1-\sigma_{12}u_{2,1}x_1-D_1\phi_{,1}x_1+(H+H_{,1}x_1-\sigma_{11,1}u_{1,1}x_1-\sigma_{11}u_{1,11}x_1
\end{aligned}
$$

$$-\sigma_{11}u_{1,1}-\sigma_{12,1}u_{2,1}x_1-\sigma_{12}u_{2,11}x_1-\sigma_{12}u_{2,1}-D_{1,1}\phi_{,1}x_1-D_1\phi_{,11}x_1-D_1\phi_{,1})\mathrm{d}x_1\Big]\lambda\mathrm{d}t\mathrm{d}x_2$$
$$=(M_1+M_{1,1}\mathrm{d}x_1)\lambda\mathrm{d}t\mathrm{d}x_2 \tag{9-49}$$

对于单元沿着 x_2 轴方向的自相似扩展，单元面 $S2$ 沿着 x_2 轴方向的自相似扩展行为(从 x_2 的位置到 $x_2-x_2\lambda\mathrm{d}t$)导致的单元势能改变量为

$$\Pi_{S2}=\Delta H_{S2}-\Delta A_{S2}=\left(H-\sigma_{21}u_{1,2}-\sigma_{22}u_{2,2}-D_2\phi_{,2}\right)x_2\lambda\mathrm{d}t\mathrm{d}x_1=M_2\lambda\mathrm{d}t\mathrm{d}x_1 \tag{9-50}$$

同样地，单元面 $S4$ 沿着 x_2 轴方向的自相似扩展行为(从 $x_2+\mathrm{d}x_2$ 的位置到 $(x_2+\mathrm{d}x_2)(1+\lambda\mathrm{d}t)$)导致的单元势能改变量为

$$\Pi_{S4}=\Delta H_{S4}-\Delta A_{S4}$$
$$=\Big[Hx_2-\sigma_{21}u_{1,2}x_2-\sigma_{22}u_{2,2}x_2-D_2\phi_{,2}x_2+(H+H_{,1}x_1-\sigma_{21,2}u_{1,2}x_2-\sigma_{21}u_{1,22}x_2$$
$$-\sigma_{21}u_{1,2}-\sigma_{22,2}u_{2,2}x_2-\sigma_{22}u_{2,22}x_2-\sigma_{22}u_{2,2}-D_{2,2}\phi_{,2}x_2-D_2\phi_{,22}x_2-D_2\phi_{,2})\mathrm{d}x_2\Big]\lambda\mathrm{d}t\mathrm{d}x_1$$
$$=(M_2+M_{2,2}\mathrm{d}x_2)\lambda\mathrm{d}t\mathrm{d}x_1 \tag{9-51}$$

式中，M_2 为压电功能材料单元扩展材料构型应力分量式(9-20)的第二项。

基于式(9-48)～式(9-51)所示的单元势能改变量显式表达式，可以发现材料构型应力分量 M_j 的物理意义是由材料单元沿 x_j 轴坐标方向发生自相似扩展导致的势能改变量。因此，相应的守恒 M 积分在含缺陷压电功能材料中，表征积分路径内材料缺陷自相似扩展的能量释放率。

为了阐明守恒 L 积分在压电体中的物理意义，本小节首先针对 L 积分相关的材料构型应力分量 L_3 进行研究，其定义如式(9-30)所示。假设无限小单元处于围绕平面内特定坐标点的旋转状态，如图 9-1(c)所示。很明显，单元旋转过后，会沿着水平和垂直坐标方向产生位移。假设单元面上点(x_1,x_2)的旋转速度为

$$v_i=-e_{3ij}x_j\omega\quad(i,j=1,2) \tag{9-52}$$

式中，ω表示点(x_1,x_2)围绕坐标原点的旋转角速度，是正常数。为了方便，单元内一点围绕坐标原点的旋转可以分解成两个平移演化过程:

$$v_1=-e_{31j}x_j\omega=-x_2\omega \tag{9-53}$$

$$v_2=-e_{32j}x_j\omega=x_1\omega \tag{9-54}$$

类似于推导材料构型应力 b_{ji} 物理意义的情况，压电单元总势能的变化由单元面变形产生的电焓能改变量和单元运动导致的外力做功改变量共同决定。首先考虑单元面 $S1$，由于单元围绕坐标原点旋转，单元面 $S1$ 由平移运动 v_1 所造成的电焓能改变量为

$$\Delta H_{S1} = -Hv_1 \mathrm{d}t\mathrm{d}x_2 = Hx_2 \omega \mathrm{d}t\mathrm{d}x_2 \tag{9-55}$$

式中，dt 表示旋转运动的时间间隔。

接下来，计算单元旋转运动造成的应力和电位移在单元面 $S1$ 上的做功量。可以将应力和电位移导致的总做功量分成两部分，第一部分是由单元平移运动贡献的，其数值上等于主应力和电场分量乘以相应方向上单元面的位移和电势。第二部分由单元的旋转运动贡献，其数值上等于单元面上的扭矩乘以旋转角。因此，作用在单元面 $S1$ 上的应力和电载荷的做功量为

$$\begin{aligned}\Delta A_{S1} =& \sigma_{11}\mathrm{d}x_2[u_1(x_1 - x_2\omega\mathrm{d}t, x_2) - u_1(x_1, x_2)] + \sigma_{12}\mathrm{d}x_2[u_2(x_1 - x_2\omega\mathrm{d}t, x_2) - u_2(x_1, x_2)] \\ & - \sigma_{11}\mathrm{d}x_2[u_1(x_1, x_2 + x_1\omega) - u_1(x_1, x_2)] - \sigma_{12}\mathrm{d}x_2[u_2(x_1, x_2 + x_1\omega) - u_2(x_1, x_2)] \\ & - \sigma_{11}[u_2(x_1, x_2) - u_2^{\mathrm{ref}}(0,0)]\omega\mathrm{d}t\mathrm{d}x_2 + \sigma_{21}[u_1(x_1, x_2) - u_1^{\mathrm{ref}}(0,0)]\omega\mathrm{d}t\mathrm{d}x_2 \\ & + D_1\mathrm{d}x_2[\phi(x_1 - x_2\omega\mathrm{d}t, x_2) - \phi(x_1, x_2)] - D_1\mathrm{d}x_2[\phi(x_1, x_2 + x_1\omega) - \phi(x_1, x_2)] \\ & - D_2[\phi(x_1, x_2) - \phi^{\mathrm{ref}}(0,0)]\omega\mathrm{d}t\mathrm{d}x_2\end{aligned} \tag{9-56}$$

式(9-56)中，假设参考点位置固定不变，即存在 $u_1^{\mathrm{ref}} = u_2^{\mathrm{ref}} = 0$。采用如下的位移偏导数：

$$\begin{cases} u_{1,1} = \dfrac{u_1(x_1 - x_2\omega\mathrm{d}t, x_2) - u_1(x_1, x_2)}{-x_2\omega\mathrm{d}t}, & u_{2,1} = \dfrac{u_2(x_1 - x_2\omega\mathrm{d}t, x_2) - u_2(x_1, x_2)}{-x_2\omega\mathrm{d}t} \\ u_{1,2} = \dfrac{u_1(x_1, x_2 + x_1\omega\mathrm{d}t) - u_1(x_1, x_2)}{x_1\omega\mathrm{d}t}, & u_{2,2} = \dfrac{u_2(x_1, x_2 + x_1\omega\mathrm{d}t) - u_2(x_1, x_2)}{x_1\omega\mathrm{d}t} \\ \phi_{,1} = \dfrac{\phi(x_1 - x_2\omega\mathrm{d}t, x_2) - \phi(x_1, x_2)}{-x_2\omega\mathrm{d}t}, & \phi_{,2} = \dfrac{\phi(x_1, x_2 + x_1\omega\mathrm{d}t) - \phi(x_1, x_2)}{x_1\omega\mathrm{d}t} \end{cases} \tag{9-57}$$

于是，式(9-56)所示的总功可以写为

$$\begin{aligned}\Delta A_{S1} =& (\sigma_{11}u_{1,1}x_2 + \sigma_{21}u_{2,1}x_2 - \sigma_{11}u_{1,2}x_1 - \sigma_{21}u_{2,2}x_1 - \sigma_{11}u_2 + \sigma_{21}u_1 \\ & - D_2\phi + D_1\phi_{,1}x_2 - D_1\phi_{,2}x_1)\omega\mathrm{d}t\mathrm{d}x_2\end{aligned} \tag{9-58}$$

因此，旋转运动造成的势能改变量，可以通过将式(9-55)中电焓能改变量减去式(9-58)中功的改变量获得，即

$$\begin{aligned}\Pi_{S1} =& \Delta H_{S1} - \Delta A_{S1} = \left(Hx_2 - \sigma_{11}u_{1,1}x_2 - \sigma_{21}u_{2,1}x_2 + \sigma_{11}u_{1,2}x_1 + \sigma_{21}u_{2,2}x_1\right. \\ & \left. + \sigma_{11}u_2 - \sigma_{21}u_1 + D_2\phi - D_1\phi_{,1}x_2 + D_1\phi_{,2}x_1\right)\omega\mathrm{d}t\mathrm{d}x_2 \\ =& L_{31}\omega\mathrm{d}t\mathrm{d}x_2\end{aligned} \tag{9-59}$$

式中，L_{31} 表示式(9-30)中压电功能材料构型应力的第一分量。由式(9-59)可以看出，材料构型应力分量 L_{31} 数值上等于单元绕参考坐标原点旋转运动导致的总势能改变量沿 x_1 坐标轴方向的分量。

在单元面 $S2$ 上，由于单元旋转，坐标为(x_1, x_2)的点将从初始位置移动到$(x_1 - x_2\omega \mathrm{d}t, x_2 + x_1\omega \mathrm{d}t)$，单元的电焓能改变量为

$$\Delta H_{S2} = -Hv_2 \mathrm{d}t\mathrm{d}x_1 = -Hx_1\omega \mathrm{d}t\mathrm{d}x_1 \tag{9-60}$$

单元面 $S2$ 上应力和电位移所做的功为

$$\begin{aligned}\Delta A_{S2} = &-\sigma_{22}\mathrm{d}x_1[u_2(x_1, x_2 + x_1\omega \mathrm{d}t) - u_2(x_1, x_2)] - \sigma_{12}\mathrm{d}x_1[u_1(x_1, x_2 + x_1\omega \mathrm{d}t) - u_1(x_1, x_2)] \\ &- \sigma_{22}\mathrm{d}x_1[u_2(x_1 - x_2\omega \mathrm{d}t, x_2) - u_2(x_1, x_2)] - \sigma_{12}\mathrm{d}x_1[u_1(x_1 - x_2\omega \mathrm{d}t, x_2) - u_1(x_1, x_2)] \\ &- \sigma_{12}u_2(x_1, x_2)\omega \mathrm{d}t\mathrm{d}x_1 + \sigma_{22}u_1(x_1, x_2)\omega \mathrm{d}t\mathrm{d}x_1 \\ = &(\sigma_{22}u_{2,1}x_2 - \sigma_{12}u_{1,2}x_1 - \sigma_{22}u_{2,2}x_1 + \sigma_{12}u_{1,1}x_2 - \sigma_{12}u_2 + \sigma_{22}u_1)\omega \mathrm{d}t\mathrm{d}x_1\end{aligned} \tag{9-61}$$

于是，相应的总势能改变量为

$$\begin{aligned}\Pi_{S2} &= \Delta H_{S2} - \Delta A_{S2} \\ &= \big(-Hx_1 - \sigma_{22}u_{2,1}x_2 - \sigma_{12,}u_{1,1}x_2 + \sigma_{12}u_{1,2}x_1 + \sigma_{22}u_{2,2}x_1 \\ &\quad + \sigma_{12}u_2 - \sigma_{22}u_1 - D_1\phi - D_2\phi_{,1}x_2 + D_2\phi_{,2}x_1\big)\omega \mathrm{d}t\mathrm{d}x_1 \\ &= L_{32}\omega \mathrm{d}t\mathrm{d}x_1\end{aligned} \tag{9-62}$$

式中，L_{32} 表示式(9-30)中压电功能材料构型应力的第二分量。由式(9-62)可以看出，材料构型应力分量 L_{32} 在数值上等于单元绕参考坐标原点旋转运动导致的总势能改变量沿 x_2 坐标轴方向的分量。因此，相应的守恒 L 积分在含缺陷压电功能材料中，表征积分路径内材料缺陷旋转构型演化导致的能量释放率。

接下来将从理论上推导证明 J_k、M 和 L 积分在压电功能材料系统中的路径无关性。通过显式分析，如图 9-2 所示，具体分析围绕裂尖任意选取的两条积分路径 C_1 和 C_2。引入闭合的积分路径 $\Omega = C_1 + C^+ - C^- - C_2$，其绕开了裂尖包围路径

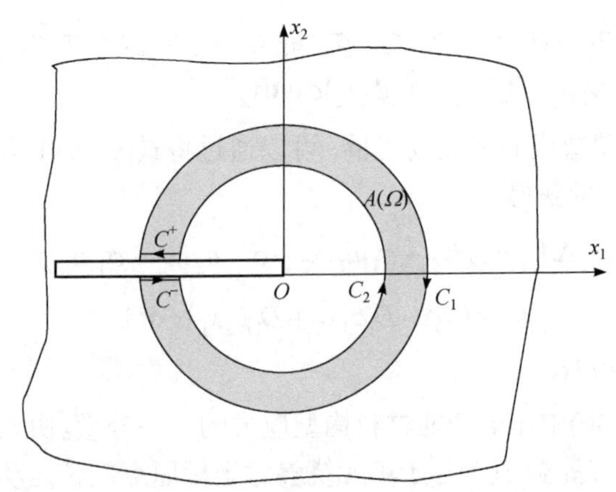

图 9-2　压电功能材料 J_k 积分、M 积分和 L 积分的积分路径

C_1 和 C_2 之间的均质区域。其中，C^+ 和 C^- 分别表示上下裂纹面的积分路径。

守恒 J_k 积分在积分路径 Ω 上的计算式为

$$J_{k\Omega} = \oint_{\Omega=C_1+C^+-C^--C_2} \left(Hn_k - \sigma_{ij}u_{i,k}n_j - D_j\phi_{,k}n_j\right)\mathrm{d}s \tag{9-63}$$

在裂纹面的 C^+ 和 C^- 积分路径上，认为其应力和电载荷自由，且应力和电位移平衡方程(9-6)所示条件在整个压电体中满足。闭合积分路径 Ω 包围的区域 A 内不包含任何奇异点和材料非连续相。

因此，格林定理在连续介质区域 A 内适用。基于格林定理，式(9-63)可以写为

$$\begin{aligned} J_{k\Omega} &= J_{kC_1} - J_{kC_2} \\ &= \underbrace{\int_{C_1}\left(Hn_k - \sigma_{ij}u_{i,k}n_j - D_j\phi_{,k}n_j\right)\mathrm{d}s}_{J_{kC_1}} - \underbrace{\int_{C_2}\left(Hn_k - \sigma_{ij}u_{i,k}n_j - D_j\phi_{,k}n_j\right)\mathrm{d}s}_{J_{kC_2}} \\ &= \iint_{A(\Omega)}\left(\frac{\partial H}{\partial x_k} - \sigma_{ij}u_{i,jk} - D_j\phi_{,jk}\right)\mathrm{d}A \end{aligned} \tag{9-64}$$

由于积分路径 C^+ 和 C^- 上的积分可以相互抵消，因此在式(9-64)中将其直接略去。式(9-64)中，J_{kC1} 和 J_{kC2} 分别表示积分路径 C_1 和 C_2 上的 J_k 积分；$A(\Omega)$ 表示积分路径 C_1 和 C_2 所包围的区域。

式(9-64)中的第一项可以写为

$$\iint_{A(\Omega)}\frac{\partial H}{\partial x_k}\mathrm{d}A = \iint_{A(\Omega)}\left(\frac{\partial H}{\partial \varepsilon_{ij}}\frac{\partial \varepsilon_{ij}}{\partial x_k} + \frac{\partial H}{\partial E_j}\frac{\partial E_j}{\partial x_k}\right)\mathrm{d}A = \iint_{A(\Omega)}\left(\sigma_{ij}u_{i,jk} + D_j\phi_{,jk}\right)\mathrm{d}A \tag{9-65}$$

将式(9-65)代入式(9-64)，即可得到 J_k 积分的路径无关性，即有

$$J_{kC_1} = J_{kC_2} \tag{9-66}$$

事实上，若积分路径包围材料缺陷、异质夹杂等非均质相，将会导致 J_k 积分的路径相关性。同时，积分路径包围非均质相所导致的裂尖屏蔽和反屏蔽效应，可以通过将相应的 J 积分值与围绕裂尖无限小的不包围非均质相积分路径下的 J 积分对比得到。

守恒 M 积分在闭合积分路径 Ω 上的计算式为

$$M_{\Omega} = \oint_{\Omega=C_1+C^+-C^--C_2} \left(Hx_in_i - \sigma_{jk}u_{k,i}x_in_j - D_j\phi_{,i}x_in_j\right)\mathrm{d}s \tag{9-67}$$

基于格林定理，式(9-67)可以写为

$$M_{\Omega} = M_{C_1} - M_{C_2}$$

$$
\begin{aligned}
&=\underbrace{\int_{C_1}\left(Hx_in_i-\sigma_{jk}u_{k,i}x_in_j-D_j\phi_{,i}x_in_j\right)\mathrm{d}s}_{M_{C_1}}-\underbrace{\int_{C_2}\left(Hx_in_i-\sigma_{jk}u_{k,i}x_in_j-D_j\phi_{,i}x_in_j\right)\mathrm{d}s}_{M_{C_2}}\\
&=\iint\limits_{A(\Omega)}\left[\left(Hx_i\right)_{,i}-\sigma_{jk}u_{k,ji}x_i-\sigma_{ik}u_{k,i}-D_j\phi_{,ij}x_i-D_j\phi_{,j}\right]\mathrm{d}A
\end{aligned}
\tag{9-68}
$$

式中，M_{C_1} 和 M_{C_2} 分别表示积分路径 C_1 和 C_2 上的 M 积分。二维平面情况下，式(9-68)中的第一项可以写为如下形式：

$$
\begin{aligned}
\iint\limits_{A(\Omega)}\left(Hx_i\right)_{,i}\mathrm{d}A&=\iint\limits_{A(\Omega)}\left(2H+\frac{\partial H}{\partial\varepsilon_{jk}}\frac{\partial\varepsilon_{jk}}{\partial x_i}x_i+\frac{\partial H}{\partial E_j}\frac{\partial E_j}{\partial x_i}x_i\right)\mathrm{d}A\\
&=\iint\limits_{A(\Omega)}\left(2H+\sigma_{jk}u_{j,ki}x_i+D_j\phi_{,ij}x_i\right)\mathrm{d}A
\end{aligned}
\tag{9-69}
$$

将式(9-69)代入式(9-68)，可得

$$
M_{C_1}-M_{C_2}=\iint\limits_{A(\Omega)}\left(2H-\sigma_{ik}u_{k,i}-D_j\phi_{,j}\right)\mathrm{d}A \tag{9-70}
$$

对于线性压电体，电焓密度函数可以表示为

$$
H=\frac{1}{2}\left(\sigma_{ik}u_{k,i}+D_j\phi_{,j}\right) \tag{9-71}
$$

将式(9-71)代入式(9-70)，即可得到 M 积分的路径无关性，即有

$$
M_{C_1}=M_{C_2} \tag{9-72}
$$

守恒 L 积分在闭合积分路径Ω上的计算式为

$$
\begin{aligned}
L_\Omega=\oint\limits_{\Omega=C_1+C^+-C^--C_2}&\left[e_{3ij}(Hx_jn_i+\sigma_{ik}u_jn_k\right.\\
&\left.-\sigma_{kl}u_{k,i}x_jn_l+D_j\phi n_i-D_l\phi_{,i}x_jn_l)\right]\mathrm{d}s
\end{aligned}
\tag{9-73}
$$

基于格林定理，式(9-73)可以写为

$$
\begin{aligned}
L_\Omega&=L_{C_1}-L_{C_2}\\
&=\iint\limits_{A(\Omega)}e_{3ij}[(Hx_j)_{,i}+\sigma_{ik}u_{j,k}-\sigma_{kl}u_{k,il}x_j\\
&\qquad-\sigma_{kj}u_{k,i}+D_{j,i}\phi-D_k\phi_{,ki}x_j]\mathrm{d}A
\end{aligned}
\tag{9-74}
$$

式中，L_{C_1} 和 L_{C_2} 分别表示积分路径 C_1 和 C_2 上的 L 积分。二维平面情况下，

式(9-74)中第 2 个等号右边第一项可以写为如下形式：

$$\begin{aligned}\iint\limits_{A(\Omega)} e_{3ij}(Hx_j)_{,i}\,\mathrm{d}A &= \iint\limits_{A(\Omega)}\left(e_{3ij}\frac{\partial H}{\partial \varepsilon_{kl}}\frac{\partial \varepsilon_{kl}}{\partial x_i}x_j + e_{3ij}\frac{\partial H}{\partial E_k}\frac{\partial E_k}{\partial x_i}x_j\right)\mathrm{d}A \\ &= \iint\limits_{A(\Omega)}\left(e_{3ij}\sigma_{kl}u_{k,li}x_j + e_{3ij}D_k\phi_{,ki}x_j\right)\mathrm{d}A\end{aligned} \tag{9-75}$$

将式(9-75)代入式(9-74)，可以得到：

$$L_{C_1} - L_{C_2} = \iint\limits_{A(\Omega)} e_{3ij}\left(\sigma_{ik}u_{j,k} - \sigma_{kj}u_{k,i} + D_{j,i}\phi\right)\mathrm{d}A \tag{9-76}$$

在横观各向同性压电功能材料的同性平面上，下列关系严格成立：

$$e_{3ij}\left(\sigma_{ik}u_{j,k} - \sigma_{kj}u_{k,i} + D_{j,i}\phi\right) = 0 \quad (i, j, k = 1,\ 2) \tag{9-77}$$

将式(9-77)代入式(9-76)中，可以得到压电体中各向同性平面内 L 积分满足路径无关性，即有

$$L_{C_1} = L_{C_2} \tag{9-78}$$

需要指出的是，区别于 J_k 积分和 M 积分的路径无关性推导，在压电功能材料中的各向异性平面内考虑 L 积分，各向异性项 $e_{3ij}(\sigma_{ik}u_{j,k} - \sigma_{kj}u_{k,i} + D_{j,i}\phi)$的贡献不可忽视。研究结果表明，由材料具体的各向异性特性，压电体中不同积分路径下的 L 积分值可能存在差异，从而导致 L 积分路径相关这一特性。

9.1.2　材料构型力在压电功能材料裂纹–电畴干涉问题中的应用

在大多数压电陶瓷材料($BaTiO_3$、PZT 等)低于居里温度条件下，晶体单胞受到电偶极矩的作用，即其具有自发极化矢量。所有的单胞具有相同的极化方向会形成团簇，如铁电畴等。压电功能材料中的这种自发电畴会在外加机械载荷和电载荷作用下发生偏转。已有研究结果表明(Zhang et al.，2013；Fang et al., 2007；Kessler and Balke，2001)，电畴偏转在机械/电载荷作用的裂纹尖端发生时，会改变裂尖区域的电场和应力场强度，对压电功能材料的断裂韧性产生重要影响。因此，本研究将针对压电功能材料中裂纹和电畴偏转区域的干涉问题进行分析。

接下来，将创新性地基于守恒积分的概念，阐述相应的电畴偏转增韧机理。如图 9-3 所示，考虑二维平面内主裂纹和裂尖区域电畴偏转干涉的模型。假设二维平面受到远场机械载荷 σ_{11}^{∞}、σ_{12}^{∞}、σ_{22}^{∞} 和电载荷 D_2^{∞} 作用，且远场载荷方向垂直于裂纹面。定义围绕裂尖无限小积分路径Γ_ε(图 9-3)上的守恒积分参数 $J_{k\mathrm{tip}}$、M_{tip} 和 L_{tip}。在 Γ_∞-Γ_ε 路径上采用散度定理和压电功能材料构型应力的平衡方程(9-14)、式(9-22)和式(9-32)，可以得到：

$$
\left\{\begin{aligned}
J_{k\mathrm{tip}} &= \lim_{\varepsilon\to 0}\int_{\Gamma_\varepsilon} b_{kj} n_j \mathrm{d}s = \int_{\Gamma} b_{kj} n_j \mathrm{d}s - \iint_A b_{kj,j}\mathrm{d}A \\
&= \underbrace{\int_{\Gamma}\left(H\delta_{kj} - \sigma_{ij} u_{i,k} - D\phi_{,k}\right) n_j \mathrm{d}s}_{J_{k\infty}} + \underbrace{\iint_A R_k \mathrm{d}A}_{C_{J_k}} = J_{k\infty} + C_{J_k} \\
M_{\mathrm{tip}} &= \lim_{\varepsilon\to 0}\int_{\Gamma_\varepsilon} M_j n_j \mathrm{d}s = \int_{\Gamma_\infty} M_j n_j \mathrm{d}s - \iint_A M_{j,j}\mathrm{d}A \\
&= \underbrace{\int_{\Gamma_\infty}\left(Hx_i n_i - \sigma_{jk} u_{k,i} x_i n_j - D_j \phi_{,i} x_i n_j\right)\mathrm{d}s}_{M_\infty} + \underbrace{\iint_A R\mathrm{d}A}_{C_M} = M_\infty + C_M \\
L_{\mathrm{tip}} &= \lim_{\varepsilon\to 0}\Gamma\int_{\Gamma_\varepsilon} L_{3l} n_l \mathrm{d}s = \int_{\Gamma_\infty} L_{3l} n_l \mathrm{d}s - \iint_A L_{3l,l}\mathrm{d}A \\
&= \underbrace{\int_{\Gamma_\infty} q_{3ij}\left(Hx_j n_i + \sigma_{il} u_j n_l + D_j \phi n_i - \sigma_{kl} u_{k,i} x_j n_l - D_l \phi_{,i} x_j n_l\right)\mathrm{d}s}_{L_\infty} + \underbrace{\iint_A R_3 \mathrm{d}A}_{C_L} \\
&= L_\infty + C_L
\end{aligned}\right. \tag{9-79}
$$

式中，$J_{k\infty}$、M_∞和 L_∞表示在远场路径 Γ_∞上积分得到的守恒积分，其数值大小由远场机械载荷和电载荷决定；C_{J_k}、C_M、C_L表示守恒积分相对应的材料构型力在路径 Γ_∞-Γ_ε 包围区域 A 内电畴偏转贡献的总材料构型力。

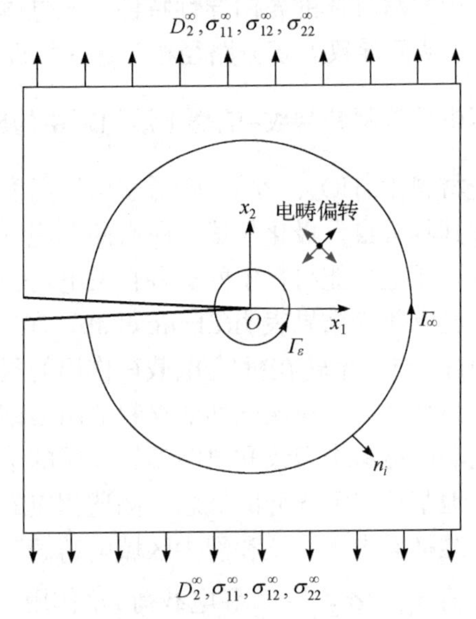

图 9-3　远场载荷作用下压电体中主裂纹和电畴偏转干涉模型及相应的裂尖和远场积分路径

从式(9-79)可以很直观地看出，材料构型力 C_{J_k}、C_M和 C_L 可以表征裂尖守恒积分与远场守恒积分之间的差值，因此可以用于揭示由裂尖电畴偏转导致的断裂韧性的屏蔽和反屏蔽效应。需要指出的是，M 积分和 L 积分更适用于压电功能材料中含无明显奇异点缺陷(孔洞、夹杂、塑性损伤区等)和复杂缺陷问题的研究。材料构型力 C_{J_k}、C_M 和 C_L 在压电功能材料不同的断裂、损伤问题中具有潜在的应用价值。针对本研究分析的裂纹问题，可以采用 J_1 积分(J 积分)参量来表征压电功能材料的裂纹起裂断裂韧性，具体研究裂纹尖端区域发生电畴偏转这一材料非均质性导致的裂纹尖端守恒 J 积分的改变规律。由式(9-79)可知，C_{J_1} 为负值时，裂尖 $J_{\rm tip}$ 积分表征的裂纹扩展驱动力相比于远场 J_∞ 积分更小，说明电畴偏转的发生导致裂纹扩展驱动力减小，起到了屏蔽裂纹扩展的效果，提高了压电体的断裂韧性。C_{J_1} 为正值时，说明电畴偏转的发生导致裂纹扩展驱动力增大，起到了促进裂纹扩展的效果，降低了压电体的断裂韧性。

针对 x_1-x_2 压电平面断裂问题，假设裂纹尖端的电畴偏转和所有的晶胞极化矢量均局限于 x_1-x_2 平面。如图 9-4 所示，四方压电晶体有 4 个可能的电畴偏转方向，相应的自发极化矢量 $\boldsymbol{P}$ 和应变张量 ε 定义为(Li et al., 2007)

$$
\begin{cases}
\boldsymbol{P}^{(1)} = -\boldsymbol{P}^{(3)} = P_0(\cos\theta, \sin\theta)^{\rm T}, \ \boldsymbol{P}^{(2)} = -\boldsymbol{P}^{(4)} = P_0(-\sin\theta, \cos\theta)^{\rm T} \\
\varepsilon^{(1)} = \varepsilon^{(3)} = \dfrac{S_0}{6}\begin{bmatrix} 1+3\cos 2\theta & -3\sin 2\theta \\ -3\sin 2\theta & 1-3\cos 2\theta \end{bmatrix}, \ \varepsilon^{(2)} = \varepsilon^{(4)} = \dfrac{S_0}{6}\begin{bmatrix} 1-3\cos 2\theta & 3\sin 2\theta \\ 3\sin 2\theta & 1+3\cos 2\theta \end{bmatrix}
\end{cases}
\tag{9-80}
$$

式中，P_0 表示单个晶胞自发极化大小；S_0 表示单晶变形，且有 $S_0=c/a-1$，c 和 a 表示四方晶格常数。

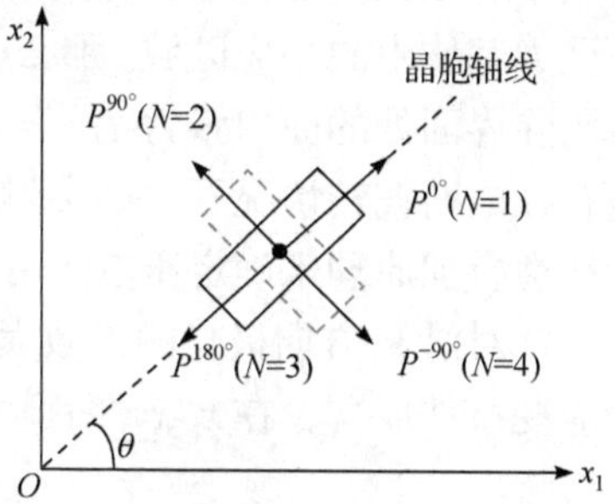

因此，需要对不同的电畴偏转方向进行分类，针对晶胞沿着顺时针和逆时针±90°和 180°三个方向的偏转进行研究，如图 9-4 所示。晶胞的初始位置与总体坐标的 x_1 方向成 θ 夹角。针对具体的极化方向，相应的极化改变量可表示为

图 9-4　四方压电晶体可能的电畴偏转方向

$$
\Delta\boldsymbol{P} = bP_0\begin{pmatrix} \sin(\theta+\varphi) \\ -\cos(\theta+\varphi) \end{pmatrix}
\tag{9-81}
$$

式中，

$$
b = \begin{cases} -\sqrt{2} & (+90°\text{电畴偏转}) \\ \sqrt{2} & (-90°\text{电畴偏转}) \\ -2 & (180°\text{电畴偏转}) \end{cases}, \quad
\varphi = \begin{cases} +\pi/4 & (+90°\text{电畴偏转}) \\ -\pi/4 & (-90°\text{电畴偏转}) \\ +\pi/2 & (180°\text{电畴偏转}) \end{cases}
$$

与此同时，电畴偏转导致的自发应变改变量为

$$\begin{cases}\Delta\boldsymbol{\varepsilon}=-S_0\begin{pmatrix}\cos 2\theta & \sin 2\theta\\ \sin 2\theta & -\cos 2\theta\end{pmatrix} & (+90°\text{电畴偏转})\\ \Delta\boldsymbol{\varepsilon}=0 & (180°\text{电畴偏转})\end{cases} \tag{9-82}$$

此外，需要一个能量准则来预测压电体在外加机械/电载荷作用下电畴偏转的方向。自发电畴偏转依赖于压电体能量释放和电畴域能量耗散之间的平衡。采用 Hwang 和 McMeeking(1999)提出的电畴偏转准则，即耗散机械功和电场功的总能量超过阈值时，电畴发生相应的偏转，且有

$$\begin{cases}\sigma_{ij}\Delta\varepsilon_{ij}+E_i\Delta P_i \geqslant \sqrt{2}E_{\mathrm{C}}P^0 & (+90°\text{电畴偏转})\\ \sigma_{ij}\Delta\varepsilon_{ij}+E_i\Delta P_i \geqslant 2E_{\mathrm{C}}P^0 & (180°\text{电畴偏转})\end{cases} \tag{9-83}$$

式中，E_{C}为压电体的临界电畴偏转载荷。需要指出的是，为了方便研究，该电畴偏转准则忽略了晶界和畴壁能的影响。

因此，电畴偏转导致的材料构型力的增量由电畴偏转过程的材料电焓能的改变量决定。其中，极化值和自发应变分别由式(9-81)和式(9-82)决定。这里假设电畴偏转区域内的所有微元经历统一的自发应变和极化，应力和电荷在其中分布均匀，电畴偏转区的材料属性和压电体的材料属性一致。首先，假设电畴偏转区是一块带有本征应变的不受约束的区域，接着让这块电畴偏转区嵌入其原先取出的不受力基体中的相应区域。那么，可以在基体和电畴偏转区的边界建立平衡方程，以消除界面处的面内张力 $T_i=\sigma_{ij}n_j$ 和表面载荷 $q_s=D_in_i$，其中，σ_{ij} 和 D_i 分别表示不存在电畴偏转情况下，裂尖附近区域的应力场和电位移场。基于以上假设，采用线性叠加原理来确定压电体由于电畴偏转而导致的裂尖材料构型力。

针对沿 x_2 方向极化的无限大压电平面含中心裂纹问题，假设平面应力或者平面应变条件成立，在 x_1-x_2 平面内压电功能材料满足如下本构方程：

$$\begin{Bmatrix}\varepsilon_{11}\\ \varepsilon_{22}\\ 2\varepsilon_{12}\end{Bmatrix}=\begin{bmatrix}a_{11} & a_{12} & a_{13}\\ a_{21} & a_{22} & a_{23}\\ a_{31} & a_{32} & a_{33}\end{bmatrix}\begin{Bmatrix}\sigma_{11}\\ \sigma_{22}\\ \sigma_{12}\end{Bmatrix}+\begin{bmatrix}b_{11} & b_{21}\\ b_{12} & b_{22}\\ b_{13} & b_{23}\end{bmatrix}\begin{Bmatrix}D_1\\ D_2\end{Bmatrix} \tag{9-84}$$

$$\begin{Bmatrix}E_1\\ E_2\end{Bmatrix}=\begin{bmatrix}b_{11} & b_{12} & b_{13}\\ b_{21} & b_{22} & b_{23}\end{bmatrix}\begin{Bmatrix}\sigma_{11}\\ \sigma_{22}\\ \sigma_{12}\end{Bmatrix}+\begin{bmatrix}d_{11} & d_{12}\\ d_{21} & d_{22}\end{bmatrix}\begin{Bmatrix}D_1\\ D_2\end{Bmatrix} \tag{9-85}$$

相应地在裂尖局部极坐标系(r,θ)中，裂尖应力和电场可表达为

$$\begin{cases}\left\{\sigma_{11}(r,\theta),\sigma_{22}(r,\theta),\sigma_{12}(r,\theta)\right\}^{\mathrm{T}}=\dfrac{1}{\sqrt{2r}}\mathrm{Re}\sum_{j=1}^{3}\left\{\mu_{j,1}^{2}-\mu_{j}\right\}^{\mathrm{T}}\dfrac{h_j}{\sqrt{\cos\theta+\mu_j\sin\theta}}\\ \left\{E_1(r,\theta),E_2(r,\theta)\right\}^{\mathrm{T}}=-\dfrac{1}{\sqrt{2r}}\mathrm{Re}\sum_{j=1}^{3}\left\{s_j,t_j\right\}^{\mathrm{T}}\dfrac{h_j}{\sqrt{\cos\theta+\mu_j\sin\theta}}\end{cases}\tag{9-86}$$

式中，上标 T 表示矢量的转置；Re 表示对虚数取实部；h_j、s_j 和 t_j 表示复数常数，且其值由材料属性和远场载荷确定；μ_j 表示下面特征方程的根：

$$l_1(\mu)l_3(\mu)+l_2^2(\mu)=0\tag{9-87}$$

则有

$$\begin{cases}l_1(\mu)=d_{11}\mu^2+2d_{12}\mu+d_{22}\\ l_2(\mu)=b_{11}\mu^3-(b_{21}+b_{13})\mu^2+(b_{12}+b_{23})\mu-b_{22}\\ l_3(\mu)=a_{11}\mu^4-2a_{13}\mu^3+(2a_{12}+a_{33})\mu^2-2a_{23}\mu+a_{22}\end{cases}\tag{9-88}$$

由裂尖电畴偏转导致的电场能密度改变量为

$$W_{\mathrm{e}}=\int E_i\mathrm{d}D_i\approx E_i\Delta P_i\tag{9-89}$$

由裂尖电畴偏转导致的应变能密度改变量为

$$W_{\mathrm{m}}=\int\sigma_{ij}\mathrm{d}\varepsilon_{ij}\approx\sigma_{ij}\Delta\varepsilon_{ij}\tag{9-90}$$

式(9-89)和式(9-90)中的 σ_{ij} 和 E_i 由式(9-86)给出。

因此，相应的裂尖微元内电焓能密度改变量为

$$\mathrm{d}H=\mathrm{d}W_{\mathrm{e}}+\mathrm{d}W_{\mathrm{m}}=\sigma_{ij}\Delta\varepsilon_{ij}+E_i\Delta P_i\tag{9-91}$$

最重要的是，将式(9-81)、式(9-82)和式(9-86)代入式(9-91)，即可得到由式(9-13)、式(9-21)和式(9-31)给出的压电功能材料构型力的解析解。

举一个简单的例子，考虑裂纹前端区域(r_0，θ)位置的电畴偏转导致的裂纹屏蔽和反屏蔽问题，以典型的四方压电晶体 $BaTiO_3$ 陶瓷为研究对象，其材料常数由表 9-1 给出。在远端施加纯电载荷，三个电畴偏转方向(+90°，−90°，180°)考虑在内，其对裂纹断裂韧性参数 J 积分改变的影响由材料构型力 C_{J_1} 表征。相应的数值计算结果在图 9-5 中给出，其中通过对计算数值除以 $D_2^{\infty}a^{1/2}r_0^{-3/2}$ 来对 C_{J_1} 做无量纲化处理，电畴偏转区域相对裂纹的位置角 θ 的取值为(−180°，180°)。

表 9-1　$BaTiO_3$ 的材料常数

材料常数	$BaTiO_3$	材料常数	$BaTiO_3$
$c_{11}/(10^{11}\ \mathrm{N/m^2})$	1.660	$e_{15}/(\mathrm{C/m^2})$	11.6
$c_{12}/(10^{11}\ \mathrm{N/m^2})$	0.766	$e_{31}/(\mathrm{C/m^2})$	−4.4

续表

材料常数	$BaTiO_3$	材料常数	$BaTiO_3$
$c_{13}/(10^{11}\ N/m^2)$	0.775	$e_{33}/(C/m^2)$	18.6
$c_{33}/(10^{11}\ N/m^2)$	1.620	$\kappa_{11}/(10^{-10}C/(V\cdot m))$	143.4
$c_{44}/(10^{11}\ N/m^2)$	0.448	$\kappa_{33}/(10^{-10}C/(V\cdot m))$	168.2
电场强度极限 E_C /(MV/m)	0.2		
自发极化 $P_0/(C/m^2)$	0.25		
单晶变形 S_0	0.004		

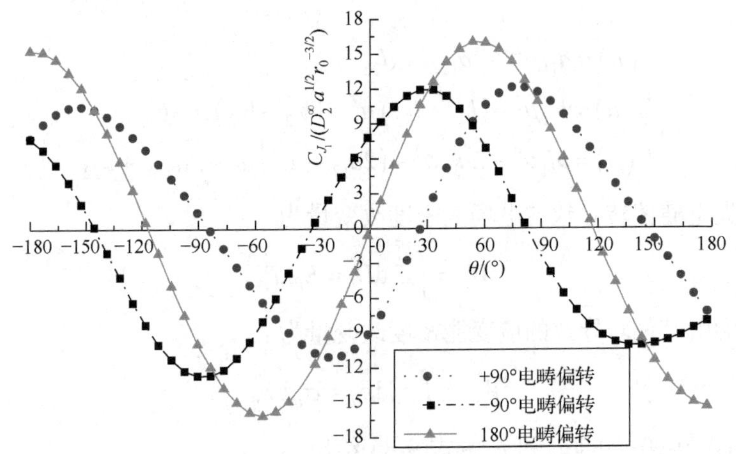

图 9-5　不同偏转方向和分布位置的电畴对裂尖材料构型力 C_{J_1} 的影响规律

观察图 9-5 可以发现，电畴偏转方向对裂尖材料构型力 C_{J_1} 有显著影响，C_{J_1} 的正负由电畴的位置决定。换言之，电畴偏转对压电体断裂韧性是增强还是削弱取决于电畴偏转相较于裂纹尖端的分布位置。此外，可以发现，存在这样的特殊角度：在该处时，电畴偏转对裂纹扩展驱动力完全无影响，处于屏蔽效应和反屏蔽效应的过渡阶段。以+90°电畴偏转为例，可以看出，当电畴区域位置角θ在(−84.7°，25.3°)和(144.5°，180°)的区域内发生偏转，对裂纹起到了屏蔽作用，增强了压电功能材料的断裂韧性；当电畴区域位置角θ在(−180°，−84.7°)和(25.3°，144.5°)的区域内发生偏转，对裂纹起到反屏蔽作用，削弱了压电功能材料的断裂韧性。

图 9-6 给出了远场机械载荷从 0～100MPa 增大过程中，不同类型电畴偏转区域(+90°，−90°，180°)对裂尖材料构型力 C_{J_1} 的改变规律，其中电畴偏转区域的形状和尺寸由式(9-83)确定。+90°和−90°电畴偏转区域均导致负的裂尖材料构型力 C_{J_1} 值，即对裂纹具有屏蔽效应，增强材料的断裂韧性，并且这种增强效应随着外

加机械载荷的增大而增大。很明显，因为裂尖的电畴偏转区域面积随着载荷的增大而显著增大，所以裂尖+90°和−90°电畴偏转区域对裂尖屏蔽效应明显。压电功能材料中这种电畴偏转区域导致的裂尖屏蔽效应可以解释为，由于裂尖电畴发生偏转，储存在裂纹尖端区域的可逆内能得到了释放，使得裂纹扩展需要更多的能量供应。本小节关于裂纹和裂尖电畴偏转的干涉研究结果表明，守恒积分理论将有益于评价压电功能材料系统中由电畴偏转导致的材料非均质性对材料断裂韧性的影响。

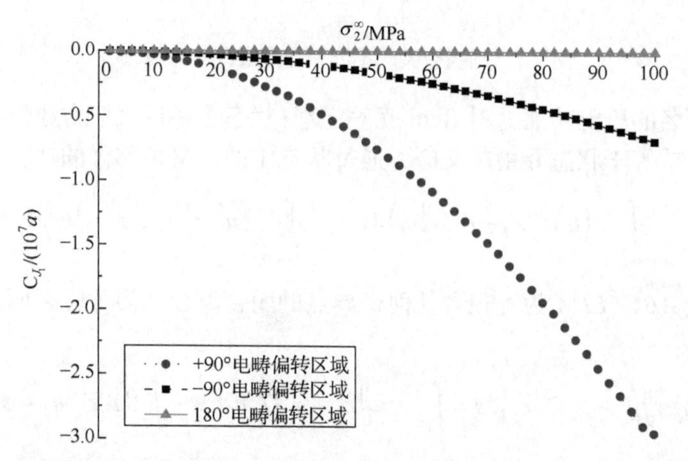

图 9-6　远场机械载荷作用下不同类型电畴偏转区域对裂尖材料构型力 C_{J_1} 的改变规律

9.1.3　压电功能材料中的材料构型力与 Bueckner 功共轭积分的关系

近年来，在求解含裂纹压电功能材料的应力、电位移强度因子和能量释放率(或者 J 积分)时，路径无关积分都发挥着重要作用。最著名的路径无关积分应该归属于建立在贝蒂(Betti)互等定理基础上(Sokolnikoff, 1956)的 Bueckner 功共轭积分，它由 Bueckner 于 1973 年提出。在压电功能材料 Betti 互等定理基础上，著名的 Bueckner 功共轭积分可表示如下：

$$B=\int_{\Gamma}\left[\left(u_i^{\mathrm{I}}\sigma_{ij}^{\mathrm{II}}-u_i^{\mathrm{II}}\sigma_{ij}^{\mathrm{I}}\right)n_j+\left(\phi^{\mathrm{I}}D_i^{\mathrm{II}}-\phi^{\mathrm{II}}D_i^{\mathrm{I}}\right)n_i\right]\mathrm{d}s \quad (i=1,\ 2,\ 3;j=1,\ 2) \tag{9-92}$$

式中，上标 I 和 II 代表压电功能材料中两种不同的广义应力位移状态；Γ 代表从裂纹下表面开始到裂面上表面结束的积分路径(图 9-7)；n_i 代表积分路径Γ的外法线单位向量。

需要指出的是，当积分路径从裂面下表面开始到裂纹上表面结束时，Bueckner 功共轭积分的积分路径存在两种不同的环路围线，如图 9-7 所示，一种如同γ(围线 ABC)或Γ_1(围线 $DHEF$)，其起点与终点具有相同的横坐标；另一种如同Γ_2(围线 $GHEF$)，其起点与终点的横坐标不同。

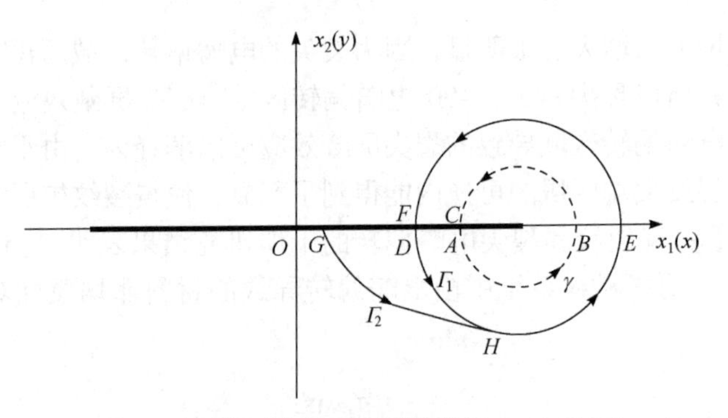

图 9-7　围绕裂尖的不同积分路径(γ、Γ_1 和 Γ_2)

根据著名的压电功能材料 Betti 互等定理：状态 I 中广义应力通过状态 II 的广义位移做的功等于状态 II 中广义应力通过状态 I 的广义位移做的功，表示如下：

$$\oint_{ABCFEDA}\left(u_i^{\mathrm{I}}\sigma_{ij}^{\mathrm{II}}n_j+\phi^{\mathrm{I}}D_i^{\mathrm{II}}n_i\right)\mathrm{d}s=\oint_{ABCFEDA}\left(u_i^{\mathrm{II}}\sigma_{ij}^{\mathrm{I}}n_j+\phi^{\mathrm{II}}D_i^{\mathrm{I}}n_i\right)\mathrm{d}s \tag{9-93}$$

式中，围线 $ABCFEDA$ 为不包含任何奇异点的闭合路径。当考虑裂面应力自由条件时，存在：

$$\begin{aligned}\oint_{ABCFEDA}\left(u_i^{\mathrm{I}}\sigma_{ij}^{\mathrm{II}}n_j+\phi^{\mathrm{I}}D_i^{\mathrm{II}}n_i\right)\mathrm{d}s=&\int_{\gamma}\left(u_i^{\mathrm{I}}\sigma_{ij}^{\mathrm{II}}n_j+\phi^{\mathrm{I}}D_i^{\mathrm{II}}n_i\right)\mathrm{d}s-\int_{\Gamma_1}\left(u_i^{\mathrm{I}}\sigma_{ij}^{\mathrm{II}}n_j+\phi^{\mathrm{I}}D_i^{\mathrm{II}}n_i\right)\mathrm{d}s\\&+\int_{FC}\phi^{\mathrm{I}+}D_2^{\mathrm{II}+}\mathrm{d}x-\int_{DA}\phi^{\mathrm{I}-}D_2^{\mathrm{II}-}\mathrm{d}x\end{aligned} \tag{9-94}$$

$$\begin{aligned}\oint_{ABCFEDA}\left(u_i^{\mathrm{II}}\sigma_{ij}^{\mathrm{I}}n_j+\phi^{\mathrm{II}}D_i^{\mathrm{I}}n_i\right)\mathrm{d}s=&\int_{\gamma}\left(u_i^{\mathrm{II}}\sigma_{ij}^{\mathrm{I}}n_j+\phi^{\mathrm{II}}D_i^{\mathrm{I}}n_i\right)\mathrm{d}s-\int_{\Gamma_1}\left(u_i^{\mathrm{II}}\sigma_{ij}^{\mathrm{I}}n_j+\phi^{\mathrm{II}}D_i^{\mathrm{I}}n_i\right)\mathrm{d}s\\&+\int_{FC}\phi^{\mathrm{II}+}D_2^{\mathrm{I}+}\mathrm{d}x-\int_{DA}\phi^{\mathrm{II}-}D_2^{\mathrm{I}-}\mathrm{d}x\end{aligned} \tag{9-95}$$

注意，线段 FC 和 DA 分别位于裂面上表面和下表面；A 和 C(或 D 和 F)分别为围线γ(或Γ_1)的起点和终点，其具有相同的横坐标。根据裂面导通电边界条件，即 $\phi^{+}=\phi^{-}$，可以容易地获得

$$\int_{FC}\phi^{\mathrm{I}+}D_2^{\mathrm{II}+}\mathrm{d}x-\int_{DA}\phi^{\mathrm{I}-}D_2^{\mathrm{II}-}\mathrm{d}x=\int_{FC}\phi^{\mathrm{II}+}D_2^{\mathrm{I}+}\mathrm{d}x-\int_{DA}\phi^{\mathrm{II}-}D_2^{\mathrm{I}-}\mathrm{d}x=0 \tag{9-96}$$

将式(9-94)～式(9-96)代入式(9-93)，可得

$$B_{\Gamma_1}=B_{\gamma} \tag{9-97}$$

这意味着，当选取不同积分路径Γ_1或 γ 时，Bueckner 功共轭积分具有相同的值。此时，积分路径Γ_1或 γ 满足如下特定的条件：积分路径的起点与终点具有相同的横坐标。只有在此情况下，含导通裂纹压电功能材料中的 Bueckner 功共轭积分与绝缘裂纹的情况相同，都具有路径无关性。

然而，当式(9-93)中积分路径选取闭合围线 $ABCFEGA$ 时，将得到完全不同的结论，即

$$\oint_{ABCFEGA}\left(u_i^{\mathrm{I}}\sigma_{ij}^{\mathrm{II}}n_j+\phi^{\mathrm{I}}D_i^{\mathrm{II}}n_i\right)\mathrm{d}s=\oint_{ABCFEGA}\left(u_i^{\mathrm{II}}\sigma_{ij}^{\mathrm{I}}n_j+\phi^{\mathrm{II}}D_i^{\mathrm{I}}n_i\right)\mathrm{d}s \tag{9-98}$$

考虑到裂面应力自由条件，存在：

$$\begin{aligned}\oint_{ABCFEGA}\left(u_i^{\mathrm{I}}\sigma_{ij}^{\mathrm{II}}n_j+\phi^{\mathrm{I}}D_i^{\mathrm{II}}n_i\right)\mathrm{d}s&=\int_{\gamma}\left(u_i^{\mathrm{I}}\sigma_{ij}^{\mathrm{II}}n_j+\phi^{\mathrm{I}}D_i^{\mathrm{II}}n_i\right)\mathrm{d}s-\int_{\Gamma_2}\left(u_i^{\mathrm{I}}\sigma_{ij}^{\mathrm{II}}n_j+\phi^{\mathrm{I}}D_i^{\mathrm{II}}n_i\right)\mathrm{d}s\\&\quad+\int_{FC}\phi^{\mathrm{I}+}D_2^{\mathrm{II}+}\mathrm{d}x-\int_{GA}\phi^{\mathrm{I}-}D_2^{\mathrm{II}-}\mathrm{d}x\end{aligned} \tag{9-99}$$

$$\begin{aligned}\oint_{ABCFEGA}\left(u_i^{\mathrm{II}}\sigma_{ij}^{\mathrm{I}}n_j+\phi^{\mathrm{II}}D_i^{\mathrm{I}}n_i\right)\mathrm{d}s&=\int_{\gamma}\left(u_i^{\mathrm{II}}\sigma_{ij}^{\mathrm{I}}n_j+\phi^{\mathrm{II}}D_i^{\mathrm{I}}n_i\right)\mathrm{d}s-\int_{\Gamma_2}\left(u_i^{\mathrm{II}}\sigma_{ij}^{\mathrm{I}}n_j+\phi^{\mathrm{II}}D_i^{\mathrm{I}}n_i\right)\mathrm{d}s\\&\quad+\int_{FC}\phi^{\mathrm{II}+}D_2^{\mathrm{I}+}\mathrm{d}x-\int_{GA}\phi^{\mathrm{II}-}D_2^{\mathrm{I}-}\mathrm{d}x\end{aligned} \tag{9-100}$$

将式(9-99)和式(9-100)代入式(9-98)，并利用裂面导通电边界条件，可以获得

$$B_{\Gamma_2}=B_{\gamma}+B_{GF} \tag{9-101}$$

式中，

$$B_{GF}=\int_{x_G}^{x_F}\left(\phi^{\mathrm{II}}D_2^{\mathrm{I}}-\phi^{\mathrm{I}}D_2^{\mathrm{II}}\right)\mathrm{d}x \tag{9-102}$$

此处，点 G 和 F 分别为围线Γ_2的起点与终点，它们在 x 轴上具有不同的横坐标。从式(9-101)和式(9-102)可以发现，由于导通裂纹表面电荷不自由，即 $D_2\neq0$，式(9-101)中 B_{GF} 不为零。这就意味着，定义在不同积分路径Γ_2和γ上的 Bueckner 功共轭积分的值不同，此时 Bueckner 功共轭积分将是路径相关的。这与经典的绝缘裂纹假设不同，依赖于绝缘裂纹的电荷自由条件 $D_2=0$，式(9-101)中 B_{GF} 总为零，从而不管如何选取积分路径，绝缘裂纹下的 Bueckner 功共轭积分总是路径无关的。

导通裂纹和绝缘裂纹下所得到不同结果表明，压电功能材料中裂面电边界条件对 Bueckner 功共轭积分的路径无关性产生了深远的影响。在绝缘裂纹假设下，

裂面法向电位移分量为零，对 Bueckner 功共轭积分没有任何贡献，从而 Bueckner 功共轭积分呈现出严格的路径无关性。然而，在导通裂纹条件下，非零的裂面法向电位移分量对 Bueckner 功共轭积分的贡献将不得不考虑，在这种情况下，只有当积分路径满足起点与终点具有相同的横坐标时，Bueckner 功共轭积分才保持路径无关性，也就是说，导通裂纹的 Bueckner 功共轭积分将呈现出一定弱路径无关性。

下面，通过式(9-92)选取两种特定的广义应力位移场Ⅰ和Ⅱ，给出含导通裂纹压电功能材料中 Bueckner 功共轭积分与 J 积分的关系。由远场机械/电载荷引起的真实广义应力位移场定为状态Ⅰ，取 $u_i^{\mathrm{I}}=u_i$、$\phi^{\mathrm{I}}=\phi$、$\sigma_{ij}^{\mathrm{I}}=\sigma_{ij}$ 和 $D_i^{\mathrm{I}}=D_i$；辅助场Ⅱ(u_i^{II}、ϕ^{II}、$\sigma_{ij}^{\mathrm{II}}$和$D_i^{\mathrm{II}}$)选为真实广义应力位移场对横坐标 x 的偏导数：

$$u_i^{\mathrm{II}}=\frac{\partial u_i}{\partial x},\quad \sigma_{ij}^{\mathrm{II}}=\frac{\partial \sigma_{ij}}{\partial x},\quad \phi^{\mathrm{II}}=\frac{\partial \phi}{\partial x},\quad D_i^{\mathrm{II}}=\frac{\partial D_i}{\partial x} \tag{9-103}$$

将式(9-103)代入式(9-92)，并结合压电功能材料 J 积分定义式(9-15)，可得

$$\begin{aligned} B-2J &= \int_\Gamma \left(u_i\frac{\partial \sigma_{ij}}{\partial x}-\frac{\partial u_i}{\partial x}\sigma_{ij}\right)n_j\mathrm{d}s+\left(\phi\frac{\partial D_i}{\partial x}-\frac{\partial \phi}{\partial x}D_i\right)n_i\mathrm{d}s \\ &\quad -2\int_\Gamma\left[\frac{1}{2}(\sigma_{ij}\varepsilon_{ij}-D_iE_i)n_1-\frac{\partial u_i}{\partial x}\sigma_{ij}n_j-\frac{\partial \phi}{\partial x}D_in_i\right]\mathrm{d}s \\ &= \int_\Gamma \frac{\partial}{\partial x}(\sigma_{ij}u_i)n_j\mathrm{d}s-\sigma_{ij}\varepsilon_{ij}\mathrm{d}y+\frac{\partial}{\partial x}(D_i\phi)n_i\mathrm{d}s+D_iE_i\mathrm{d}y \end{aligned} \tag{9-104}$$

经过代数变换，整理可得

$$\begin{aligned} &\int_\Gamma \frac{\partial}{\partial x}(\sigma_{ij}u_i)n_j+\frac{\partial}{\partial x}(D_i\phi)n_i\mathrm{d}s \\ &=\int_\Gamma \frac{\partial}{\partial x}(\sigma_{11}u_1+\sigma_{21}u_2)\mathrm{d}y-\frac{\partial}{\partial x}(\sigma_{21}u_1+\sigma_{22}u_2)\mathrm{d}x+\frac{\partial}{\partial x}(D_1\phi)\mathrm{d}y-\frac{\partial}{\partial x}(D_2\phi)\mathrm{d}x \\ &=\int_\Gamma \frac{\partial}{\partial x}(\sigma_{11}u_1+\sigma_{21}u_2)\mathrm{d}y+\frac{\partial}{\partial y}(\sigma_{21}u_1+\sigma_{22}u_2)\mathrm{d}y+\frac{\partial}{\partial x}(D_1\phi)\mathrm{d}y+\frac{\partial}{\partial y}(D_2\phi)\mathrm{d}y-[D_2\phi]\big|_{x_G}^{x_F} \\ &=\int_\Gamma \sigma_{ij}\varepsilon_{ij}\mathrm{d}y-D_iE_i\mathrm{d}y-[D_2\phi]\big|_{x_G}^{x_F} \end{aligned} \tag{9-105}$$

式中，F 和 G 分别为围线Γ 位于裂面上下表面的两端点。在式(9-105)的推导过程中，用到了压电平衡方程和裂面应力自由条件。将式(9-105)代入式(9-104)可以推得如下关系：

$$B=2J-[D_2\phi]\big|_{x_G}^{x_F} \tag{9-106}$$

显然，在绝缘裂纹假设下，裂面电荷自由条件总是导致 Bueckner 功共轭积分与 J 积分之间存在如下特定关系：B=2J，而且此关系与积分路径的选取无关。然而，当考虑导通裂纹模型时，裂面电荷自由条件不再成立，式(9-106)中等号右边第二项不为零，这将导致 Bueckner 功共轭积分与 J 积分之间的两倍关系并不总是满足，并依赖于路径的选取。只有当选取积分路径满足起点与终点在 x 坐标轴上具有相同横坐标时，即积分路径上起点 G 和终点 F 满足 $x_G = x_F$ 时，Bueckner 功共轭积分与 J 积分之间才会存在两倍关系，即 B=2J。在此特殊情况下，通过引入辅助场(式(9-103))，含导通裂纹压电功能材料中 Bueckner 功共轭积分才是 J 积分的两倍。尽管力学量和电学量在 J 积分中是耦合的，但仍旧可以选取适当路径，通过求解远离裂尖奇异场区的 Bueckner 功共轭积分来获得 J 积分。这也说明 J 积分在含导通裂纹压电功能材料中的本质还是 Bueckner 功共轭积分。换言之，Bueckner 功共轭积分是一个具有普遍代表性的守恒积分，在压电导通裂纹问题中同样具有重要的作用。

9.1.4　三维非线性多晶体中的材料构型力理论

铁电材料的非线性力电耦合行为由电静定和弹性方程控制。总应变和电位移(ε_{ij}, D_i)是线性可逆分量$(\varepsilon_{ij}^{\mathrm{L}}, D_i^{\mathrm{L}})$和非线性不可逆分量$(\varepsilon_{ij}^{\mathrm{R}}, D_i^{\mathrm{R}})$的总和：

$$\begin{cases}\varepsilon_{ij} = \varepsilon_{ij}^{\mathrm{L}} + \varepsilon_{ij}^{\mathrm{R}} \\ D_i = D_i^{\mathrm{L}} + P_i^{\mathrm{R}}\end{cases} \tag{9-107}$$

式中，$\varepsilon_{ij}^{\mathrm{R}}$ 和 P_i^{R} 分别为自发转换引起的剩余应变和极化。假设晶体中的应力 σ_{ij} 和电场强度 E_i 是均匀的。为了描述力电本构方程，总电焓密度的变化为

$$\mathrm{d}h = \underbrace{\sigma_{ij}\mathrm{d}\varepsilon_{ij}^{\mathrm{L}} - D_i^{\mathrm{L}}\mathrm{d}E_i}_{\mathrm{d}h_0} + \underbrace{\sigma_{ij}\mathrm{d}\varepsilon_{ij}^{\mathrm{R}} - P_i^{\mathrm{R}}\mathrm{d}E_i}_{\mathrm{d}h_{\mathrm{R}}} \tag{9-108}$$

式中，h_0 表示线性压电功能材料中描述电焓密度的经典线性部分；h_{R} 表示考虑残余应变和极化贡献的非线性部分。

以加载历程表示铁电材料中电焓密度 h 的表达式为

$$\begin{aligned}h &= \int_0^{\varepsilon_{ij},E_i}\left(\sigma_{ij}\mathrm{d}\varepsilon_{ij}^{\mathrm{L}} - D_i^{\mathrm{L}}\mathrm{d}E_i + \sigma_{ij}\mathrm{d}\varepsilon_{ij}^{\mathrm{R}} - P_i^{\mathrm{R}}\mathrm{d}E_i\right) \\ &= \frac{1}{2}\sigma_{ij}\varepsilon_{ij}^{\mathrm{L}} - \frac{1}{2}D_i^{\mathrm{L}}E_i + \int_0^{\varepsilon_{ij}^{\mathrm{R}}}\sigma_{ij}\mathrm{d}\varepsilon_{ij}^{\mathrm{R}} - \int_0^{E_i}P_i^{\mathrm{R}}\mathrm{d}E_i \\ &= \underbrace{\frac{1}{2}c_{ijkl}\varepsilon_{ij}^{\mathrm{L}}\varepsilon_{kl}^{\mathrm{L}} - e_{ikl}E_i\varepsilon_{kl}^{\mathrm{L}} - \frac{1}{2}\kappa_{ij}E_jE_i}_{h_0} + \underbrace{\int_0^{\varepsilon_{ij}^{\mathrm{R}}}\sigma_{ij}\mathrm{d}\varepsilon_{ij}^{\mathrm{R}} - \int_0^{E_i}P_i^{\mathrm{R}}\mathrm{d}E_i}_{h_{\mathrm{R}}}\end{aligned} \tag{9-109}$$

式中，c_{ijkl}、e_{ikl}和κ_{ij}分别是铁电材料的弹性常数、压电常数和介电常数。

结合式(9-107)和式(9-109)，铁电材料的基本线性本构方程描述如下：

$$\begin{cases} \sigma_{ij} = \dfrac{\partial h_0}{\partial \varepsilon_{ij}^{\mathrm{L}}} = c_{ijkl}\left(\varepsilon_{kl} - \varepsilon_{kl}^{\mathrm{R}}\right) - e_{kij}E_k \\ D_i^{\mathrm{L}} = D_i - P_i^{\mathrm{R}} = -\dfrac{\partial h_0}{\partial E_i} = e_{ikl}\left(\varepsilon_{kl} - \varepsilon_{kl}^{\mathrm{R}}\right) + \kappa_{ij}E_j \end{cases} \tag{9-110}$$

铁电材料中总电焓密度的变化为

$$\delta H = \int_V \left[\sigma_{ij}\delta\left(\varepsilon_{ij}^{\mathrm{L}} + \varepsilon_{ij}^{\mathrm{R}}\right) - \left(D_i^{\mathrm{L}} + P_i^{\mathrm{R}}\right)\delta E_i\right]\mathrm{d}V \tag{9-111}$$

由于虚位移和电势，总外部功的变化是由物体力 b_i、体积电荷 ω_V、表面 S_t上的牵引力 t_i和表面 S_ω上的表面电荷 ω_s引起的，即总外部功的变化表示为

$$\delta W = \int_V b_i\delta u_i\mathrm{d}V - \int_V \omega_V\delta\varphi\mathrm{d}V + \int_{S_t} t_i\delta u_i\mathrm{d}S - \int_V \omega_s\delta\varphi\mathrm{d}S \tag{9-112}$$

如虚位移和电势原理所述，外部机械载荷和电载荷以及体力所做的功 δW 必须等于铁电材料中电焓的变化，即

$$\delta W - \delta H = 0 \tag{9-113}$$

将式(9-111)和式(9-112)代入式(9-113)可得

$$\begin{aligned} &\int_V b_i\delta u_i\mathrm{d}V - \int_V \omega_V\delta\varphi\mathrm{d}V + \int_{S_t} t_i\delta u_i\mathrm{d}S - \int_V \omega_s\delta\varphi\mathrm{d}S \\ &-\int_V \left[\sigma_{ij}\delta\left(\varepsilon_{ij}^{\mathrm{L}} + \varepsilon_{ij}^{\mathrm{R}}\right) - \left(D_i^{\mathrm{L}} + P_i^{\mathrm{R}}\right)\delta E_i\right]\mathrm{d}V = 0 \end{aligned} \tag{9-114}$$

对于小应变，总应变张量 ε_{ij} 和电场矢量 E_i 由机械位移矢量 u_i 和电势 ϕ 获得

$$\varepsilon_{ij} = \frac{1}{2}(u_{i,j} + u_{j,i}), \quad E_i = -\phi_{,i} \tag{9-115}$$

将式(9-114)左边最后一项按部分积分可得

$$\begin{cases} \displaystyle\int_V \left[\sigma_{ij}\delta\left(\varepsilon_{ij}^{\mathrm{L}} + \varepsilon_{ij}^{\mathrm{R}}\right)\right]\mathrm{d}V = \int_S \sigma_{ij}n_j\delta u_i\mathrm{d}S - \int_V \sigma_{ij,j}\delta u_i\mathrm{d}V \\ \displaystyle\int_V \left(D_i^{\mathrm{L}} + P_i^{\mathrm{R}}\right)\delta E_i\mathrm{d}V = -\int_S \left(D_i^{\mathrm{L}} + P_i^{\mathrm{R}}\right)n_i\delta\varphi\mathrm{d}S + \int_V \left(D_{i,i}^{\mathrm{L}} + P_{i,i}^{\mathrm{R}}\right)\delta\varphi\mathrm{d}V \end{cases} \tag{9-116}$$

将式(9-116)代入式(9-114)得到：

$$\begin{aligned} &\int_V \left(\sigma_{ij,j} + b_i\right)\delta u_i\mathrm{d}V + \int_V \left(D_{i,i}^{\mathrm{L}} + P_{i,i}^{\mathrm{R}} - \omega_V\right)\delta\varphi\mathrm{d}V \\ &+\int_{S_t} \left(t_i - \sigma_{ij}n\right)\delta u_i\mathrm{d}S - \int_V \left[\omega_s + \left(D_i^{\mathrm{L}} + P_i^{\mathrm{R}}\right)n_i\right]\delta\varphi\mathrm{d}S = 0 \end{aligned} \tag{9-117}$$

借助式(9-117)，铁电材料体积 V 中机械动量和电荷的平衡方程为

$$\sigma_{ij,j}+b_i=0,\quad D_{i,i}^{\mathrm{L}}+P_{i,i}^{\mathrm{R}}-\omega_V=0 \tag{9-118}$$

在单元外法向 n_j 的表面 S_t 上，牵引力 t_i 与应力 σ_{ij} 有如下关系：

$$\sigma_{ij}n_j=t_i \tag{9-119}$$

在表面 S_ω 上，表面电荷 ω_s 满足如下关系：

$$D_i^{\mathrm{L}}n_i=-\omega_s-P_i^{\mathrm{R}}n_i \tag{9-120}$$

三维四方晶胞有六个极化方向和三个伸长方向，它们的极化矢量如图 9-8 所示。自发极化矢量 $\boldsymbol{P}^{\mathrm{sp}}$ 与六种域类型的应变张量 $\boldsymbol{\varepsilon}^{\mathrm{sp}}$ 分别根据微晶坐标(x, y, z)定义：

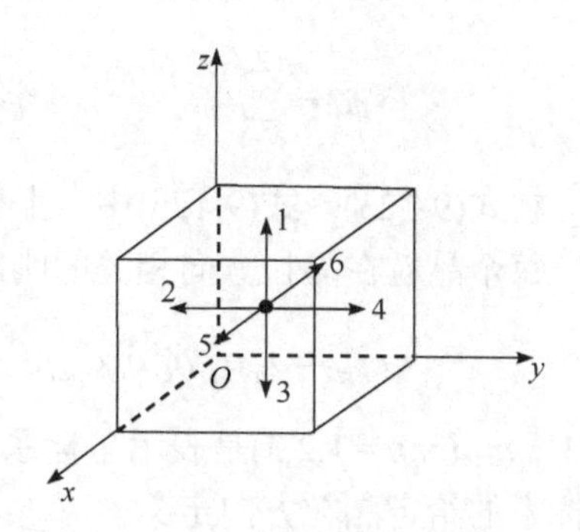

图 9-8　三维四方晶胞的极化矢量图

$$\begin{cases}\boldsymbol{P}^{\mathrm{sp}(1)}=-\boldsymbol{P}^{\mathrm{sp}(3)}=P_0(0,\ 0,\ 1)^{\mathrm{T}}\\ \boldsymbol{P}^{\mathrm{sp}(4)}=-\boldsymbol{P}^{\mathrm{sp}(2)}=P_0(0,\ 1,\ 0)^{\mathrm{T}}\\ \boldsymbol{P}^{\mathrm{sp}(5)}=-\boldsymbol{P}^{\mathrm{sp}(6)}=P_0(1,\ 0,\ 0)^{\mathrm{T}}\end{cases} \tag{9-121}$$

$$\begin{cases}\boldsymbol{\varepsilon}^{\mathrm{sp}(1)}=\boldsymbol{\varepsilon}^{\mathrm{sp}(3)}=\dfrac{S_0}{3}\begin{bmatrix}-1 & 0 & 0\\ 0 & -1 & 0\\ 0 & 0 & 2\end{bmatrix}\\ \boldsymbol{\varepsilon}^{\mathrm{sp}(4)}=\boldsymbol{\varepsilon}^{\mathrm{sp}(2)}=\dfrac{S_0}{3}\begin{bmatrix}-1 & 0 & 0\\ 0 & 2 & 0\\ 0 & 0 & -1\end{bmatrix}\\ \boldsymbol{\varepsilon}^{\mathrm{sp}(5)}=\boldsymbol{\varepsilon}^{\mathrm{sp}(6)}=\dfrac{S_0}{3}\begin{bmatrix}2 & 0 & 0\\ 0 & -1 & 0\\ 0 & 0 & -1\end{bmatrix}\end{cases} \tag{9-122}$$

式中，P_0 是一个单元的自发极化量；S_0 是四方晶胞中的单晶变形或晶格变形。

基于微观晶胞模型，假设每种畴的类型由体积分数 $\nu^{(N)}(N=1,2,3,4,5,6)$表示。因此，给定晶粒的应变和电位移，通过六个畴的体积平均值获得

$$\varepsilon_{ij}=\sum_{N=1}^{6}\varepsilon_{ij}^{(N)}\nu^{(N)},\quad \varepsilon_{ij}^{\mathrm{R}}=\sum_{N=1}^{6}\varepsilon_{ij}^{\mathrm{sp}(N)}\nu^{(N)},\quad \varepsilon_{ij}^{\mathrm{L}}=\sum_{N=1}^{6}\varepsilon_{ij}^{\mathrm{L}(N)}\nu^{(N)} \tag{9-123}$$

$$D_i = \sum_{N=1}^{6} D_i^{(N)} \nu^{(N)}, \quad P_i^{\mathrm{R}} = \sum_{N=1}^{6} P_i^{\mathrm{sp}(N)} \nu^{(N)}, \quad D_i^{\mathrm{L}} = \sum_{N=1}^{6} D_i^{\mathrm{L}(N)} \nu^{(N)} \tag{9-124}$$

因此，固定参考坐标系中给定晶粒的有效材料特性满足关系式：

$$c_{ijkl} = \sum_{N=1}^{6} c_{ijkl}^{(N)} \nu^{(N)}, \quad e_{ijk} = \sum_{N=1}^{6} e_{ijk}^{(N)} \nu^{(N)}, \quad \kappa_{ij} = \sum_{N=1}^{6} \kappa_{ij}^{(N)} \nu^{(N)} \tag{9-125}$$

在式(9-123)～式(9-125)中，上标(N)表示与特定第 N 个畴相关的物理量。因此，每个晶粒在晶粒方向相关的刚度张量 c_{ijkl}、e_{ijk} 和κ_{ij} 可表示为

$$c_{ijkl} = a_{ip}a_{jq}a_{kr}a_{ls}c_{pqrs}, \quad e_{ijk} = a_{ip}a_{jq}a_{kr}e_{pqr}, \quad \kappa_{ij} = a_{ip}a_{jq}\kappa_{pq} \tag{9-126}$$

式中，$a_{mn}(m,n=1,2,3)$是表示坐标系旋转的变换矩阵，该坐标系由相对于固定参考坐标系的给定晶粒方向定义。

铁电自发转换依赖于体内能量释放和畴内能量耗散之间的平衡。储存的可回收内能以力电响应进行可逆传递，在转换过程中，它与畴壁运动中耗散的能量一起，必须通过外加电场产生的能量进行平衡。需要能量供应来克服临界能量释放密度等障碍，以切换单个畴。

本小节提出一种能量方法来控制体积分数 $\mathrm{d}\nu^{(N)}$的变化，并描述体积分数 $\nu^{(N)}$ 的演化。铁电材料中力电耦合功密度的变化可用可恢复场和剩余量表示：

$$\mathrm{d}u = \sigma_{ij}\sum_{N=1}^{6}\mathrm{d}\left(\varepsilon_{ij}^{\mathrm{L}(N)}\nu^{(N)}\right) + E_i\sum_{N=1}^{6}\mathrm{d}\left(D_i^{\mathrm{L}(N)}\nu^{(N)}\right) + \sigma_{ij}\sum_{N=1}^{6}\Delta\varepsilon_{ij}^{\mathrm{sp}(N)}\mathrm{d}\nu^{(N)} + E_i\sum_{N=1}^{6}\Delta P_i^{\mathrm{sp}(N)}\mathrm{d}\nu^{(N)} \tag{9-127}$$

扩展式(9-127)右侧的前两项，并将其分为可回收储能部分$(\mathrm{d}u_0)$和耗散能部分$(\mathrm{d}u_{\mathrm{R}})$，给出：

$$\begin{aligned}\mathrm{d}u = &\sum_{N=1}^{6}\underbrace{\left(\sigma_{ij}\mathrm{d}\varepsilon_{ij}^{\mathrm{L}(N)} + E_i\mathrm{d}D_i^{\mathrm{L}(N)}\right)\nu^{(N)}}_{\mathrm{d}u_0^{(N)}} \\ &+ \sum_{N=1}^{6}\underbrace{\left(\sigma_{ij}\varepsilon_{ij}^{\mathrm{L}(N)} + \sigma_{ij}\Delta\varepsilon_{ij}^{\mathrm{sp}(N)} + E_iD_i^{\mathrm{L}(N)} + E_i\Delta P_i^{\mathrm{sp}(N)}\right)\mathrm{d}\nu^{(N)}}_{u_{\mathrm{R}}^{(N)}\mathrm{d}\nu^{(N)}}\end{aligned} \tag{9-128}$$

Hwang 等(1999)和 Kessler 等(2001)提出了一个简单的转换标准。也就是说，当耗散力和电的功超过临界阈值时，会发生畴转换：

$$u_{\mathrm{R}}^{(N)} \geqslant \omega^{\mathrm{crit}} \tag{9-129}$$

临界阈值ω^{crit}对于不同类型的畴转换具有不同的值：

$$\begin{cases} \omega_{90^\circ}^{\text{crit}} = E_{\text{c}} \left\| \boldsymbol{P}^{\text{sp}(2,4,5,6)} - \boldsymbol{P}^{\text{sp}(1)} \right\| = \sqrt{2} E_{\text{c}} P_0 \\ \omega_{180^\circ}^{\text{crit}} = E_{\text{c}} \left\| \boldsymbol{P}^{\text{sp}(3)} - \boldsymbol{P}^{\text{sp}(1)} \right\| = 2 E_{\text{c}} P_0 \end{cases} \tag{9-130}$$

式中，$\|\cdot\|$表示矢量的大小；E_{c}表示铁电材料的矫顽电场强度。

当达到式(9-129)时，相应畴结构变量的体积分数开始演变。体积分数 $\text{d}v^{(N)}$的增量取决于超出阈值的耗散功：

$$\text{d}v^{(N)} = \text{d}v_0 \frac{u_{\text{R}}^{(N)}}{\omega^{\text{crit}}} \tag{9-131}$$

式中，$\text{d}v_0$表示模型参数。

根据广义虚功原理式(9-117)，可以得到一个有限元算法，该表达式可在矩阵符号中表示为

$$\begin{aligned} &\int_{V^E} \left[-\{\delta\boldsymbol{\varepsilon}\}^{\text{T}} \left([\boldsymbol{c}]\{\boldsymbol{\varepsilon}\} - [\boldsymbol{e}]\{\boldsymbol{E}\} \right) + \{\delta\boldsymbol{E}\}^{\text{T}} \left([\boldsymbol{e}]^{\text{T}}\{\boldsymbol{\varepsilon}\} + [\boldsymbol{\kappa}]\{\boldsymbol{E}\} \right) \right] \text{d}V \\ &+ \int_{V^E} \{\delta\boldsymbol{\varepsilon}\}^{\text{T}} [\boldsymbol{c}] \{\boldsymbol{\varepsilon}^{\text{R}}\} \text{d}V + \int_{V^E} \{\delta\boldsymbol{E}\}^{\text{T}} \left(\{\boldsymbol{P}^{\text{R}}\} - [\boldsymbol{e}]\{\boldsymbol{\varepsilon}^{\text{R}}\} \right) \text{d}V \\ &+ \int_{V^E} \{\delta\boldsymbol{u}\}^{\text{T}} \{\boldsymbol{b}\} \text{d}V + \int_{S_t^E} \{\delta\boldsymbol{u}\}^{\text{T}} \{\boldsymbol{t}\} \text{d}S - \int_{S_\omega^E} \delta\phi \omega_s \text{d}S = 0 \end{aligned} \tag{9-132}$$

式中，$\{\cdot\}^{\text{T}}$ 表示转置矩阵。式(9-132)可采用有限元公式的常规方式进行离散，即机械位移和电势通过插值函数 Nu 和 N_ϕ以节点值表示。代数方程组产生的离散形式结果为

$$\begin{aligned} &\left[\boldsymbol{K}_{uu}\right]\{\boldsymbol{u}\} + \left[\boldsymbol{K}_{u\phi}\right]\{\phi\} = \{\boldsymbol{f}_b\} + \{\boldsymbol{f}_s\} + \{\boldsymbol{f}_e\} \\ &\left[\boldsymbol{K}_{\phi u}\right]\{\boldsymbol{u}\} + \left[\boldsymbol{K}_{\phi\phi}\right]\{\phi\} = \{\boldsymbol{q}_s\} + \{\boldsymbol{q}_e\} \end{aligned} \tag{9-133}$$

式中，$\{\boldsymbol{u}\}$和$\{\phi\}$分别是机械位移和电势的节点值。弹性刚度矩阵可表示为

$$\left[\boldsymbol{K}_{uu}\right] = \int_{V^E} \left[\boldsymbol{B}_u\right]^{\text{T}} [\boldsymbol{c}] \left[\boldsymbol{B}_u\right] \text{d}V \tag{9-134}$$

压电刚度矩阵可表示为

$$\left[\boldsymbol{K}_{u\phi}\right] = \left[\boldsymbol{K}_{\phi u}\right]^{\text{T}} = \int_{V^E} \left[\boldsymbol{B}_u\right]^{\text{T}} [\boldsymbol{e}] \left[\boldsymbol{B}_\phi\right] \text{d}V \tag{9-135}$$

介电刚度矩阵可表示为

$$\left[\boldsymbol{K}_{\phi\phi}\right] = -\int_{V^E} \left[\boldsymbol{B}_\phi\right]^{\text{T}} [\boldsymbol{\kappa}] \left[\boldsymbol{B}_\phi\right] \text{d}V \tag{9-136}$$

体力矢量可表示为

$$\{\boldsymbol{f}_b\} = \int_{V^E} \left[\boldsymbol{N}_u\right]^{\text{T}} \{\boldsymbol{b}\} \text{d}V \tag{9-137}$$

面力矢量可表示为

$$\{\boldsymbol{f}_s\}=\int_{S_t^E}\left[\boldsymbol{N}_u\right]^{\mathrm{T}}\{\boldsymbol{t}\}\mathrm{d}S \tag{9-138}$$

表面电荷矢量可表示为

$$\{\boldsymbol{q}_s\}=-\int_{S_\omega^E}\left[\boldsymbol{N}_\phi\right]^{\mathrm{T}}\boldsymbol{\omega}_s\mathrm{d}S \tag{9-139}$$

残余节点力可表示为

$$\{\boldsymbol{f}_e\}=\int_{V^E}\left[\boldsymbol{B}_u\right]^{\mathrm{T}}[\boldsymbol{c}]\left[\boldsymbol{\varepsilon}^{\mathrm{R}}\right]\mathrm{d}V=\sum_{N=1}^{6}\int_{V^E}\left[\boldsymbol{B}_u\right]^{\mathrm{T}}[\boldsymbol{c}]\left[\boldsymbol{\varepsilon}^{\mathrm{sp}(N)}\right]\nu^{(N)}\mathrm{d}V \tag{9-140}$$

剩余节点电荷量可表示为

$$\{\boldsymbol{q}_e\}=\int_{V^E}\left[\boldsymbol{B}_\phi\right]^{\mathrm{T}}\left([\boldsymbol{e}]\left[\boldsymbol{\varepsilon}^{\mathrm{R}}\right]-\left\{\boldsymbol{P}^{\mathrm{R}}\right\}\right)\mathrm{d}V=\sum_{N=1}^{6}\int_{V^E}\left[\boldsymbol{B}_\phi\right]^{\mathrm{T}}\left([\boldsymbol{e}]\left[\boldsymbol{\varepsilon}^{\mathrm{sp}(N)}\right]-\left\{\boldsymbol{P}^{\mathrm{sp}(N)}\right\}\right)\nu^{(N)}\mathrm{d}V \tag{9-141}$$

$\{\boldsymbol{f}_e\}$和$\{\boldsymbol{q}_e\}$与不可逆畴切换的畴体积分数 $\nu^{(N)}$有关。在式(9-134)～式(9-141)中，矩阵$[\boldsymbol{B}_u]$和$[\boldsymbol{B}_\phi]$给出了节点变量$\{\boldsymbol{u}\}$、$\{\boldsymbol{\phi}\}$与总应变、电场之间的微分关系。为了求解变量$\{\boldsymbol{u}\}$、$\{\boldsymbol{\phi}\}$和 $\nu^{(N)}$，必须在有限元数值程序中采用迭代法。

接下来定义铁电材料的构型系统，通过使用式(9-107)、式(9-108)和式(9-115)推导出材料构型力系统的平衡定律，即

$$\begin{aligned}&\dot{h}_0-\sigma_{ij}\dot{\varepsilon}_{ij}+\sigma_{ij}\dot{\varepsilon}_{ij}^{\mathrm{R}}+D_i\dot{E}_i-P_i^{\mathrm{R}}\dot{E}_i\\=&\dot{h}_0-(\sigma_{ij}u_{i,j})^{\cdot}+\dot{\sigma}_{ij}u_{i,j}+(\sigma_{ij}\varepsilon_{ij}^{\mathrm{R}})^{\cdot}-\dot{\sigma}_{ij}\varepsilon_{ij}^{\mathrm{R}}-(D_i\phi_{,i})^{\cdot}+\dot{D}_i\phi_{,i}+(P_i^{\mathrm{R}}\phi_{,i})^{\cdot}-\dot{P}_i^{\mathrm{R}}\phi_{,i}=0\end{aligned} \tag{9-142}$$

式中，物理量上的点表示关于时间的差异，$\dot{(\bullet)}=(\mathrm{d}/\mathrm{d}t)(\bullet)$。关于坐标分量 x_k 的微分为

$$\begin{aligned}&\dot{h}_{0,k}-(\sigma_{ij}u_{i,j})_{,k}^{\cdot}+(\dot{\sigma}_{ij}u_{i,j})_{,k}+(\sigma_{ij}\varepsilon_{ij}^{\mathrm{R}})_{,k}^{\cdot}-(\dot{\sigma}_{ij}\varepsilon_{ij}^{\mathrm{R}})_{,k}-(D_i\phi_{,i})_{,k}^{\cdot}+(\dot{D}_i\phi_{,i})_{,k}+(P_i^{\mathrm{R}}\phi_{,i})_{,k}^{\cdot}\\&-(\dot{P}_i^{\mathrm{R}}\phi_{,i})_{,k}=\dot{h}_{0,j}\delta_{kj}-(\sigma_{ij}u_{i,k})_{,j}^{\cdot}-(\sigma_{ij,k}u_{i,j})^{\cdot}+(\sigma_{ij,j}u_{i,k})^{\cdot}+(\dot{\sigma}_{ij}u_{i,j})_{,k}+(\sigma_{ij}\varepsilon_{ik}^{\mathrm{R}})_{,j}^{\cdot}\\&+(\sigma_{ij,k}\varepsilon_{ij}^{\mathrm{R}})^{\cdot}-(\sigma_{ij,j}\varepsilon_{ik}^{\mathrm{R}})^{\cdot}-(\dot{\sigma}_{ij}\varepsilon_{ij}^{\mathrm{R}})_{,k}-(D_j\phi_{,k})_{,j}^{\cdot}-(D_{j,k}\phi_{,j})^{\cdot}+(D_{j,j}\phi_{,k})^{\cdot}+(\dot{D}_j\phi_{,j})_{,k}\\&+(P_j^{\mathrm{R}}\phi_{,k})_{,j}^{\cdot}+(P_{j,k}^{\mathrm{R}}\phi_{,j})^{\cdot}-(P_{j,j}^{\mathrm{R}}\phi_{,k})^{\cdot}-(\dot{P}_j^{\mathrm{R}}\phi_{,j})_{,k}=0\end{aligned} \tag{9-143}$$

关于时间的积分与平衡条件由式(9-144)给出：

$$h_{0,j}\delta_{kj}-(\sigma_{ij}u_{i,k})_{,j}-(D_j\phi_{,k})_{,j}+\left(\sigma_{ij}\varepsilon_{ik}^{\mathrm{R}}\right)_{,j}+\left(P_j^{\mathrm{R}}\phi_{,k}\right)_{,j}-b_iu_{i,k}+b_i\varepsilon_{ik}^{\mathrm{R}}+\omega_V\phi_{,k}$$
$$-P_{j,j}^{\mathrm{R}}\phi_{,k}+\int_0^t\left[\left(\dot{\sigma}_{ij}\varepsilon_{ij}^{\mathrm{L}}\right)_{,k}-\left(\sigma_{ij,k}\varepsilon_{ij}^{\mathrm{L}}\right)^{\cdot}\right]\mathrm{d}\tau+\int_0^t\left[\left(\dot{D}_j^{\mathrm{L}}\phi_{,j}\right)_{,k}-\left(D_{j,k}^{\mathrm{L}}\phi_{,j}\right)^{\cdot}\right]\mathrm{d}\tau=0 \tag{9-144}$$

根据 Eshelby(1951)和 Pak(1990)提出的静态弹性连续体理论，铁电材料中的广义材料构型应力张量或能量动量张量定义为

$$\Sigma_{kj}=h_0\delta_{kj}-\sigma_{ij}u_{i,k}-D_j\phi_{,k} \tag{9-145}$$

通过式(9-145)，式(9-144)可改写为

$$\Sigma_{kj,j}+(\sigma_{ij}\varepsilon_{ik}^{\mathrm{R}})_{,j}+(P_j^{\mathrm{R}}\phi_{,k})_{,j}-b_iu_{i,k}+b_i\varepsilon_{ik}^{\mathrm{R}}+\omega_V\phi_{,k}+\sigma_{ij}\varepsilon_{ij,k}^{\mathrm{L}}+D_j^{\mathrm{L}}\phi_{,kj}$$
$$-P_{j,j}^{\mathrm{R}}\phi_{,k}-\int_0^t\underbrace{\left(\sigma_{ij}\dot{\varepsilon}_{ij,k}^{\mathrm{L}}+\sigma_{ij,k}\dot{\varepsilon}_{ij}^{\mathrm{L}}\right)}_{(\sigma_{ij}\dot{\varepsilon}_{ij}^{\mathrm{L}})_{,k}}\mathrm{d}\tau-\int_0^t\underbrace{\left(D_j^{\mathrm{L}}\dot{\phi}_{,jk}+D_{j,k}^{\mathrm{L}}\dot{\phi}_{,j}\right)}_{(D_j^{\mathrm{L}}\dot{\phi}_{,j})_{,k}}\mathrm{d}\tau=0 \tag{9-146}$$

值得注意的是，式(9-146)中的积分项是 $\dot{h}_{0,k}$，一种材料构型力平衡定律以下列形式提出：

$$\Sigma_{kj,j}+g_k=0 \tag{9-147}$$

式中，材料构型力 g_k 定义如下：

$$g_k=\sigma_{ij}\varepsilon_{ij,k}^{\mathrm{R}}+P_j^{\mathrm{R}}\phi_{,jk}-b_iu_{i,k}+\omega_V\phi_{,k}+\sigma_{ij}\varepsilon_{ij,k}^{\mathrm{L}}+D_j^{\mathrm{L}}\phi_{,kj}-h_{0,k} \tag{9-148}$$

因此，材料构型力系统满足与物理力系统(式(9-118))类似的平衡条件。

在非线性铁电材料中，作为状态势的电焓密度 h_0 与空间坐标 x_k 有关，表达式为

$$h_{0,k}=\frac{\partial h_0}{\partial\varepsilon_{ij}^{\mathrm{L}}}\frac{\partial\varepsilon_{ij}^{\mathrm{L}}}{\partial x_k}+\frac{\partial h_0}{\partial E_i}\frac{\partial E_i}{\partial x_k}+\left(\frac{\partial h_0}{\partial x_k}\right)_{\mathrm{expl.}}=\sigma_{ij}\varepsilon_{ij,k}^{\mathrm{L}}+D_j^{\mathrm{L}}\phi_{,kj}+\left(\frac{\partial h_0}{\partial x_k}\right)_{\mathrm{expl.}} \tag{9-149}$$

式中，$\left(\partial h_0/\partial x_k\right)_{\mathrm{expl.}}$ 表示 h_0 对 x_k 的显式关系。将式(9-149)代入式(9-148)可得

$$g_k=\sigma_{ij}\varepsilon_{ij}^{\mathrm{R}}{}_{,k}+P_j^{\mathrm{R}}\phi_{,jk}-b_iu_{i,k}+\omega_V\phi_{,k}-\left(\frac{\partial h_0}{\partial x_k}\right)_{\mathrm{expl.}} \tag{9-150}$$

如果铁电材料中没有不连续性，并且没有体力和体积电荷，则

$$g_k=\sigma_{ij}\varepsilon_{ij,k}^{\mathrm{R}}+P_j^{\mathrm{R}}\phi_{,jk} \tag{9-151}$$

这意味着在现有微观力学模型的基础上，铁电材料中自发转换引起的残余应变和极化对材料构型力有重要贡献。这与传统的线性铁电模型相反，在该模型中，材料构型力的源项随着缺陷/裂纹的消失而消失。

Pak(1990)和 Suo 等(1992)最初提出的力电 J_k 积分的表达式为

$$\tilde{J}_k = \int_{\Gamma} (h_0 \delta_{kj} - \sigma_{ij} u_{i,k} - D_j \phi_{,k}) n_j \mathrm{d}s \tag{9-152}$$

Γ上的等值积分(或 3D 中的曲面 S)可以通过使用逆散度定理转换为闭合体积 V 上的关联积分。通过使用式(9-145)，可以得到：

$$\tilde{J}_k = \int_V \Sigma_{kj,j} \mathrm{d}V \tag{9-153}$$

通过在区域 V 上积分式(9-147)，可以通过以下公式获得 J 积分和材料构型力之间的相关性：

$$\tilde{J}_k = -\int_V g_k \mathrm{d}V \tag{9-154}$$

式中，$\tilde{J}_k$ 表示该区域内所有材料构型力的总和，其来源于所涉及的不连续源(如畴转换行为)。对于线性压电均质材料，没有构型来源，即 $g_k \equiv 0$，也就可以得到 $\tilde{J}_k \equiv 0$。然而，对于包含畴或材料异质性的区域，必须考虑材料构型力对 $\tilde{J}_k$ 积分的贡献。

材料构型力可以通过有限元后处理程序进行数值计算。基于 Mueller 和 Maugin(2002)的离散技术，将平衡定律式(9-147)与向量测试函数 η_i 相乘，并在体积 V 上积分，得出弱形式：

$$\int_{V_0} (\Sigma_{ij,j} + g_i) \eta_i \mathrm{d}V = 0 \tag{9-155}$$

对式(9-155)进行分部积分可得

$$\int_{A_0} \Sigma_{ij} n_j \eta_i \mathrm{d}A - \int_{V_0} \Sigma_{ij} \eta_{i,j} \mathrm{d}V + \int_{V_0} g_i \eta_i \mathrm{d}V = 0 \tag{9-156}$$

假设不改变其(材料/参考)位置的固定边界始终保持不变，则测试函数在边界表面 A_0 上消失。在有限元方法中，测试函数 η 及其梯度 $\eta_{i,j}$ 通常在每个单元中由节点值 $\eta^{(I)}$和形状函数 $N^{(I)}$近似：

$$\begin{cases} \eta_i = \sum\limits_I N^{(I)} \eta_i^{(I)} \\ \eta_{i,j} = \sum\limits_I N_{,j}^{(I)} \eta_i^{(I)} \end{cases} \tag{9-157}$$

将式(9-157)代入式(9-156)并对给出的每个有限元的体积 Ω_e 进行积分可得

$$\sum_I \eta_i^{(I)} \int_{\Omega_e} \left(N^{(I)} g_i - \Sigma_{ij} N_{,j}^{(I)} \right) \mathrm{d}V = 0 \tag{9-158}$$

由上述离散化边值问题可推导出以下特征方程，因为积分项为任意值，所以

$\eta_i^{(I)}$ 必须消掉，这将在每个待测节点(I)处引入离散材料构型力：

$$G_i^{(I)} = \int_{\Omega_e} N^{(I)} g_i \mathrm{d}V = \int_{\Omega_e} \Sigma_{ij} N_{,j}^{(I)} \mathrm{d}V \tag{9-159}$$

在求解标准量(如节点位移、电势、应力、电位移等)后，可以在每个积分点上使用式(9-145)轻松获得$\Sigma_{ij}N_{,j}^{(I)}$项。式(9-159)的积分值可通过标准高斯积分方法得到。

最后，每个特定节点 K 上的总材料构型力 $G_i^{(K)}$必须通过节点 K 附近所有单元进行组合：

$$G_i^{(K)} = \bigcup_{\mathrm{el}=1}^{n_{\mathrm{el}}} G_i^{(I)} \tag{9-160}$$

9.2　挠曲电材料中的材料构型力理论及应用

具有机电耦合效应的挠曲电材料具有脆性大、断裂韧性低的特点，基于高挠曲电效应设计的复合材料内部又常包含几何缺陷、层合界面和晶界畴壁等，这二者使得挠曲电材料的断裂强度研究十分必要。材料构型力理论在描述挠曲电含缺陷材料的破坏行为方面具有得天独厚的优势，可以作为一个独立的体系来描述传统经典力学无法解决的问题。从连续介质力学理论角度，挠曲电连续介质理论是在应变梯度弹性理论的基础上加入了挠曲电效应，因此，考虑挠曲电效应的裂纹解与应变梯度弹性理论下的裂纹解息息相关。

理论求解挠曲电效应作用下裂尖解析解的难点：考虑挠曲电效应时，固体电介质的控制方程中含有位移的四阶偏导数，高阶偏微分方程的出现使得能用解析方法求解的裂纹问题是十分有限的。基于偶应力理论，仅考虑应变梯度弹性效应时裂尖应力场具有 $r^{-3/2}$ 奇异性，高于经典应力场的奇异性，其主导区在距裂尖几个材料长度尺寸参数范围内(Huang et al., 1999；Zhang et al., 1998)。此外，关于应变梯度弹性理论下的裂尖解还表明：应变梯度效应的存在会增加宏观材料的刚度，导致裂面位移减小；与经典的 J 积分值相比，应变梯度效应的存在会减小 J 积分值；应变梯度效应起着增韧作用，减小裂纹扩展驱动力(Gourgiotis et al.,2009；Georgiadis，2003)。相关研究结果还表明，裂尖能量释放率会随着应变梯度效应的增强而减小(Aravas et al., 2009)。关于挠曲电效应作用下的裂纹解的研究则很少。

本节在连续介质力学理论基础上加入应变梯度效应和极化梯度效应，将经典的材料构型力理论扩展到挠曲电材料的断裂强度问题研究中，完善挠曲电材料的材料构型力理论，包括 J 积分及其材料构型力、M 积分及其材料构型力，并得到了Ⅲ型裂纹裂尖渐近场，研究了挠曲电效应对裂尖断裂性能的影响。

9.2.1 挠曲电材料中的材料构型力概念

材料构型力理论已成功应用于铁电多晶材料的断裂问题研究(Xu et al., 2009；Li and Kuna，2012a；Pan et al., 2017)。在此基础上，本小节在挠曲电材料电焓密度函数中引入应变梯度效应和极化梯度效应，建立了挠曲电材料的材料构型力理论(J积分及M积分)。

本小节针对中心对称电介质，基于虚功原理推导挠曲电体的平衡方程和边界条件。从材料构型力理论出发，定义挠曲电材料中的拉格朗日密度函数，通过对拉格朗日密度函数进行梯度操作和散度操作，构建挠曲电材料的构型力学理论，得到挠曲电体中的J积分和M积分，以及其对应的挠曲电材料构型力。本小节构建的挠曲电材料构型力理论可以对挠曲电体中的缺陷和损伤进行表征和评估。

对于中心对称电介质，考虑正挠曲电效应、逆挠曲电效应和应变梯度弹性，内能密度函数U的表达式为(Sharma et al., 2007；Maranganti et al., 2006)

$$U = \frac{1}{2}a_{ij}p_i p_j + \frac{1}{2}b_{ijkl}p_{i,j}p_{k,l} + \frac{1}{2}c_{ijkl}\varepsilon_{ij}\varepsilon_{kl} + d_{ijkl}p_{i,j}\varepsilon_{kl} + f_{ijkl}p_i\varepsilon_{jk,l} + \frac{1}{2}g_{ijklmn}\varepsilon_{ij,k}\varepsilon_{lm,n} \tag{9-161}$$

式中，a_{ij}、b_{ijkl}、c_{ijkl}、d_{ijkl}、f_{ijkl}和g_{ijklmn}为材料性能张量，a_{ij}为二阶电介质极化率张量，b_{ijkl}为极化梯度的二次项常数张量，c_{ijkl}为四阶弹性常数张量，d_{ijkl}为逆挠曲电常数张量，f_{ijkl}为正挠曲电常数张量，g_{ijklmn}为与应变梯度弹性相关的常数张量；p_i为电极化矢量；逗号表示微分；ε_{ij}为应变张量。本小节研究的挠曲电材料均为脆性电介质，如PZT-5H，因此采用小变形下的几何关系：

$$\varepsilon_{ij} = \frac{1}{2}\left(u_{i,j} + u_{j,i}\right) \tag{9-162}$$

式中，u_i为位移矢量，微元体发生的微转动不在本小节的考虑范围内。

Toupin把经典压电理论中的电焓密度函数H分成内能密度函数U及其剩余，将此方法推广到挠曲电理论，则挠曲电材料的电焓密度函数可以表示为

$$H = U(\varepsilon_{ij}, \varepsilon_{ij,k}, p_i, p_{i,j}) - \frac{1}{2}\varepsilon_0\varphi_{,i}\varphi_{,i} + \varphi_{,i}p_i \tag{9-163}$$

式中，ε_0为真空中的介电常数；φ为麦克斯韦(Maxwell)电势，定义为

$$E_i^{\mathrm{MS}} = -\varphi_{,i} \tag{9-164}$$

挠曲电材料的本构方程为

$$\sigma_{ij} = \frac{\partial U}{\partial \varepsilon_{ij}} = c_{ijkl}\varepsilon_{kl} + d_{klij}p_{k,l} \tag{9-165}$$

$$\sigma_{ijk}=\frac{\partial U}{\partial \varepsilon_{ij,k}}=f_{lijk}p_l+g_{ijklmn}\varepsilon_{lm,n} \tag{9-166}$$

$$E_i=\frac{\partial U}{\partial p_i}=a_{ij}p_j+f_{ijkl}\varepsilon_{jk,l} \tag{9-167}$$

$$E_{ij}=\frac{\partial U}{\partial p_{i,j}}=b_{ijkl}p_{k,l}+d_{ijkl}\varepsilon_{kl} \tag{9-168}$$

式中，σ_{ij}是二阶对称应力张量；σ_{ijk}是高阶应力张量；E_i是有效局部电场强度矢量，E_{ij}是高阶局部电场强度张量。

利用式(9-165)～式(9-168)，内能密度函数可以简化为如下表达式：

$$U=\frac{1}{2}\sigma_{ij}\varepsilon_{ij}+\frac{1}{2}\sigma_{ijk}\varepsilon_{ij,k}+\frac{1}{2}E_ip_i+\frac{1}{2}E_{ij}p_{i,j} \tag{9-169}$$

在电介质的变分运算中应该同时考虑电介质和其环境(Toupin, 1962; Mindlin, 1968)，假设电介质材料所占体积为 V，边界表面 S 将电介质体 V 从外部真空 V'分开，由虚功原理可得

$$\delta\int_{V^*}H\mathrm{d}V-\delta W=0 \tag{9-170}$$

式中，$V^*=V+V'$。

对于互相独立的变量 ε_{ij}、$\varepsilon_{ij,k}$、p_i、$p_{i,j}$ 和 $\varphi_{,i}$，电焓密度函数 H 有如下变分形式：

$$\delta H=\sigma_{ij}\delta\varepsilon_{ij}+\sigma_{ijk}\delta\varepsilon_{ij,k}+E_i\delta p_i+E_{ij}\delta p_{i,j}-\varepsilon_0\varphi_{,i}\delta\varphi_{,i}+\varphi_{,i}\delta p_i+p_i\delta\varphi_{,i} \tag{9-171}$$

总的虚功为

$$\delta W=\int_V(f_i\delta u_i+E_i^0\delta p_i)\mathrm{d}V+\int_{S_t}\overline{t}_i\delta u_i\mathrm{d}S+\int_{S_r}\overline{r}_i\delta v_i\mathrm{d}S+\int_{S_\omega}\overline{\omega}\delta\varphi\mathrm{d}S+\int_{S_q}\overline{q}_i\delta p_i\mathrm{d}S \tag{9-172}$$

式中，f_i 和 E_i^0 分别为体力和体电场强度；$\overline{t}_i$ 和 $\overline{r}_i$ 分别为表面牵引力和高阶法向牵引力；$\overline{\omega}$ 和 $\overline{q}_i$ 分别为表面电荷和高阶法向电场力。

将式(9-171)、式(9-172)代入式(9-170)，可得

$$\begin{aligned}&\int_V\left(\sigma_{ij}\delta\varepsilon_{ij}+\sigma_{ijk}\delta\varepsilon_{ij,k}+E_i\delta p_i+E_{ij}\delta p_{i,j}-\varepsilon_0\varphi_{,i}\delta\varphi_{,i}+\varphi_{,i}\delta p_i+p_i\delta\varphi_{,i}\right)\mathrm{d}V\\&=\int_V(f_i\delta u_i+E_i^0\delta p_i)\mathrm{d}V+\int_{S_t}\overline{t}_i\delta u_i\mathrm{d}S+\int_{S_r}\overline{r}_i\delta v_i\mathrm{d}S+\int_{S_\omega}\overline{\omega}\delta\varphi\mathrm{d}S+\int_{S_q}\overline{q}_i\delta p_i\mathrm{d}S\end{aligned} \tag{9-173}$$

对式(9-173)等号左边运用高斯散度定理，则有

$$\begin{aligned}&\int_V\left\{\left(\sigma_{ijk,kj}-\sigma_{ij,j}-f_i\right)\delta u_i+\left(E_i+\varphi_{,i}-E_{ij,j}-E_i^0\right)\delta p_i+\left(p_{i,i}-\varepsilon_0\varphi_{,ii}\right)\delta\varphi\right\}\mathrm{d}V\\&+\int_S\left\{\left(\sigma_{ij}n_j-\sigma_{ijk,k}n_j\right)\delta u_i+\sigma_{ijk}n_k\delta u_{i,j}+E_{ij}n_j\delta p_i+\left(p_in_i-\varepsilon_0\varphi_{,i}n_i\right)\delta\varphi\right\}\mathrm{d}S\end{aligned}$$

$$=\int_{S_t}\overline{t}_i\delta u_i\mathrm{d}S+\int_{S_r}\overline{r}_i\delta v_i\mathrm{d}S+\int_{S_\omega}\overline{\omega}\delta\varphi\mathrm{d}S+\int_{S_q}\overline{q}_i\delta p_i\mathrm{d}S \tag{9-174}$$

式中，虚位移的梯度 $\delta u_{i,j}$ 可以分成切向梯度 $D_j\delta u_i$ 和法向梯度 $n_jD\delta u_i$，即

$$\delta u_{i,j}=D_j\delta u_i+n_jD\delta u_i \tag{9-175}$$

将式(9-175)代入式(9-174)中虚位移梯度的相关项，可得

$$\sigma_{ijk}n_k\delta u_{i,j}=\sigma_{ijk}n_kD_j\left(\delta u_i\right)+\sigma_{ijk}n_kn_jD\left(\delta u_i\right) \tag{9-176}$$

式中，$D_j=\partial_j-n_jn_k\partial_k$；$D=n_k\partial_k$，$\partial_k$ 表示对坐标 x_k 的偏导数。

式(9-176)等号右边第一项可继续进行如下分解：

$$\sigma_{ijk}n_kD_j\left(\delta u_i\right)=D_j\left(\sigma_{ijk}n_k\delta u_i\right)-D_j\left(n_k\right)\sigma_{ijk}\delta u_i-n_kD_j\left(\sigma_{ijk}\right)\delta u_i \tag{9-177}$$

进一步地，式(9-177)等号右边第一项可以表示为

$$D_j\left(\sigma_{ijk}n_k\delta u_i\right)=\left(D_ln_l\right)n_jn_k\sigma_{ijk}+n_qe_{qpm}\partial_p\left(e_{mlj}n_ln_k\sigma_{ijk}\delta u_i\right) \tag{9-178}$$

式中，e_{mlj} 为置换张量。根据斯托克斯(Stokes)定理可得：式(9-178)等号右边第二项沿光滑表面积分值为 0。

将式(9-176)～式(9-178)代入式(9-174)，可得如下等式：

$$\begin{aligned}&\int_V\Big[\left(\sigma_{ijk,kj}-\sigma_{ij,j}-f_i\right)\delta u_i+\left(E_i+\varphi_{,i}-E_{ij,j}-E_i^0\right)\delta p_i+\left(p_{i,i}-\varepsilon_0\varphi_{,ii}\right)\delta\varphi\Big]\mathrm{d}V\\&+\int_S\Big[\left(\sigma_{ij}n_j-\sigma_{ijk,k}n_j\right)\delta u_i+\left(D_ln_l\right)n_jn_k\sigma_{ijk}-D_j\left(n_k\sigma_{ijk}\right)\delta u_i+\sigma_{ijk}n_kn_jD\left(\delta u_i\right)\Big]\mathrm{d}S\\&+\int_S\Big[E_{ij}n_j\delta p_i+\left(p_in_i-\varepsilon_0\varphi_{,i}n_i\right)\delta\varphi\Big]\mathrm{d}S\\&=\int_{S_t}\overline{t}_i\delta u_i\mathrm{d}S+\int_{S_r}\overline{r}_i\delta v_i\mathrm{d}S+\int_{S_w}\overline{w}\delta\varphi\mathrm{d}S+\int_{S_q}\overline{q}_i\delta p_i\mathrm{d}S\end{aligned} \tag{9-179}$$

由式(9-179)可得，考虑应变梯度效应和极化梯度效应的平衡方程为

$$\sigma_{ijk,kj}-\sigma_{ij,j}-f_i=0 \tag{9-180}$$

$$E_i+\varphi_{,i}-E_{ij,j}-E_i^0=0 \tag{9-181}$$

$$p_{i,i}-\xi_0\varphi_{,ii}=0 \tag{9-182}$$

挠曲电材料对应的边界条件如下所述。

(1) 牵引力或者位移边界条件：

$$\sigma_{ij}n_j-\sigma_{ijk,k}n_j-D_j(\sigma_{ijk}n_k)+(D_ln_l)n_jn_k\sigma_{ijk}=\overline{t}_i\ \text{on}\ S_t\ \text{或}\ u_i=\overline{u}_i\ \text{on}\ S_u \tag{9-183}$$

(2) 高阶牵引力或者位移法向梯度边界条件：

$$n_j n_k \sigma_{ijk} = \bar{r}_i \ \text{ on } S_r \ \text{或} \ u_{i,k} n_k = \bar{v}_i \ \text{ on } S_v \tag{9-184}$$

(3) 表面电荷或者电势边界条件：

$$(\varepsilon_0 \varphi_{,i} - p_i) n_i = -\bar{\omega} \ \text{ on } S_\omega \ \text{或} \ \varphi = \bar{\varphi} \ \text{ on } S_\varphi \tag{9-185}$$

(4) 高阶电场强度或者电极化边界条件：

$$E_{ij} n_j = \bar{q}_i \ \text{ on } S_q \ \text{或} \ p_i = \bar{p}_i \ \text{ on } S_p \tag{9-186}$$

式(9-183)～式(9-186)中，S 为挠曲电体的边界；n_j 为边界的外法线方向单位向量；$\bar{t}_i$ 为表面牵引力；$\bar{u}_i$ 为表面位移约束；$\bar{r}_i$ 为高阶法向牵引力；$\bar{v}_i$ 为表面位移的法向梯度约束；$\bar{\omega}$ 为表面电荷；$\bar{\varphi}$ 为表面电势约束；$\bar{q}_i$ 为高阶法向电场力；$\bar{p}_i$ 为表面电极化约束。式(9-183)～式(9-186)中的边界条件满足如下条件：$S_t \cup S_u = S_r \cup S_v = S_\omega \cup S_\varphi = S_q \cup S_p = S$ 且 $S_t \cap S_u = S_r \cap S_v = S_\omega \cap S_\varphi = S_q \cap S_p$。

本小节基于连续介质力学理论，在电焓密度函数中加入了应变梯度效应和极化梯度效应，建立了挠曲电的变分原理，进而推导出挠曲电体的本构关系、平衡方程及其边界条件。上述挠曲电材料的控制方程为接下来挠曲电材料的构型力理论的建立提供了基础。

接下来从材料构型力理论出发，进行挠曲电材料 J_k 积分的推导。首先将拉格朗日密度函数 Λ 定义为挠曲电材料电焓密度函数 H 的负值，其中电焓密度函数 H 为坐标 x_i、应变 ε_{kj}、应变梯度 $\varepsilon_{kj,l}$、电极化 p_j、极化梯度 $p_{k,j}$ 和电势梯度 $\varphi_{,j}$ 的函数：

$$\Lambda = -H(x_i, \varepsilon_{kj}, \varepsilon_{kj,l}, p_j, p_{k,j}, \varphi_{,j}) \tag{9-187}$$

与挠曲电材料 J_k 积分相对应的材料构型应力张量和材料构型力可以通过对拉格朗日密度函数 Λ 在材料空间进行梯度运算获得

$$\nabla(\Lambda) = -\left(\frac{\partial H}{\partial x_i}\right)_{\text{expl.}} - \frac{\partial H}{\partial \varepsilon_{kj}} \varepsilon_{kj,i} - \frac{\partial H}{\partial \varepsilon_{kj,l}} \varepsilon_{kj,li} - \frac{\partial H}{\partial p_j} p_{j,i} - \frac{\partial H}{\partial p_{k,j}} p_{k,ji} - \frac{\partial H}{\partial \varphi_{,j}} \varphi_{,ji} \tag{9-188}$$

式中，$(\partial H / \partial x_i)_{\text{expl.}}$ 表示 H 对坐标 x_i 的显式求导。

将式(9-162)所示几何关系和式(9-165)～式(9-168)所示本构方程代入式(9-188)可得

$$(H)_{,i} = \left(\frac{\partial H}{\partial x_i}\right)_{\text{expl.}} + \sigma_{kj} u_{k,ji} + \sigma_{kjl} u_{k,jli} + (E_j + \varphi_{,j}) p_{j,i} + E_{kj} p_{k,ji} + (p_j - \varepsilon_0 \varphi_{,j}) \varphi_{,ji} \tag{9-189}$$

基于链式求导法则，式(9-189)等号右边的相关项可以分解为

$$\sigma_{kj}u_{k,ji}=(\sigma_{kj}u_{k,i})_{,j}-\sigma_{kj,j}u_{k,i} \tag{9-190}$$

$$\sigma_{kjl}u_{k,jli}=(\sigma_{kjl}u_{k,li})_{,j}-\sigma_{kjl,j}u_{k,li} \tag{9-191}$$

$$E_{kj}p_{k,ji}=(E_{kj}p_{k,i})_{,j}-E_{kj,j}p_{k,i} \tag{9-192}$$

$$p_j\varphi_{,ji}=(p_j\varphi_{,i})_{,j}-p_{j,j}\varphi_{,i} \tag{9-193}$$

$$\varepsilon_0\varphi_{,j}\varphi_{,ji}=(\varepsilon_0\varphi_{,j}\varphi_{,i})_{,j}-\varepsilon_0\varphi_{,jj}\varphi_{,i} \tag{9-194}$$

将式(9-190)～式(9-194)代入式(9-189)，则可得

$$\begin{aligned}(H)_{,i}=&\left(\frac{\partial H}{\partial x_i}\right)_{\text{expl.}}+(\sigma_{kj}u_{k,i})_{,j}+(\sigma_{kjl}u_{k,li})_{,j}+(E_{kj}p_{k,i})_{,j}+(p_j\varphi_{,i})_{,j}-(\varepsilon_0\varphi_{,j}\varphi_{,i})_{,j}\\&\underbrace{-\sigma_{kj,j}u_{k,i}-\sigma_{kjl,j}u_{k,li}}_{\text{I}}+\underbrace{E_jp_{j,i}+\varphi_{,j}p_{j,i}-E_{kj,j}p_{k,i}}_{\text{II}}\underbrace{-p_{j,j}\varphi_{,i}+\varepsilon_0\varphi_{,jj}\varphi_{,i}}_{\text{III}}\end{aligned} \tag{9-195}$$

忽略体力和体电荷，并应用式(9-180)～式(9-182)所示平衡方程，式(9-195)中的最后三项可以化解为如下形式。

第Ⅰ项：

$$-\sigma_{kj,j}u_{k,i}-\sigma_{kjl,j}u_{k,li}=(-\sigma_{kj,j}+\sigma_{kjl,jl})u_{k,i}-(\sigma_{kjl,j}u_{k,i})_{,l}=-(\sigma_{kjl,j}u_{k,i})_{,l} \tag{9-196}$$

第Ⅱ项：

$$E_jp_{j,i}+\varphi_{,j}p_{j,i}-E_{kj,j}p_{k,i}=(E_j+\varphi_{,j}-E_{jk,k})p_{j,i}=0 \tag{9-197}$$

第Ⅲ项：

$$-p_{j,j}\varphi_{,i}+\varepsilon_0\varphi_{,jj}\varphi_{,i}=(-p_{j,j}+\varepsilon_0\varphi_{,jj})\varphi_{,i}=0 \tag{9-198}$$

式(9-195)可以化解为

$$\left(\frac{\partial H}{\partial x_i}\right)_{\text{expl.}}=(H\delta_{ji}+\sigma_{klj,l}u_{k,i}-\sigma_{kj}u_{k,i}-\sigma_{kjl}u_{k,li}-E_{kj}p_{k,i}-p_j\varphi_{,i}+\varepsilon_0\varphi_{,j}\varphi_{,i})_{,j} \tag{9-199}$$

式中，δ_{ji}是克罗内克函数，当角标相等时为 1，其余情况下为 0。式(9-199)可以引入材料构型力理论中与 J_k 积分相关的两个非常重要的概念，即挠曲电材料构型应力张量 Σ_{ji} 和材料构型力 R_i：

$$\Sigma_{ji}=H\delta_{ji}+\sigma_{klj,l}u_{k,i}-\sigma_{kj}u_{k,i}-\sigma_{kjl}u_{k,li}-E_{kj}p_{k,i}-p_j\varphi_{,i}+\varepsilon_0\varphi_{,j}\varphi_{,i} \tag{9-200}$$

$$R_i=-\left(\frac{\partial H}{\partial x_i}\right)_{\text{expl.}} \tag{9-201}$$

式中，材料构型力 R_i 源自材料的非均匀性，即缺陷源，表征材料构型改变的驱动力，将会导致材料自由能的变化。材料构型应力张量 $\sum_{ji}$ 的物理意义可以理解为单位厚度的无穷小单元中，其法向方向 x_i 的变化在 x_j 方向上滑动单位距离所产生的总势能改变量。由挠曲电材料构型应力张量 $\sum_{ji}$ 和材料构型力 R_i 可以建立类似柯西(Cauchy)应力张量在物理空间的平衡方程，即

$$\Sigma_{ji,j} + R_i = 0 \tag{9-202}$$

熟知的 J_k 积分即为材料构型应力张量 $\sum_{ji}$ 沿着从下裂面到上裂面的路径 $\varGamma$ 进行积分：

$$\begin{aligned} J_i &= \int_{\varGamma} \Sigma_{ji} n_j \mathrm{d}s \\ &= \int_{\varGamma} \left(H\delta_{ji} + \sigma_{klj,l} u_{k,i} - \sigma_{kj} u_{k,i} - \sigma_{kjl} u_{k,li} - E_{kj} p_{k,i} - p_j \varphi_{,i} + \varepsilon_0 \varphi_{,j} \varphi_{,i} \right) n_j \mathrm{d}s \end{aligned} \tag{9-203}$$

式中，$\varGamma$表示从下裂面到上裂面的积分路径；n_j 表示积分路径$\varGamma$的外法线矢量；ds 表示无限小的积分微元。J_k 积分的物理意义可以由材料构型应力张量 $\sum_{ji}$ 沿围绕缺陷的线积分给出，即 J_k 积分代表路径内缺陷沿着 x_k 坐标轴方向发生平移所引起的能量释放率。

特别需要指出的是，当式(9-203)中的自由标 i 取 1 时即著名的 J 积分，挠曲电材料的 J 积分为

$$J = \int_{\varGamma} \left[Hn_1 + \left(\sigma_{klj,l} u_{k,1} - \sigma_{kj} u_{k,1} - \sigma_{kjl} u_{k,l1} - E_{kj} p_{k,1} - p_j \varphi_{,1} + \varepsilon_0 \varphi_{,j} \varphi_{,1} \right) n_j \right] \mathrm{d}s \tag{9-204}$$

式(9-204)即为挠曲电材料的 J 积分，可以用于表征挠曲电体中的断裂性能，代表裂纹沿着 x_1 方向扩展单位长度时的能量释放率。如果忽略应变梯度效应和极化梯度效应，式(9-204)可以简化为线弹性断裂力学中经典的 J 积分表达式。

经典的 J 积分可以用于综合度量裂端应力应变场强度，在弹塑性断裂力学中具有十分广泛的应用，一个十分重要的原因是 J 积分是路径无关的，因此，可以选取应力应变场较易求解的路径来得到 J 积分值。为了考察挠曲电材料中 J 积分的路径无关性，引入如图 9-9 所示的闭合积分路径 $\Omega = C_1 + C^+ - C_2 + C^-$，其中 C_1 和 C_2 表示围绕裂尖的两条不同的积分路径，C^+ 和 C^- 分别表示上裂面和下裂面。

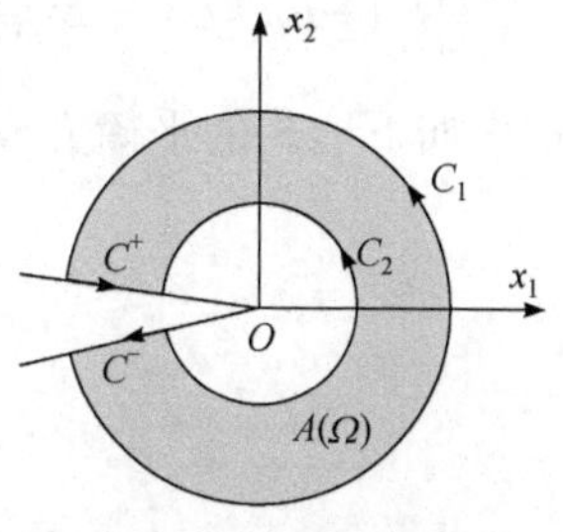

图 9-9　验证 J 积分路径相关性的闭合积分路径

围绕整个闭合曲线 Ω 的 J 积分可以定义为

$$J_{\Omega}=\oint_{\Omega=C_1+C^+-C_2+C^-}(H\delta_{j1}+\sigma_{klj,l}u_{k,1}-\sigma_{kj}u_{k,1}-\sigma_{kjl}u_{k,l1}-E_{kj}p_{k,1}-p_j\varphi_{,1}+\varepsilon_0\varphi_{,j}\varphi_{,1})n_j\mathrm{d}s \tag{9-205}$$

假设闭合积分路径 Ω 所包围的区域内没有任何奇异点，则应用高斯散度定理，式(9-205)可以化解为

$$\begin{aligned}J_{\Omega}&=J_{C_1}+J_{C^+}-J_{C_2}+J_{C^-}\\&=\iint_{A(\Omega)}\left\{\underbrace{(H\delta_{j1})_{,j}}_{\mathrm{I}}+\underbrace{(\sigma_{klj,l}u_{k,1}-\sigma_{kj}u_{k,1}-\sigma_{kjl}u_{k,l1}-E_{kj}p_{k,1}-p_j\varphi_{,1}+\varepsilon_0\varphi_{,j}\varphi_{,1})_{,j}}_{\mathrm{II}}\right\}\mathrm{d}A\end{aligned} \tag{9-206}$$

式(9-206)等号右边第一项可以展开为

$$\begin{aligned}\iint_{A(\Omega)}(H\delta_{j1})_{,j}\mathrm{d}A&=\iint_{A(\Omega)}\left(\frac{\partial H}{\partial\varepsilon_{kj}}\frac{\partial\varepsilon_{kj}}{\partial x_1}+\frac{\partial H}{\partial\varepsilon_{kj,l}}\frac{\partial\varepsilon_{kj,l}}{\partial x_1}+\frac{\partial H}{\partial p_j}\frac{\partial p_j}{\partial x_1}+\frac{\partial H}{\partial p_{k,j}}\frac{\partial p_{k,j}}{\partial x_1}+\frac{\partial H}{\partial\varphi_{,j}}\frac{\partial\varphi_{,j}}{\partial x_1}\right)\mathrm{d}A\\&=\iint_{A(\Omega)}\left[\sigma_{kj}u_{k,j1}+\sigma_{kjl}u_{k,jl1}+(E_j+\varphi_{,j})p_{j,1}+E_{kj}p_{k,j1}+(p_j-\varepsilon_0\varphi_{,j})\varphi_{,j1}\right]\mathrm{d}A\end{aligned} \tag{9-207}$$

式(9-206)等号右边第二项可以重写为

$$\begin{aligned}&\iint_{A(\Omega)}(\sigma_{klj,l}u_{k,1}-\sigma_{kj}u_{k,1}-\sigma_{kjl}u_{k,l1}-E_{kj}p_{k,1}-p_j\varphi_{,1}+\varepsilon_0\varphi_{,j}\varphi_{,1})_{,j}\mathrm{d}A\\&=\iint_{A(\Omega)}\begin{pmatrix}\sigma_{klj,lj}u_{k,1}+\sigma_{klj,l}u_{k,1j}-\sigma_{kj,j}u_{k,1}-\sigma_{kj}u_{k,1j}-\sigma_{kjl,j}u_{k,l1}-\sigma_{kjl}u_{k,l1j}\\-E_{kj,j}p_{k,1}-E_{kj}p_{k,1j}-p_{j,j}\varphi_{,1}-p_j\varphi_{,1j}+\varepsilon_0\varphi_{,jj}\varphi_{,1}+\varepsilon_0\varphi_{,j}\varphi_{,1j}\end{pmatrix}\mathrm{d}A\end{aligned} \tag{9-208}$$

运用如下形式的平衡方程：

$$(\sigma_{klj,lj}-\sigma_{kj,j})u_{k,i}=0 \tag{9-209}$$

$$(-p_{j,j}+\varepsilon_0\varphi_{,jj})\varphi_{,i}=0 \tag{9-210}$$

$$\sigma_{klj,l}u_{k,ij}-\sigma_{kjl,j}u_{k,li}=0 \tag{9-211}$$

式(9-208)可以化解为

$$\iint_{A(\Omega)}\left(-\sigma_{kj}u_{k,1j}-\sigma_{kjl}u_{k,l1j}-E_{kj,j}p_{k,1}-E_{kj}p_{k,1j}-p_j\varphi_{,1j}+\varepsilon_0\varphi_{,j}\varphi_{,1j}\right)\mathrm{d}A \tag{9-212}$$

将式(9-207)和式(9-212)代入式(9-206)可得

$$
\begin{aligned}
J_{\Omega} &= J_{C_1} + J_{C^+} - J_{C_2} + J_{C^-} \\
&= \iint\limits_{A(\Omega)} \left[\sigma_{kj} u_{k,j1} + \sigma_{kjl} u_{k,jl1} + (E_j + \varphi_{,j}) p_{j,1} + E_{kj} p_{k,j1} + (p_j - \varepsilon_0 \varphi_{,j}) \varphi_{,j1} \right] \mathrm{d}A \\
&\quad + \iint\limits_{A(\Omega)} \left(-\sigma_{kj} u_{k,1j} - \sigma_{kjl} u_{k,l1j} - E_{kj,j} p_{k,1} - E_{kj} p_{k,1j} - p_j \varphi_{,1j} + \varepsilon_0 \varphi_{,j} \varphi_{,1j} \right) \mathrm{d}A \\
&= \iint\limits_{A(\Omega)} \left[(E_j + \varphi_{,j}) p_{j,1} - E_{kj,j} p_{k,1} \right] \mathrm{d}A
\end{aligned}
\tag{9-213}
$$

运用式(9-181)所示平衡方程，式(9-213)可化解为

$$
\begin{aligned}
J_{C_1} + J_{C^+} - J_{C_2} + J_{C^-} &= \iint\limits_{A(\Omega)} \left[(E_j + \varphi_{,j}) p_{j,1} - E_{kj,j} p_{k,1} \right] \mathrm{d}A \\
&= \iint\limits_{A(\Omega)} \left[(E_j + \varphi_{,j} - E_{jk,k}) p_{j,1} \right] \mathrm{d}A = 0
\end{aligned}
\tag{9-214}
$$

由于裂面应力和电荷自由，因此：

$$
J_{C^+} = J_{C^-} = 0 \tag{9-215}
$$

结合式(9-214)和式(9-215)可得

$$
J_{C_1} = J_{C_2} \tag{9-216}
$$

式(9-216)说明围绕 C_1 和 C_2 两条积分路径的 J 积分值相等，由于 C_1 和 C_2 是任意选取的，因此挠曲电材料中的 J 积分显然是路径无关的。

接下来对挠曲电材料中的 M 积分进行推导，与 M 积分对应的材料构型应力可以通过对式(9-187)中定义的拉格朗日密度函数 Λ 的动量进行散度操作获取：

$$
\nabla \cdot (\Lambda \boldsymbol{X}) = \nabla \cdot (-H \boldsymbol{X}) = (-H x_i)_{,i} = -x_{i,i} H - H_{,i} x_i \tag{9-217}
$$

由式(9-217)可得

$$
(H x_i)_{,i} = x_{i,i} H + H_{,i} x_i \tag{9-218}
$$

即

$$
\begin{aligned}
(H x_i)_{,i} = x_{i,i} H &+ \left(\frac{\partial H}{\partial x_i} \right)_{\text{expl.}} x_i + \frac{\partial H}{\partial \varepsilon_{kj}} \varepsilon_{kj,i} x_i + \frac{\partial H}{\partial \varepsilon_{kj,l}} \varepsilon_{kj,li} x_i \\
&+ \frac{\partial H}{\partial p_j} p_{j,i} x_i + \frac{\partial H}{\partial p_{k,j}} p_{k,ji} x_i + \frac{\partial H}{\partial \varphi_{,j}} \varphi_{,ji} x_i
\end{aligned}
\tag{9-219}
$$

令 $m = x_{i,i}$，对于二维问题 $m = 2$，对于三维问题 $m = 3$。将式(9-165)～式(9-168)中的本构方程代入式(9-219)可得

$$(Hx_i)_{,i}=\left(\frac{\partial H}{\partial x_i}\right)_{\text{expl.}}x_i+\underbrace{mH}_{\text{I}}+\underbrace{\sigma_{kj}u_{k,ji}x_i+\sigma_{kjl}u_{k,jli}x_i}_{\text{II}}$$
$$+\underbrace{(E_j+\varphi_{,j})p_{j,i}x_i+E_{kj}p_{k,ji}x_i}_{\text{III}}+\underbrace{(p_j-\varepsilon_0\varphi_{,j})\varphi_{,ji}x_i}_{\text{IV}} \tag{9-220}$$

考虑二维问题 $m=2$，基于链式求导法则，式(9-220)等号右边后四项可以化解如下。

第Ⅰ项：

$$2H=(\sigma_{ij}u_i)_{,j}-\sigma_{ij,j}u_i+(\sigma_{ijk}u_{i,k})_{,j}-\sigma_{ijk,j}u_{i,k}+E_ip_i$$
$$+(E_{ij}p_i)_{,j}-E_{ij,j}p_i-\varepsilon_0\varphi_{,i}\varphi_{,i}+2\varphi_{,i}p_i \tag{9-221}$$

第Ⅱ项：

$$\sigma_{kj}u_{k,ji}x_i+\sigma_{kjl}u_{k,jli}x_i=(\sigma_{kj}u_{k,i}x_i)_{,j}+(\sigma_{kjl}u_{k,li}x_i)_{,j}-(\sigma_{klj,l}u_{k,i}x_i)_{,j}$$
$$-(\sigma_{kj}u_k)_{,j}-(\sigma_{kjl}u_{k,l})_{,j}+(\sigma_{klj,l}u_k)_{,j}+\sigma_{klj,l}u_{k,j} \tag{9-222}$$

第Ⅲ项：

$$(E_j+\varphi_{,j})p_{j,i}x_i+E_{kj}p_{k,ji}x_i=(E_{kj}p_{k,i}x_i)_{,j}-(E_{kj}p_k)_{,j}+E_{kj,j}p_k \tag{9-223}$$

第Ⅳ项：

$$(p_j-\varepsilon_0\varphi_{,j})\varphi_{,ji}x_i=(p_j\varphi_{,i}x_i)_{,j}-(\varepsilon_0\varphi_{,j}\varphi_{,i}x_i)_{,j}-p_j\varphi_{,j}+\varepsilon_0\varphi_{,j}\varphi_{,j} \tag{9-224}$$

将式(9-221)～式(9-224)代入式(9-220)，整理可得

$$\left(\frac{\partial H}{\partial x_i}\right)_{\text{expl.}}x_i=\Big(Hx_i\delta_{ij}-\sigma_{kj}u_{k,i}x_i-\sigma_{kjl}u_{k,li}x_i+\sigma_{klj,l}u_{k,i}x_i$$
$$-E_{kj}p_{k,i}x_i-p_j\varphi_{,i}x_i+\varepsilon_0\varphi_{,j}\varphi_{,i}x_i\Big)_{,j}-\sigma_{klj,l}u_{k,j}-E_{ij,j}p_i \tag{9-225}$$

式中，$\sigma_{klj,l}u_{k,j}$ 和 $E_{ij,j}p_i$ 分别表征挠曲电材料应变梯度效应和极化梯度效应所带来的材料固有非均匀性，与材料几何缺陷所带来的非均匀性相区分。这里作如下定义：

$$\psi_{j,j}=\sigma_{klj,l}u_{k,j} \tag{9-226}$$

$$\gamma_{j,j}=E_{ij,j}p_i \tag{9-227}$$

将式(9-226)和式(9-227)代入式(9-225)可得

$$\left(\frac{\partial H}{\partial x_i}\right)_{\text{expl.}}x_i=\Big(Hx_i\delta_{ij}-\sigma_{kj}u_{k,i}x_i-\sigma_{kjl}u_{k,li}x_i+\sigma_{klj,l}u_{k,i}x_i$$
$$-E_{kj}p_{k,i}x_i-p_j\varphi_{,i}x_i+\varepsilon_0\varphi_{,j}\varphi_{,i}x_i-\psi_j-\gamma_j\Big)_{,j} \tag{9-228}$$

式(9-228)可以引入材料构型力理论中与 M 积分相关的两个非常重要的概念，

即 M 积分的材料构型应力 M_j 和材料构型力 R。其中，与 M 积分相对应的材料构型应力 M_j 为

$$\begin{aligned} M_j = & Hx_i\delta_{ij} - \sigma_{kj}u_{k,i}x_i - \sigma_{kjl}u_{k,li}x_i + \sigma_{klj,l}u_{k,i}x_i \\ & - E_{kj}p_{k,i}x_i - p_j\varphi_{,i}x_i + \varepsilon_0\varphi_{,j}\varphi_{,i}x_i - \psi_j - \gamma_j \end{aligned} \tag{9-229}$$

这里，注意到 M_j 实际上是矢量，不同于传统的二阶应力张量，但是为了统一称呼起见，仍称其为材料构型应力。材料构型应力 M_j 的物理意义可以理解为，单位厚度的无穷小单元沿着 x_j 坐标方向发生自相似扩展所产生的总势能改变量。

M 积分所对应的材料构型力 R 为

$$R = -\left(\frac{\partial H}{\partial x_i}\right)_{\text{expl.}} x_i \tag{9-230}$$

类似 Cauchy 应力张量在物理空间的平衡方程，利用式(9-228)，挠曲电材料 M 积分相对应的材料构型应力 M_j 和材料构型力 R 存在如下平衡方程：

$$M_{j,j} + R = 0 \tag{9-231}$$

著名的 M 积分即定义为材料构型应力 M_j 沿着围绕缺陷闭合路径的线积分：

$$M = \oint_\Gamma M_j n_j \mathrm{d}\Gamma = \oint_\Gamma \begin{pmatrix} Hx_i\delta_{ij} - \sigma_{kj}u_{k,i}x_i - \sigma_{kjl}u_{k,li}x_i + \sigma_{klj,l}u_{k,i}x_i \\ -E_{kj}p_{k,i}x_i - p_j\varphi_{,i}x_i + \varepsilon_0\varphi_{,j}\varphi_{,i}x_i - \psi_j - \gamma_j \end{pmatrix} n_j \mathrm{d}\Gamma \tag{9-232}$$

式中，Γ 表示围绕缺陷的闭合路径；n_j 表示积分路径 Γ 的外法线矢量；$\mathrm{d}\Gamma$ 表示无限小的积分微元。M 积分的物理意义可以由材料构型应力 M_j 的意义给出，即 M 积分代表路径内缺陷自相似扩展所引起的能量释放率。

M 积分本质上表征的是材料几何缺陷所带来的非均匀性发生自相似扩展时的能量释放率，然而挠曲电材料本身具有应变梯度效应和极化梯度效应所致的固有非均匀性，因此在式(9-232)所示 M 积分表达式中消除了材料固有非均匀性的干扰。如果忽略应变梯度效应和极化梯度效应，式(9-232)可以简化为线弹性断裂力学中经典的 M 积分表达式。

材料构型力理论之所以具有十分广泛的应用，是因为其优势在于守恒积分的路径无关性。接下来考察挠曲电材料中 M 积分的路径无关性。在挠曲电材料中引入图 9-10 所示斜线阴影部分的圆孔，其中 C_1 和 C_2 是围绕圆孔的两条独立的闭合积分路径，此外，引入辅助积分路径 C^+ 和 C^-，假设闭合路径 $\Omega = C_1 + C^+ - C_2 + C^-$，$M$ 积分围绕闭合路径 Ω 的积分表达式为

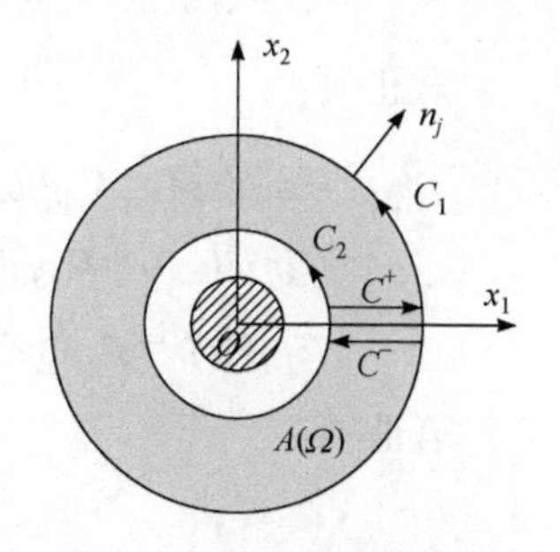

图 9-10　验证 M 积分路径相关性的闭合积分路径

$$M_{\Omega}=\oint_{\Omega=C_1+C^+-C_2-C^-}M_jn_j\mathrm{d}s$$
$$=\int_{C_1}M_jn_j\mathrm{d}s+\int_{C^+}M_jn_j\mathrm{d}s-\int_{C_2}M_jn_j\mathrm{d}s+\int_{C^-}M_jn_j\mathrm{d}s \tag{9-233}$$

由于积分路径 C^+ 和 C^- 的反对称性，有

$$\int_{C^+}M_jn_j\mathrm{d}s+\int_{C^-}M_jn_j\mathrm{d}s=0 \tag{9-234}$$

一方面，将式(9-234)代入式(9-233)可得

$$M_{\Omega}=\oint_{\Omega}M_jn_j\mathrm{d}s=\int_{C_1}M_jn_j\mathrm{d}s-\int_{C_2}M_jn_j\mathrm{d}s \tag{9-235}$$

另一方面，对式(9-233)应用高斯散度定理，可得

$$M_{\Omega}=\oint_{\Omega}M_jn_j\mathrm{d}s=\iint_{A(\Omega)}M_{j,j}\mathrm{d}A$$
$$=\iint_{A(\Omega)}\left[\underbrace{Hx_i\delta_{ij}}_{\text{I}}+\underbrace{\begin{pmatrix}-\sigma_{kj}u_{k,i}x_i-\sigma_{kjl}u_{k,li}x_i+\sigma_{klj,l}u_{k,i}x_i\\-E_{kj}p_{k,i}x_i-p_j\varphi_{,i}x_i+\varepsilon_0\varphi_{,j}\varphi_{,i}x_i\end{pmatrix}}_{\text{II}}+\underbrace{\left(-\psi_j-\gamma_j\right)}_{\text{III}}\right]_{,j}\mathrm{d}A \tag{9-236}$$

对式(9-236)第三个等号右边的各项应用链式求导法则可得以下结果。

第Ⅰ项：

$$(Hx_i\delta_{ij})_{,j}=2H+x_iH_{,i} \tag{9-237}$$

式中，

$$2H=\sigma_{ij}u_{i,j}+\sigma_{ijk}u_{i,jk}+E_ip_i+E_{ij}p_{i,j}-\xi_0\varphi_{,i}\varphi_{,i}+2\varphi_{,i}p_i \tag{9-238}$$

$$x_iH_{,i}=x_i\left[\sigma_{kj}u_{k,ji}+\sigma_{kjl}u_{k,jli}+(E_j+\varphi_{,j})p_{j,i}+E_{kj}p_{k,ji}+(p_j-\varepsilon_0\varphi_{,j})\varphi_{,ji}\right] \tag{9-239}$$

第Ⅱ项：

$$\begin{aligned}&-\sigma_{kj,j}u_{k,i}x_i-\sigma_{kj}u_{k,ij}x_i-\sigma_{kj}u_{k,j}-\sigma_{kjl,j}u_{k,li}x_i-\sigma_{kjl}u_{k,lij}x_i-\sigma_{kjl}u_{k,lj}\\&+\sigma_{klj,lj}u_{k,i}x_i+\sigma_{klj,l}u_{k,ij}x_i+\sigma_{klj,l}u_{k,j}-E_{kj,j}p_{k,i}x_i-E_{kj}p_{k,ij}x_i-E_{kj}p_{k,j}\\&-p_{j,j}\varphi_{,i}x_i-p_j\varphi_{,ij}x_i-p_j\varphi_{,j}+\varepsilon_0\varphi_{,jj}\varphi_{,i}x_i+\varepsilon_0\varphi_{,j}\varphi_{,ij}x_i+\varepsilon_0\varphi_{,j}\varphi_{,j}\end{aligned} \tag{9-240}$$

第Ⅲ项：

$$-\psi_{j,j}-\gamma_{j,j}=-\sigma_{klj,l}u_{k,j}-E_{ij,j}p_i \tag{9-241}$$

将式(9-237)～式(9-241)代入式(9-236)可得

$$M_{\Omega}=\iint\limits_{A(\Omega)}[(\sigma_{klj,lj}-\sigma_{kj,j})u_{k,i}x_i+(E_j-E_{jk,k}+\varphi_{,j})p_{j,i}x_i \\ +(-p_{j,j}+\varepsilon_0\varphi_{,jj})\varphi_{,i}x_i]\mathrm{d}A \tag{9-242}$$

利用式(9-209)、式(9-210)可得

$$M_{\Omega}=\oint\limits_{\Omega}M_jn_j\mathrm{d}s=\int_{C_1}M_jn_j\mathrm{d}s-\int_{C_2}M_jn_j\mathrm{d}s=0 \tag{9-243}$$

即

$$\int_{C_1}M_jn_j\mathrm{d}s=\int_{C_2}M_jn_j\mathrm{d}s \tag{9-244}$$

式(9-244)说明，围绕C_1和C_2两条积分路径的M积分值相等，由于C_1和C_2是任意选取的，因此挠曲电材料中的M积分显然是路径无关的。

9.2.2 挠曲电材料的Ⅲ型裂纹分析

前文的陈述表明挠曲电材料的损伤断裂行为是一个不可忽略的问题，裂尖的物理场则可以直观地表征其应力应变状态，为挠曲电材料的断裂强度评估提供理论支撑。特别地，挠曲电效应的存在对裂尖断裂性能的影响是一个需要关注的研究重点。本小节基于 Williams 特征展开理论得到挠曲电效应作用下Ⅲ型裂纹裂尖的解析解和J积分值，研究了挠曲电效应对裂尖物理场的影响。

对于考虑正逆挠曲电效应的中心对称电介质，其内能密度函数的表达式为(Sharma et al., 2007；Maranganti et al., 2006)

$$U=\frac{1}{2}a_{ij}p_ip_j+\frac{1}{2}c_{ijkl}\varepsilon_{ij}\varepsilon_{kl}+f_{ijkl}\varepsilon_{ij,k}p_l+d_{ijkl}p_{i,j}\varepsilon_{kl}+\frac{1}{2}g_{ijklmn}\varepsilon_{ij,k}\varepsilon_{lm,n} \tag{9-245}$$

式中，a_{ij}、c_{ijkl}、f_{ijkl}、d_{ijkl}和g_{ijklmn}为材料性能张量，a_{ij}为二阶电介质极化率张量，c_{ijkl}为四阶弹性常数张量，f_{ijkl}为正挠曲电常数张量，d_{ijkl}为逆挠曲电常数张量，g_{ijklmn}为与应变梯度弹性相关的常数张量。基于各向同性假设，上述材料性能张量可以描述为(Sladek et al., 2018；Maranganti et al., 2006)

$$a_{ij}=a\delta_{ij} \tag{9-246}$$

$$c_{ijkl}=c_{12}\delta_{ij}\delta_{kl}+c_{44}(\delta_{ik}\delta_{jl}+\delta_{il}\delta_{jk}) \tag{9-247}$$

$$d_{ijkl}=d_{12}\delta_{ij}\delta_{kl}+d_{44}(\delta_{ik}\delta_{jl}+\delta_{il}\delta_{jk}) \tag{9-248}$$

$$f_{ijkl}=f_{12}\delta_{ij}\delta_{kl}+f_{44}(\delta_{ik}\delta_{jl}+\delta_{il}\delta_{jk}) \tag{9-249}$$

$$g_{ijklmn}=c_{12}l^2\delta_{kn}\delta_{ij}\delta_{lm}+c_{44}l^2\delta_{kn}(\delta_{il}\delta_{jm}+\delta_{im}\delta_{jl}) \tag{9-250}$$

式中，a是极化率常数；c_{12}和c_{44}是弹性常数；f_{12}和f_{44}是正挠曲电常数；d_{12}和

d_{44} 是逆挠曲电常数；l 是材料长度尺寸参数。g_{ijklmm} 具有如下对称性：

$$g_{ijklmn} = g_{jiklmn} = g_{ijkmln} = g_{lmnijk} \tag{9-251}$$

将式(9-246)～式(9-250)代入式(9-165)～式(9-168)，可得如下形式的本构方程：

$$\sigma_{ij} = c_{12}\delta_{ij}\varepsilon_{kk} + 2c_{44}\varepsilon_{ij} + d_{12}\delta_{ij}p_{k,k} + d_{44}\left(p_{i,j} + p_{j,i}\right) \tag{9-252}$$

$$\sigma_{ijk} = c_{12}l^2\delta_{ij}\varepsilon_{mm,k} + 2c_{44}l^2\varepsilon_{ij,k} + f_{12}\delta_{ij}p_k + f_{44}\delta_{jk}p_i + f_{44}\delta_{ik}p_j \tag{9-253}$$

$$E_i = \frac{\partial W}{\partial p_i} = ap_i + f_{12}\varepsilon_{kk,i} + 2f_{44}\varepsilon_{ik,k} \tag{9-254}$$

$$E_{ij} = d_{12}\delta_{ij}\varepsilon_{kk} + 2d_{44}\varepsilon_{ij} \tag{9-255}$$

将式(9-252)～式(9-255)代入式(9-180)～式(9-182)，可得如下形式的平衡方程：

$$\begin{aligned} &c_{44}\nabla^2 u_i + (c_{12}+c_{44})u_{k,ki} - (c_{12}+c_{44})l^2\nabla^2 u_{k,ki} - c_{44}l^2\nabla^2\nabla^2 u_i \\ &+(d_{44}-f_{44})\nabla^2 p_i + (d_{12}+d_{44}-f_{12}-f_{44})p_{k,ki} = 0 \end{aligned} \tag{9-256}$$

$$(d_{44}-f_{44})\nabla^2 u_i + (d_{12}+d_{44}-f_{12}-f_{44})u_{k,ki} - ap_i - \varphi_{,i} = 0 \tag{9-257}$$

$$p_{i,i} - \varepsilon_0\nabla^2\varphi = 0 \tag{9-258}$$

式中，$\nabla^2 = \partial^2/\partial x^2 + \partial^2/\partial y^2$，是拉普拉斯算子。

基于式(9-257)，电极化可以表示为位移和电势的函数：

$$p_i = \frac{1}{a}\left[(d_{44}-f_{44})\nabla^2 u_i + (d_{12}+d_{44}-f_{12}-f_{44})u_{k,ki} - \varphi_{,i}\right] \tag{9-259}$$

对式(9-259)两边同时进行散度操作，并结合式(9-258)可得

$$\nabla^2\varphi = \frac{d_{11}-f_{11}}{1+a\varepsilon_0}\nabla^2 u_{i,i} \tag{9-260}$$

式中，$d_{11} = d_{12} + 2d_{44}$；$f_{11} = f_{12} + 2f_{44}$。

基于式(9-259)可得如下关于电极化的高阶偏导数：

$$\nabla^2 p_i = \frac{1}{a}\left\{(d_{44}-f_{44})\nabla^2\nabla^2 u_i + \left[(d_{12}+d_{44}-f_{12}-f_{44}) - \frac{d_{11}-f_{11}}{1+a\varepsilon_0}\right]\nabla^2 u_{k,ki}\right\} \tag{9-261}$$

$$p_{k,ki} = \frac{\varepsilon_0\left(d_{11}-f_{11}\right)}{1+a\varepsilon_0}\nabla^2 u_{k,ki} \tag{9-262}$$

将式(9-261)和式(9-262)代入式(9-256)，可得如下关于位移的高阶类 Navier 平衡方程：

$$c_{44}\left(1-l_1^2\nabla^2\right)\nabla^2 u_i + (c_{12}+c_{44})\left(1-l_2^2\nabla^2\right)u_{k,ki} = 0 \tag{9-263}$$

式中，

$$l_1^2 = l^2 - \frac{(d_{44} - f_{44})^2}{ac_{44}} \tag{9-264}$$

$$\begin{aligned} l_2^2 = l^2 &- \frac{(d_{44} - f_{44})(d_{12} + d_{44} - f_{12} - f_{44})}{a(c_{12} + c_{44})} \\ &- \frac{(d_{11} - f_{11})\left[a\varepsilon_0(d_{12} + d_{44} - f_{12} - f_{44}) - (d_{44} - f_{44})\right]}{a(1 + a\varepsilon_0)(c_{12} + c_{44})} \end{aligned} \tag{9-265}$$

至此,同时考虑正逆挠曲电效应的平衡方程就汇聚为关于位移的方程(9-263)，电势和电极化则分别可以通过式(9-260)和式(9-259)获得。可以发现，当正挠曲电常数等于逆挠曲电常数时，体机械响应和体电响应相互独立，此时，式(9-263)退化为应变梯度弹性理论下的平衡方程(Gao and Park，2007)。

对于图 9-11 中半无限大挠曲电介质的Ⅲ型裂纹，其裂面沿 x_1 轴，裂尖位于坐标系原点。这是一个反平面剪切问题，基于广义平面应变假设，所有的物理量，包括位移、极化和电势都是 x_1 和 x_2 的函数。对于Ⅲ型断裂问题而言，位移 u_3 和极化 p_3 的控制方程为

$$c_{44}\left(1 - l_1^2\nabla^2\right)\nabla^2 u_3 = 0 \tag{9-266}$$

$$p_3 = \frac{d_{44} - f_{44}}{a}\nabla^2 u_3 \tag{9-267}$$

基于 Williams 特征展开理论，假设裂尖位移场的形式为

$$u_3(r,\theta) = r^{p+1}u(\theta) \tag{9-268}$$

式中，极坐标系(r,θ)的原点位于图 9-11 所示的裂尖；指数 p 和角函数 $u(\theta)$是待求量。进一步地，保留式(9-266)中关于位移函数的主导奇异性，可得(Zhang et al.，1998；Georgiadis，2003)

$$\nabla^2\nabla^2 u_3 = 0 \tag{9-269}$$

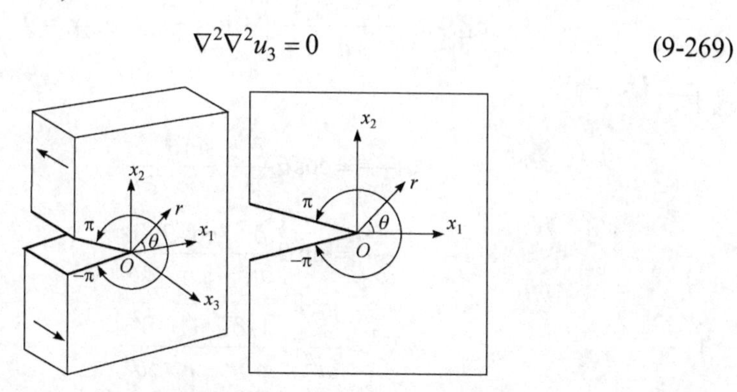

图 9-11　半无限大挠曲电介质的Ⅲ型裂纹示意图

将式(9-268)代入式(9-269)可得位移解为

$$u_3 = r^{p+1}\left[A_1\sin(p-1)\theta + A_2\sin(p+1)\theta + A_3\cos(p-1)\theta + A_4\cos(p+1)\theta\right] \tag{9-270}$$

式中，A_1、A_2，A_3和A_4是待定常数。根据式(9-245)能量密度的可积性，幂指数p的最大奇异允许值为1/2，与应变梯度弹性理论下的奇异特征值相同(Georgiadis，2003；Zhang et al., 1998)。

基于Ⅲ型裂纹上、下裂面位移的反对称性条件$u_3(r,\pi)=-u_3(r,-\pi)$，式(9-270)的位移解可以简化为

$$u_3 = r^{3/2}\left[A_1\sin\left(-\frac{1}{2}\theta\right) + A_2\sin\left(\frac{3}{2}\theta\right)\right] \tag{9-271}$$

假设上、下裂面($\theta=\pm\pi$)上应力自由，即

$$\sigma_{322}=0 \tag{9-272}$$

$$\sigma_{23}-\frac{\partial\sigma_{321}}{\partial x_1}-\frac{\partial\sigma_{312}}{\partial x_1}-\frac{\partial\sigma_{322}}{\partial x_2}=0 \tag{9-273}$$

式中，

$$\sigma_{23}=c_{44}u_{3,2}+d_{44}p_{3,2} \tag{9-274}$$

$$\sigma_{321}=c_{44}l^2u_{3,21} \tag{9-275}$$

$$\sigma_{312}=c_{44}l^2u_{3,12} \tag{9-276}$$

$$\sigma_{322}=c_{44}l^2u_{3,22}+f_{44}p_3 \tag{9-277}$$

通过把式(9-274)～式(9-277)代入裂面边界条件中并保留主导奇异项，可得

$$c_{44}l^2u_{3,22}+\frac{f_{44}(d_{44}-f_{44})}{a}\nabla^2u_3=0 \tag{9-278}$$

$$\left[c_{44}l^2+\frac{(f_{44}-d_{44})^2}{a}\right]\nabla^2u_{3,2}+c_{44}l^2u_{3,211}=0 \tag{9-279}$$

式中，

$$\frac{\partial}{\partial x_1}=\cos\theta\frac{\partial}{\partial r}-\frac{\sin\theta}{r}\frac{\partial}{\partial\theta} \tag{9-280}$$

$$\frac{\partial}{\partial x_2}=\sin\theta\frac{\partial}{\partial r}+\frac{\cos\theta}{r}\frac{\partial}{\partial\theta} \tag{9-281}$$

$$\nabla^2=\frac{\partial^2}{\partial r^2}+\frac{1}{r}\frac{\partial}{\partial r}+\frac{1}{r^2}\frac{\partial^2}{\partial\theta^2} \tag{9-282}$$

式(9-271)中的未知数A_1和A_2可以通过以下两个代数方程组进行求解：

$$\frac{1}{4\sqrt{r}}\begin{bmatrix}16A_1m_1\cos^4\left(\frac{1}{2}\theta\right)-12A_1m_1\cos^2\left(\frac{1}{2}\theta\right)\\+\left(5m_1+8m_2\right)A_1-3m_1A_2\end{bmatrix}\sin\left(\frac{1}{2}\theta\right)=0 \tag{9-283}$$

$$\frac{1}{8\sqrt[3]{r^2}}\begin{bmatrix}192A_1m_1\cos^6\left(\frac{1}{2}\theta\right)-336A_1m_1\cos^4\left(\frac{1}{2}\theta\right)\\+\left(128A_1m_1-32A_1m_3-12A_2m_1\right)\cos^2\left(\frac{1}{2}\theta\right)\\+\left(9m_1+24m_3\right)A_1+9m_1A_2\end{bmatrix}\cos\left(\frac{1}{2}\theta\right)=0 \tag{9-284}$$

式中，

$$m_1=c_{44}l^2,\quad m_2=\frac{f_{44}\left(d_{44}-f_{44}\right)}{a},\quad m_3=\frac{\left(f_{44}-d_{44}\right)^2}{a} \tag{9-285}$$

相对应地，A_1 和 A_2 之间的关系为

$$A_2=\left(\frac{5}{3}+h\right)A_1,\quad h=\frac{8m_2}{3m_1}=\frac{8f_{44}\left(d_{44}-f_{44}\right)}{3ac_{44}l^2} \tag{9-286}$$

将式(9-286)分别代入式(9-271)和式(9-267)，可得面外位移和极化分别为

$$u_3=A_1r^{3/2}\left[\left(\frac{5}{3}+h\right)\sin\left(\frac{3}{2}\theta\right)-\sin\left(\frac{1}{2}\theta\right)\right] \tag{9-287}$$

$$p_3=-\frac{2\left(d_{44}-f_{44}\right)A_1}{a\sqrt{r}}\sin\left(\frac{1}{2}\theta\right) \tag{9-288}$$

式中，A_1 类似于Ⅲ型应力强度因子 K_{III}，由外载决定。

接下来进行电势解的推导。可以发现：在反平面剪切问题中电势与面外位移相互独立，它的控制方程为

$$\nabla^2\varphi=\frac{\partial^2\varphi}{\partial x_1^2}+\frac{\partial^2\varphi}{\partial x_2^2}=0 \tag{9-289}$$

相对应地，面内极化为

$$\begin{cases}p_2=-\varphi_{,2}/a\\p_1=-\varphi_{,1}/a\end{cases} \tag{9-290}$$

在极坐标系中，电势的平衡方程为

$$\frac{\partial^2\varphi}{\partial r^2}+\frac{1}{r}\frac{\partial\varphi}{\partial r}+\frac{1}{r^2}\frac{\partial^2\varphi}{\partial\theta^2}=0 \tag{9-291}$$

基于分离变量法，式(9-291)的解为

$$\varphi = r^{1/2}\left[A_5 \sin\left(\frac{1}{2}\theta\right) + A_6 \cos\left(\frac{1}{2}\theta\right)\right] \tag{9-292}$$

式中，A_5 和 A_6 是未知常数，由裂面电边界条件决定。一般地，在裂面上有两种电边界条件，第一种为电渗透边界条件，即 $\varphi(r,\pi)=\varphi(r,-\pi)$，此时：

$$\varphi = A_6\sqrt{r}\cos\left(\frac{1}{2}\theta\right) \tag{9-293}$$

第一种电边界条件相对应的面内电极化为

$$\begin{cases} p_1 = -\dfrac{A_6}{2a\sqrt{r}}\cos\left(\dfrac{1}{2}\theta\right) \\ p_2 = -\dfrac{A_6}{2a\sqrt{r}}\sin\left(\dfrac{1}{2}\theta\right) \end{cases} \tag{9-294}$$

第二种电边界条件为电不可渗透，即 $\varphi(r,\pi)\neq\varphi(r,-\pi)$，此时：

$$\varphi = A_5\sqrt{r}\sin\left(\frac{1}{2}\theta\right) \tag{9-295}$$

第二种电边界条件相对应的面内电极化为

$$\begin{cases} p_1 = \dfrac{A_5}{2a\sqrt{r}}\sin\left(\dfrac{1}{2}\theta\right) \\ p_2 = -\dfrac{A_5}{2a\sqrt{r}}\cos\left(\dfrac{1}{2}\theta\right) \end{cases} \tag{9-296}$$

J 积分能够用于表征裂尖的奇异性和预测材料的断裂性能，代表裂纹扩展的驱动力，表示形成单位裂纹面积所需的能量，在断裂力学的研究中有着十分重要的意义。对于考虑正逆挠曲电效应的Ⅲ型裂纹来说，其 J 积分表达式为

$$J = \int_{\Gamma}\left[Hn_1 + \left(\sigma_{klj,l}u_{k,1} - \sigma_{kj}u_{k,1} - \sigma_{kjl}u_{k,l1} - E_{kj}p_{k,1} - p_j\varphi_{,1} + \varepsilon_0\varphi_{,j}\varphi_{,1}\right)n_j\right]\mathrm{d}s \tag{9-297}$$

式中，Γ 表示围绕裂尖的积分路径；n_j 表示积分路径 Γ 的外法线矢量，$n_1=\cos\theta,\ n_2=\sin\theta$；$\mathrm{d}s$ 表示无限小的积分微元，$\mathrm{d}s = r\mathrm{d}\theta$。

通过将本构关系代入电焓密度函数和式(9-297)等号右边的积分项，可得

$$\begin{aligned} H &= \frac{1}{2}\sigma_{ij}\varepsilon_{ij} + \frac{1}{2}\sigma_{ijk}\varepsilon_{ij,k} + \frac{1}{2}E_i p_i + \frac{1}{2}E_{ij}p_{i,j} - \frac{1}{2}\varepsilon_0\varphi_{,i}\varphi_{,i} + \varphi_{,i}p_i \\ &= \underbrace{\frac{1}{2}c_{44}\left(u_{3,1}^2 + u_{3,2}^2\right) + \frac{1}{2}c_{44}l^2\left(u_{3,11}^2 + u_{3,22}^2 + u_{3,21}^2\right) + f_{44}p_3\nabla^2 u_3 + d_{44}\left(u_{3,1}p_{3,1} + u_{3,2}p_{3,2}\right) + \frac{1}{2}ap_3^2}_{\text{内能密度 } W} \end{aligned}$$

$$-\frac{1}{2}\left(\varepsilon_0+\frac{1}{a}\right)\left(\varphi_{,1}^2+\varphi_{,2}^2\right) \tag{9-298}$$

$$\sigma_{klj,l}u_{k,1}n_j=c_{44}l^2u_{3,1}\nabla^2u_{3,1}n_1+c_{44}l^2u_{3,1}\nabla^2u_{3,2}n_2+f_{44}u_{3,1}p_{3,1}n_1+f_{44}u_{3,1}p_{3,2}n_2 \tag{9-299}$$

$$-\sigma_{kj}u_{k,1}n_j=-\left(c_{44}u_{3,1}+d_{44}p_{3,1}\right)u_{3,1}n_1-\left(c_{44}u_{3,2}+d_{44}p_{3,2}\right)u_{3,1}n_2 \tag{9-300}$$

$$\begin{aligned}-\sigma_{kjl}u_{k,l1}n_j=&-c_{44}l^2\left(u_{3,11}^2+u_{3,12}^2\right)n_1-c_{44}l^2u_{3,21}\nabla^2u_3n_2\\&-f_{44}u_{3,11}p_3n_1-f_{44}u_{3,21}p_3n_2\end{aligned} \tag{9-301}$$

$$-E_{kj}p_{k,1}n_j=-d_{44}u_{3,1}p_{3,1}n_1-d_{44}u_{3,2}p_{3,1}n_2 \tag{9-302}$$

$$-p_j\varphi_{,1}n_j=\frac{1}{a}\varphi_{,1}^2n_1+\frac{1}{a}\varphi_{,1}\varphi_{,2}n_2 \tag{9-303}$$

$$\varepsilon_0\varphi_{,j}\varphi_{,1}n_j=\varepsilon_0\varphi_{,1}^2n_1+\varepsilon_0\varphi_{,1}\varphi_{,2}n_2 \tag{9-304}$$

将式(9-298)～式(9-304)代入式(9-207)中的 J 积分，则有

$$\begin{aligned}J=\int_{-\pi}^{\pi}\Bigg\{&\cos\theta\bigg[\frac{1}{2}c_{44}\left(u_{3,2}^2-u_{3,1}^2\right)+\frac{1}{2}c_{44}l^2\left(u_{3,22}^2-u_{3,11}^2\right)+c_{44}l^2u_{3,1}\nabla^2u_{3,1}+\frac{1}{2}ap_3^2\\&+f_{44}p_3u_{3,22}+f_{44}u_{3,1}p_{3,1}+d_{44}u_{3,2}p_{3,2}-d_{44}u_{3,1}p_{3,1}+\frac{1}{2}\left(\frac{1}{a}+\varepsilon_0\right)\left(\varphi_{,1}^2-\varphi_{,2}^2\right)\bigg]\\&+\sin\theta\bigg[c_{44}l^2u_{3,1}\nabla^2u_{3,2}-c_{44}l^2u_{3,21}\nabla^2u_3-c_{44}u_{3,1}u_{3,2}+f_{44}u_{3,1}p_{3,2}-f_{44}p_3u_{3,21}\\&-d_{44}u_{3,1}p_{3,2}-d_{44}u_{3,2}p_{3,1}+\left(\frac{1}{a}+\varepsilon_0\right)\varphi_{,1}\varphi_{,2}\bigg]\Bigg\}r\mathrm{d}\theta\end{aligned} \tag{9-305}$$

通过使用电渗透边界条件，将位移场、极化场和电势场代入式(9-305)，可得

$$\begin{aligned}J=&\underbrace{6\pi c_{44}l^2A_1^2}_{J_{\mathrm{SGE}}}+\underbrace{\left(\frac{8f_{44}^4-24f_{44}^3d_{44}+24f_{44}^2d_{44}^2-8f_{44}d_{44}^3}{c_{44}l^2a^2}+\frac{-14f_{44}^2+20f_{44}d_{44}-6d_{44}^2}{a}\right)\pi A_1^2}_{J_{\mathrm{flexoelectricity}}}\\&+\underbrace{\frac{1}{4}\pi\left(\varepsilon_0+\frac{1}{a}\right)A_6^2}_{J_{\mathrm{electric\ field}}}\end{aligned} \tag{9-306}$$

式中，J_{SGE} 表示应变梯度弹性对 J 积分的贡献；$J_{\mathrm{flexoelectricity}}$ 表示挠曲电效应对 J 积分的贡献；$J_{\mathrm{electric\ field}}$ 表示外加电场对 J 积分的贡献；A_1、A_6 分别与外载、外加

电场相关。当忽略挠曲电效应($f_{44}=d_{44}=0$)和外加电场时($A_6=0$)，式(9-306)中的 J 积分退化为应变梯度弹性理论下的值，$J_{\mathrm{SGE}} = 6\pi c_{44} l^2 A_1^{\ 2}$。

当挠曲电体中的Ⅲ型裂纹只受到外加机械载荷作用，即只考虑正挠曲电效应，J 积分值为

$$J = \underbrace{6\pi c_{44} l^2 A_1^2}_{J_{\mathrm{SGE}}} + \underbrace{\left(\frac{8 f_{44}^4}{c_{44} l^2 a^2} - \frac{14 f_{44}^2}{a}\right)\pi A_1^2}_{J_{\text{direct flexoelectricity}}} \tag{9-307}$$

式(9-307)等号右边第二项代表正挠曲电效应对 J 积分的贡献，可以发现：正挠曲电常数 f_{44}、弹性常数 c_{44}、极化率常数 a 和材料长度尺寸参数 l 之间的关系决定了正挠曲电效应对裂尖断裂性能的影响。根据式(9-245)中内能密度函数的正定性，挠曲电常数需要满足热动力学约束，其约束边界为(Yudin and Tagantsev, 2013；Mao and Purohit, 2015；Morozovska et al., 2016；Wang et al., 2019)

$$f_{44}^2 \leqslant \frac{1}{2} c_{44} l^2 a \tag{9-308}$$

根据式(9-308)中挠曲电常数的上限，可以发现正挠曲电效应对 J 积分的贡献始终为负值，这表明：挠曲电效应的存在会减小裂尖的 J 积分值，表明正挠曲电效应的存在会抑制裂纹扩展。这是因为正挠曲电效应的存在使得部分机械能转化为电能，从而导致用于裂纹扩展的机械能减小。

J 积分的路径无关性在第 2 章中进行了论述，接下来通过两条积分路径来确定待定系数 A_1。假设半无限大Ⅲ型裂纹受到经典的 K_{III} 场作用，一方面，大的应变梯度存在于裂尖并伴随有挠曲电效应，此时包围裂尖的 J 积分表达式在式(9-307)中给出；另一方面，在远离裂尖的地方求解 J 积分，此时其值等于经典断裂力学理论下的 J 积分值，即

$$J = \frac{K_{\mathrm{III}}^2}{2 c_{44}} \tag{9-309}$$

基于 J 积分的路径无关性，式(9-307)中的 J 积分值等于式(9-309)中的 J 积分值，由此便可得类Ⅲ型应力强度因子 A_1 和经典Ⅲ型应力强度因子 K_{III} 之间的关系，即

$$A_1 = -\frac{K_{\mathrm{III}}}{\sqrt{12\pi c_{44}^2 l^2 + \left(\dfrac{16 f_{44}^4}{c_{44}^2 l^2 a^2} - \dfrac{28 f_{44}^2}{c_{44} a}\right)\pi}} \tag{9-310}$$

式中，负号用于满足挠曲电位移解和经典位移解在裂面上的方向一致性。忽略挠曲电效应，类Ⅲ型应力强度因子 A_1 能够退化为应变梯度弹性理论下的解(Zhang et al., 1998)，渐近解的主导区为距裂尖 0.5l 的区域，其中 l 是材料长度尺寸参数。将式(9-310)分别代入式(9-287)和式(9-288)，可得

$$u_3 = \frac{-K_{\mathrm{III}} r^{3/2}}{\sqrt{12\pi c_{44}^2 l^2 + \left(\dfrac{16 f_{44}^4}{c_{44}^2 l^2 a^2} - \dfrac{28 f_{44}^2}{c_{44} a}\right)\pi}} \left[\left(\frac{5}{3} - \frac{8 f_{44}^2}{3 a c_{44} l^2}\right)\sin\left(\frac{3}{2}\theta\right) - \sin\left(\frac{1}{2}\theta\right)\right] \tag{9-311}$$

$$p_3 = \frac{-2 f_{44} K_{\mathrm{III}}}{a\sqrt{r}\sqrt{12\pi c_{44}^2 l^2 + \left(\dfrac{16 f_{44}^4}{c_{44}^2 l^2 a^2} - \dfrac{28 f_{44}^2}{c_{44} a}\right)\pi}} \sin\left(\frac{1}{2}\theta\right) \tag{9-312}$$

当忽略挠曲电效应时，应变梯度弹性理论下Ⅲ型裂纹裂尖的位移场为

$$u_3 = \frac{-K_{\mathrm{III}} r^{3/2}}{\sqrt{12\pi c_{44}^2 l^2}} \left[\frac{5}{3}\sin\left(\frac{3}{2}\theta\right) - \sin\left(\frac{1}{2}\theta\right)\right] \tag{9-313}$$

当同时忽略挠曲电效应和应变梯度弹性时，Ⅲ型裂纹裂尖的位移场为

$$u_3 = \frac{2K_{\mathrm{III}}}{c_{44}} \sqrt{\frac{r}{2\pi}} \sin\left(\frac{\theta}{2}\right) \tag{9-314}$$

如前所述，挠曲电效应与应变梯度密切相关，接下来推导反平面剪切变形下的应变梯度表达式。对于Ⅲ型裂纹而言，独立的应变梯度有三个，分别为 $\varepsilon_{31,1}$、$\varepsilon_{31,2}$ 和 $\varepsilon_{32,2}$。

$$\varepsilon_{31,1} = \frac{1}{2} u_{3,11} = A_1 r^{-\frac{1}{2}} \left[2\cos^4\left(\frac{\theta}{2}\right) - \frac{3}{2}\cos^2\left(\frac{\theta}{2}\right) + \frac{f_{44}^2}{c_{44} l^2 a} - 1\right] \sin\left(\frac{\theta}{2}\right) \tag{9-315}$$

$$\varepsilon_{31,2} = \frac{1}{2} u_{3,12} = -A_1 r^{-\frac{1}{2}} \left[2\cos^4\left(\frac{\theta}{2}\right) - \frac{5}{2}\cos^2\left(\frac{\theta}{2}\right) + \frac{f_{44}^2}{c_{44} l^2 a}\right] \cos\left(\frac{\theta}{2}\right) \tag{9-316}$$

$$\varepsilon_{32,2} = \frac{1}{2} u_{3,22} = -A_1 r^{-\frac{1}{2}} \left[2\cos^4\left(\frac{\theta}{2}\right) - \frac{3}{2}\cos^2\left(\frac{\theta}{2}\right) + \frac{f_{44}^2}{c_{44} l^2 a}\right] \sin\left(\frac{\theta}{2}\right) \tag{9-317}$$

式中，A_1 的表达式在式(9-310)中给出。

在Ⅲ型挠曲电裂纹问题中，剪切应力 σ_{31} 和 σ_{32} 是应变 ε_{31} 和 ε_{32} 的功共轭量，其表达式分别为

$$\sigma_{31} = \sigma_{13} = c_{44} u_{3,1} = \frac{2A_1\sqrt{r}}{a l^2} \left\{a c_{44} l^2 \left[2 - \cos^2\left(\frac{\theta}{2}\right)\right] - 2 f_{44}^2\right\} \sin\left(\frac{\theta}{2}\right) \propto r^{\frac{1}{2}} \tag{9-318}$$

$$\sigma_{32}=\sigma_{23}=c_{44}u_{3,2}=\frac{2A_1\sqrt{r}}{al^2}\left[ac_{44}l^2\cos^2\left(\frac{\theta}{2}\right)-2f_{44}^2\right]\cos\left(\frac{\theta}{2}\right)\propto r^{\frac{1}{2}} \tag{9-319}$$

由式(9-318)和式(9-319)可以发现，考虑挠曲电效应时Ⅲ型裂纹的剪切应力σ_{31}和σ_{32}是非奇异的，这不同于经典断裂力学理论下的结果。通过参考 Mindlin 的研究(Mindlin，1968)，考虑挠曲电效应时真实的物理应力τ_{ij}定义为

$$\tau_{ij}=\sigma_{ij}-\frac{2}{3}\sigma_{kji,k}-\frac{1}{3}\sigma_{ijk,k} \tag{9-320}$$

对于当前的Ⅲ型裂纹而言，存在的剪切应力为τ_{31}、τ_{13}、τ_{32}和τ_{23}，由式(9-320)可以发现，考虑挠曲电效应时Ⅲ型裂纹的剪切应力不具有对称性，其具体表达式为

$$\begin{aligned}\tau_{31}&=\sigma_{31}-\frac{2}{3}\sigma_{113,1}-\frac{1}{3}\sigma_{311,1}-\frac{1}{3}\sigma_{312,2}=c_{44}u_{3,1}-\frac{1}{3}c_{44}l^2\nabla^2u_{3,1}-f_{44}p_{3,1}\\&=-\frac{A_1\left[(2ac_{44}l^2r^2-4f_{44}^2l^2+\frac{4}{3}ac_{44}l^4)\cos^2\left(\frac{\theta}{2}\right)+4(f_{44}^2-ac_{44}l^2)r^2+\frac{1}{2}f_{44}^2l^2-\frac{1}{3}ac_{44}l^4\right]\sin\left(\frac{\theta}{2}\right)}{al^2r^{\frac{3}{2}}}\propto r^{-\frac{3}{2}}\end{aligned} \tag{9-321}$$

$$\begin{aligned}\tau_{13}&=\sigma_{13}-\sigma_{131,1}-\frac{2}{3}\sigma_{231,2}-\frac{1}{3}\sigma_{132,2}=c_{44}u_{3,1}-c_{44}l^2\nabla^2u_{3,1}-f_{44}p_{3,1}\\&=-\frac{A_1\left[(2ac_{44}l^2r^2-4f_{44}^2l^2+4ac_{44}l^4)\cos^2\left(\frac{\theta}{2}\right)+4(f_{44}^2-ac_{44}l^2)r^2+f_{44}^2l^2-ac_{44}l^4\right]\sin\left(\frac{\theta}{2}\right)}{al^2r^{\frac{3}{2}}}\propto r^{-\frac{3}{2}}\end{aligned} \tag{9-322}$$

$$\begin{aligned}\tau_{32}&=\sigma_{32}-\frac{2}{3}\sigma_{223,2}-\frac{1}{3}\sigma_{321,1}-\frac{1}{3}\sigma_{322,2}=c_{44}u_{3,2}-\frac{1}{3}c_{44}l^2\nabla^2u_{3,2}-f_{44}p_{3,2}\\&=\frac{A_1\left[(2ac_{44}l^2r^2-4f_{44}^2l^2+\frac{4}{3}ac_{44}l^4)\cos^2\left(\frac{\theta}{2}\right)-4f_{44}^2r^2+3f_{44}^2l^2-ac_{44}l^4\right]\cos\left(\frac{\theta}{2}\right)}{al^2r^{\frac{3}{2}}}\propto r^{-\frac{3}{2}}\end{aligned} \tag{9-323}$$

$$\begin{aligned}\tau_{23}&=\sigma_{23}-\sigma_{232,2}-\frac{2}{3}\sigma_{132,1}-\frac{1}{3}\sigma_{231,1}=c_{44}u_{3,2}-c_{44}l^2\nabla^2u_{3,2}-f_{44}p_{3,2}\\&=\frac{A_1\left[(2ac_{44}l^2r^2-4f_{44}^2l^2+4ac_{44}l^4)\cos^2\left(\frac{\theta}{2}\right)-4f_{44}^2r^2+3f_{44}^2l^2-3ac_{44}l^4\right]\cos\left(\frac{\theta}{2}\right)}{al^2r^{\frac{3}{2}}}\propto r^{-\frac{3}{2}}\end{aligned} \tag{9-324}$$

式中，

$$\sigma_{31}=\sigma_{13}=c_{44}u_{3,1} \tag{9-325}$$

$$\sigma_{311}=\sigma_{131}=c_{44}l^2u_{3,11}+f_{44}p_3 \tag{9-326}$$

$$\sigma_{113}=\sigma_{223}=f_{44}p_3 \tag{9-327}$$

由式(9-321)～式(9-324)可以发现：对于Ⅲ型裂纹而言，考虑挠曲电效应时真实的物理应力具有 $r^{-3/2}$ 奇异性。

接下来考察Ⅲ型裂纹中挠曲电效应对裂尖物理场的影响，选用电介质材料PZT-5H进行数值分析。PZT-5H的材料性能如下(Sladek et al., 2018，2017)：弹性常数 $c_{44}=3.53\times10^{10}\,\text{Pa}$ ，$a=1/(\varepsilon-\varepsilon_0)=7.70\times10^7\,\text{Nm}^2/\text{C}^2$ ，其中介电常数 $\varepsilon=13.0\times10^{-9}\,\text{C}^2/(\text{N/m}^2)$ ，真空介电常数 $\varepsilon_0=8.854\times10^{-12}\,\text{C}^2/(\text{N/m}^2)$ 。挠曲电常数 $f_{44}=-a\mu_{44}=-7.70\text{V}$ ，其中挠曲电系数 $\mu_{44}=1\times10^{-7}\,\text{C/m}$ (Liang et al., 2013)，材料长度尺寸参数 $l=2\times10^{-8}\,\text{mC/m}$ 。

图9-12给出了Ⅲ型裂纹裂尖位移场的空间分布，其中位移由 $u_3/K_{\text{Ⅲ}}$ 进行表征。可以发现：考虑挠曲电效应时在反平面剪切变形下面外位移场分布呈现反对称性，与经典断裂力学理论中位移场的分布趋势一样。此外，由图9-12可以发现：Ⅲ型裂纹上下裂面上面外位移方向相反，在裂纹面上当远离裂尖时面外位移逐渐增大。

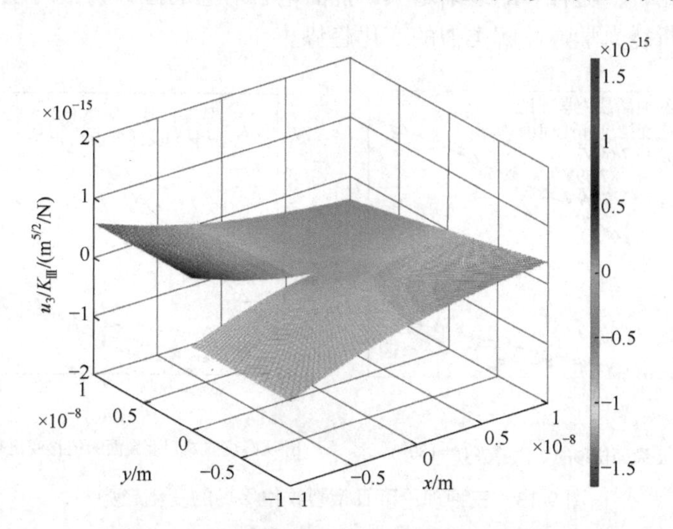

图9-12　Ⅲ型裂纹裂尖位移场的空间分布图

图9-13(a)给出了经典断裂力学理论、应变梯度弹性理论和挠曲电理论下Ⅲ型裂纹上裂面(θ =180°)位移的变化趋势。其中经典断裂力学理论对应的位移解为式(9-314)，忽略应变梯度弹性(l = 0)和挠曲电效应(f_{44} = 0)；应变梯度弹性理论对

应的位移解为式(9-313)，此时忽略了挠曲电效应($f_{44}=0$)；挠曲电理论对应的位移解为式(9-311)。由图 9-13(a)可以发现：对于三种理论，随着 r/l 逐渐增大即远离裂尖时，Ⅲ型裂纹面外位移值逐渐增大；在上述三种理论解中，经典断裂力学理论所对应的裂面位移值最大；与经典断裂力学弹性解相比，应变梯度弹性解对应的裂面位移值较小，说明应变梯度弹性效应的存在增大了材料的刚度(Georgiadis，2003；Aravas，2011)；与应变梯度弹性解相比，挠曲电理论所对应的裂面位移值较小，且随着挠曲电常数的增大，裂面位移逐渐减小，说明挠曲电效应的存在会抑制裂纹扩展。图 9-13(b)分别给出了经典断裂力学理论、应变梯度弹性理论和挠曲电理论下，距裂尖 $0.5l$ 从裂纹前缘($\theta=0°$)到上裂面($\theta=180°$)的位移变化趋势。由图 9-13(b)可以发现：随着 θ 从裂纹前缘向上裂面过渡，经典断裂力学弹性解对应的面外位移正向逐渐增大；随着 θ 的逐渐增大，应变梯度弹性解对应的面外位移先反向增大后逐渐减小至 0，随着 θ 的继续增大，面外位移正向逐渐增大。应变梯度弹性解对应的位移场具有一个“翻转区域”，在这个区域内位移的方向与裂面位移方向相反，Zhang 等(1998)的应变梯度弹性解同样呈现出这样的现象，“翻转区域”的出现与应变梯度效应和反平面剪切同时相关。挠曲电解表现出与应变梯度弹性解类似的规律，即裂尖附近存在一个“翻转区域”，且随着挠曲电常数的增大，“翻转区域”的范围逐渐减小；当挠曲电常数增大至-3×7.69V 时，“翻转区域”消失，此时，随着 θ 的逐渐增大，挠曲电解对应的位移场正向逐渐增大，表现出与经典断裂力学弹性解类似的变化趋势。

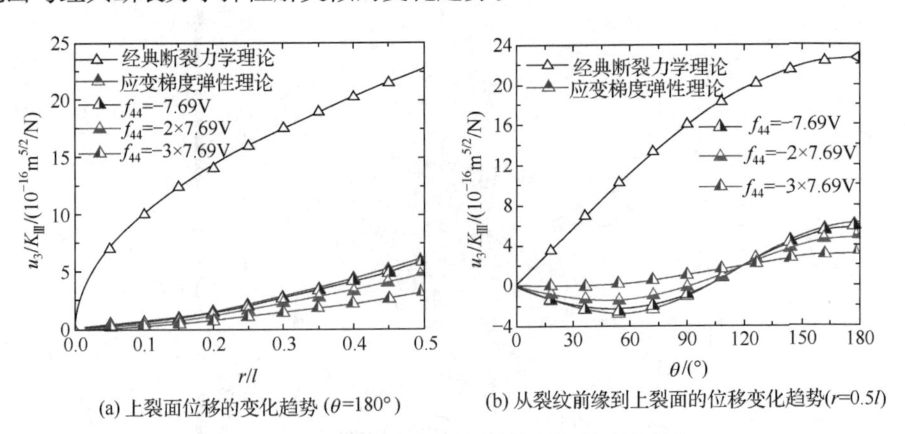

(a) 上裂面位移的变化趋势 (θ=180°)　　(b) 从裂纹前缘到上裂面的位移变化趋势(r=0.5l)

图 9-13　三种理论下Ⅲ型裂纹位移场的变化趋势

图 9-14 给出了Ⅲ型裂纹裂尖电极化场的空间分布，其中电极化由 $p_3/K_{Ⅲ}$进行表征。可以发现：Ⅲ型裂纹裂尖电极化场呈现反对称性。此外，裂尖存在大的应变梯度，在挠曲电效应的作用下伴随有显著的电极化。

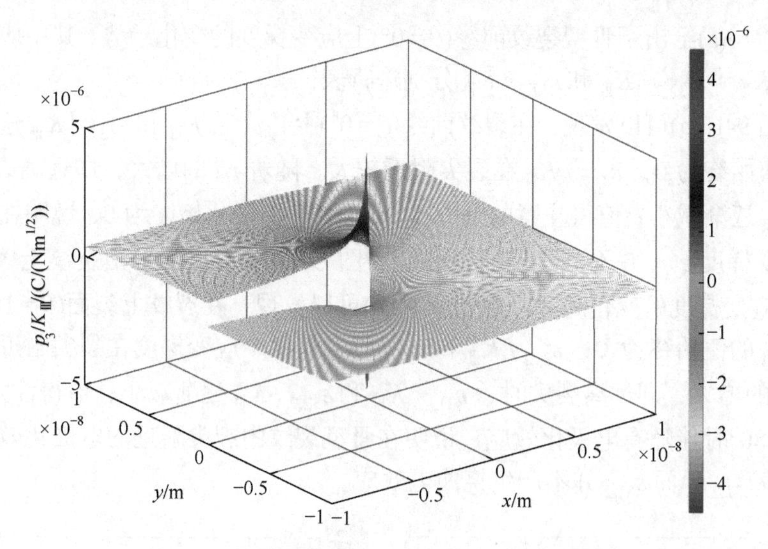

图 9-14　Ⅲ型裂纹裂尖电极化场的空间分布图

图 9-15(a)给出了不同挠曲电常数下Ⅲ型裂纹上裂面(θ = 180°)上电极化的变化趋势。可以发现：对于经典断裂力学理论，即不考虑挠曲电效应($f_{44}=0$)时，没有力电转化作用，裂面上的电极化为 0；当考虑挠曲电效应时，裂尖电极化效应显著，当远离裂尖时，即随着 r/l 的增大，电极化逐渐减小。当前的数值计算结果还表明：随着挠曲电常数的增大，面外电极化增强。图 9-15(b)给出了不同挠曲电常数下距裂尖 $0.5l$ 从裂纹前缘(θ = 0°)到上裂面(θ = 180°)的电极化变化趋势。由图 9-15(b)可以发现：随着 θ 从裂纹前缘向上裂面过渡，面外电极化由 0 逐渐增大至裂面电极化值，且随着挠曲电常数的增大，当前数值计算得到的电极化效应逐渐增强。

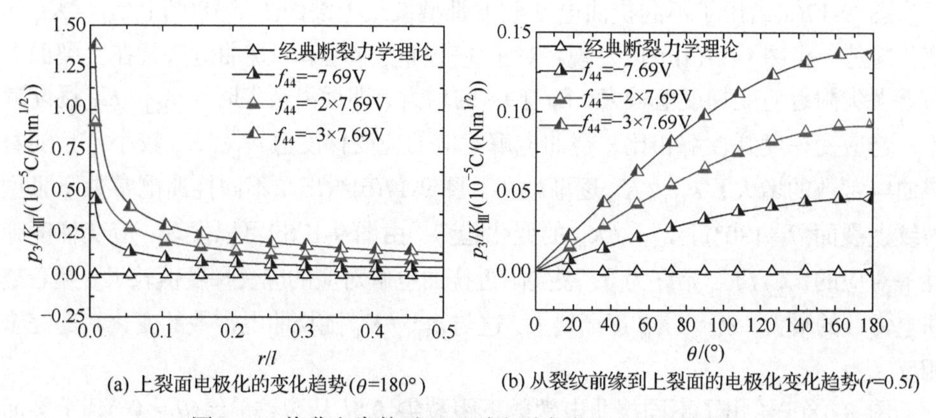

(a) 上裂面电极化的变化趋势(θ=180°)　(b) 从裂纹前缘到上裂面的电极化变化趋势(r=0.5l)

图 9-15　挠曲电常数对Ⅲ型裂纹裂尖附近电极化的影响

图 9-16(a)给出了Ⅲ型裂纹前缘($\theta=0°$)上应变梯度的变化趋势，其中应变梯度由$\varepsilon_{31,1}/K_{\mathrm{III}}$、$\varepsilon_{32,2}/K_{\mathrm{III}}$和$\varepsilon_{31,2}/K_{\mathrm{III}}$分别进行表征。

由图 9-16(a)可以发现：在裂纹前缘($\theta=0°$)上，$\varepsilon_{31,1}/K_{\mathrm{III}}$和$\varepsilon_{32,2}/K_{\mathrm{III}}$这两个应变梯度值始终为 0；$\varepsilon_{31,2}/K_{\mathrm{III}}$在裂尖附近较大，随着 r/l 的增大，即远离裂尖时，$\varepsilon_{31,2}/K_{\mathrm{III}}$逐渐减小；值得注意的是，在$\theta=0°$时，电极化始终为 0，说明在Ⅲ型裂纹中应变梯度$\varepsilon_{31,2}$并不产生挠曲电效应。图 9-16(b)给出了Ⅲ型裂纹上裂面($\theta=180°$)上应变梯度的变化趋势。由图 9-16(b)可以发现：在裂纹上裂面($\theta=180°$)上，$\varepsilon_{31,2}/K_{\mathrm{III}}$的值始终为 0；$\varepsilon_{31,1}/K_{\mathrm{III}}$和$\varepsilon_{32,2}/K_{\mathrm{III}}$这两个应变梯度在裂尖附近较大，随着 r/l 的增大，即远离裂尖时，$\varepsilon_{31,1}/K_{\mathrm{III}}$和$\varepsilon_{32,2}/K_{\mathrm{III}}$逐渐减小；值得注意的是，在$\theta=180°$时伴随有电极化效应，说明在Ⅲ型裂纹中裂尖附近的电极化效应来自于$\varepsilon_{31,1}$和$\varepsilon_{32,2}$，而$\varepsilon_{31,2}$并不产生挠曲电效应。

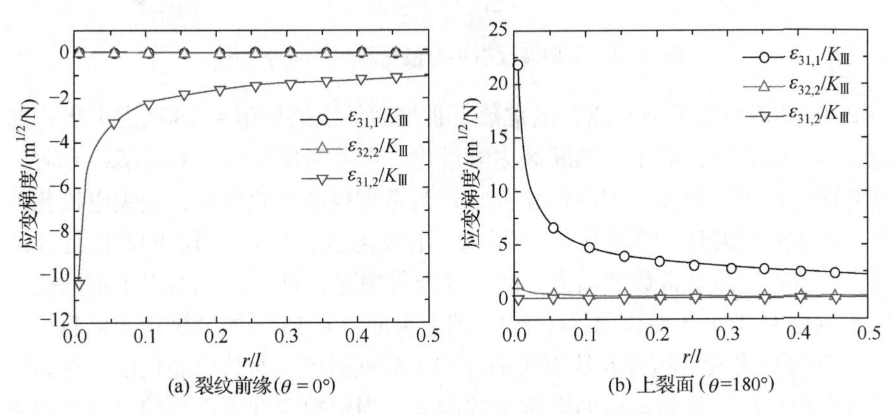

(a) 裂纹前缘($\theta=0°$)　　(b) 上裂面($\theta=180°$)

图 9-16　Ⅲ型裂纹裂尖附近应变梯度变化趋势

图 9-17(a)给出了不同挠曲电常数下Ⅲ型裂纹上裂面($\theta=180°$)上$\varepsilon_{31,1}/K_{\mathrm{III}}$的变化趋势。由图 9-17(a)可以发现：对于应变梯度弹性解和挠曲电解，在上裂面上靠近裂尖附近应变梯度值较大，随着 r/l 的增大，即远离裂尖时，$\varepsilon_{31,1}/K_{\mathrm{III}}$逐渐减小；与应变梯度弹性解相比，挠曲电解对应的应变梯度值$\varepsilon_{31,1}/K_{\mathrm{III}}$较小，且随着挠曲电常数的增大，$\varepsilon_{31,1}/K_{\mathrm{III}}$逐渐减小。图 9-17(b)给出了不同挠曲电常数下Ⅲ型裂纹上裂面($\theta=180°$)上$\varepsilon_{32,2}/K_{\mathrm{III}}$的变化趋势。由图 9-17(b)可以发现：应变梯度弹性解对应的$\varepsilon_{32,2}/K_{\mathrm{III}}$始终为 0；裂尖附近挠曲电解对应的应变梯度值较大，随着挠曲电常数的增大，$\varepsilon_{32,2}/K_{\mathrm{III}}$逐渐增大，这与$\varepsilon_{31,1}/K_{\mathrm{III}}$随挠曲电常数的变化趋势完全相反。

图 9-18(a)给出了不同挠曲电常数下距裂尖 $0.5l$ 从裂纹前缘($\theta=0°$)到上裂面($\theta=180°$)上$\varepsilon_{31,1}/K_{\mathrm{III}}$的变化趋势。由图 9-18(a)可以发现：随着$\theta$从裂纹前缘向上

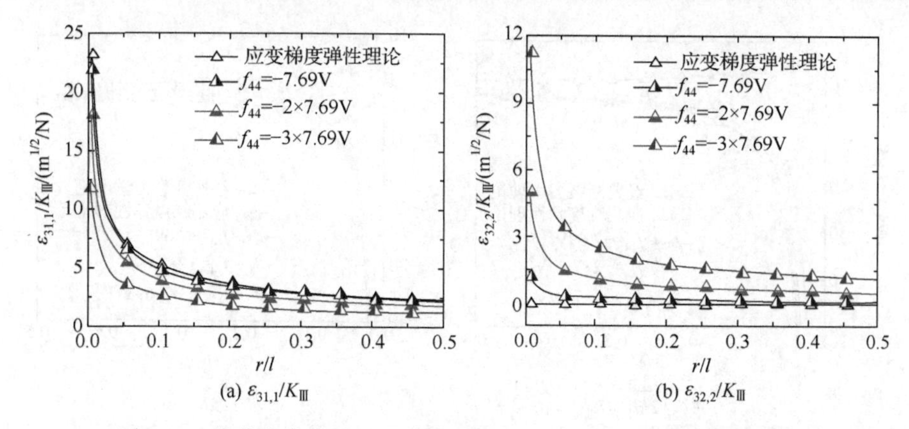

图 9-17　挠曲电常数对Ⅲ型裂纹上裂面($\theta = 180°$)上应变梯度的影响

裂面过渡，$\varepsilon_{31,1}/K_{Ⅲ}$ 先逐渐增大到一个极值，此后，随着 θ 的继续增大，$\varepsilon_{31,1}/K_{Ⅲ}$ 逐渐减小至裂面上的应变梯度值。图 9-18(b)给出了不同挠曲电常数下距裂尖 $0.5l$ 从裂纹前缘($\theta = 0°$)到上裂面($\theta = 180°$)上 $\varepsilon_{32,2}/K_{Ⅲ}$ 的变化趋势。由图 9-18(b)可以发现：随着 θ 的增大，$\varepsilon_{32,2}/K_{Ⅲ}$ 呈现正弦变化趋势。此外，随着挠曲电常数的增大，$\varepsilon_{31,1}/K_{Ⅲ}$ 逐渐减小，$\varepsilon_{32,2}/K_{Ⅲ}$ 逐渐增大。

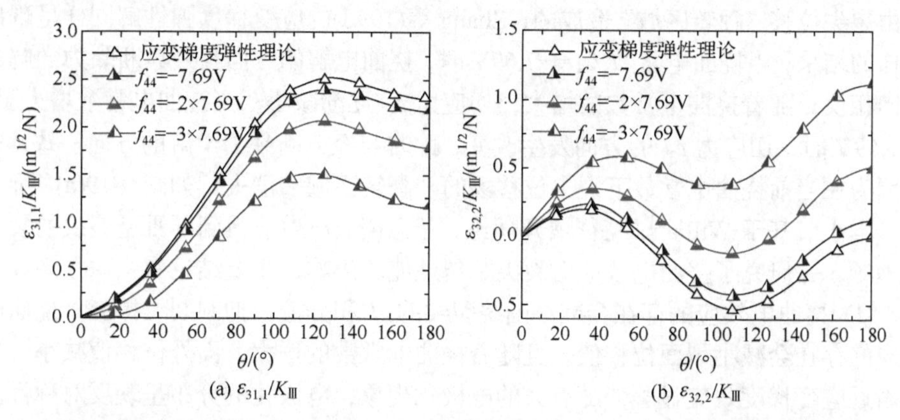

图 9-18　挠曲电常数对Ⅲ型裂纹前缘($\theta = 0°$)到上裂面($\theta = 180°$)上应变梯度的影响(r=0.5l)

考虑挠曲电效应Ⅲ型裂纹裂尖真实的应力场 τ 具有 $r^{-3/2}$ 奇异性，而经典断裂力学弹性解具有 $r^{-1/2}$ 奇异性。由式(9-321)和式(9-322)可以发现：在裂纹前缘($\theta = 0°$)非对称应力 τ_{31} 和 τ_{13} 始终为 0。图 9-19(a)和(b)分别给出了经典断裂力学理论、应变梯度弹性理论和挠曲电理论下Ⅲ型裂纹前缘($\theta = 0°$)上真实剪切应力 τ_{23} 和 τ_{32} 的变化趋势，其中剪切应力分别由 $\sqrt{2\pi l}\tau_{23}/K_{Ⅲ}$ 和 $\sqrt{2\pi l}\tau_{32}/K_{Ⅲ}$ 进行表征。

由图 9-19(a)可以发现：经典断裂力学解、应变梯度弹性解和挠曲电解在裂尖

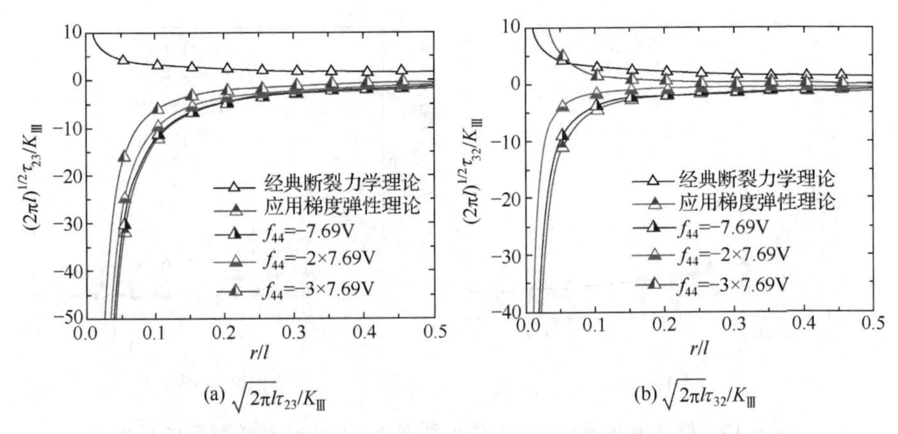

(a) $\sqrt{2\pi l}\tau_{23}/K_{\text{III}}$　(b) $\sqrt{2\pi l}\tau_{32}/K_{\text{III}}$

图 9-19　挠曲电常数对Ⅲ型裂纹前缘($\theta=0°$)上真实物理应力的影响

处存在奇异性，随着 r/l 的增大，τ_{23} 逐渐减小。应变梯度弹性解和挠曲电解对应的切应力 τ_{23} 为负值，经典断裂力学解对应的切应力 τ_{23} 则为正值，出现这个现象的原因在于：考虑应变梯度效应和挠曲电效应时裂尖位移场存在“翻转区域”。此外，在挠曲电解中，随着挠曲电常数的增大，切应力 τ_{23} 逐渐减小。由图 9-19(b)可以发现：对于切应力 τ_{32}，经典断裂力学解和应变梯度弹性解的方向相反，这同样是由裂尖位移“翻转区域”造成的，Zhang 等(1998)的应变梯度弹性解同样呈现出这样的结果；当挠曲电常数 $f_{44}=-7.69\text{V}$ 时，挠曲电解的方向与经典断裂力学解的方向相反；随着挠曲电常数的增大，切应力 τ_{32} 逐渐减小；当挠曲电常数增大至-3×7.69V 时，切应力 τ_{32} 的方向发生改变，此时与经典断裂力学解的方向一致，这是因为在当前挠曲电常数下裂尖位移场的“翻转区域”消失，如图 9-19(a)所示。

本小节基于 Williams 特征展开理论，考虑挠曲电效应得到了Ⅲ型裂纹的裂尖物理场，并研究了挠曲电效应对裂尖断裂性能的影响，主要结论有：

(1) 挠曲电效应的存在会减小围绕裂尖的 J 积分值，抑制裂纹扩展。挠曲电效应的存在会减小裂面位移值，且随着挠曲电常数的增大，面外位移值减小。裂尖附近应变梯度效应显著伴随有大的电极化现象，电极化的分布呈现反对称性。此外，在当前的数值计算中，随着挠曲电常数的增大，电极化增强。

(2) 对于Ⅲ型裂纹，挠曲电效应来源于应变梯度 $\varepsilon_{31,1}$ 和 $\varepsilon_{32,2}$，而 $\varepsilon_{31,2}$ 不产生电极化。考虑挠曲电效应时，裂尖真实应力场具有 $r^{-3/2}$ 奇异性，高于经典断裂力学弹性解中的 $r^{-1/2}$ 奇异性。

参 考 文 献

陈龙, 蔡力勋, 姚迪, 2012. 引入应变循环损伤的材料裂纹扩展行为预测模型[J]. 西安交通大学学报, 46(9): 114-118.

范天佑, 2003. 断裂理论基础[M]. 北京: 科学出版社.

古斌, 郭宇立, 李群, 2017. 基于构型力断裂准则的裂纹与夹杂干涉问题[J]. 力学学报, 49(6): 1312-1321.

贺启林, 2010. 基于 J 积分和构型力理论的材料断裂行为研究[D]. 哈尔滨: 哈尔滨工业大学.

黄学伟, 蔡力勋, 包陈, 等, 2011. 基于低周疲劳损伤的裂纹扩展行为数值模拟新方法[J]. 工程力学, 28(10): 202-208.

黎在良, 王远汉, 李廷芥, 1996. 断裂力学中的边界数值方法[M]. 北京: 地震出版社.

李群, 2015. 材料构型力学及其在复杂缺陷系统中的应用[J]. 力学学报, 47(2): 197-214.

李群, 欧卓成, 陈宜亨, 2017. 高等断裂力学[M]. 北京: 科学出版社.

李群, 王芳文, 2008. 含微缺陷各向异性复合材料中的 J_k 积分和 M 积分[J]. 西安交通大学学报, 42(1): 60-64.

王德法, 高小云, 师俊平, 2009. 三维固体问题中 M 积分与总势能变化关系的研究[J]. 水利与建筑工程学报, 7(1): 36-38.

武志宏, 王芳文, 刘冉, 等, 2018. 材料构型力驱动的复合型疲劳裂纹扩展行为研究[J]. 西安交通大学学报, 52(9): 45-53.

于宁宇, 李群, 2014. 基于数字散斑相关实验测量的材料构型力的计算方法[J]. 实验力学, 29(5): 579-588.

ALIABADI M H, ROOKE D P, 1991. Numerical Fracture Mechanics[M]. Boston: Computational Mechanics Publications Kluwer Academic Publishers.

ARAVAS N, 2011. Plane-strain problems for a class of gradient elasticity models-A stress function approach[J]. Journal of Elasticity, 104(1-2): 45-70.

ARAVAS N, GIANNAKOPOULOS A E, 2009. Plane asymptotic crack-tip solutions in gradient elasticity[J]. International Journal of Solids and Structures, 46(25-26): 4478-4503.

AZOCAR D, ELGUETA E, RIVARA M C, 2010. Automatic LEFM crack propagation method based on local Lepp-Delaunay mesh refinement[J]. Advances in Engineering Software, 41(2): 111-119.

BALLARINI R, ROYERCARFAGNI G A, 2016. Newtonian interpretation of configurational forces on dislocations and cracks[J]. Journal of the Mechanics and Physics of Solids, 95: 602-620.

BANKS-SILLS L, MOTOLA Y, SHEMESH L, 2008. The *M*-integral for calculating intensity factors of an impermeable crack in a piezoelectric material[J]. Engineering Fracture Mechanics, 75(5): 901-925.

BAXEVANAKIS K P, GIANNAKOPOULOS A E, 2015. Finite element analysis of discrete edge dislocations: Configurational forces and conserved integrals[J]. International Journal of Solids and Structures, 62: 52-65.

BECKER T H, MOSTAFAVI M, TAIT R B, et al., 2012. An approach to calculate the *J*-integral by digital image correlation displacement field measurement[J]. Fatigue & Fracture of Engineering Materials & Structures, 35(10): 971-984.

BEGLEY J A, LANDES J D, 1989. The *J* integral as a fracture criterion. [C]//Fracture Toughness, Proceedings of the 1971 National Symposium on Fracture Mechanics, Part Ⅱ. Philadelphia, Pa: ASTM STP 514, 1-26.

BIRD R, COOMBS W, GIANI S, 2018. A quasi-static discontinuous Galerkin configurational force crack propagation method for brittle materials[J]. International Journal for Numerical Methods in Engineering, 113(7): 1061-1080.

BOSI F, MISSERONI D, DAL CORSO F, et al., 2015. Development of configurational forces during the injection of an elastic rod[J]. Extreme Mechanics Letters, 4: 83-88.

BUDIANSKY B, RICE J R, 1973. Conservation laws and energy-release rates[J]. Journal of Applied Mechanics, 40 (1): 201-203.

BUECKNER H F, 1972. Observations on weight functions[J]. Engineering Analysis with Boundary Elements, 6(1): 3-18.

BUECKNER H F, 1973. Field singularities and related integral representations[J]. Mechanics of Fracture, 1: 239-314.

CARKA D, LANDIS C M, 2011. On the path-dependence of the *J*-integral near a stationary crack in an elastic-plastic material[J]. Journal of Applied Mechanics, 78(1): 1-6.

CHABOCHE J L, 1989. Constitutive equations for cyclic plasticity and cyclic viscoplasticity[J]. International Journal of Plasticity, 5(3): 247-302.

CHABOCHE J L, LESNE P A, 1998. A nonlinear continuous fatigue damage model[J]. Fatigue and Fracture of Engineering Materials and Structures, 11(1): 1-17.

CHANG J H, CHIEN C A, 2002. Evaluation of *M*-integral for anisotropic elastic media with multiple defects[J]. International Journal of Fracture, 114(3): 267-289.

CHANG J H, LIN J S, 2007a. Surface energy for creation of multiple curved cracks in rubbery materials[J]. Journal of Applied Mechanics-Transactions of the ASME, 74(3): 488-496.

CHANG J H, PENG D J, 2004. Use of *M* integral for rubbery material problems containing multiple defects[J]. Journal of Engineering Mechanics-ASCE, 130(5): 589-598.

CHANG J H, WU W H, 2007b. Calculation of surface energy associated with formation of multiple kinked cracks[J]. Computers and Structures, 85(23-24): 1729-1739.

CHANG J H, WU W H, 2011. Using *M*-integral for multi-cracked problems subjected to nonconservative and nonuniform crack surface tractions[J]. International Journal of Solids and Structures, 48(19): 2605-2613.

CHEN F H K, SHIELD R T, 1977. Conservation laws in elasticity of the *J*-integral type[J]. Journal of Applied Mathematics and Physics, 28(1): 1-28.

CHEN Y H, 2002. Advances in Conservation Laws and Energy Release Rates[M]. The Netherlands: Kluwer Academic Publishers.

CHEN Y H, 2001a. *M*-integral analysis for two-dimensional solids with strongly interacting microcracks. Part Ⅰ: In an infinite brittle solid[J]. International Journal of Solids and Structures, 38(18): 3193-3212.

CHEN Y H, 2001b. *M*-integral analysis for two-dimensional solids with strongly interacting microcracks. Part Ⅱ: In the brittle phase of an infinite metal/ceramic bimaterial[J]. International Journal of Solids and Structures, 38(18): 3213-3232.

CHEN Y H, HASEBE N, 1998. A consistency check for strongly interacting multiple crack problems in isotropic, bimaterial and orthotropic bodies[J]. International Journal of Fracture, 89: 333-353.

CHEN Y H, MA L F, 2000. Bueckner's work conjugate integrals and weight functions for a crack in anisotropic solids[J]. Acta Mechanica Sinica, 16(3): 240-253.

CHEN Y J, SUN D X, HOU J L, et al., 2022. A nonlinear uniaxial fatigue damage accumulation model based on the theory of material configurational forces[J]. Fatigue and Fracture of Engineering Materials and Structures, 45(9): 2613-2629.

CHEN Y T, LIU K X, 2015. Crack propagation in viscoplastic polymers: Heat generation in near-tip zone and viscoplastic cohesive model[J]. Applied Physics Letters, 106(6): 1147-1170.

CHEN Y Z, 1985. New path independent integrals in linear elastic fracture-mechanics[J]. Engineering Fracture Mechanics, 22(4): 673-686.

CHEN Y Z, 1995. A survey of new integral equations in plane elasticity crack problem[J]. Engineering Fracture Mechanics,

51(1): 97-134.

CHEN Y Z, HASEBE N, LEE K Y, 2003. Multiple Crack Problems in Elasticity[M]. Boston: WIT Press.

CHEN Y Z, LEE K Y, 2004. Analysis of the *M*-integral in plane elasticity[J]. Journal of Applied Mechanics, 71(4): 572-574.

CHEREPANOV G P, 1967. Crack propagation in continuous media[J]. Journal of Applied Mathematics and Mechanics, 31(3): 503-512.

CHOU S I, 1990. Note on the path-independent integral for bi-material bodies[J]. International Journal of Fracture, 45(4): 49-53.

CHOW C L, WANG J, 1987. An anisotropic theory of continuum damage mechanics for ductile fracture[J]. Engineering Fracture Mechanics, 27(5): 547-558.

DASCALU C, MAUGIN G A, 1994. Energy-release rates and path-independent integrals in electroelastic crack propagation[J]. International Journal of Engineering Science, 32(5): 755-765.

DUGDALE D S, 1960. Yielding of steel sheets containing slits[J]. Journal of the Mechanics and Physics of Solids, 8: 100-108.

EISCHEN J W, HERRMANN G, 1987. Energy release rates and related balance laws in linear elastic defect mechanics[J]. Journal of Applied Mechanics, 54: 388-392.

ENGLAND A H, 1965. A crack between dissimilar media[J]. Journal of Applied Mechanics-Transactions of the ASME, 32(2): 400-402.

ENGLAND A H, 1971. Complex variable methods in elasticity[J]. Journal of Applied Mechanics-Transactions of the ASME, 39(1):318.

ERDOGAN F, SIH G C, 1963. On the crack extension in plates under plane loading and transverse shear[J]. Journal of Basic Engineering, 85(4): 519-525.

ESHELBY J D, 1951. The force on an elastic singularity[J]. Philosophical Transactions of the Royal Society of London, Series A, 244: 87-112.

ESHELBY J D, 1956. The continuum theory of lattice defects[J]. Solid State Physics, 3: 79-144.

ESHELBY J D, 1970. Energy Relations and the Energy Momentum Tensor in Continuum Mechanics[M]//Fundamental Contributions to the Continuum Theory of Evolving Phase Interfaces in Solids. New York: McGraw-Hill.

ESHELBY J D, 1975. The elastic energy-momentum tensor[J]. Journal of Elasticity, 5: 321-335.

FAGERSTRÖM M, LARSSON R,2008. Approaches to dynamic fracture modelling at finite deformations[J]. Journal of the Mechanics and Physics of Solids, 56(2): 613-639.

FANG D N, JIANG Y J, LI S, et al., 2007. Interactions between domain switching and crack propagation in poled $BaTiO_3$ single crystal under mechanical loading[J]. Acta Materialia, 55: 5758-5767.

FARUKH F, ZHAO L G, JIANG R, et al., 2015. Fatigue crack growth in a nickel-based superalloy at elevated temperature - experimental studies, viscoplasticity modelling and XFEM predictions[J]. Mechanics of Advanced Materials and Modern Processes, 1(1): 2.

FREUND L B, 1978. Stress intensity factor calculations based on a conservation integral[J]. International Journal of Solids and Structures, 14: 241-250.

GAO H J, 1994. Some general-properties of stress-driven surface evolution in a heteroepitaxial thin-film structure[J]. Journal of the Mechanics and Physics of Solids, 42(5): 741-772.

GAO X L, PARK S K, 2007. Variational formulation of a simplified strain gradient elasticity theory and its application to a pressurized thick-walled cylinder problem[J]. International Journal of Solids and Structures, 44 (22-23): 7486-7499.

GASTALDI D, SASSI V, PETRINI L, et al., 2011. Continuum damage model for bioresorbable magnesium alloy devices-application to coronary stents[J]. Journal of the Mechanical Behavior of Biomechanical Materials, 4(3): 352-365.

GEORGIADIS H G, 2003. The mode Ⅲ crack problem in microstructured solids governed by dipolar gradient elasticity: Static and dynamic analysis[J]. Journal of Applied Mechanics-Transactions of the ASME, 70 (4): 517-530.

GOMMERSTADT B Y, 2014. The *J* and *M* integrals for a cylindrical cavity in a time-harmonic wave field[J]. International Journal of Engineering Science, 83: 76-84.

GOURGIOTIS P A, GEORGIADIS H G, 2009. Plane-strain crack problems in microstructured solids governed by dipolar gradient elasticity[J]. Journal of the Mechanics and Physics of Solids, 57 (11): 1898-1920.

GRIFFITH A A, 1921. The phenomena of rupture and flow in solids[J]. Philosophical Transactions of the Royal Society of London, Series A, 221: 163-197.

GRUBER D, SISTANINIA M, FASCHING C, et al., 2016. Thermal shock resistance of magnesia spinel refractories-Investigation with the concept of configurational forces[J]. Journal of the European Ceramic Society, 36(16): 4301-4308.

GURTIN M E, 2000. Configurational Forces as Basic Concepts of Continuum Physics[M]. Berlin: Springer.

GURTIN M E, MURDOCH A I, 1975. Continuum theory of elastic-material surfaces[J]. Archive for Rational Mechanics and Analysis, 57(4): 291-323.

GURTIN M E, PODIO-GUIDUGLI P, 1996. Configurational forces and the basic laws for crack propagation[J]. Journal of the Mechanics and Physics of Solids, 44(6): 905-927.

GUO Y L, LI Q, 2017. Material configurational forces applied to mixed mode crack propagation[J]. Theoretical and Applied Fracture Mechanics, 89: 147-157.

HAN J J, CHEN Y H, 1999. Multiple parallel crack interaction problems in piezoelectric ceramics[J]. International Journal of Solids and Structures, 36: 3375-3390.

HE Q L, WU L Z, YU H J, 2009. Investigation on thermomechanical fracture in the framework of configurational forces[J]. European Journal of Mechanics A-Solids, 28(6): 1064-1071.

HELM J D, MCNEILL S R, SUTTON M A, 1996. Improved three-dimensional image correlation for surface displacement measurement[J]. Optical Engineering, 35(7): 1911-1920.

HERBERT J, 1982. Ferroelectrics Transducers and Sensors[M]. New York: Gordon and Breach Science Publishes.

HERRMANN A G, 1981. On conservation-laws of continuum-mechanics[J]. International Journal of Solids and Structures, 17(1): 1-9.

HERRMANN A G, HERRMANN G, 1981. On energy-release rates for a plane crack[J]. Journal of Applied Mechanics-Transactions of the ASME, 48(3): 525-528.

HU Y F, CHEN Y H, 2009a. *M*-integral description for a strip with two microcracks before and after coalescence[J]. Journal of Applied Mechanics-Transactions of the ASME, 76: 061017.

HU Y F, CHEN Y H, 2009b. The *M*-integral description for a brittle plane strip with two holes before and after coalescence[J]. Acta Mechanica, 204(1-2): 109-123.

HU Y F, CHEN Y H, 2011. The area contraction and expansion for a nano-void under four different kinds of loading[J]. Archive of Applied Mechanics, 81(9): 1323-1331.

HU Y F, CHEN Y H, 2012a. Energy release or absorption due to simultaneous rotation of two nano voids in plane elastic materials as influenced by both surface effect and interacting effect[J]. Archive of Applied Mechanics, 82(2): 141-153.

HU Y F, LI Q, SHI J, et al., 2012b. Surface interface effect and size configuration dependence on the energy release in nanoporous membrane[J]. Journal of Applied Physics, 112(3): 1-6.

HUANG Y, CHEN J Y, GUO T F, et al., 1999. Analytic and numerical studies on mode Ⅰ and mode Ⅱ fracture in elastic-plastic materials with strain gradient effects[J]. International Journal of Fracture, 100(1): 1-27.

HUI T, CHEN Y H, 2010a. The *M*-integral analysis for a nano-inclusion in plane elastic materials under uni-axial or bi-axial loadings[J]. Journal of Applied Mechanics-Transactions of the ASME, 77(2):1-9.

HUI T, CHEN Y H, 2010b. Two state *M*-integral analysis for a nano-inclusion in plane elastic materials under uni-axial or bi-axial loadings[J]. Journal of Applied Mechanics-Transactions of the ASME, 77(2): 1-5.

HUSSAIN M A, PU S L, UNDERWOOD J, 1974. Strain energy release rate for a crack under combined mode Ⅰ and mode Ⅱ [C]//Fracture Analysis, Proceedings of the 1973 National Symposium on Fracture Mechanics, Par Ⅱ .Lutherville-Timonium, MD: ASTM STP 560. 2-28.

HUTCHINSON J W, 1987. Crack tip shielding by micro-cracking in brittle solids[J]. Acta Metallurgica Sinica, 35(7): 1605-1619.

HUTMACHER D W, 2000. Scaffolds in tissue engineering bone and cartilage[J]. Biomaterials, 21: 2529-2543.

HWANG S C, MCMEEKING R M, 1999. A finite element model of ferroelastic polycrystals[J]. International Journal of Solids and Structures, 36(10): 1541-1556.

INGRAFFEA A R, GRIGORIU M, 1990. Probabilistic fracture mechanics: A validation of predictive capability[R]. Ithaca: Cornell University, Department of Structural Engineering. ADA228877, 1-155.

IRWIN G R, 1957. Analysis of stresses and strains near the end of a crack traversing a plate[J]. Journal of Applied Mechanics, 24: 361-364.

IRWIN G R, 1960. Plastic zone near a crack tip and fracture toughness[C]. Proceedings of the 7th Sagamore Conference, New York, 463-478.

JUDT P O, RICOEUR A, 2016. A new application of *M*- and *L*-integrals for the numerical loading analysis of two interacting cracks[J]. Zamm-Zeitschrift fur Angewandte Mathematik und Mechanik, 96(1): 24-36.

KANNINEN M F, POPELAR C H, 1985. Advanced Fracture Mechanics[M]. New York: Clarendon Press-Oxford University Press.

KESSLER H, BALKE H, 2001. On the local and average energy release in polarization switching phenomena[J]. Journal of the Mechanics and Physics of Solids, 49(5): 953-978.

KIENZLER R, HERRMANN G, 1992. Mechanics in Material Space with Appications to Defect and Fracture Mechanics[M]. Berlin: Springer-Verlag.

KIENZLER R, HERRMANN G, 1997. On the properties of the Eshelby tensor[J]. Acta Mechanica, 125(1-4): 73-91.

KIENZLER R, HERRMANN G, 2002. Fracture criteria based on local properties of the Eshelby tensor[J]. Mechanics Research Communications, 29(6): 521-527.

KIENZLER R, KORDISCH H, 1990. Calculation of J_1 and J_2 using the *L*-integral and *M*-integral[J]. International Journal of Fracture, 43(3): 213-225.

KING R B, HERRMANN G, 1981. Nondestructive evaluation of the *J* and *M* integrals[J]. Journal of Applied Mechanics, 48(1): 331-338.

KISHIMOTO K, AOKI S, SAKATA M, 1980. On the path independent integral-$\hat{J}$[J]. Engineering Fracture Mechanics, 13(4): 841-850.

KISHIMOTO K, AOKI S, SAKATA M, 1982. Use of $\hat{J}$-integral in dynamic analysis of cracked linear viscoelastic solids by finite-element method[J]. Journal of Applied Mechanics-Transactions of the ASME, 49(1): 75-80.

KNOWLES J K, STERNBERG E, 1972. On a class of conservation laws in linearized and finite elastostatics[J]. Archive for Rational Mechanics and Analysis, 44(3): 187-211.

KUNA M, BURGOLD A, PRUGER S, 2015. Stress analysis and configurational forces for cracks in TRIP-steels[J]. International Journal of Fracture, 193(2): 171-187.

LAM K Y, WEN C, 1993. Enhancement/shielding effects of inclusion on arbitrarily located cracks[J]. Engineering Fracture Mechanics, 46(3): 443-454.

LANDES J, BEGLEY J A, 1976. A fracture mechanics approach to creep crack growth[C]//Mechanics of Crack Growth, Proceedings of Eighth National Symposium on Fracture Mechanics. Baltimore, MD: ASTM STP 590, 128-148.

LARSSON R, FAGERSTROM M, 2005. A framework for fracture modelling based on the material forces concept with XFEM kinematics[J]. International Journal for Numerical Methods in Engineering, 62(13): 1763-1788.

LEE C S, YOO B M, KIM M H, et al., 2013. Viscoplastic damage model for austenitic stainless steel and its application to the crack propagation problem at cryogenic temperatures[J]. International Journal of Damage Mechanics, 22(1): 95-115.

LI F X, RAJAPAKSE R K N D, 2007. A constrained domain-switching model for polycrystalline ferroelectric ceramics. Part Ⅰ: Model formulation and application to tetragonal materials[J]. Acta Materialia, 55: 6472-6480.

LI M, SCHAFFER H, SOBOYEJO W O, 2000. Transformation toughening of NiAl composites reinforced with yttria partially stabilized zirconia particles[J]. Journal of Material Science, 35(6): 1339-1345.

LI Q, CHEN Y H, 2008. Surface effect and size dependence on the energy release due to a nanosized hole expansion in plane elastic materials[J]. Journal of Applied Mechanics-Transactions of the ASME, 75(6):1-5.

LI Q, GUO Y L, HOU J L, et al., 2017. The *M*-integral based failure description on elasto-plastic materials with defects under biaxial loading[J]. Mechanics of Materials, 112: 163-171.

LI Q, LV J N, GUO Y L, et al., 2018. A consistent framework of material configurational mechanics in piezoelectric materials[J]. Acta Mechanica, 229(1): 299-322.

LI Q, LV J N, HOU J L, et al., 2015. Crack-tip shielding by the dilatant transformation of particles/fibers embedded in composite materials[J]. Theoretical and Applied Fracture Mechanics, 80: 242-252.

LI Q, LV J N, 2017. Invariant integrals of crack interaction with an inhomogeneity[J]. Engineering Fracture Mechanics, 171: 76-84.

LI Q, KUNA M, 2012a. Inhomogeneity and material configurational forces in three dimensional ferroelectric polycrystals[J]. European Journal of Mechanics A-Solids, 31(1): 77-89.

LI Q, KUNA M, 2012b. Evaluation of electromechanical fracture behavior by configurational forces in cracked ferroelectric polycrystals[J]. Computational Materials Science,57: 94-101.

LI Q, RICOEUR A, ENDERLEIN M, et al., 2010. Evaluation of electromechanical coupling effect by microstructural modeling of domain switching in ferroelectrics[J]. Mechanics Research Communications, 37(3): 332-336.

LI Z, CHEN Q, 2002. Crack-inclusion for mode-I crack analyzed by Eshelby equivalent inclusion method[J]. International Journal of Fracture, 118: 29-40.

LI Z, YANG L H, 2002. The application of the Eshelby equivalent inclusion method for unifying modulus and transformation toughening[J]. International Journal of Solids and Structure, 39: 5225-5240.

LI Z H, YANG L H, LI S, et al., 2007. The stress intensity factors for a short crack partially penetrating an inclusion of arbitrary shape[J]. International Journal of Fracture, 148: 243-250.

LIANG X, SHEN S P, 2013. Size-dependent piezoelectricity and elasticity due to the electric field-strain gradient coupling and strain gradient elasticity[J]. International Journal of Applied Mechanics-Transactions of the ASME,5(2):1-16.

LIEBE T, DENZER R, STEINMANN P, 2003. Application of the material force method to isotropic continuum damage[J]. Computational Mechanics, 30(3): 171-184.

LINKOV A M, 2009. Boundary Integral Equations in Elasticity Theory[M]. Netherlands: Springer.

LIECHTI K M, CHAI Y S, 1992. Asymmetric shielding in interfacial fracture under in-plane shear[J]. Journal of Applied Mechanics-Transactions of the ASME, 59(2): 295-304.

LIPETZKY P, SCHMAUDER S, 1994. Crack-particle interaction in two-phase composites. Part I: Particle shape effects[J]. International Journal of Fracture, 65: 345-358.

LIU R, HOU J L, LI Q, 2020. Material configurational forces applied to mixed-mode fatigue crack propagation and life prediction in elastic-plastic material[J].International Journal of Fatigue,134: 105467.

LV J N, FAN X L, LI Q, 2017. The impact of the growth of thermally grown oxide layer on the propagation of surface cracks within thermal barrier coatings[J]. Surface & Coatings Technology, 309: 1033-1044.

MA L F, CHEN Y H, LIU C S, 2001. On the relation between the *M*-integral and the change of the total potential energy in damaged brittle solids[J]. Acta Mechanica, 150(1-2): 79-85.

MA L F, CHEN Y H, 2001. Weight function for interface cracks in dissimilar anisotropic piezoelectric materials[J]. International Journal of Fracture, 110: 263-279.

MAO S, PUROHIT P K, 2015. Defects in flexoelectric solids[J]. Journal of the Mechanics and Physics of Solids, 84: 95-115.

MARANGANTI R, SHARMA N D, SHARMA P, 2006. Electromechanical coupling in nonpiezoelectric materials due to nanoscale nonlocal size effects: Green's function solutions and embedded inclusions[J]. Physical Review B, 74 (1): 1-14.

MAUGIN G A, 1993. Material Inhomogeneities in Elasticity[M]. London: Chapman Hall.

MCMEEKING R M, 1990. A *J*-integral for the analysis of electrically induced mechanical stress at cracks in elastic dielectrics[J]. International Journal of Engineering Science, 28(7): 605-613.

MCMEEKING R M, EVANS A G, 1981. Mechanics of transformation-toughening in brittle materials[J]. Journal of the American Ceramic Society, 65: 242-246.

MIRANDA A C O, MEGGIOLARO M A, CASTRO J T P, et al., 2003. Fatigue life and crack predictions in generic 2D structural components[J]. Engineering Fracture Mechanics, 70(10): 1259-1279.

MINDLIN R D, 1968. Polarization gradient in elastic dielectrics[J]. International Journal of Solids and Structures, 4: 637-642.

MOGILEVSKAYA S G, CROUCH S L, STOLARSKI H K, 2008. Multiple interacting circular nano-inhomogeneities with surface/interface effects[J]. Journal of the Mechanics and Physics of Solids, 56(6): 2298-2327.

MOGILEVSKAYA S G, CROUCH S L, 2001. A Galerkin boundary integral method for multiple circular elastic inclusions[J]. International Journal for Numerical Methods in Engineering, 52: 1069-1106.

MOGILEVSKAYA S G, CROUCH S L, 2002. A Galerkin boundary integral method for multiple circular elastic inclusions with homogeneously imperfect interfaces[J]. International Journal of Solids and Structures, 39: 4723-4746.

MOGILEVSKAYA S G, CROUCH S L, 2004. A Galerkin boundary integral method for multiple circular elastic inclusions with uniform interphase layers[J]. International Journal of Solids and Structures, 41:1285-1311.

MOGILEVSKAYA S G, CROUCH S L, 2007. On the use of Somigliana's formulae and series of surface spherical harmonics for elasticity problems with spherical boundaries[J]. Engineering Analysis with Boundary Elements, 31:116-132.

MOGILEVSKAYA S G, LINKOV A M, 1998. Complex fundamental solutions and complex variables boundary element method in elasticity[J]. Computational Mechanics, 22(1): 88-92.

MOHAMMADIPOUR A, WILLAM K, 2018. A numerical lattice method to characterize a contact fatigue crack growth and its Paris coefficients using configurational forces and stress-life curves[J]. Computer Methods in Applied Mechanics and Engineering, 340: 236-252.

MORAN B, SHIH C F, 1987. A general treatment of crack tip contour integrals[J]. International Journal of Fracture, 35(4): 295-310.

MOROZOVSKA A N, ELISEEV E A, SCHERBAKOV C M, et al., 2016. Influence of elastic strain gradient on the upper limit of flexocoupling strength, spatially modulated phases, and soft phonon dispersion in ferroics[J]. Physical Review B, 94(17): 174-112.

MUELLER R, MAUGIN G A, 2002. On material forces and finite element discretizations[J]. Computational Mechanics, 29(1): 52-60.

MUELLER R, GROSS D, MAUGIN G A, 2004. Use of material forces in adaptive finite element methods[J]. Computational Mechanics, 33(6): 421-434.

MUELLER R, KOLLING S, GROSS D, 2002. On configurational forces in the context of the finite element method[J]. International Journal for Numerical Methods in Engineering, 53(7): 1557-1574.

MUSKHELISHVILI N I, RADOK J R M, 1953. Some basic problems of the mathematical theory of elasticity[J]. The American Mathematical Monthly, 74(6): 752.

MUSKHELISHVILI N I, 1977. Stress Function Complex Representation of the General Solution of the Equations of the Plane Theory of Elasticity[M]//Some Basic Problems of the Mathematical Theory of Elasticity: Fundamental Equations Plane Theory of Elasticity Torsion and Bending. Dordrecht: Springer-Science+Business Media, 105-166.

NAGAI M, IKEDA T, MIYAZAKI N, 2007. Stress intensity factor analysis of a three-dimensional interface crack between dissimilar anisotropic materials[J]. Engineering Fracture Mechanics, 74(16): 2481-2497.

NAKAZAWA T, FUNAMI K, WU L, 1997. Mechanical properties of Ti-Ni shape memory particle dispersed copper composite materia[C]//International Conference on Thermomechanical Processing of Steels and Other Materials in 1997. Wollongong, Australia, 1343-1349.

NGUYEN T D, GOVINDJEE S, KLEIN P A, et al., 2005. A material force method for inelastic fracture mechanics[J]. Journal of the Mechanics and Physics of Solids, 53(1): 91-121.

NIKBIN K M, WEBSTER G A, TURNER C E, 1976. Relevance of nonlinear fracture mechanics to creep cracking[C]//Cracks and Fracture, Proceedings of Ninth National Symposium on Fracture Mechanics. Lutherville-Timonium, MD: ASTM STP 601: 47-62.

NIKISHKOV G P, ATLURI S N, 1987. An equivalent domain integral method for computing crack-tip integral parameters in non-elastic, thermo-mechanical fracture[J]. Engineering Fracture Mechanics, 26(6): 851-867.

NOETHER E, 2011. Invariant Variational Problems[M]SCHWARZBACH B E//KOSMANN-SCHWARZBACH Y. The Noether Theorems: Invariance and Conservation Laws in the Twentieth Century. New York: Springer.

OZENC K, CHINARYAN G, KALISKE M, 2016. A configurational force approach to model the branching phenomenon in dynamic brittle fracture[J]. Engineering Fracture Mechanics, 157: 26-42.

OZENC K, KALISKE M, LIN G Y, et al., 2014. Evaluation of energy contributions in elasto-plastic fracture: A review of the configurational force approach[J]. Engineering Fracture Mechanics, 115: 137-153.

ORTIZ M, 1987. A continuum theory of crack shielding in ceramics[J]. Journal of Applied Mechanics-Transactions of the ASME, 54(1): 54-58.

ORTIZ M, 1988. Microcrack coalescence and macroscopic crack-growth initiation in brittle solids[J]. International Journal of Solids and Structures, 24(3): 231-250.

PAN S X, HU Y F, LI Q, 2013. Numerical simulation of mechanical properties in nanoporous membrane[J]. Computational Materials Science, 79: 611-618.

PAN S X, LI Q, LIU Q D, 2017. Ferroelectric creep associated with domain switching emission in the cracked ferroelectrics[J]. Computational Materials Science, 140: 244-252.

PAK Y E, 1990. Crack extension force in a piezoelectric materia[J]. Journal of Applied Mechanics-Transactions of the ASME, 57(3): 647-653.

PAK Y E, HERRMANN G, 1986. Conservation laws and the material momentum tensor for the elastic dielectric[J]. International Journal of Engineering Science, 24(8): 1365-1374.

PARTON V Z, MOROZOV E M, PITERMAN M, et al., 1989. Mechanics of Elastic-Plastic Fracture[M]. Washington: Hemisphere Publishing Corporation.

PITTI R M, DUBOIS F, PETIT C, et al., 2008. A new *M*-integral parameter for mixed-mode crack growth in orthotropic viscoelastic material[J]. Engineering Fracture Mechanics, 75(15): 4450-4465.

PRASAD N E, KAMAT S V, MALAKONDAIAH G, et al., 1994. Fracture toughness of quaternary Al-Li-Cu-Mg alloy under mode Ⅰ, mode Ⅱ, and mode Ⅲ loading conditions[J]. Metallurgical and Materials Transactions A, 25: 2439-2452.

POOK L P, 1971. The effect of crack angle on fracture toughness[J]. Engineering Fracture Mechanics, 3: 205-218.

RAJU I S, SHIVAKUMAR K N, 1990. An equivalent domain integral method in the two-dimensional analysis of mixed mode crack problems[J]. Engineering Fracture Mechanics, 37(4): 707-725.

RAMBERG W, OSGOOD W R, 1943. Description of Stress-strain Curves by Three Parameters[M]. Washington: National advisory committee for aeronautics.

RICE J R, 1968. A path independent integral and the approximate analysis of strain concentration by notches and cracks[J]. Journal of Applied Mechanics, 35(2): 379-386.

RICE J R, SIH G C, 1965. Plane problems of cracks in dissimilar media[J]. Journal of Applied Mechanics-Transactions of the ASME, 32(2): 418-423.

RICHARD H A, 1988. Safety estimation for construction units with cracks under complex loading[J]. International Journal of Materials & Product Technology, 3(3): 326-338.

SHARMA N D, MARANGANTI R, SHARMA P, 2007. On the possibility of piezoelectric nanocomposites without using piezoelectric materials[J]. Journal of the Mechanics and Physics of Solids, 55(11): 2328-2350.

SIDOROFF F, 1981. Description of Anisotropic Damage Application to Elasticity. Physical Non-Linearities in Structural Analysis[M]. Berlin: Springer.

SIH G C, 1973. Method of Analysis and Solutions of Crack Problems[M]. Leyden: Noordhoff International Publishing.

SIMHA N K, FISCHER F D, KOLEDNIK O, et al., 2005. Crack tip shielding or anti-shielding due to smooth and discontinuous material inhomogeneities[J]. International Journal of Fracture, 135(1-4): 73-93.

SEO Y, JUNG G J, KIM I H, et al., 2018. Configurational forces on elastic line singularities[J]. Journal of Applied Mechanics-Transactions of the ASME, 85(3): 034501.

SHIMAMOTO A, FURUYA Y, TAYA M, 1996. Active control of crack-tip stress intensity by contraction of shape memory TiNi fibers embedded in epoxy matrix composite[C]// Intelligent Materials and Robots, 7th International Symposium. GuangZhou, China, 463-466.

SLADEK J, SLADEK V, STANAK P, et al., 2017. Fracture mechanics analysis of size-dependent piezoelectric solids[J].

International Journal of Solids and Structures,113-114: 1-9.

SLADEK J, SLADEK V, JUS M, 2018. The MLPG for crack analyses in composites with flexoelectricity effects[J]. Composite Structures, 204: 105-113.

SLADEK J, SLADEK V, WÜNSCHE M, et al., 2018. Effects of electric field and strain gradients on cracks in piezoelectric solids[J]. European Journal of Mechanics A-Solids, 71: 187-198.

SOKOLNIKOFF S, 1956. Mathematical Theory of Elasticity[M]. New York: McGraw-Hill.

SUO Z, KUO C M, BARNETT D M, et al., 1992. Fracture mechanics for piezoelectric ceramics[J]. Journal of the Mechanics and Physics of Solids, 40(4): 739-765.

SUN C T, JIH C J, 1987. On strain-energy release rates for interfacial cracks in bi-material media[J]. Engineering Fracture Mechanics, 28(1): 13-20.

TOUPIN R A, 1962. Elastic materials with couple-stresses[J]. Archive for Rational Mechanics and Analysis, 11: 385-414.

The United States Department of Defense, 1998. Military Handbook-MIL-HDBK-5H: Metallic Materials and Elements for Aerospace Vehicle Structures[M]. Washington: Government Printing Office.

WANG B, GU Y J, ZHANG S J, et al., 2019. Flexoelectricity in solids: Progress, challenges, and perspectives[J]. Progress in Materials Science, 106: 100-570.

WANG J, 2016. Accurate evaluation of the configurational forces in single-crystalline NiMnGa alloys under mechanical loading conditions[J]. Acta Materialia, 105: 306-316.

WANG F W, CHEN Y H, 2010. Fatigue damage driving force based on the *M*-integral concept[C]//Fatigue 2010, Minsk, Belarus, 2(1): 231-239.

WANG X M, SHEN Y P, 1996. The conservation laws and path-independent integrals with an application for linear electro-magneto-elastic media[J]. International Journal of Solids and Structures, 33(6): 865-878.

WU W, GASTALDI D, YANG K, et al., 2011. Finite element analyses for design evaluation of biodegradable magnesium alloy stents in arterial vessels[J]. Materials Science and Engineering B-Advanced Functional Solid-State Materials, 176: 1733-1740.

XU B X, SCHRADE D, MUELLER R, et al., 2009. Micromechanical analysis of ferroelectric structures by a phase field method[J]. Computational Materials Science, 45 (3): 832-836.

YANG L, CHEN Q, LI Z, 2004. Crack-inclusion interaction for mode-Ⅱ crack analyzed by Eshelby equivalent inclusion method[J]. Engineering Fracture Mechanics, 71: 1421-1433.

YU N Y, LI Q, 2013a. Failure theory via the concept of material configurational forces associated with the M-integral[J]. International Journal of Solids and Structures, 50(25-26): 4320-4332.

YU N Y, LI Q, CHEN Y H, 2013b. Experimental evaluation of the *M*-integral in an elastic-plastic material containing multiple defects[J]. Journal of Applied Mechanics-Transactions of the ASME, 80(1): 1-8.

YU N Y, LI Q, CHEN Y H, 2012. Measurement of the *M*-integral for a hole in an aluminum plate or strip[J]. Experimental Mechanics, 52(7): 855-863.

YU P F, WANG H L, CHEN J Y, et al., 2017. Conservation laws and path-independent integrals in mechanical-diffusion-electrochemical reaction coupling system[J]. Journal of the Mechanics and Physics of Solids, 104: 57-70.

YUAN Z B, LI Q, 2019. A configurational force based anisotropic damage model for original isotropic materials[J]. Engineering Fracture Mechanics, 215: 49-64.

YUDIN P V, TAGANTSEV A K, 2013. Fundamentals of flexoelectricity in solids[J]. Nanotechnology, 24(43): 432-501.

ZHANG L, HUANG Y, CHEN J Y, et al., 1998. The mode Ⅲ full-field solution in elastic materials with strain gradient effects[J]. International Journal of Fracture, 92(4): 325-348.

ZHANG Y H, LI J Y, FANG D N, 2013. Fracture analysis of ferroelectric single crystals: Domain switching near crack propagation[J]. Journal of Mechanics and Physics of Solids, 61: 114-130.

ZHAO J M, WANG H L, LIU B, 2017. Two objective and independent fracture parameters for interface cracks[J]. Journal of Applied Mechanics-Transactions of the ASME, 84(4): 041006.

ZHAO L G, TONG J, HARDY M C, 2010. Prediction of crack growth in a nickel-based superalloy under fatigue-oxidation conditions[J]. Engineering Fracture Mechanics, 77(6): 925-938.

ZHOU R, LI Z, SUN J, 2011. Crack deflection and interface debonding in composite materials elucidated by the configuration force theory[J]. Composites Part B-Engineering, 42(7): 1999-2003.

ZUO H, FENG Y H, 2013. A new method for *M*-integral experimental evaluation[J]. International Journal of Damage Mechanics, 22(2): 238-246.